全国普通高校电子信息与电气学科基础规划教材

电路理论与实践
（第2版）
学习指导与习题精解

赵远东 编著

清华大学出版社
北京

内 容 简 介

本书是与《电路理论与实践(第2版)》配套的教学用书,内容和次序均与《电路理论与实践(第2版)》一致。每章包括知识点概要、学习指导、课后习题分析及思考改错题,有助于学生更好地理解和掌握相关内容,开拓思路,提高解题技巧。

本书适合高等学校电类(强、弱电)及相关专业师生使用,也可供有兴趣的读者自学使用。

本书封面贴有清华大学出版社防伪标签,无标签者不得销售。
版权所有,侵权必究。举报: 010-62782989,beiqinquan@tup.tsinghua.edu.cn。

图书在版编目(CIP)数据

电路理论与实践(第2版)学习指导与习题精解/赵远东编著. —北京: 清华大学出版社,2017(2024.2重印)
(全国普通高校电子信息与电气学科基础规划教材)
ISBN 978-7-302-48046-4

Ⅰ. ①电… Ⅱ. ①赵… Ⅲ. ①电路—高等学校—教学参考资料 Ⅳ. ①TM13

中国版本图书馆 CIP 数据核字(2017)第 207752 号

责任编辑: 梁 颖 王 芳
封面设计: 傅瑞学
责任校对: 焦丽丽
责任印制: 沈 露

出版发行: 清华大学出版社
网　　址: https://www.tup.com.cn, https://www.wqxuetang.com
地　　址: 北京清华大学学研大厦 A 座　　　　邮　编: 100084
社 总 机: 010-83470000　　　　　　　　　　邮　购: 010-62786544
投稿与读者服务: 010-62776969, c-service@tup.tsinghua.edu.cn
质量反馈: 010-62772015, zhiliang@tup.tsinghua.edu.cn
课件下载: https://www.tup.com.cn, 010-83470236

印 装 者: 三河市龙大印装有限公司
经　　销: 全国新华书店
开　　本: 185mm×260mm　　印　张: 19.25　　字　数: 470 千字
版　　次: 2017 年 11 月第 1 版　　　　　　　印　次: 2024 年 2 月第 9 次印刷
定　　价: 59.00 元

产品编号: 075791-02

前 言

电路分析课程是电子、电气类专业的主干技术基础课程，目前国内工科院校的全部电类及相关专业都在不同深度和层次上开设了这门课程，并将其确定为必修平台课，该课程理论严密、逻辑综合性强，有广阔的工程背景。

本书是与《电路理论与实践（第2版）》配套的教学参考书，主要是为学生和广大自学读者编写的。全书共14章，次序安排与《电路理论与实践（第2版）》一致。重点强调电路分析技巧，使读者具有一定的综合应用能力，巩固所学理论，训练实践技能，培养严谨的科学作风。通过习题演练，让读者体会电路理论，深入巩固和掌握电路的基本知识，学以致用；也可以及时地检查对所学知识的掌握程度，以便更好地继续深入学习，加深理解。

在教材的编写过程中，力求做到深入浅出、通俗易懂，便于学生阅读和自学，每章的习题都经过精心挑选，合理安排。选择题考查对基础知识的掌握程度，题目不难，学生可以自查对每章知识的理解程度；问答题有一定的难度，可以起到提高的作用。

全书由赵远东执笔，并负责整个教材的结构和组织安排。吴大中、周俊萍、夏景明、单慧琳、徐冬冬等撰写了部分内容，在此向他们表示衷心感谢。接下来还将积极准备制作《电路理论和实践》在线练习和考试系统，方便学生练习提高。

感谢南京信息工程大学对本书出版所给予的帮助。同时吴琴、李春彪、张闯对书中一些地方做了更正，在此一并表示感谢。

感谢我爱人及全家的全力支持，他们对该书的创作给予许多帮助。

限于编者水平，书中不妥之处在所难免，恳请读者批评指正。

赵远东
2017年5月于南京信息工程大学

目 录

第1章 电路理论分析 ·· 1
    1.1 知识点概要 ·· 1
    1.2 学习指导 ··· 4
    1.3 课后习题分析 ·· 5
    1.4 思考改错题 ·· 19

第2章 电阻电路的等效变换 ·· 20
    2.1 知识点概要 ·· 20
    2.2 学习指导 ··· 21
    2.3 课后习题分析 ·· 23
    2.4 思考改错题 ·· 38

第3章 电阻电路的一般分析 ·· 39
    3.1 知识点概要 ·· 39
    3.2 学习指导 ··· 40
    3.3 课后习题分析 ·· 42
    3.4 思考改错题 ·· 64

第4章 电路定理 ··· 65
    4.1 知识点概要 ·· 65
    4.2 学习指导 ··· 68
    4.3 课后习题分析 ·· 70
    4.4 思考改错题 ·· 91

第5章 相量法基础 ·· 92
    5.1 知识点概要 ·· 92
    5.2 学习指导 ··· 94
    5.3 课后习题分析 ·· 95
    5.4 思考改错题 ·· 104

第6章 正弦稳态电路分析 ·· 105
    6.1 知识点概要 ·· 105
    6.2 学习指导 ··· 107
    6.3 课后习题分析 ·· 108
    6.4 思考改错题 ·· 126

第7章 互感与谐振 ·· 127
    7.1 知识点概要 ·· 127
    7.2 学习指导 ··· 129
    7.3 课后习题分析 ·· 132

7.4 思考改错题 ·· 147

第 8 章 三相电路 ·· 148
8.1 知识点概要 ·· 148
8.2 学习指导 ·· 149
8.3 课后习题分析 ·· 150
8.4 思考改错题 ·· 167

第 9 章 一阶动态电路的时域分析 ·· 168
9.1 知识点概要 ·· 168
9.2 学习指导 ·· 170
9.3 课后习题分析 ·· 172
9.4 思考改错题 ·· 192

第 10 章 二阶动态电路的时域分析 ·· 193
10.1 知识点概要 ·· 193
10.2 学习指导 ·· 194
10.3 课后习题分析 ·· 195
10.4 思考改错题 ·· 213

第 11 章 非正弦周期电流电路 ·· 214
11.1 知识点概要 ·· 214
11.2 学习指导 ·· 215
11.3 课后习题分析 ·· 216
11.4 思考改错题 ·· 237

第 12 章 线性电路的拉普拉斯分析 ·· 239
12.1 知识点概要 ·· 239
12.2 学习指导 ·· 240
12.3 课后习题分析 ·· 241
12.4 思考改错题 ·· 259

第 13 章 二端口网络 ·· 260
13.1 知识点概要 ·· 260
13.2 学习指导 ·· 261
13.3 课后习题分析 ·· 264
13.4 思考改错题 ·· 278

第 14 章 含运算放大器电路的分析 ·· 280
14.1 知识点概要 ·· 280
14.2 学习指导 ·· 280
14.3 课后习题分析 ·· 282
14.4 思考改错题 ·· 295

附录 A 思考改错题答案 ·· 296
参考文献 ·· 302

第1章 电路理论分析

1.1 知识点概要

直流电路分析
- 电路理论
  - 基尔霍夫定律
    - 基尔霍夫电流定律 KCL，$\sum i = 0$——满足电荷守恒
    - 基尔霍夫电压定律 KVL，$\sum u = 0$——满足能量守恒
  - 特勒根定律
    - 特勒根定律1，$\sum ui = \sum \hat{u}\hat{i} = 0$——满足功率守恒
    - 特勒根定律2，$\sum \hat{u}i = \sum u\hat{i} = 0$——满足拟功率守恒
- 电路元件
  - 电阻器：电压与电流的比值恒定，即欧姆定律，电阻的单位欧姆 Ω，$R=u/i$
  - 电感器：磁通链与电流的比值恒定，电感的单位亨利(H)，$L=\Psi/i$，楞次定律 $u=\mathrm{d}\Psi/\mathrm{d}t$
  - 电容器：电荷与电压的比值恒定，电容的单位法拉(F)，$C=q/u$，电流定律 $i=\mathrm{d}q/\mathrm{d}t$
  - 电压源：电压恒定或时间函数，电流可任意值
  - 电流源：电流恒定或时间函数，电压可任意值
- 电路图
  - 实际电路图：由实际元件构建的电路
  - 电路模型图：由实际电路抽象而成的理想化电路
    - 通路、开路、短路
    - 结点、支路、路径
    - 回路、网孔
- 物理量
  - 电压：单位正电荷从一点移至另一点，电场力所做的功，单位伏特(V)，$u=\mathrm{d}w/\mathrm{d}q$
  - 电流：单位时间内流过导体横截面的电荷量，单位安培(A)，$i=\mathrm{d}q/\mathrm{d}t$
  - 电功率：单位时间内电场力所做的功，单位瓦特(W)，$p=\mathrm{d}w/\mathrm{d}t$
  - 电能量：表示功发生变化的度量，单位焦耳(J)，$w=\int p\mathrm{d}t$

通路：连通的电路。

结点：三个或三个以上元件的连接点。结点上的电位，称为结点电压。通常用 n 表示结点数。

支路：直接连接两个结点之间的通路。每条支路有一个电流，称为支路电流。通常用 b 表示支路数。

路径：任意连接两个结点之间的一条通路，由多个支路构成。

回路：任一闭合路径。沿回路流动的电流，称为回路电流。通常用 l 表示基本回路数，并且满足 $l=b-(n-1)$。

网孔：内部不含其他支路的回路。沿网孔流动的电流，称为网孔电流。通常用 l 表示网孔数，并且满足 $l=b-(n-1)$。

短路：两结点直接连接的支路，支路中无元件，直接用导线连接的支路。可将电阻 R 视为0，两端电压为零，连线支路电流叫短路电流，如图1-1所示。

开路：两结点无直接连接的支路。可将电阻 R 视为∞，电流为零，两端电压叫开路电压。

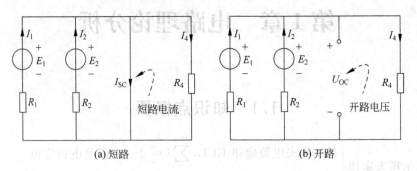

图 1-1 短路和开路

电导：对于纯电阻电路，电导是电阻的倒数，单位西门子(S)，$G=1/R$。

集总参数电路：所有电磁效应由元件内部集中表征，不影响外部，是理想化的元件。

分布参数电路：元件之间互相影响。一般当信号最高频率的波长 $\lambda \leqslant 100l$ 时，采用分布参数电路分析。其中 l 为电路的尺寸，单位为 m。波长 $\lambda=3\times10^8/f$，f 为信号频率，单位赫兹(Hz)。

显然，家用电器是集总参数电路，输电线路是分布参数电路。

KCL：在集总参数电路中，任意时刻，对任意结点，该结点上的所有支路电流（流入或流出）代数和为零，即 $\sum i = 0$。

KVL：在集总参数电路中，任意时刻，对任一回路，该回路上的所有支路电压（降或升）代数和为零，即 $\sum u = 0$。

KCL 推广：可以把任一闭合面看成一个结点，即任意画一个圆，与圆相交的支路就是圆看成结点后，所有形成的支路，这些支路的电流满足 KCL，如图 1-2 所示。

KVL 推广：可以是任一假想的回路。也可以从正极出发一直走到负极，方向相同取正，方向不同取负。求开路电压时，可以利用此方法。

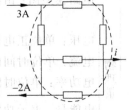

图 1-2 KCL 推广

受控源：受外部的电压或电流控制产生电压或电流的元件。它不同于电压源或电流源，因为它不能自己产生电压或电流，它受外部的电压或电流控制。

CCCS：电流控制的电流源。

VCCS：电压控制的电流源。

CCVS：电流控制的电压源。

VCVS：电压控制的电压源。

电流的实际方向：正电荷的移动方向，称为电流的实际方向。

电流的参考方向：任意假设电流的一个方向，称为电流的参考方向。符号为正表示与电流实际方向相同，符号为负表示与电流实际方向相反。一般用箭头→表示电流参考方向。

当电流为恒定时，称为直流电，用 I 表示；如果电流是时变电流，称为交流电，用 i 表示。特别是正弦函数时，称为正弦交流电，$i(t)=I_m\sin(\omega t+\varphi_i)$。

电压的实际方向：电压下降的方向，称为电压的实际方向。

电压的参考方向：任意假设电压的一个方向，称为电压的参考方向。符号为正表示与电压实际方向相同,符号为负表示与电压实际方向相反。一般用正负号+、-表示电压参考方向。

当电压为恒定时,称为直流电,用 U 表示;如果电压是时变的,称为交流电,用 u 表示。

特别是正弦函数时,称为正弦交流电,$u(t)=U_m\sin(\omega t+\varphi_u)$。

关联参考方向:支路或元件的电压参考方向与电流参考方向相同,称为关联参考方向。

非关联参考方向:支路或元件的电压参考方向与电流参考方向相反,称为非关联参考方向。

元件在关联参考方向下的电路符号如图1-3所示。

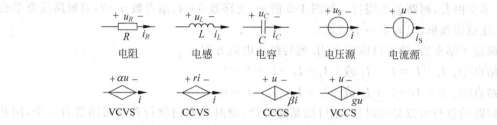

图 1-3 关联参考方向下元件电路符号

元件在非关联参考方向下的电路符号如图1-4所示。

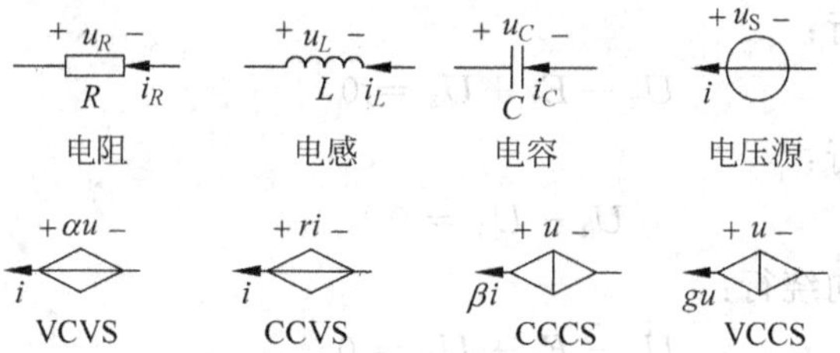

图 1-4 非关联参考方向下电路符号

电阻、电感、电容元件物理量关系,如表1-1所示。

表 1-1 电阻、电感、电容的计算

元件	关联参考方向下的元件	非关联参考方向下的元件	能量 w
电阻	$u=Ri, i=Gu$	$u=-Ri, i=-Gu$	$\int p\,dt$
电感	$u=L\dfrac{di}{dt}, i=\dfrac{1}{L}\int u\,dt$	$u=-L\dfrac{di}{dt}, i=-\dfrac{1}{L}\int u\,dt$	$\dfrac{1}{2}Li^2$
电容	$u=\dfrac{1}{C}\int i\,dt, i=C\dfrac{du}{dt}$	$u=-\dfrac{1}{C}\int i\,dt, i=-C\dfrac{du}{dt}$	$\dfrac{1}{2}Cu^2$

注:在直流稳态电路中,电感看成短路,电容看成开路,电感和电容功率都是零。

电压源、受控电压源:自身确定的只有电压参数,而电流参数必须与外电路连接后才能确定,因此没有具体的 u、i 关系式。

电流源、受控电流源:自身确定的只有电流参数,而电压参数必须与外电路连接后才能确定,因此没有具体的 u、i 关系式。

吸收功率的计算：在关联参考方向下，元件的吸收功率 $p=ui$；在非关联参考方向下，元件的吸收功率 $p=-ui$。当 $p>0$ 时，表示吸收功率；当 $p<0$ 时，表示发出功率。

发出功率的计算：在关联参考方向下，元件的发出功率 $p=-ui$；在非关联参考方向下，元件的发出功率 $p=ui$。当 $p>0$ 时，表示发出功率；当 $p<0$ 时，表示吸收功率。

1.2 学习指导

进行电路分析时，首先要学会看懂电路模型图，能够计算出电路图中有多少支路，多少结点，多少网孔，回路怎么绕行。如图 1-5 所示，支路数 $b=4$，结点数 $n=2$，对短路线要学会缩短，注意虚线框，只表示一个结点。

确定了结点后，就可以应用 KCL 列写结点电流方程。

结点①：$I_1+I_2=I_3+I_4$ 或 $-I_1-I_2+I_3+I_4=0$。

结点②：$I_1+I_2=I_3+I_4$ 或 $+I_1+I_2-I_3-I_4=0$。

回路的绕行可以是顺时针，也可以是逆时针，顺时针方向绕行普通回路数有 6 个，网孔数 $l=3$。针对图 1-6 所示的电路应用 KVL，可列写方程：

左网孔顺时针方向绕行：
$$U_1-E_1+E_2-U_2=0$$

中网孔顺时针方向绕行：
$$U_2-E_2+U_3=0$$

右网孔顺时针方向绕行：
$$U_4-U_3=0$$

沿虚线回路顺时针方向绕行：
$$U_1-E_1+U_3=0$$

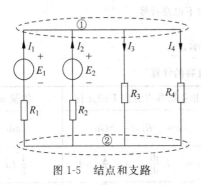

图 1-5 结点和支路

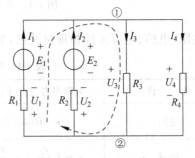

图 1-6 网孔和回路

基尔霍夫电流定律的推广，用处非常大，在计算时，电流负值用圆括号括起来，如图 1-2 所示，虚框内的闭合面看成一个结点，所以应用 KCL 推广：$i=3A-(-2A)=5A$。

基尔霍夫电压定律的推广，用处也非常大，特别是计算开路电压时，同样电压负值用圆括号括起来，如图 1-7 所示，沿虚线绕行方向构成一条路径，应用 KVL 推广，即从开路电压的正极出发，沿任何路径到达开路电压的负极，方向一致相加，方

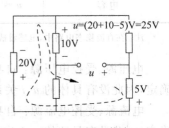

图 1-7 KVL 推广

向相反相减,所以开路电压为 $u=(20+10-5)\mathrm{V}=25\mathrm{V}$。

计算功率时,既要确定电压和电流的参考方向,还要确定是计算吸收功率,还是计算发出功率,然后根据正负值确定功率。

电路如图 1-8(a)所示,求各元件的功率。

由 KCL:$i_2=i_1+2i_1$,由 KVL:$2i_2+3i_1-9=0$,求得 $i_1=1\mathrm{A}$,$i_2=3\mathrm{A}$,则 CCCS 吸收功率:

$$p_{\mathrm{CCCS}}=-(2i_1)\times 2i_2=-12\mathrm{W} \quad (发出功率)$$

9V 电压源发出功率:

$$p_{9\mathrm{V}}=9i_1=9\mathrm{W} \quad (发出功率)$$

3Ω 电阻吸收功率:

$$p_{3\Omega}=3i_1^2=3\mathrm{W} \quad (吸收功率)$$

2Ω 电阻吸收功率:

$$p_{2\Omega}=2i_2^2=18\mathrm{W} \quad (吸收功率)$$

电路如图 1-8(b)所示,求各元件的功率。

由 KVL:$U+3U-4=0$,求得 $U=1\mathrm{V}$,由欧姆定律:$I=U/R=1/1=1(\mathrm{A})$,则 VCVS 吸收功率:

$$p_{\mathrm{VCVS}}=I(3U)=3\mathrm{W} \quad (吸收功率)$$

4V 电压源发出功率:

$$p_{4\mathrm{V}}=4I=4\mathrm{W} \quad (发出功率)$$

1Ω 电阻吸收功率:

$$p_{1\Omega}=1I^2=1\mathrm{W} \quad (吸收功率)$$

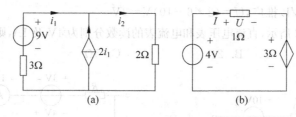

图 1-8 功率的计算

在对直流电路进行分析时,把电感看成短路,把电容看成开路即可。

若某一支路电压为零,则把该支路看成短路;若某一支路电流为零,则把该支路看成开路;若某一支路电压和电流都为零,则该支路既可以被看成短路,也可以被看成开路。

1.3 课后习题分析

1. 电路如图 1-9 所示,A 是内阻极低的电流表,V 是内阻极高的电压表,电源不计内阻。如果电灯泡灯丝烧断,则有( )。

    A. 电流表读数不变,电压表读数为零   B. 电压表读数不变,电流表读数为零

    C. 电流表和电压表读数都不变   D. 电流表和电压表读数都为零

答:B。电压表的内阻无穷大,电流表的内阻为零。当电灯泡灯丝烧断,电路相当于开

路,所以电压表的读数不变,依然是电压源电压,而开路时电流为零,因此电流表的读数为零。

2. 图1-10所示电路的受控源吸收的功率为(　　)。
   A. －8W　　　B. 8W　　　C. 16W　　　D. －16W
   答:B。先求出电压 $U_1=(1×4)V=4(V)$,从而确定受控源的电压为 $(2×4)V=8V$。

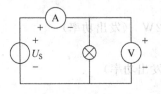 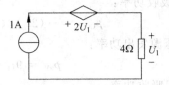

图1-9　题1图　　　　　　　　　图1-10　题2图

3. 基尔霍夫电流定律应用于(　　)。
   A. 支路　　　B. 结点　　　C. 网孔　　　D. 回路
   答:B。

4. 四个电阻器的额定电压和额定功率分别如下,电阻器的电阻最大的是(　　)。
   A. 220V、40W　B. 220V、100W　C. 36V、100W　D. 110V、100W
   答:A。已知功率和电压,求电阻,公式为 $R=\dfrac{U^2}{P}$,可以看出电压越大且功率越小,电阻越大。

5. 图1-11所示电路中的电压 U 为(　　)。
   A. 2V　　　B. －2V　　　C. 22V　　　D. －22V
   答:A。根据 KVL 推广,$U=(2×6-10)V=2V$。

6. 电路如图1-12所示,直流电压表和电流表的读数分别为4V及1A,则电阻 R 为(　　)。
   A. 1Ω　　　B. 2Ω　　　C. 5Ω　　　D. 7Ω

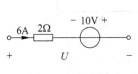 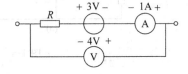

图1-11　题5图　　　　　　　　　图1-12　题6图

答:D。按顺时针分析绕行列 KVL 方程,$4-R×1+3=0$,这里电流表的方向是从右到左。

7. 当标明"100Ω,4W"和"100Ω,25W"的两个电阻串联时,允许所加的最大电压是(　　)。
   A. 40V　　　B. 70V　　　C. 100V　　　D. 140V
   答:A。根据公式 $U=\sqrt{PR}$,可知各自最大电压为20V和50V,由于两个都是100Ω串联,根据分压法,加载的电压平分,因此只能每个电阻加载20V,所以允许所加的最大电压是40V,选A。

8. 电流的参考方向为(　　)。
   A. 正电荷的移动方向　　　　　　B. 负电荷的移动方向

C. 电流的实际方向   D. 沿电路任意选定的某一方向

答：D。根据电流参考方向的定义。

9. 若 4Ω 电阻在 10s 内消耗的能量为 160J，则该电阻的电压为(　　)。

   A. 10V   B. 8V   C. 16V   D. 90V

答：B。因为 $W=Pt=\dfrac{U^2 t}{R}$，所以 $U=\sqrt{\dfrac{RW}{t}}=\sqrt{\dfrac{4\times160}{10}}\mathrm{V}=8\mathrm{V}$。

10. 电路如图 1-13 所示，求 12V 电压源和 3I 受控电压源的功率为(　　)。

   A. 12W,3W   B. 16W,4W   C. 20W,5W   D. 24W,6W

答：A。根据 KVL，计算出电流 $I=1$A，然后就可以计算功率了。由于选项中不区分发出还是吸收，则寻找一个数值相等的就行。

11. 电路如图 1-14 所示，求电阻 R 为(　　)。

   A. 2Ω   B. 4Ω   C. 6Ω   D. 8Ω

答：B。列 KVL 方程，由于电流值为负，在列方程时用括号括起来，$8=(-2)R+16$。

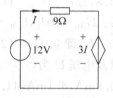

图 1-13　题 10 图

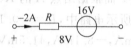

图 1-14　题 11 图

12. 某线性电阻元件的电压为 3V 时，电流为 0.5A，当电压改变为 6V 时，则其电阻为(　　)。

   A. 2Ω   B. 4Ω   C. 6Ω   D. 8Ω

答：C。线性电阻元件的值是不会改变的，$R=(3/0.5)\Omega=6\Omega$。

13. 有两只白炽灯的额定值分别为：A 灯 220V、100W，B 灯 220V、40W。将它们串联后接在 220V 电源上，与将它们并联后接在 220V 电源上，则(　　)消耗功率大。

   A. 串联 A 灯、并联 B 灯   B. 都是 A 灯

   C. 都是 B 灯   D. 串联 B 灯、并联 A 灯

答：D。串联时，两灯通过的电流一样，则电阻越大，功率将越大，因此 B 灯消耗功率大；并联时，两灯电压一样，则电阻越小，功率将越大，因此 A 灯消耗功率大。

14. 电压源供出功率时，在其内部，电流是(　　)。

   A. 从负极流向正极   B. 从正极流向负极

   C. 不流动   D. 双向流动

答：A。从非关联参考方向去考虑。

15. 图 1-15 所示电路中的 I 和 I_1 分别为(　　)。

   A. 8A,6A   B. -8A,6A   C. -8A,-6A   D. 8A,-6A

答：B。把闭合面看成一结点，应用 KCL 推广，求得 $I+2+6=0$，即 $I=-8$A；再应用 KVL，可以列方程 $10=3I_1+4(I+I_1)$，即 $I_1=6$A。

16. 图 1-16 所示电路中,2A 电流源吸收的功率为( )。

   A. 2W   B. 4W   C. 8W   D. 12W

   答:D。电流源的电压 $U=(-10+2\times2)$V$=-6$V,因此电流源吸收的功率$=(2\times6)$W$=12$W。

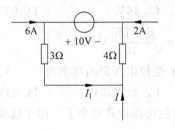
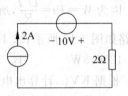

图 1-15 题 15 图   图 1-16 题 16 图

17. 图 1-17 所示网络中,若受控源 $2U_{AB}$ 表示为 μU_{AC},受控源 $0.4I_1$ 表示为 βI 时,则 μ、β 为( )。

   A. 0.8,2   B. 1.2,2   C. 0.8,2/7   D. 1.2,2/7

   答:C。分别计算出 U_{AB} 与 U_{AC},I_1 与 I 之间的关系。$U_{AB}=20I_1$,$U_{AC}=(20+30)I_1$,所以 $2U_{AB}=0.8U_{AC}$;而根据结点 A 的 KCL 有:$I=I_1+0.4I_1$,即 $0.4I_1=(2/7)I$。

18. 图 1-18 所示电路中,$I_1=-0.1$mA,则 I_2,I_0 以及电压 U 为( )。

   A. 0.9mA,-8.1mA,41.5mV   B. 0.9mA,8.1mA,41.5mV

   C. -0.9mA,8.1mA,41.5mV   D. 0.9mA,8.1mA,-41.5mV

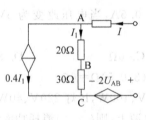
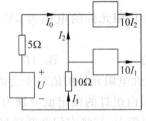

图 1-17 题 17 图   图 1-18 题 18 图

   答:B。对中心结点根据 KCL 列写方程,$I_1=10I_1+I_2$,求得 $I_2=0.9$mA;又对中上结点根据 KCL 列写方程,$I_0+I_2=10I_2$,求得 $I_0=8.1$mA;右网孔根据 KVL 列写方程,$U=5I_0-10I_1=41.5$mV。

19. 在图 1-19 所示电路中,如果 $I_3=1$A,则 I_S 及其电压 U 为( )。

   A. 3A,-16V   B. -3A,16V   C. 3A,16V   D. -3A,-16V

   答:C。左网孔列根据 KVL 列写方程:$U=2I_S+5(I_S-I_3)$;外周回路根据 KVL 列写方程:$U=2I_S+8I_3+2$;解方程得 $I_S=3$A,$U=16$V。

20. 电路如图 1-20 所示,则电流 I_1、I_2、I_3 为( )。

   A. 1A,1A,4A   B. -1A,1A,4A   C. 1A,1A,-4A   D. 1A,-1A,4A

   答:D。按 2V 电压源、3V 电压源、5Ω 电阻绕行列写 KVL,求电流 I_1;按 3V 电压源、1V 电压源、2Ω 电阻绕行列写 KVL,求电流 I_2;按 1V 电压源、5Ω 电阻、1Ω 电阻绕行列写 KVL,求电流 I_3。注意,两对角线不相交。

8

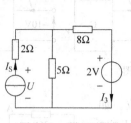
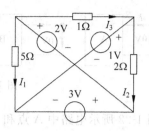

图 1-19　题 19 图　　　　　　　图 1-20　题 20 图

21. 思考题

(1) 电路是由哪三个基本部分组成的？

(2) 电路的主要作用是哪两个方面？

(3) 什么叫电路模型？为什么要用电路模型的方法来表示电路？

(4) 某元件的电压和电流采用的是关联参考方向，当元件的 $P>0$ 时，该元件是产生还是吸收功率？该元件在电路中是电源还是负载？

(5) 某一元件的电压与电流的参考方向一致时，就能说明该元件是负载。这句话对吗？

(6) 一个 $5k\Omega$、$0.5W$ 的电阻器，在使用时允许流过的电流和允许加的电压不得超过多少？

(7) V_{ab} 是否表示 a 端的电位高于 b 端的电位？

(8) 标有"$1W,100\Omega$"的金属膜电阻，在使用时电流和电压不能超过多大数值？

(9) 一只"$100\Omega,100W$"的电阻与 120V 电源相连接，至少要串入多大的电阻 R 才能使该电阻正常工作？电阻 R 上消耗的功率又为多少？

(10) 一只"110V,8W"的指示灯，现在接在 380V 的电源上，问要串多大的电阻值的电阻？该电阻应选用多大瓦数？

答：(1) 电源、负载、中间环节。

(2) 能量的转换和传输；信号的处理、传递和存储。

(3) 用理想元件构成的电路称为电路模型。因为理想元件可以表征或近视地表示一个实际器件中所有主要物理现象。

(4) 功率大于零表示吸收，小于零表示产生。吸收功率元件在电路中表示负载。

(5) 不正确，要计算功率，根据功率吸收还是产生来判断。

(6) 电流 $I=\sqrt{P/R}=\sqrt{0.5/5000}=0.01A$，电压 $U=\sqrt{PR}=\sqrt{0.5\times5000}=50V$。

(7) 当 $V_{ab}>0$ 时表示 a 端的电位高于 b 端；而当 $V_{ab}<0$ 时表示 a 端的电位低于 b 端。

(8) 最大电流 $I=\sqrt{P/R}=\sqrt{1/100}=0.1A$，最大电压 $U=\sqrt{PR}=\sqrt{1*100}=10V$。

(9) $\frac{120}{100+R}\leq\sqrt{\frac{P}{100}}$，即 $R\geq20\Omega$；此时电阻 R 消耗功率 $P_R=\left(\frac{120}{100+R}\right)^2 R=20W$。

(10) 先计算指示灯的最大允许电流 $I=P/U=8/110A$，指示灯分得 110V，则串联电阻应分得 $(380-110)V=270V$，所以串联电阻 $R=270/I=3712.5(\Omega)$，功率 $=(270\times8/110)W\approx20W$。

22. 如图 1-21 所示，已知 $I=-2A$，试指出哪些元件是电源，哪些是负载。

答：负载：A、C；电源：B、D。

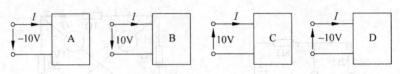

图 1-21 题 22 图

23. 试求图 1-22 所示电路中 A 点和 B 点的电位。如将 A、B 两点直接连接或接一电阻,对电路工作有无影响?

答:A 点和 B 点等电位都是 6V;AB 是否连电阻,没有影响。说明如下:

电流参考方向如图 1-23 所示,则根据 KCL 和 KVL 可以列出如下 5 个方程:

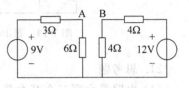

图 1-22 题 23 图

$$\begin{cases} I_1 = I_4 + I_5 \\ I_2 + I_5 = I_3 \\ 12 = 4I_1 + 4I_4 \\ 9 = 3I_2 + 6I_3 \\ RI_5 + 6I_3 = 4I_4 \end{cases} \Longrightarrow \begin{cases} I_1 = 1.5 + 0.5I_5 \\ I_2 = 1 - 2I_5/3 \\ I_3 = 1 + I_5/3 \\ I_4 = 1.5 - 0.5I_5 \\ RI_5 = -4I_5 \end{cases}$$

由于电阻 $R \geqslant 0$

$$\Longrightarrow \begin{cases} I_1 = 1.5\text{A} \\ I_2 = 1\text{A} \\ I_3 = 1\text{A} \\ I_4 = 1.5\text{A} \\ I_5 = 0\text{A} \end{cases}$$

即 AB 等电位。

24. 试求图 1-24 所示电路中的电流 I 及电压 V_{AB}。

答:电流 $I=0$;电压 $V_{AB}=0$。

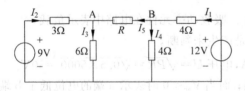

图 1-23 题 23 图

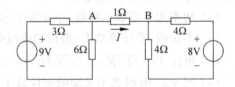

图 1-24 题 24 图

25. 电路如图 1-25 所示,当 $R_L=0$ 时,电压表读数为 U_1;当 $R_L=R$ 时,电压表读数为 U_2,R 为一已知电阻。试证明:$R_x = \dfrac{R}{\dfrac{U_1}{U_2}-1}$。

答:当 $R_L=0$ 时,电压表读数表示电源 U_S,所以 $U_S=U_1$;当 $R_L=R$ 时,则有:

$$\frac{U_S}{R+R_x} = \frac{U_2}{R_x}$$

所以

$$R_x = \frac{R}{\frac{U_1}{U_2} - 1}$$

证毕。

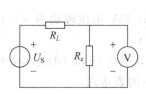

图 1-25 题 25 图

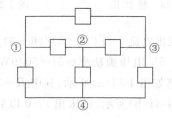

图 1-26 题 26 图

26. 电路如图 1-26 所示,当以④为参考点时,各结点电压为 $U_{n1}=7\text{V},U_{n2}=5\text{V},U_{n3}=4\text{V},U_{n4}=0$。求以①为参考点时的各结点电压。

答:
$$U_{n1} = (7-7)\text{V} = 0\text{V}, \quad U_{n2} = (5-7)\text{V} = -2\text{V},$$
$$U_{n3} = (4-7)\text{V} = -3\text{V}, \quad U_{n4} = (0-7)\text{V} = -7\text{V}.$$

27. 求图 1-27 所示电路中各电源的功率,并分别说明是产生功率还是吸收功率。

答:产生功率:
$$P_{3A} = [3 \times (2 \times 3 + 9)]\text{V} = 45\text{W}(发出功率);$$
$$P_{2A} = 2 \times (2 \times 2 + 9)\text{V} = 26(\text{W})(发出功率);$$
$$P_{9V} = 9 \times (9/1 - 3 - 2)\text{V} = 36\text{W}(发出功率)。$$

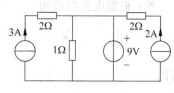

图 1-27 题 27 图

28. 图 1-28 中,某直流发电机,其内阻为 0.5Ω,负载电阻为 11Ω 时,输出电流为 10A。试求:(1)发电机的电动势 E、端电压 U 和输出功率,以及内阻消耗的功率;(2)当外电路发生短路时,试求短路电流及电源内阻消耗的功率。

答:
(1)
$$E = I(R_0 + R) = [10 \times (0.5 + 11)]\text{V} = 115\text{V}$$
$$端电压\ U = IR = (10 \times 11)\text{V} = 110\text{V}$$
$$输出功率\ P = IE = (10 \times 115)\text{V} = 1150\text{W}$$
$$内阻消耗功率 = I^2 R_0 = (10^2 \times 0.5)\text{W} = 50\text{W}$$

(2)
$$I_{SC} = E/R_0 = (115/0.5)\text{A} = 230\text{A}$$
$$内阻消耗功率 = I_{SC}^2 R_0 = (230^2 \times 0.5)\text{W} = 26\,450\text{W}$$

29. 电路如图 1-29 所示,试分别以 C 点和 B 点为参考点,求各点的电位及电压 U_{AB}、U_{AC}。

答:以 C 点为参考点:$U_A = 3\text{V}, U_B = 1.5\text{V}, U_C = 0\text{V}, U_{AB} = 1.5\text{V}, U_{AC} = 3\text{V}$;

以 B 点为参考点:$U_A = 1.5\text{V}, U_B = 0\text{V}, U_C = -1.5\text{V}, U_{AB} = 1.5\text{V}, U_{AC} = 3\text{V}$。

30. 求图 1-30 所示电路中两个电压源的功率,并说明是吸收功率还是放出功率。

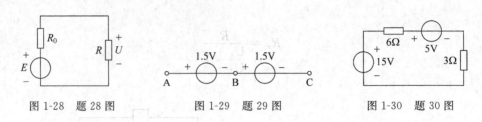

图 1-28 题 28 图　　　图 1-29 题 29 图　　　图 1-30 题 30 图

答：先求出电流 $i=[(15-5)/(6+3)]\text{A}=10/9\text{A}$；15V 电压源功率 $=-15i=-50/3\text{W}$（放出功率）；5V 电压源功率 $=5i=50/9\text{W}$（吸收功率）。

31. 电路如图 1-31(a)所示，其中 $R=2\Omega,L=1\text{H},C=0.1\text{F},u_C(0)=0$，若电路的输入电流波形如图 1-31(b)所示，试求出 $t>0$ 以后 u_R、u_L、u_C 的表达式。

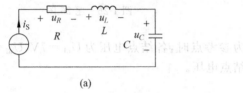 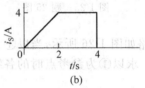

(a)　　　　　　　　　　　　(b)

图 1-31 题 31 图

答：根据电路图可知

$$i_S=\begin{cases}2t, & 0\leqslant t\leqslant 2\\ 4, & 2<t\leqslant 4\end{cases}$$

所以

$$u_R=Ri_S=\begin{cases}4t, & 0\leqslant t\leqslant 2\\ 8, & 2<t\leqslant 4\end{cases}$$

$$u_L=L\frac{di_S}{dt}=\begin{cases}2, & 0\leqslant t\leqslant 2\\ 0, & t>2\end{cases},$$

$$u_C=\frac{1}{C}\int_{-\infty}^{t}i_S d\tau=\begin{cases}10t^2, & 0\leqslant t\leqslant 2\\ 40(t-1), & 2\leqslant t\leqslant 4\\ 120, & t>4\end{cases}$$

32. 电路如图 1-32 所示，$u(t)=3t^2+2t$，求电流 $i(t)$。

答：电流

$$i(t)=C\frac{du}{dt}=2(6t+2)=12t+4$$

33. 电容元件 $C=1\text{F}$，其两端所加电压 u 的波形如图 1-33 所示，求 $t=2\text{ms}$ 时电容 C 的储能。

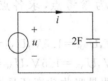 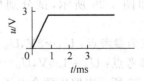

图 1-32 题 32 图　　　　　图 1-33 题 33 图

答：电容储能
$$W = 0.5CU^2 = (0.5 \times 1 \times 3^2)J = 4.5J$$

34. 求图 1-34 所示电路的开路电压 U_{OC}。

答：
（a）进行等效变换
$$U_{OC} = (-5 \times 10 + 20)V = -30V$$

（b）进行等效变换
$$U_{OC} = [20/(12+8) \times 8 + 2 \times 0 + 2 + 2 \times 5]V = 20V$$

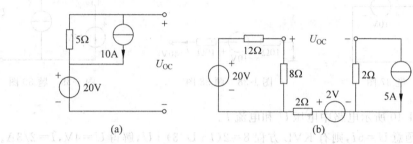

图 1-34 题 34 图

35. 电路如图 1-35 所示，试求开关 S 断开与闭合两种情况下，电路中各支路的电流。

答：开关断开时，电流 $i = [10/(3+5+2)]A = 1A$；开关闭合时，电流 $i = [10/(3+2)]A = 2A$。

36. 如图 1-36 所示，电路中两只白炽灯泡的额定电压为 110V，功率分别为 40W 和 15W，问：

(1) 每只灯泡的电阻各为多大？

(2) 通过每个灯泡的电流是多少？

(3) 能否将它们串联后接到 220V 的电源上使用？为什么？

(4) 若有两只 220V 的 40W 和 15W 的灯泡，串联后接到达 220V 电源上使用会发生什么现象？

图 1-35 题 35 图　　图 1-36 题 36 图

答：

(1) 302.5Ω，806.7Ω。

(2) 4/11A，3/22A。

(3) 不能，因为 40W 的灯泡电压为 $[40 \times 220/(40+15)]V = 160V$，超过额定电压 110V。

(4) 电压达不到额定要求，所以灯泡变暗。

37. 求图 1-37 所示电路中理想电流源的功率 P。

答：电流源功率 $P=[2×(10×2+10)]W=60W$；放出功率。

38. 求图 1-38 所示电路中的电流 I。

答：根据 KVL 推广有：$10I-10+10I+40=0$，所以电流 $I=-1.5A$。

39. 求图 1-39 所示电路中的电流 U。

答：电压 $U=(10×10+15)V=115V$。

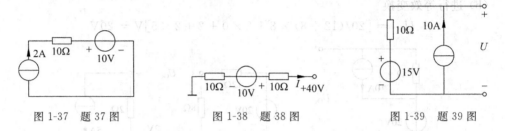

图 1-37 题 37 图　　图 1-38 题 38 图　　图 1-39 题 39 图

40. 求图 1-40 所示电路中电压 U 和电流 I。

答：根据题意 $U=6I$，则有 KVL 方程 $8=2(I+U/3)+U$，解得 $U=4V$, $I=2/3A$。

41. 求图 1-41 所示电路中电流源及电压源提供的功率。

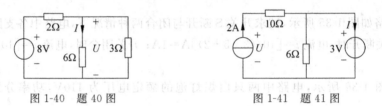

图 1-40 题 40 图　　图 1-41 题 41 图

答：根据题意，有 KCL 方程 $2=3/6+I$，即 $I=1.5A$，而 KVL 方程则为
$$U=(2×10+3)V=23V$$
所以提供的功率分别为
$$P_{2A}=2U=46W（放出功率），\quad P_{3V}=-3×I=-4.5W（吸收功率）$$

42. 在图 1-42 中，已知 $U_1=10V$, $U_{S1}=4V$, $U_{S2}=2V$, $R_1=4Ω$, $R_2=2Ω$, $R_3=5Ω$，试问开路电压 U_2 等于多少？

答：开路电压 $U_2=0×R_3+R_2×(U_1-U_{S1})/(R_1+R_2)+U_{S1}-U_{S2}=[2(10-4)/(4+2)+4-2]V=4V$。

43. 电路如图 1-43(a)所示，若使电流 $I=2/3A$，求电阻 R；电路如图 1-43(b)所示，若使电压 $U=2/3V$，求电阻 R。

答：对于图 1-43(a)，$2×(3-I)=RI$，因为 $I=2/3A$，所以 $R=7Ω$。

对于图 1-43(b)，$3/(R+2)=U/R$，因为 $U=2/3V$，所以 $R=4/7Ω$。

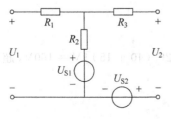
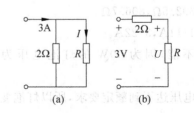

图 1-42 题 42 图　　　　图 1-43 题 43 图

44. 图 1-44 中 A 点的电位分别等于多少？

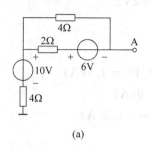 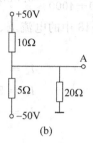

图 1-44 题 44 图

答：图 1-44(a)中 A 点电位
$$U_A = [-4 \times 6/(2+4) + 10 + 4 \times 0]V = 6V$$
图 1-44(b)中 A 点电位 U_A 列方程
$$\frac{50 - U_A}{10} = \frac{U_A - (-50)}{5} + \frac{U_A}{20}$$

解得
$$U_A = -\frac{100}{7}V$$

45. 电路如图 1-45 所示，如果 15Ω 电阻上的电压降为 30V，其极性如图 1-45 所示，试求电阻 R 及电位 U_a。

答：已知 15Ω 电阻上电压为 30V，则电流为 2A（从下到上方向），从而可知 5Ω 电阻上电流为 7A（从左到右方向），电压为 15V；所以电阻 R 的电流为 2A（从上到下方向），电压为 35V，故电阻 R=35/2=17.5(Ω)，电位 U_a=35V。

46. 求图 1-46 所示电路中的电压 U_a。

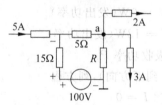 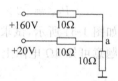

图 1-45 题 45 图   图 1-46 题 46 图

答：列方程
$$\frac{160 - U_a}{10} + \frac{20 - U_a}{10} = \frac{U_a}{10}$$

解得 U_a=60V。

47. 电路如图 1-47 所示，试求：
(1) 开关打开时，A 点电位 U_A；
(2) 开关闭合时的 U_A 和电流 I。

答：列方程
(1) $\dfrac{-12 - U_A}{6000 + 4000} = \dfrac{U_A - 12}{20\,000}$ 解得 $U_A = -4V$；

(2) $I=\dfrac{12}{20\,000+4000}=0.5\text{mA},U_A=4000I=2\text{V}$。

48. 计算图 1-48 中的电流 I_a、I_b 和 I_c。

答：
$$I_a = 5/10 + (5+5)/10 = 1.5(\text{A})$$
$$I_b = 5/10 - 5/10 = 0(\text{A})$$
$$I_c = -5/10 - 5/10 = -1.5(\text{A})$$

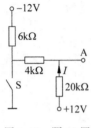

图 1-47　题 47 图

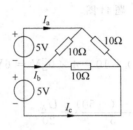

图 1-48　题 48 图

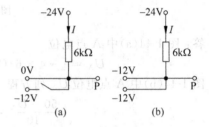

图 1-49　题 49 图

49. 在图 1-49 所示两种情况下，求 P 点的电位及电阻 R 的电流 I。

答：图 1-49(a)：P 点电位为 0V，电流
$$I = (-24/6000)\text{mA} = -4\text{mA}$$

图 1-49(b)：P 点电位为 -12V，电流
$$I = [-24 - (-12)]/6000\text{mA} = -2\text{mA}$$

50. 求图 1-50 中的 P_{4V} 和 P_{2A}，并标明是发出功率还是吸收功率。

答：
$$P_{4V} = [-4 \times (2 - 4/2)]\text{W} = 0\text{W}(发出功率)$$
$$P_{2A} = [2 \times (2 \times 1 + 4)]\text{W} = 12\text{W}(发出功率)$$

51. 电路如图 1-51 所示，试求受控电流源的吸收功率 P。

答：根据题意可知 3Ω 电阻上电流为 2I（从上到下方向），列方程
$$8 - 3 \times 2I + 2 \times I = 0$$

解得
$$I = 2\text{A}$$
$$受控电流源吸收功率 = -3I \times (3 \times 2I) = (-3 \times 2 \times 3 \times 2 \times 2)\text{W}$$
$$= -72\text{W}(发出功率)$$

52. 在图 1-52 所示电路中，已知 $I_1 = 3\text{mA}$，$I_2 = 1\text{mA}$，试确定某电气元件 X 的电流 I_X 和电压 U_X，并确定它是电源还是负载？

答：X 元件电流
$$I_X = 1 - 3\text{mA} = -2\text{mA}$$

电压
$$U_X = 30 + 10\,000 I_1 = 30 + 10\,000 \times 0.003 = 60\text{V}$$

所以 X 为电源。

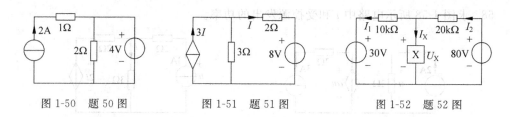

图 1-50 题 50 图　　　图 1-51 题 51 图　　　图 1-52 题 52 图

53. 电路如图 1-53 所示。当开关闭合时,安培计读数为 0.6A,伏特计读数为 6V;当开关断开时,伏特计读数为 6.4V,试问图中 U_S、R_0、R_L 是多少?

答:
$$U_S = 6.4V$$
$$R_L = (6/0.6)\Omega = 10\Omega$$
$$R_0 = [(6.4-6)/0.6]\Omega = 2/3\Omega$$

54. 在图 1-54 中,当 $R_L=5\Omega$ 时,$I_L=1A$,若将 R_L 增加为 15Ω 时,求 I_L。

答:列 KVL 方程
$$U_S = (1+R_L) \times I_L + 4 \times (I_L - I_S)$$

所以有
$$(1+5) \times 1 + 4 \times (1 - I_S) = (1+15) \times I_L + 4 \times (I_L - I_S)$$

解得
$$I_L = 0.5A$$

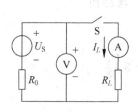 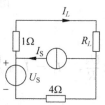 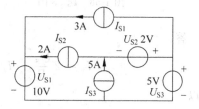

图 1-53 题 53 图　　　图 1-54 题 54 图　　　图 1-55 题 55 图

55. 电路如图 1-55 所示,求各个电源的功率(以吸收功率为正,供出功率为负)。

答:
$$P_{I_{S1}} = -I_{S1}(U_{S1} - U_{S3}) = [-3 \times (10-5)]W = -15W(发出功率)$$
$$P_{I_{S2}} = -I_{S2}(U_{S1} - U_{S3} + U_{S2}) = [-2 \times (10-5+2)]W = -14(W)(发出功率)$$
$$P_{I_{S3}} = -I_{S3}(U_{S3} - U_{S2}) = [-5 \times (5-2)]W = -15(W)(发出功率)$$
$$P_{U_{S1}} = U_{S1}(I_{S1} + I_{S2}) = [10 \times (3+2)]W = 50(W)(吸收功率)$$
$$P_{U_{S2}} = -U_{S2}(I_{S3} - I_{S2}) = [-2 \times (5-2)]W = -6(W)(发出功率)$$
$$P_{U_{S3}} = U_{S3}(I_{S3} - I_{S2} - I_{S1}) = [5 \times (5-2-3)]W = 0(W)$$

56. 图 1-56 中,3A 电流源产生 6W 功率,求 α。

答:列方程:$6/3 = 3 \times 2 + \alpha u, u = 2 \times 2$,解得:$u = 4V, \alpha = -1$。

57. 求图 1-57 所示电路中的 u 和 i。

答:列方程:$u - 2 \times 3 = 3i = 2 \times (3-i) + 2i$,解得:$u = 12V, i = 2A$。

58. 求图 1-58 所示电路中 i 和受控源发出的功率。

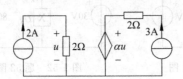

图 1-56 题 56 图

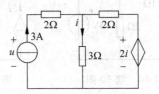

图 1-57 题 57 图

答：

$$u = [2 \times 6/(1+2)]\text{V} = 4\text{V}, \quad 6 = 3i + 0.5u$$

即

$$i = 4/3\text{A}$$

受控源功率为

$$0.5ui = 8/3\text{W}(吸收功率)$$

59. 求图 1-59 所示电路的电路中三个电流之比 $I_1 : I_2 : I_3$。

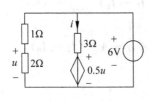

图 1-58 题 58 图

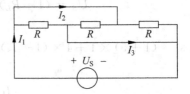

图 1-59 题 59 图

答：

$$I_3 = 2\frac{U_s}{R}, \quad I_2 = 2\frac{U_s}{R}, \quad I_1 = I_2 + \frac{U_s}{R} = 3\frac{U_s}{R}$$

所以

$$I_1 : I_2 : I_3 = 3 : 2 : 2$$

60. 求图 1-60 所示电路的电压 U。

答：设电流 I_1、I_2，如图 1-61 所示，采用 KCL、KVL 列写方程

$$\begin{cases} 10 = I_1 + I_2 + \dfrac{(160+200)I_2}{120} \\ (140+100)I_1 = 270(10-I_1) + (160+200)I_2 \end{cases}$$

解得

$$I_1 = 6\text{A}, \quad I_2 = 1\text{A}, \quad U = 200I_2 - 100I_1 = -400\text{V}$$

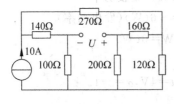

图 1-60 题 60 图

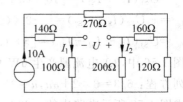

图 1-61 解题 60 图

1.4 思考改错题

1. 在列写 KVL 和 KCL 方程时,对各变量取正负号,均按实际方向确定。
2. 用电设备的功率越大,则消耗的电能越多。
3. 将负载电阻与直流电源接通,如负载电阻增大,则电源的端电压就会增大或下降。
4. 当电路中不存在独立电源时,受控电源也能产生响应。
5. 基尔霍夫电流定律为单位时间内流过导体横截面的电荷量。
6. 基尔霍夫电压定律为单位正电荷从一点移至另一点电场力所做的功。
7. 短路支路电流为零,电压不一定为零。
8. 开路支路电压为零,电流不一定为零。
9. 流过该支路的电流为零,则可以把该支路视为短路。
10. 支路两端电压为零,则可以把该支路视为开路。

第2章 电阻电路的等效变换

2.1 知识点概要

等效变换：两个一端口电路的端口电压和电流具有相同的关系，即端口电压和电流参考方向一致，值也相等，但内部网络可以不同，则两者等效，并允许替换。

例如：串联电阻电路和并联电阻电路都可以用一个电阻替换多个电阻。

$$
等效变换
\begin{cases}
串联
\begin{cases}
电阻：R_{eq} = \sum R_k，分压公式：u_k = \dfrac{R_k}{R_{eq}} u，电流不变 \\
电感：L_{eq} = \sum L_k；电容：\dfrac{1}{C_{eq}} = \sum \dfrac{1}{C_k} \\
电压源：各电压源代数和，注意正负方向。 \\
电流源：必须是相同的电流源才能串联，总电流等于单个电流源电流 \\
\qquad\quad 电流源与任意元件的串联等效为单个电流源
\end{cases} \\
并联
\begin{cases}
电导：G_{eq} = \sum G_k，分流公式：i_k = \dfrac{G_k}{G_{eq}} i，电压不变 \\
电容：C_{eq} = \sum C_k；电感：\dfrac{1}{L_{eq}} = \sum \dfrac{1}{L_k} \\
电流源：各电流源代数和，注意正负方向 \\
电压源：必须是相同的电压源才能并联，总电压等于单个电压源电压 \\
\qquad\quad 电压源与任意元件的并联等效为单个电压源
\end{cases} \\
\triangle \longleftrightarrow Y：R_\triangle = \dfrac{\text{Y形电阻两两乘积之和}}{\text{Y不相邻电阻}}；R_Y = \dfrac{\triangle \text{相邻电阻乘积}}{\triangle \text{形三电阻之和}}
\end{cases}
$$

实际电压源：电压源 u_S 与电阻 R 的串联组合，称为实际电压源，如图 2-1(a) 所示。
实际电流源：电流源 i_S 与电导 G 的并联组合，称为实际电流源，如图 2-1(b) 所示。

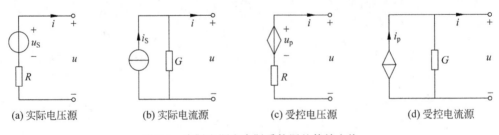

(a) 实际电压源   (b) 实际电流源   (c) 受控电压源   (d) 受控电流源

图 2-1 实际电源和实际受控源的等效变换

实际电压源与实际电流源可以进行互相等效变换，变换条件是：电阻 R 是电导 G 的倒数；电压源的电压 u_S 与电流源的电流 i_S 之比为电阻或为电导的倒数，电压源电压方向与电流源电流方向正好相反。

$$G = 1/R, \quad u_S = R i_S, \quad i_S = G u_S; \quad G = 1/R, \quad u_p = R i_p, \quad i_p = G u_p$$

受控电压源与受控电流源可以进行互相等效变换，变换条件是：电阻 R 是电导 G 的倒数;受控电压源的电压 u_p 与受控电流源的电流 i_p 之比为电阻或为电导的倒数,受控电压源电压方向与受控电流源电流方向正好相反。

如果独立电压源、受控电压源、电阻串联,也可以等效变换为独立电流源、受控电流源、电导的并联,反之亦然,如图 2-2 所示。变换条件是:电阻 R 是电导 G 的倒数;电压源的电压 u_S 与电流源的电流 i_S 之比为电阻或为电导的倒数,电压源电压方向与电流源电流方向正好相反。而受控电压源的电压 u_p 与受控电流源的电流 i_p 之比也为电阻或为电导的倒数,受控电压源电压方向与受控电流源电流方向正好相反。

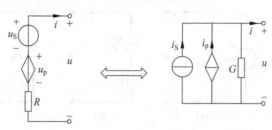

图 2-2 实际混合电源的等效变换

$$G = 1/R, \quad u_S = Ri_S, \quad i_S = Gu_S, \quad u_p = Ri_p, \quad i_p = Gu_p$$

如果一个一端口网络内部仅含电阻,则应用电阻的串联、并联和 Y-△ 变换等方法,可以求得它的等效电阻。如果一端口网络内部除电阻以外还含有受控源,但不含任何独立电源,则不论内部如何复杂,端口电压与端口电流成正比,因此定义一端口的输入电阻 R_{in} 为

$$R_{in} \stackrel{\text{def}}{=} \frac{u}{i}$$

端口的输入电阻也就是端口的等效电阻,但两者含意有区别。求端口输入电阻的一般方法称为电压、电流法,即在端口加以电压源 u_S,然后求出端口电流 i;或在端口加以电流源 i_S,然后求出端口电压 u。再利用定义公式求出输入电阻

$$R_{in} = \frac{u_S}{i} = \frac{u}{i_S}$$

测量一个电阻器的电阻就可以采用这种方法。

两个串联电阻的分压公式

$$u_1 = \frac{R_1}{R_1 + R_2} u, \quad u_2 = \frac{R_2}{R_1 + R_2} u$$

两个并联电阻的分流公式

$$i_1 = \frac{R_2}{R_1 + R_2} i, \quad i_2 = \frac{R_1}{R_1 + R_2} i$$

2.2 学习指导

等效仅指在进行电路分析时,可以等效分析,而非实际等价。

串联电阻等效比较简单,总电阻等于分电阻之和,串联线上电流相等,分电压用分压公式计算。

并联电阻比较复杂,但可以进行分解为多次的两个电阻并联,而两个电阻的并联总电阻

等于分子相乘,分母相加,即 $R_{并}=\dfrac{R_1R_2}{R_1+R_2}$。

△-Y 等效变换要记住公式,理解相邻与不相邻的概念。

电流源与电阻的并联定义为实际电流源;而电流源与电阻的串联等效为电流源,如图 2-3(a)所示,请留意它们的区别,分析电路时必须分清楚。

电压源与电阻的串联定义为实际电压源;而电压源与电阻的并联等效为电压源,如图 2-3(b)所示,请留意它们的区别,分析电路时必须分清楚。

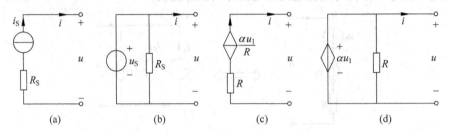

图 2-3 电源与电阻的另一种组合

受控电流源与电阻的并联定义为实际受控电流源;而受控电流源与电阻的串联等效为受控电流源如图 2-3(c)所示,请留意它们的区别,分析电路时必须分清楚。

受控电压源与电阻的串联定义为实际受控电压源;而受控电压源与电阻的并联等效为受控电压源如图 2-3(d)所示,请留意它们的区别,分析电路时必须分清楚。

独立电压源和受控电压源串联可以叠加,把它们直接连接就可以了,如图 2-4 所示,同样,独立电流源和受控电流源并联也可以叠加,也把它们直接连接就行,如图 2-5 所示,合成起来的电源称为混合电压源或混合电流源。

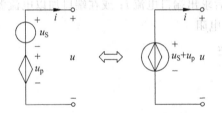

图 2-4 电压源与受控电压源的串联

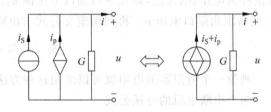

图 2-5 电流源与受控电流源的并联

输入电阻的计算,若是有源网络,则通过独立电源置零后等效为无源网络,电压源置零表示电压源电压设为零,由于电压为零,因此相当于短路,即用短路线来代替电压源;电流源置零表示电流源电流设为零,由于电流为零,因此相当于开路,即用开路来代替电流源。

如果一个一端口网络内部仅含电阻,则应用电阻的串联、并联和 Y-△变换等方法,可以求得它的等效电阻。

如果一端口网络内部除电阻以外还含有受控源,则采用端口处加电源法求解输入电阻。加电源法的方法是:在端口处连接一个电压源或电流源,并在非关联参考方向标注电源电压和电源电流,最后求解出电源电压与电源电流的比值,该比值就是输入电阻。

2.3 课后习题分析

1. 若图 2-6(a)所示二端网络 N 的伏安关系如图 2-6(b)所示,则 N 可等效为(　　)。

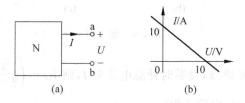

图 2-6　题 1 图

答:C。分析图 2-6(b),电流为零时电压为 10V,相当于开路电压为 10V;B 和 D 选项开路电压都是负 10V,可以排除;而 A 选项不允许开路,也可以排除;C 选项满足要求。

2. 电路如图 2-7 所示,开关 S 合上与否,电流 I 均为 15A,则 R_3、R_4 的值分别为(　　)。
 A. 2Ω,2Ω　　　　B. 1Ω,2Ω　　　　C. 1Ω,1Ω　　　　D. 2Ω,1Ω

答:D。开关合上与否,电流都一样,表示这是平衡电桥,所以开关合上时的等效电阻等于开关打开时的等效电阻,即 $\dfrac{50V}{I} = \dfrac{8 \times 4}{8+4} + \dfrac{R_3 R_4}{R_3 + R_4} = \dfrac{(8+R_3)(4+R_4)}{(8+R_3)+(4+R_4)}$;也可以 $\dfrac{8}{4} = \dfrac{R_3}{R_4}$。

3. 如图 2-8 所示电路,试求开关闭合时 a、b 两点的电位分别是(　　)。
 A. 10V,4V　　　　B. 4V,0V　　　　C. 10V,0V　　　　D. 4V,10V

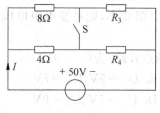 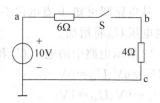

图 2-7　题 2 图　　　　　　图 2-8　题 3 图

答:A。参考点电位设定为零,所以 c 点电位是零,而 a 点电位是 10V,根据分压法可求得 b 点电位为 4V。

4. 电路如图 2-9 所示,就其外特性而言,下列选项正确的是(　　)。
 A. b,c 等效　　　　B. a,d 等效　　　　C. a、b、c、d 均等效　　D. a、b 等效

答:A。图 2-9(a)等效为一个 3A 电流源,图 2-9(b)和图 2-9(c)都等效为一个 9V 电压源,而图 2-9(d)表示实际电流源。

5. 电路如图 2-10 所示,B、C 间短路电流的方向为(　　)。
 A. 短路电流为零　　B. 由 C 到 B　　　　C. 无法确定　　　　D. 由 B 到 C

23

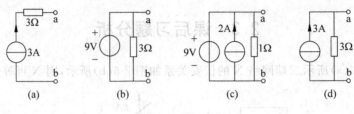

图 2-9　题 4 图

答：D。由于 BC 是短路线，设顺时针总电流为 I，则 $I_{BC}=\left(\dfrac{3}{2+3}-\dfrac{2}{3+2}\right)I=\dfrac{1}{5}I>0$。

6. 电路如图 2-11 所示，电流 I 为（　　）。

答：C。电压源串联电阻等效变换为电流源与电阻并联，然后两个电流源相加，两个相等电阻平分电流。

A. 1A　　　　　B. 0A　　　　　C. 2A　　　　　D. -2A

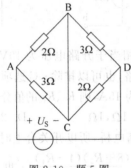

图 2-10　题 5 图

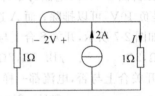

图 2-11　题 6 图

7. 电路如图 2-12 所示，当可变电阻 R 由 $40\text{k}\Omega$ 减为 $20\text{k}\Omega$ 时，电压 U_{ab} 的相应变化为（　　）。

A. 增加　　　　B. 减少　　　　C. 不变　　　　D. 不能确定

答：A。从电路图可知，b 点电位不变，所以当电阻变小，则可变电阻电压变小，故 a 点电位升高，则电压 U_{ab} 将增加。

8. 图 2-13 所示电路中的电压 U_{ac} 和 U_{ad}（a、d 两点开路）为（　　）。

A. $U_{ac}=6\text{V}$、$U_{ad}=8\text{V}$　　　　　B. $U_{ac}=5\text{V}$、$U_{ad}=7\text{V}$
C. $U_{ac}=6\text{V}$、$U_{ad}=7\text{V}$　　　　　D. $U_{ac}=5\text{V}$、$U_{ad}=9\text{V}$

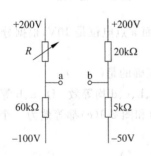

图 2-12　题 7 图

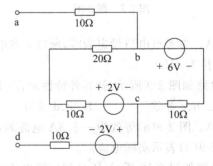

图 2-13　题 8 图

答：B。由于 a、d 两点开路，则 ab、cd 无电流，这两支路上的电阻可以忽略，$U_{ab}=0$，$U_{cd}=2V$，因此只要能算出 U_{bc} 就可以了。设顺时针回路电流 I，列写 KVL 方程得 $I=-0.1A$，所以 $U_{bc}=(6-0.1\times10)V=5V$。

9. 如图 2-14 所示电路中的电流 I 为（　　）。

　　A. $-1A$　　　　B. $-2A$　　　　C. $-3A$　　　　D. $-4A$

答：C。所求电流在短路线上，因此其他支路电流都流向短路线，即 $I=\left(\dfrac{6}{5}-5-\dfrac{1}{1}\right)A=-3A$。

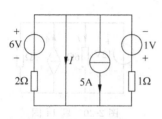

图 2-14　题 9 图

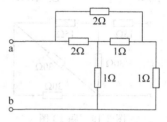

图 2-15　题 10 图

10. 如图 2-15 所示电路的等效电阻是（　　）。

　　A. 0.5Ω　　　　B. 1.5Ω　　　　C. 2.5Ω　　　　D. 5.5Ω

答：B。这里提供三种等效电路图，如图 2-16 所示，然后进行串联、并联计算。

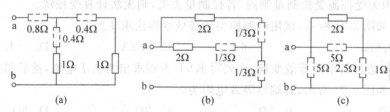

图 2-16　解题 10 图

11. 电路如图 2-17 所示，网络 N 的内部结构不详。则电流 I 为（　　）。

　　A. $-1/3A$　　　　B. $-3A$　　　　C. $1/3A$　　　　D. $3A$

答：C。与电流源串联的 3Ω 电阻可以忽略，从而 3A 电流源与 1Ω 电阻并联等效变换为 3V 电压源与 1Ω 电阻串联，再根据 KVL 列写方程：$3=1I+2I+2$。

12. 图 2-18 所示电路中的电压 U_{AB}、电流 I_1 分别为（　　）。

　　A. $4V,5A$　　　　B. $-4V,5A$　　　　C. $10V,5A$　　　　D. $4V,-5A$

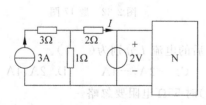

图 2-17　题 11 图

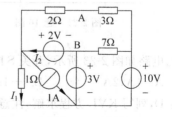

图 2-18　题 12 图

25

答：A。2V 电压源、3V 电压源、1Ω 电阻构成回路,根据 KVL 求出 I_1 电流;10V 电压源、3V 电压源、7Ω 电阻构成回路,求出 7Ω 电阻电压;外周构成回路,求出 3Ω 电阻电压,继而求出电压 U_{AB}。

13. 图 2-19 所示二端网络的等效电阻为( )。

    A. 10Ω B. 15Ω C. 20Ω D. 30Ω

答：D。注意右下角不是△联结电阻,而是 2 个 30Ω 电阻并联。

14. 电路如图 2-20 所示,求受控源的功率为( )。

    A. 24W B. 48W C. 96W D. 192W

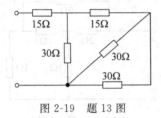

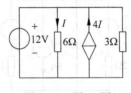

图 2-19 题 13 图   图 2-20 题 14 图

答：C。先求出 $I=(12/6)A=2A$,受控源的功率 $P=12\times 4I=96W$。

15. 对含受控源支路进行电源等效变换时,应注意不要消去( )。

    A. 受控源 B. 控制量 C. 电源 D. 电阻

答：B。因为受控源受控制量制约,若控制量丢失,则无法计算受控源。

16. 电路如图 2-21 所示,试用电源模型的等效变换法求 I 为( )。

    A. 0.6A B. −0.6A C. 1.2A D. −1.2A

答：A。右边进行电源等效变换,再列写 KVL 方程求出两倍 I 电流,然后得到结果。

17. 电路如图 2-22 所示,其端口等效电阻为( )。

    A. 1Ω B. 2Ω C. 3Ω D. 5Ω

答：B。在端口处加电源,并设电源电压为 U,电流为 I(与图中电流 I 一致);U 参考方向为从上到下,即 U、I 针对电源为非关联参考方向,列写 KVL 方程 $U=5I+3(I-2I)$;U、I 的比值就是等效电阻。

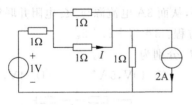

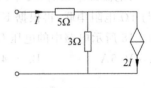

图 2-21 题 16 图   图 2-22 题 17 图

18. 电路如图 2-23 所示,开关 S 断开和闭合后的电流 I 分别为( )。

    A. 4A,2A B. −4A,2A C. −2A,−4A D. 2A,4A

答：D,列写 KVL 方程求解,注意短路(闭合)时 55Ω 电阻要忽略。

19. 用电源等效变换求图 2-24 中的 u 为( )。

    A. 1V B. −1V C. −4V D. 4V

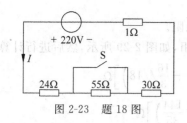
图 2-23 题 18 图

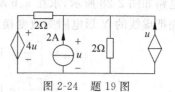
图 2-24 题 19 图

答:B。注意电源等效变换时,不要消去控制量;从电路图看,控制量支路可认为是 2A 电流源支路,也可认为是 2Ω 电阻支路;这两个支路必须保留一个支路不能进行等效变换。本题把 4u 受控电压源与 2Ω 电阻串联等效变换为 2u 受控电流源与 2Ω 电阻并联,然后就可以很方便地进行求解。

20. 图 2-25(a)、(b)均为电路的一部分,已知 a、b 两点等电位,则图 2-25(a)、图 2-25(b)中 a、b 支路的电流分别为(　　)。

A. $0, -U_S/R$　　B. $0, U_S/R$　　C. 非 $0, -U_S/R$　　D. 非 $0, U_S/R$

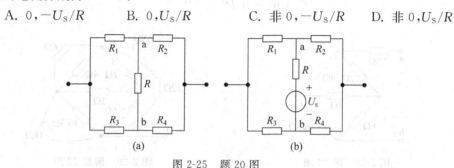

图 2-25 题 20 图

答:A。图 2-25(a)电阻 R 电压为零,则电流也为零;图 2-25(b)所示 ab 支路含电源,所以根据 KVL 推广列写方程 $0 = U_{ab} = RI_{ab} + U_S$,求得 $I_{ab} = -U_S/R$。

21. 求图 2-26 所示电桥电路在 a、b 端的等效电阻。

答:先把虚线的 Y 形电阻等效变换成 △ 形电阻,如图 2-27 所示,然后进行计算。

$$R_{ab} = \left\{ 26 // \left[\frac{26}{3} // (3+9) + \frac{52}{5} // (1+1) \right] \right\} \Omega$$

$$= \left[26 // \left(\frac{\frac{26}{3} \times 12}{\frac{26}{3} + 12} + \frac{\frac{52}{5} \times 2}{\frac{52}{5} + 2} \right) \right] \Omega$$

$$= \left(26 // \frac{208}{31} \right) \Omega = \left(\frac{26 \times \frac{208}{31}}{26 + \frac{208}{31}} \right) \Omega = \frac{16}{3} \Omega$$

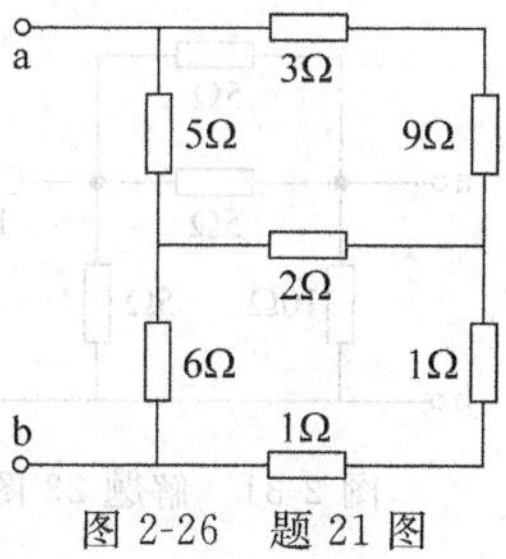

图 2-26 题 21 图

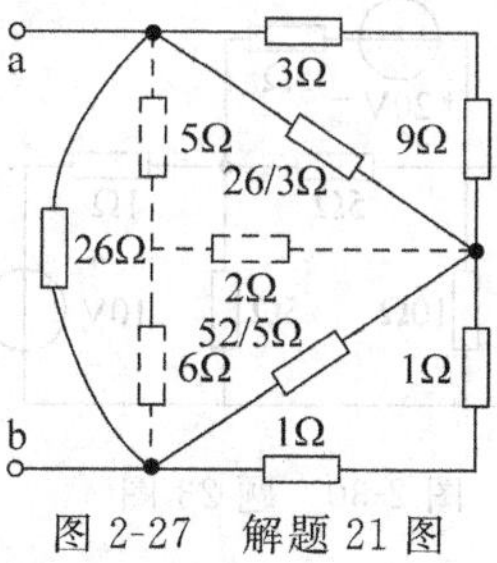

图 2-27 解题 21 图

22. 电路如图 2-28 所示,求在 a、b 端的等效电阻。

答：先把虚线的 Y 形电阻等效变换成△形电阻,如图 2-29 所示,然后进行计算。

$$R_{ab} = \left[\frac{7}{9} + 12//\left(4//6 + \frac{16}{3}//18\right)\right]\Omega$$

$$= \left[\frac{7}{9} + 12//\left(\frac{12}{5} + \frac{144}{35}\right)\right]\Omega$$

$$= \left(\frac{7}{9} + 12//\frac{228}{35}\right)\Omega$$

$$= \left(\frac{7}{9} + \frac{12 \times \frac{228}{35}}{12 + \frac{228}{35}}\right)\Omega$$

$$= \left(\frac{7}{9} + \frac{38}{9}\right)\Omega = 5\Omega$$

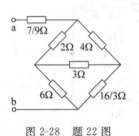

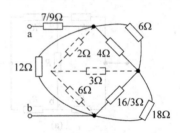

图 2-28　题 22 图　　　　　　　　图 2-29　解题 22 图

23. 电路如图 2-30 所示,求 a、b 端的等效电阻。

答：把有源电路等效变换为无源电路,如图 2-31 所示,即电压源短路,电流源开路。

$$R_{ab} = [10//(5//5 + 5//1)]\Omega$$

$$= \left[10//\left(\frac{5 \times 5}{5+5} + \frac{5 \times 1}{5+1}\right)\right]\Omega$$

$$= \left[10//\left(\frac{5}{2} + \frac{5}{6}\right)\right]\Omega$$

$$= \left(10//\frac{10}{3}\right)\Omega$$

$$= \left(\frac{10/\frac{10}{3}}{10 + \frac{10}{3}}\right)\Omega = \frac{5}{2}\Omega$$

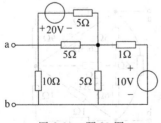

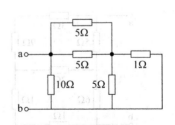

图 2-30　题 23 图　　　　　　　　图 2-31　解题 23 图

24. 电路如图 2-32 所示，求 a、b 端的等效电阻。

答：如图 2-33 所示，采用加源法来求解。

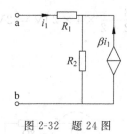

图 2-32　题 24 图

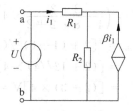

图 2-33　解题 24 图

列方程
$$U = R_1 i_1 + R_2(1+\beta)i_1$$

a、b 端的等效电阻
$$R_{ab} = U/i_1 = R_1 + R_2(1+\beta)$$

25. 求图 2-34 所示电路在 a、b 端的等效电阻。

答：电源置零后采用加源法，如图 2-35 所示。
$$U_S = 1000I + (2000+1000) \times \frac{U}{1000}, \quad U_S = 1000I + 2000 \times \left(I - \frac{U}{1000}\right) + 6U$$

消去 U，解得
$$R_{ab} = \frac{U_S}{I} = -5\text{k}\Omega$$

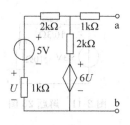

图 2-34　题 25 图

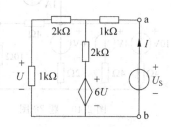

图 2-35　解题 25 图

26. 电路如图 2-36 所示，求在 a、b 端的等效电阻。

答：采用加源法，并消去无用的电阻 R_2，如图 2-37 所示，注意 u_1 为开路电压
$$\left(\frac{u_1 - \mu u_1}{R_1} + I\right)R_3 = U, \quad U = -u_1;$$

消去 u_1，解得
$$R_{ab} = \frac{U}{I} = \frac{R_1 R_3}{R_1 + (1-\mu)R_3}$$

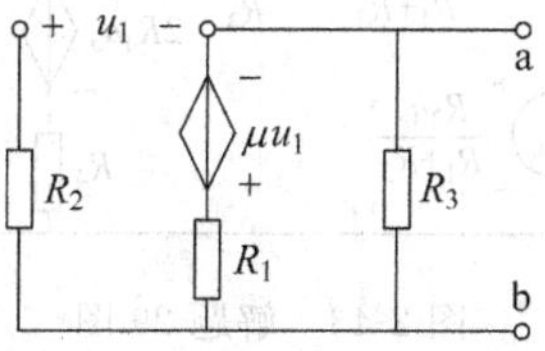

图 2-36　题 26 图

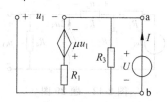

图 2-37　解题 26 图

27. 求图 2-38 所示电路中电压 U 及电压 U_{ab}。

答：先把左△形电阻等效变换成 Y 形电阻，如图 2-39 所示，然后进行计算。

$$U = \left(\frac{2+2}{4+8+2+2} \times 4 \times 8 - \frac{4+8}{4+8+2+2} \times 4 \times 2\right)\text{V} = 2\text{V}$$

$$U_{ab} = \{[2+(4+8)//(2+2)] \times 4\}\text{V}$$
$$= [(2+12//4) \times 4]\text{V}$$
$$= [(2+3) \times 4]\text{V} = 20\text{V}$$

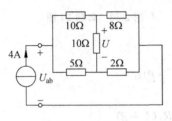

图 2-38　题 27 图

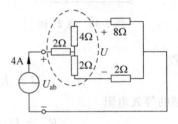

图 2-39　解题 27 图

28. 利用电源等效变换，求图 2-40 所示电路中的电流 i。

答：进行电源等效变换，结果如图 2-41 所示

$$i = \left(\frac{5/3}{10+10/3}\right)\text{A} = \frac{1}{8}\text{A}$$

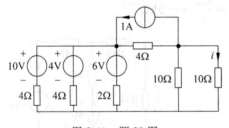

图 2-40　题 28 图

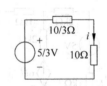

图 2-41　解题 28 图

29. 利用电源等效变换，求图 2-42 所示电路中的电压比 u_O/u_S。

答：进行电源等效变换后，结果如图 2-43 所示，则有

$$\frac{R_2 u_S}{R_1+R_2} = \frac{R_1 R_2}{R_1+R_2} \times \frac{u_3}{R_3} + u_3 + u_O, \quad u_O = 2R_4 u_3 + R_4 \times \frac{u_3}{R_3}$$

消去 u_3，解得

$$\frac{u_O}{u_S} = \frac{R_2 R_4 (2R_3+1)}{R_1 R_2 + R_2 R_3 + R_3 R_1 + (R_1+R_2)R_4(2R_3+1)}$$

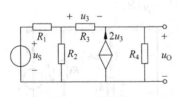

图 2-42　题 29 图

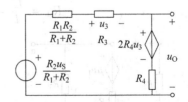

图 2-43　解题 29 图

30. 利用电源等效变换,求图 2-44 所示电路中电压 u_{10}。

答:进行电源等效变换后,结果如图 2-45 所示,则有
$$u_S = Ri + u_{10}, \quad u_{10} = Ri + 2Ri = 3Ri$$

消去 i,解得
$$u_{10} = \frac{3}{4}u_S$$

31. 求图 2-46 所示电路的电流 I。

答:采用分流法:
$$I = \left(\frac{8}{12+8} \times 20\text{m} - \frac{6}{4+6} \times 20\text{m}\right)\text{A} = -4\text{mA}$$

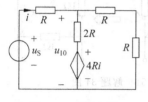
图 2-44 题 30 图

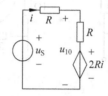
图 2-45 解题 30 图

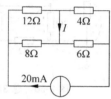
图 2-46 题 31 图

32. 求图 2-47 所示电路的等效电阻 R_{eq}。

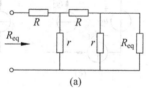
(a)

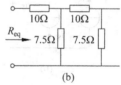
(b)

图 2-47 题 32 图

答:图 2-47(a)
$$R_{eq} = (r//R_{eq} + R)//r + R$$

解得
$$R_{eq} = \frac{R + \sqrt{R^2 + 4Rr}}{2}$$

图 2-47(b)
$$R_{eq} = (10+7.5)//7.5 + 10 = 15.25\Omega$$

如果利用求解图 2-47(a)的公式,则有 $R_{eq} = 15\Omega$。

33. 求图 2-48 所示电路的最简等效电源。

答:先消去多余的电阻,图 2-48(a)中 1A 电流源与 5Ω 电阻串联,该电阻多余;图 2-48(b)中 50V 电压源与 5Ω 电阻并联,该电阻多余。然后很容易地进行电源等效变换,电路等效图如图 2-49 所示。

34. 电路如图 2-50 所示,求输入电阻 R_{ab}。

答:按虚线圆中可以看出,它们分别是并联关系,变换后如图 2-51 所示,计算得:$R_{ab} = 1.5\Omega$。

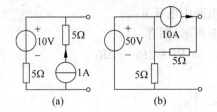

图 2-48 题 33 图

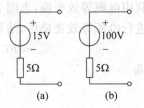

图 2-49 解题 33 图

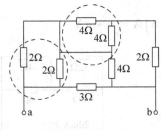

图 2-50 题 34 图

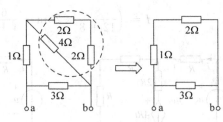

图 2-51 解题 34 图

35．画出图 2-52 所示电路的等效电路图。

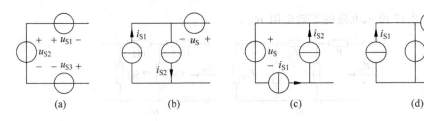

图 2-52 题 35 图

答：图 2-52(a)电压源串联，直接求代数和；图 2-52(b)电压源多余可以消去，电流源求代数和；图 2-52(c)电压源多余可以消去，电流源求代数和；图 2-52(d)电压源 u_S 与电流源 i_{S1} 并联，消去电流源 i_{S1}，消去后变为电压源 u_S 与电流源 i_{S2} 串联，所以消去电压源 u_S，结果为电流源 i_{S2}。变换结果如图 2-53 所示。

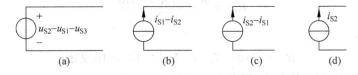

图 2-53 解题 35 图

36．求图 2-54 所示电路的电压 U_1 及电流 I_2。

答：列方程，并联两端电压 $20\,000 I_2$，所以根据结点 KCL 有

$$20\mathrm{m} = I_2 + \frac{20\,000 I_2}{5000} + \frac{20\,000 I_2}{1000+3000}$$

解得

$$I_2 = 2\mathrm{mA}, \quad U_1 = \frac{20\,000 I_2}{1000+3000} \times 3000 = 30\mathrm{V}$$

37. 图 2-55 所示电路中要求 $U_2/U_1=0.05$,等效电阻 $R_{eq}=40\text{k}\Omega$。求 R_1 和 R_2 的值。

答：
$$R_{eq}=R_1+\frac{5000R_2}{5000+R_2}=40\,000\,\Omega,\quad \frac{U_2}{U_1}=\frac{5000//R_2}{R_{eq}}=0.05$$

解得
$$R_1=38\,\Omega,\quad R_2=\frac{10}{3}\Omega$$

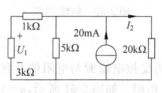

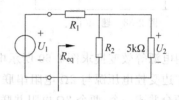

图 2-54 题 36 图 　　　　图 2-55 题 37 图

38. 将图 2-56 所示的电路化为最简单的形式。

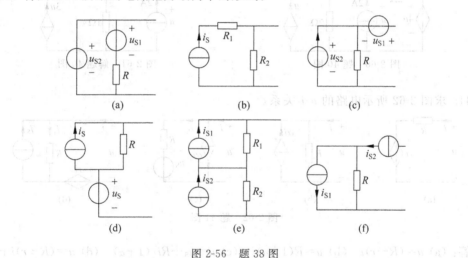

图 2-56 题 38 图

答：化简结果如图 2-57 所示。

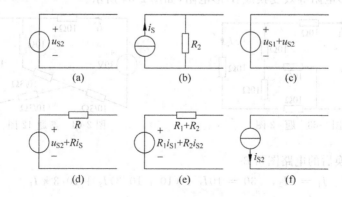

图 2-57 解题 38 图

39. 用电源等效变换求图 2-58 所示电路的 i。

答：两个 4Ω 电阻进行并联结果为 2Ω；再与 2Ω 电阻进行串联等效为 4Ω；与 6V 电源等效变换；如图 2-59 所示 $i=[18/(4+1)]A=3.6A$。

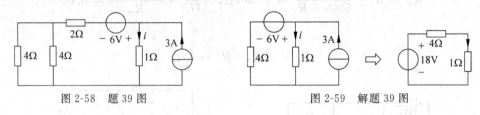

图 2-58　题 39 图　　　　　　图 2-59　解题 39 图

40. 用电源等效变换求图 2-60 所示电路的 u。

答：左边受控电压源与 2Ω 电阻串联等效变换为受控电流源与电阻的并联；然后两个受控电流源合并成一个，两个 2Ω 电阻并联成一个 1Ω 电阻。如图 2-61 所示，$u=(2+3u)\times 1$，所以 $u=-1V$。

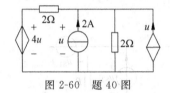 

图 2-60　题 40 图　　　　　　图 2-61　解题 40 图

41. 求图 2-62 所示电路的 u-i 关系。

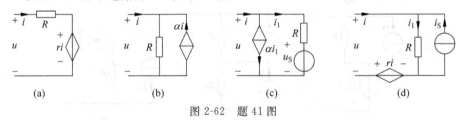

(a)　　　(b)　　　(c)　　　(d)

图 2-62　题 41 图

答：(a) $u=(R-r)i$　(b) $u=R(1+\alpha)i$　(c) $u=u_S+Ri/(1+\alpha)$　(d) $u=(R-r)i+Ri_S$

42. 求图 2-63 所示电路的电流 I_1 和 I_2。

答：把三角形电阻等效变换成 Y 形电阻，如图 2-64 所示。

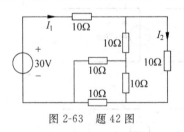 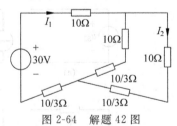

图 2-63　题 42 图　　　　　　图 2-64　解题 42 图

根据等效变换后的电路图可知

$$I_1 = 2I_2, \quad 30 = 10I_1 + (10+10/3)I_2 + 10/3 * I_1$$

解得

$$I_1 = 1.5A, \quad I_2 = 0.75A$$

43. 求图 2-65 所示电路的 I。

答：电路图稍作变动，如图 2-66 所示，得到

$$I = \left(-\frac{1}{3} \times \frac{9}{1 + 2//2 + 3//3//3}\right)\text{A} = -1\text{A}$$

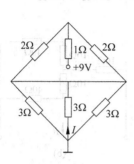
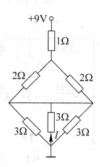

图 2-65　题 43 图　　　　图 2-66　解题 43 图

44. 利用等效变换求图 2-67 所示电路的电流 I。

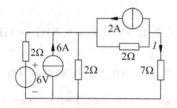
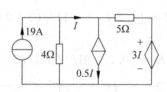

图 2-67　题 44 图

答：电路图进行等效变换，如图 2-68 所示
(a) $I = (9-4)/(1+2+7) = 0.5\text{A}$　(b) $I = 76/(0.5+4+5) = 8\text{A}$

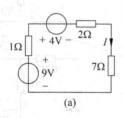
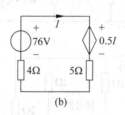

图 2-68　解题 44 图

45. 求图 2-69 所示电路的等效电阻 R。

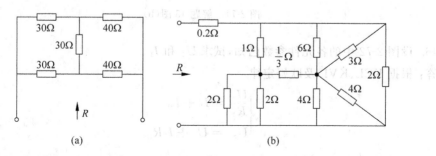

图 2-69　题 45 图

答：
(a) 电路图进行等效变换，如图 2-70 所示。
$$R = [10 + (10+40)//(10+40)]\Omega$$
$$= (10 + 50//50)\Omega = (10+25)\Omega = 35\Omega$$

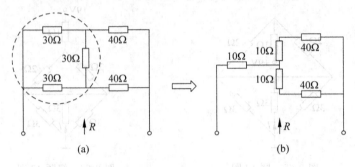

图 2-70 解题 45 图(a)

(b) 电路图进行等效变换，如图 2-71 所示。
桥开路：
$$R = [0.2 + (1+1)//(2+2)//2]\Omega = (0.2+0.8)\Omega = 1\Omega$$
桥短路：
$$R = [0.2 + (1//2 + 1//2)//2]\Omega = (0.2+0.8)\Omega = 1\Omega$$

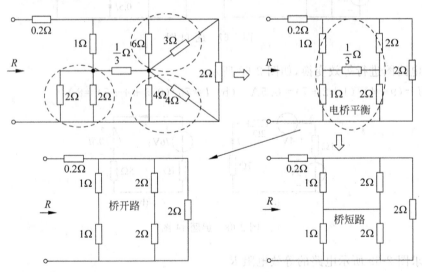

图 2-71 解题 45 图(b)

46. 设图 2-72 中的各元件参数已知，试求 U_2 和 I_1。

答：根据 KCL、KVL 及欧姆定律
$$\begin{cases} \dfrac{U_2}{R_2} = I_1 + I_{S1} \\ U_{S2} = U_2 + I_1 R_1 \end{cases}$$

解得

$$\begin{cases} U_2 = \dfrac{R_2(I_{S1}R_1 + U_{S2})}{R_1 + R_2} \\ I_1 = \dfrac{U_{S2} - I_{S1}R_2}{R_1 + R_2} \end{cases}$$

47. 利用电源的等效变换求如图 2-73 所示电路中的电流 i。

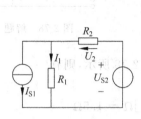

图 2-72 题 46 图

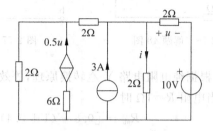

图 2-73 题 47 图

答：与受控电流源串联的 6Ω 电阻，可以除去；等效变换过程如图 2-74 所示。

(1) 先求 u，由方程 $\dfrac{u}{2} \times \dfrac{4}{3} + u + 10 = 4 + \dfrac{1}{3}u$，解得 $u = -4.5\text{V}$。

(2) 根据图 2-74 最右端的网孔可得电压方程 $u + 10 = 2i$，解得 $i = (11/4)\text{A} = 2.75\text{A}$。

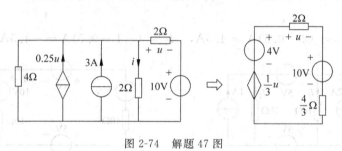

图 2-74 解题 47 图

48. 电路如图 2-75 所示，试求 U_A、U_B、U_C。

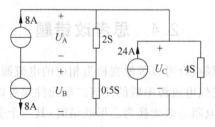

图 2-75 题 48 图

答：将电路进行电源等效变换如图 2-76 所示，并设电流为 I，则有

$$I = \dfrac{6 - 4 + 16}{0.5 + 2 + 0.25}\text{A} = \dfrac{72}{11}\text{A} \quad U_B = -16 + 2I = -\dfrac{32}{11}\text{V} = -2.9\text{V}$$

$$U_A = 4 + 0.5I = \dfrac{80}{11}\text{V} = 7.27\text{V} \quad U_C = 6 - 0.25I = \dfrac{48}{11}\text{V} = 4.36\text{V}$$

49. 电路如图 2-77 所示，若：①电阻 $R=1\Omega$；②电阻 $R=2\Omega$，试分别求等效电阻 R_{ab}。

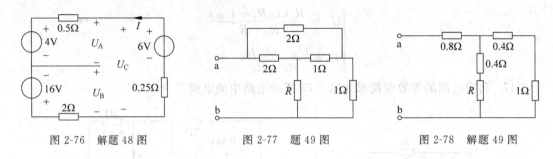

图 2-76 解题 48 图　　图 2-77 题 49 图　　图 2-78 解题 49 图

答：根据纯电阻电路 Y-△转换原理,等效电路图如图 2-78 所示,则有

① 当电阻 $R=1\Omega$ 时
$$R_{ab} = [0.8 + (1+0.4)//(1+0.4)]\Omega = 1.5\Omega$$

② 当电阻 $R=2\Omega$ 时
$$R_{ab} = [0.8 + (2+0.4)//(1+0.4)]\Omega = 32/19\Omega = 1.68\Omega$$

50. 电路如图 2-79 所示,试求电流 I_1、I_2。

答：将电路等效简化为单回路,如图 2-80 所示,则
$$I = \frac{20-5-10+5}{10+10}A = 0.5A,$$

所以
$$I_1 = (2-0.5)A = 1.5A, \quad I_2 = (-1-0.5)A = -1.5A$$

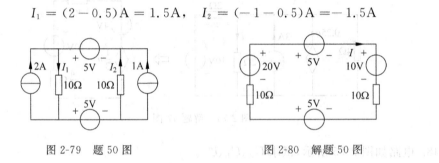

图 2-79 题 50 图　　　　图 2-80 解题 50 图

2.4 思考改错题

1. 电压源与电阻的并联组合可以等效变换为相应的电流源和电阻的串联组合。
2. 对外电路来说,与理想电流源串联的任何二端元件都可以用开路代替。
3. 当星形联结的三个电阻等效变换为△形联结时,其三个引出端的电流和两两引出端的电压是不对应相等的。
4. 对二端有源网络,计算输入电阻时,独立电源要置零,即独立电压源开路。
5. 对二端有源网络,计算输入电阻时,独立电源要置零,即独立电流源短路。
6. 与电压源并联的各网络,对电压源的电压有影响。
7. 与电流源串联的各网络,对电流源的电流有影响。
8. 用加源法计算等效电阻时,所加电源必须是电压源。
9. 受控源可以等效为电源,但不能等效为电阻。
10. 受控源的控制量除了用电压、电流外,还可以用电阻值控制。

第3章 电阻电路的一般分析

3.1 知识点概要

分析方法
- 支路电流法：依据 KCL、KVL 理论，以支路电流为变量列写 b 个方程
- 网孔电流法：以网孔电流为变量列写 $b-(n-1)$ 个方程，左侧为电阻电压降，右侧为电源电压升。注意电流的正负方向
- 回路电流法：以网孔电流为变量列写 $b-(n-1)$ 个方程，左侧为电阻电压降，右侧为电源电压升。注：列写方程时，与支路电流无关
- 结点电压法：以结点电压为变量列写 $n-1$ 个方程，左侧为结点流出给电阻电流，右侧为电源流入结点电流。注：电源电流与支路电流的区别

电阻电路的一般分析：支路电流法、网孔电流法、回路电流法、结点电压法。

对于一个具有 b 条支路 n 个结点的电路图，其 KCL 独立方程数为 $n-1$，KVL 独立方程数为 $l=b-n+1$。

支路分析法是最基本的电路分析方法，包括支路电流法和支路电压法，分别以支路电流和支路电压为电路变量。其主要依据 KCL 定律、KVL 定律和元件的 VCR。

利用元件的 VCR 将各支路电压以支路电流表示，然后代入 KVL 方程，这样就得到以 b 个支路电流为未知量的 b 个 KCL 和 KVL 方程，这种方法称为支路电流法。

回路电流法方程和网孔电流法方程：对于具有 l 个独立回路电路，回路电流方程的一般形式如下（注：网孔是回路的特例，网孔仅适合于平面电路）：

$$R_{11}i_{l1} + R_{12}i_{l2} + R_{13}i_{l3} + \cdots + R_{1l}i_{ll} = u_{S l1}$$
$$R_{21}i_{l1} + R_{22}i_{l2} + R_{23}i_{l3} + \cdots + R_{2l}i_{ll} = u_{S l2}$$
$$\vdots$$
$$R_{l1}i_{l1} + R_{l2}i_{l2} + R_{l3}i_{l3} + \cdots + R_{ll}i_{ll} = u_{S ll}$$

式中具有相同双下标的电阻 R_{11}、R_{22}、$\cdots$、R_{ll} 等是各回路的自电阻；有不同下标的电阻 R_{12}、R_{21}、R_{13}、R_{31}、R_{23} 等是回路间的互电阻。自电阻总为正，互电阻的正、负则根据共有支路上两回路电流的参考方向是否相同而定，方向相同时互电阻为正，方向相反时互电阻为负。显然，如果两个回路之间没有共有支路，或者有共有支路但其电阻为零，则互电阻为零。在含受控源的电阻电路的情况下，把受控源看成独立电源，与独立电源一起用电压代数和列写在方程的右侧，各电源电压的方向与回路电流方向一致时，前面取一号；不一致时，则取十号。即任一回路中，电阻电压的代数和（放在左侧，表示电压降）等于电源（包含受控源）电压的代数和（放在右侧，表示电压升）。

结点电压法以 KCL 和元件 VCR 为依据建立方程。结点电压法方程如下：

$$G_{11}u_{n1} + G_{12}u_{n2} + \cdots + G_{1l}u_{nl} = i_{Sn1}$$
$$G_{21}u_{n1} + G_{22}u_{n2} + \cdots + G_{2l}u_{nl} = i_{Sn2}$$
$$\vdots$$

$$G_{l1}u_{n1} + G_{l2}u_{n2} + \cdots + G_{ll}u_{nl} = i_{Sn1}$$

值得注意的是,电流源(或受控电流源)支路中串联的电阻,不参加列方程。电压源(或受控电压源)与电阻串联的支路,需要等效变换为电流源(或受控电流源)与电阻的并联,然后列写结点电压方程。

式中,G_{ii} 称为结点 i 的自电导,其值是与该结点相连的所有电导的代数和;G_{ij} 称为结点 i 和结点 j 的互电导,它是连接结点 i 和结点 j 的电导的负值;i_{Snk} 表示流入相应结点 k 的电源电流代数和,流入为正和流出为负。

即对任一结点,电导电流的代数和(放在左侧,表示电流出)等于电源(包含受控源)电流的代数和(放在右侧,表示电流入)。因此结点电压法的关键是正确找出各结点的自电导、互电导和电源电流。

无电阻与之串联的电压源称为无伴电压源。当无伴电压源作为一条支路连接于两个结点之间时,该支路的电阻为零,即电导等于无限大,支路电流不能通过支路电压表示,结点电压方程的列写就遇到困难。当电路中存在这类支路时,有两种方法可以处理。第一种方法是把无伴电压源的电流作为附加变量列入 KCL 方程,每引入这样一个变量,同时也增加了一个结点电压与无伴电压源电压之间的一个约束关系。把这些约束关系和结点电压方程合并成一组联立方程,其方程数仍将与变量数相同。另一种方法是将连接无伴电压源的负极定位参考点,其正极结点电压就是无伴电压源电压,这样可避免附加电流变量的出现。

3.2 学习指导

支路电流法的电路方程的步骤如下:

(1) 选定各支路电流的参考方向;

(2) 对($n-1$)个独立结点列出 KCL 方程;

(3) 选取($b-n+1$)个独立回路,指定回路的绕行方向,列写 KVL 方程。

但当电路中存在无伴电流源时,就无法进行等效变换。此时可采用下述方法处理。除回路电流外,将无伴电流源两端的电压作为一个求解变量列入方程。这样,虽然多了一个变量,但是无伴电流源所在支路的电流为已知,故增加了一个回路电流的附加方程,这样,独立方程数与独立变量数仍然相同,可以求解。对受控源的情况当作独立源一样看待。

回路(网孔)电流法的步骤可归纳如下:

(1) 根据给定的电路,通过选择一组独立回路,并指定回路电流的参考方向。

(2) 按公式列出回路电流方程,注意自阻总是正的,互阻的正、负由相关的两个回路电流通过共有电阻时,两者的参考方向是否相同而定。

(3) 该式左边表示电阻电压降,该式右边表示电源(包括受控电源)的电压升,因此求代数和时,注意电压源升为正、电压源降为负;即回路电流方法与电压源电压方向相同为负,相反为正。

(4) 如果电路中有电流源和电阻的并联组合,则将它等效变换成电压源和电阻的串联组合后再列回路电流方程。

(5) 当电路中存在无并联电阻的电流源,亦即无伴电流源时,有两种方法处理:一种方法是将无伴电流源两端的电压作为一个求解变量,如图 3-1 所示,即当作电源电压列入方程,这样,虽然多了一个变量,但是无伴电流源所在支路的电流为已知,故增加了一个回路电流的附加方程,这样,独立方程数与独立变量数仍然相同,可以求解。另一种方法是选独立回路时,其中只有一个回路经过该支路,其他回路不经过它,如图 3-2 所示,则可以立即求出经过该支路的回路电流就是无伴电流源电流,回路电流方向与无伴电流源的电流方向一致为正,否则为负。

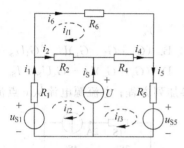

图 3-1 引入电流源电压变量

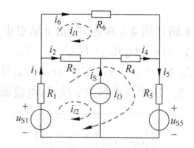

图 3-2 取适当的回路

（6）对于受控源按独立源的方法处理。

结点电压法的步骤可归纳如下：

（1）根据给定的电路,适当选择一个参考结点；其余结点对参考结点的电压定义为结点电压,一般参考结点为零电位。

（2）按公式列出结点电压方程,注意自电导阻总是正的,互电导阻总是负。

（3）该式左边表示从结点流出到电导的电流,该式右边表示电源流入到结点的电流；因此电源（包括受控电源）流入结点为正、否则为负；

（4）如果电路中有电流源（包括受控电流源）和电阻的串联组合,则该电阻被忽略,不参加列方程。

（5）当电路中存在无串联电阻的电压源,亦即无伴电压源时,有两种方法处理：一种方法是将无伴电压源两端的电流作为一个求解变量,如图 3-3 所示,即当作电源电流压列入方程,参考结点可任选；另一种方法是无须引入额外变量,只要选择参考结点为无伴电压源（包括受控电压源）的负极即可,该无伴电压源的正极结点电压就是无伴电压源的电压,如图 3-4 所示；当有多个无伴电压源时,任选一个无伴电压源负极作为参考点。

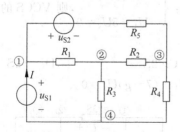

图 3-3 引入电压源电流变量

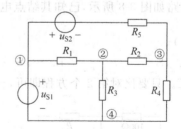

图 3-4 取适当的④作为参考点

如果分析电路时,无特别要求,则需要比较支路数 b 和结点数 n；当 b 很小时（如≤3）,采用支路电流法比较合适,当 b 与 n 比较接近时,则 $b-n+1$ 比较小,所以适合用回路电流法,当 n 比较小时,适合用结点电压法。一般而言,分析方法选择列写方程数少的,也就是引入变量越少越好。

当选择好一种分析方法后,一定要充分利用该方法的特性,选择好回路(如图 3-2 所示)或参考结点(如图 3-4 所示),方便分析计算。

3.3 课后习题分析

1. 电路如图 3-5 所示,写出 c 结点电压方程为( )。

A. $(G_4+G_5)U_c-G_4U_S=-I_S$ B. $(G_4+G_5-G_1)U_c-G_4U_S=-I_S$

C. $(G_4+G_5+G_1)U_c-(G_4+G_1)U_S=-I_S$ D. $(G_4+G_5)U_c-G_4U_S=I_S$

答:A。注意两个特点:G_1 与电流源串联,不参加列方程;电流源电流从 c 点流出。

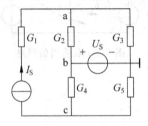
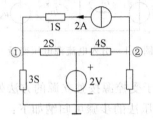

图 3-5 题 1 图　　　　　　　　　　图 3-6 题 2 图

2. 对图 3-6 所示电路,结点①的结点方程为( )。

A. $6U_1-U_2=6$ B. $6U_1=6$ C. $5U_1=6$ D. $6U_1-2U_2=2$

答:C。注意两个特点:1S 电导与电流源串联,不参加列方程;电流源电流流入结点①。

3. 电路如图 3-7 所示,其网孔方程是:$\begin{cases}300I_1-200I_2=3\\-100I_1+400I_2=0\end{cases}$,则 CCVS 的控制系数 r 为( )。

A. 100Ω B. -100Ω C. 50Ω D. -50Ω

答:A。只要比对第 2 个方程即可,$-(200-r)I_1+(200+R)I_2=0$。

4. 电路如图 3-8 所示,已知其结点电压方程是:$\begin{cases}5U_1-3U_2=2\\-U_1+5U_2=0\end{cases}$,则 VCCS 的控制系数 g 为( )。

A. 1S   B. -1S   C. 2S   D. -2S

答:C。只要比对第 2 个方程即可,$-(3-g)U_1+(7-g)U_2=0$。

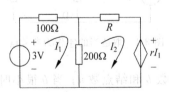
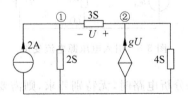

图 3-7 题 3 图　　　　　　　　　　图 3-8 题 4 图

5. 电路如图 3-9 所示,结点 a 的结点电压方程为( )。
   A. $8U_a - U_b + U_c = 2$
   B. $1.7U_a - U_b - 0.5U_c = -2$
   C. $1.7U_a - U_b - 0.5U_c = 2$
   D. $8U_a - U_b - 2U_c = -2$

答：C。利用结点电压法公式,并把电压源与电阻串联等效变换成电流源与电阻并联。

6. 试用结点电压分析法求图 3-10 所示电路的电流 I 列写的方程是( )。

   A. $\begin{cases} \left(\dfrac{1}{6}+\dfrac{1}{3}+\dfrac{1}{2}\right)U_1 = -\dfrac{3}{6}-3-\dfrac{2}{2} \\ I = \dfrac{U_1-2}{2} \end{cases}$
   B. $\begin{cases} \left(\dfrac{1}{6}+\dfrac{1}{3}+\dfrac{1}{2}\right)U_1 = \dfrac{3}{6}+3+\dfrac{2}{2} \\ I = \dfrac{U_1-2}{2} \end{cases}$

   C. $\begin{cases} \left(\dfrac{1}{6}+\dfrac{1}{3}+\dfrac{1}{2}\right)U_1 = \dfrac{3}{6}+3+\dfrac{2}{2}-I \\ I = \dfrac{U_1-2}{2} \end{cases}$
   D. $\begin{cases} \left(\dfrac{1}{6}+\dfrac{1}{3}+\dfrac{1}{2}\right)U_1 = \dfrac{3}{6}+3+\dfrac{2}{2}-I \\ I = \dfrac{U_1+2}{2} \end{cases}$

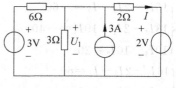

图 3-9 题 5 图   图 3-10 题 6 图

答：B。在列写结点电压法方程时,先不考虑支路电流,所以,C 选项和 D 选项都不对。对于方程右侧的正负取向,电源电流流入结点取正。

7. 已知 U_S 和 I_S,试用支路电流法求图 3-11 所示电路的各支路电流列写的方程是( )。

   A. $\begin{cases} I_1 = I_2 + I_3 \\ U_S = 4I_4 \\ U_S = 6I_1 + 3I_2 \\ I_3 = -I_S \end{cases}$
   B. $\begin{cases} I_4 + I_1 = 0 \\ I_1 + I_2 + I_3 = 0 \\ U_S = 6I_1 + 3I_2 \\ I_3 = I_S \end{cases}$
   C. $\begin{cases} I_1 = I_2 + I_3 \\ U_S = 4I_4 \\ U_S = 6I_1 + 3I_2 \\ I_3 = I_S \end{cases}$
   D. $\begin{cases} I_1 = I_2 + I_3 \\ U_S = 4I_4 \\ U_S = 6I_1 + 2I_3 \\ I_3 = -I_S \end{cases}$

答：A。B 选项的错误是,未判断电流的方向；C 选项的错误是 I_3 和 I_S 的关系,只考虑值大小,未考虑方向；D 选项的错误是,第 3 个方程未考虑电流源的电压。

8. 电路如图 3-12 所示,试用结点法求电流 I 列写的方程是( )。

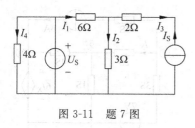

图 3-11 题 7 图

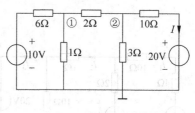

图 3-12 题 8 图

A. $\begin{cases} \left(\dfrac{1}{6}+\dfrac{1}{2}+1\right)U_1-\dfrac{1}{2}U_2=\dfrac{10}{6} \\ \left(\dfrac{1}{2}+\dfrac{1}{3}+\dfrac{1}{10}\right)U_2-\dfrac{1}{2}U_1=\dfrac{20}{10}-I \\ I=\dfrac{U_2-20}{10} \end{cases}$
B. $\begin{cases} \left(\dfrac{1}{6}+\dfrac{1}{2}+1\right)U_1-\dfrac{1}{2}U_2=\dfrac{10}{6} \\ \left(\dfrac{1}{2}+\dfrac{1}{3}+\dfrac{1}{10}\right)U_2-\dfrac{1}{2}U_1=\dfrac{20}{10}+I \\ I=\dfrac{U_2+20}{10} \end{cases}$

C. $\begin{cases} (6+2+1)U_1-2U_2=\dfrac{10}{6} \\ (2+3+10)U_2-2U_1=\dfrac{20}{10} \\ I=\dfrac{U_2-20}{10} \end{cases}$
D. $\begin{cases} \left(\dfrac{1}{6}+\dfrac{1}{2}+1\right)U_1-\dfrac{1}{2}U_2=\dfrac{10}{6} \\ \left(\dfrac{1}{2}+\dfrac{1}{3}+\dfrac{1}{10}\right)U_2-\dfrac{1}{2}U_1=\dfrac{20}{10} \\ I=\dfrac{U_2-20}{10} \end{cases}$

答：D。在列写结点电压法方程时，先不考虑支路电流，所以 A 选项和 B 选项都不对。C 选项的错误是把电阻看成为电导了。

9. 用网孔分析法求图 3-13 所示电路中的电流列写的方程是（　　）。

A. $\begin{cases} 16I_1-2I_2-I_3=-60 \\ 13I_2-2I_1+10I_3=-40 \\ 10I_3-10I_2=20 \end{cases}$
B. $\begin{cases} 16I_1-2I_2=60 \\ 13I_2-2I_1-10I_3=40 \\ 10I_3-10I_2=-20 \end{cases}$

C. $\begin{cases} 16I_1-2I_2-I_3=60 \\ 13I_2-2I_1-10I_3=40 \\ 10I_3-10I_2=-20 \end{cases}$
D. $\begin{cases} 16I_1-2I_2=-60 \\ 13I_2-2I_1-10I_3=-40 \\ 10I_3-10I_2=20 \end{cases}$

答：B。网孔 1 与网孔 3 无互电阻，所以 A 选项和 C 选项是错的；网孔电流与网孔电压源电压的方向相同取负，相反取正，因此 A 选项和 D 选项是错的。

10. 试用结点电压法求图 3-14 所示电路中的电流 I_X 列写的方程是（　　）。

A. $\begin{cases} 10U_1-2U_2-5U_3=15 \\ 2U_2-2U_1-4U_3=0 \\ U_3=6I_X \\ I_X=2(U_1-U_2) \end{cases}$
B. $\begin{cases} 5U_1-2U_2-5U_3=15 \\ 7U_2-2U_1-4U_3=0 \\ 9U_3-4U_2-5U_1=6I_X \\ I_X=2(U_1-U_2) \end{cases}$

C. $\begin{cases} 5U_1-2U_2=15 \\ 7U_2-2U_1-4U_3=0 \\ U_3=6I_X \\ I_X=2(U_1-U_2) \end{cases}$
D. $\begin{cases} 10U_1-2U_2=15-I_X \\ 7U_2-2U_1-4U_3=0 \\ U_3=6I_X \\ I_X=2(U_1-U_2) \end{cases}$

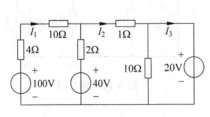

图 3-13　题 9 图

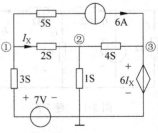

图 3-14　题 10 图

答：C。电导5S与电流源串联，不参加列方程，所以，A选项和D选项是错的；受控源$6I_X$是无伴受控电压源，所以$U_3=6I_X$直接写出，故B选项是错的。

11. 用网孔分析法时，因为未知量是网孔电流，所以要先用网孔电流表示（　　）电流，再表示电阻电压。

　　A. 回路　　　　　B. 结点　　　　　C. 电源　　　　　D. 支路

答：D。最终是要求解支路电流（或电压）的，为了简化解题，网孔电流法是先求解网孔电流，然后求解支路电流；因此需要用网孔电流表示支路电流，这样在列写网孔电流方程时，无须出现支路电流。

12. 在建立电路方程时，选回路（网孔）电流或结点电压求解变量是因为回路（网孔）电流或结点电压具有（　　）。

　　A. 独立性和完备性　B. 统一性　　　　　C. 相关性　　　　　D. 网络性

答：A。电路解答必须具有唯一性，因此电路的分析求解必须具有独立性和完备性。

13. 结点电压为电路中各独立结点对参考点的电压。对具有b条支路n个结点的连通电路，可列出（　　）个独立结点电压方程。

　　A. $b-(n-1)$　　　B. $n-1$　　　　　C. $b-n$　　　　　D. $n+1$

答：B。电路有n个结点，每个结点都可以写出一个KCL方程，但每一个KCL方程又可以被其他$n-1$个方程组合产生，因此可列写的独立KCL方程为$n-1$个。

14. 试写出图3-15所示电路中的结点电压方程，求电流I、I_1列写的方程是（　　）。

A. $\begin{cases} 1.5U_1-0.5U_3=-I \\ 3U_2-U_3=2I \\ U_3=4V \\ I=U_1 \\ I_1=U_1+2U_2 \end{cases}$
B. $\begin{cases} 1.5U_1-0.5U_3=-2I \\ 3U_2-U_3=2I \\ U_3=4V \\ I=U_1 \\ I_1=U_1+2U_2 \end{cases}$

C. $\begin{cases} 1.5U_1-0.5U_3=-2I \\ 3U_2-U_3=2I \\ U_3=4V \\ I=-U_1 \\ I_1=U_1+2U_2 \end{cases}$
D. $\begin{cases} 1.5U_1-0.5U_3=-I \\ 3U_2-U_3=2I \\ U_3=4V \\ I=-U_1 \\ I_1=U_1+2U_2 \end{cases}$

答：C。在写附加方程时，必须注意电压电流的方向问题，A选项和B选项对结点①和电流I的方向判断失误；D选项的错误是支路电流I_1参与到第1个方程中了。

15. 电路如图3-16所示，a、b结点电压方程应为（　　）。

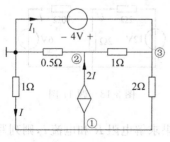
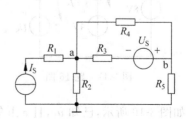

图3-15　题14图　　　　　图3-16　题15图

A. $\begin{cases} \left(\dfrac{1}{R_1}+\dfrac{1}{R_2}+\dfrac{1}{R_3}+\dfrac{1}{R_4}\right)U_a - \left(\dfrac{1}{R_3}+\dfrac{1}{R_4}\right)U_b = I_S - \dfrac{U_S}{R_3} \\ -\left(\dfrac{1}{R_3}-\dfrac{1}{R_4}\right)U_a + \left(\dfrac{1}{R_3}+\dfrac{1}{R_4}+\dfrac{1}{R_5}\right)U_b = \dfrac{U_S}{R_3} \end{cases}$

B. $\begin{cases} \left(\dfrac{1}{R_1}+\dfrac{1}{R_2}+\dfrac{1}{R_3}+\dfrac{1}{R_4}\right)U_a - \left(\dfrac{1}{R_3}+\dfrac{1}{R_4}\right)U_b = I_S + \dfrac{U_S}{R_3} \\ -\left(\dfrac{1}{R_3}+\dfrac{1}{R_4}\right)U_a + \left(\dfrac{1}{R_3}+\dfrac{1}{R_4}+\dfrac{1}{R_5}\right)U_b = -\dfrac{U_S}{R_3} \end{cases}$

C. $\begin{cases} \left(\dfrac{1}{R_2}+\dfrac{1}{R_3}+\dfrac{1}{R_4}\right)U_a - \left(\dfrac{1}{R_3}+\dfrac{1}{R_4}\right)U_b = I_S - \dfrac{U_S}{R_3} \\ -\left(\dfrac{1}{R_3}-\dfrac{1}{R_4}\right)U_a + \left(\dfrac{1}{R_3}+\dfrac{1}{R_4}+\dfrac{1}{R_5}\right)U_b = \dfrac{U_S}{R_3} \end{cases}$

D. $\begin{cases} \left(\dfrac{1}{R_2}+\dfrac{1}{R_3}+\dfrac{1}{R_4}\right)U_a - \dfrac{1}{R_4}U_b = I_S - \dfrac{U_S}{R_3} \\ -\dfrac{1}{R_4}U_a + \left(\dfrac{1}{R_3}+\dfrac{1}{R_4}+\dfrac{1}{R_5}\right)U_b = \dfrac{U_S}{R_3} \end{cases}$

答：C。电阻 R_1 与电流源串联，不参加列方程，所以 A 选项和 B 选项是错的；D 选项遗漏了电阻 R_3。

16. 如图 3-17 所示电路的网孔方程为 $\begin{cases} 4I_1 - 3I_2 = 4 \\ -3I_1 + 9I_2 = 2 \end{cases}$，则 R 和 U_S 分别为（　　）。

　　A. $4\Omega, 2V$　　　　B. $4\Omega, 6V$　　　　C. $7\Omega, -2V$　　　　D. $7\Omega, 2V$

答：A。只需要列写第 2 网孔方程进行比对就可以了，$-3I_1 + (5+R)I_2 = 4 - U_S$。

17. 用结点分析法求解如图 3-18 所示电路的结点电压 U 和电流 I 的方程为（　　）。

A. $\begin{cases} \left(\dfrac{1}{2}+\dfrac{1}{2}+\dfrac{1}{10}\right)U = \dfrac{12}{2}+\dfrac{6}{10} \\ I = \dfrac{U+6}{10} \end{cases}$　　　　B. $\begin{cases} \left(\dfrac{1}{2}+\dfrac{1}{2}+\dfrac{1}{10}\right)U = -\dfrac{12}{2}-\dfrac{6}{10} \\ I = \dfrac{U+6}{10} \end{cases}$

C. $\begin{cases} \left(\dfrac{1}{2}+\dfrac{1}{2}+\dfrac{1}{10}\right)U = \dfrac{12}{2}+\dfrac{6}{10} \\ I = \dfrac{U-6}{10} \end{cases}$　　　　D. $\begin{cases} \left(\dfrac{1}{2}+\dfrac{1}{2}+\dfrac{1}{10}\right)U = -\dfrac{12}{2}-\dfrac{6}{10} \\ I = \dfrac{U-6}{10} \end{cases}$

答：B。该题考查电源等效变换时的电压电流方向问题。

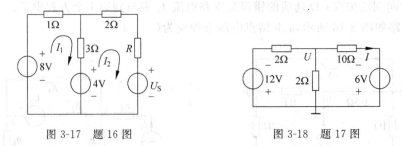

图 3-17　题 16 图　　　　图 3-18　题 17 图

18. 如图 3-19 所示，已知 u_1，且 a、b 等电位，如果求解电阻 R 和电流 i，则列写的结点电压方程为（　　）。

A. $\begin{cases} u_a = u_b = u_1 \\ u_c = -5u_1 \\ (5+5+R)u_b - 5u_a - Ru_c = \dfrac{14}{5} \\ i = \dfrac{u_a - u_c}{4} + \dfrac{u_b - u_c}{R} \end{cases}$

B. $\begin{cases} u_a = u_b = u_1 \\ u_c = -5u_1 \\ (5+5+R)u_b - 5u_a - Ru_c = -\dfrac{14}{5} \\ i = \dfrac{u_a - u_c}{4} + \dfrac{u_b - u_c}{R} \end{cases}$

C. $\begin{cases} u_a = u_b = u_1 \\ u_c = -5u_1 \\ \left(\dfrac{1}{5}+\dfrac{1}{5}+\dfrac{1}{R}\right)u_b - \dfrac{1}{5}u_a - \dfrac{1}{R}u_c = \dfrac{14}{5} \\ i = \dfrac{u_a - u_c}{4} + \dfrac{u_b - u_c}{R} \end{cases}$

D. $\begin{cases} u_a = u_b = u_1 \\ u_c = -5u_1 \\ \left(\dfrac{1}{5}+\dfrac{1}{5}+\dfrac{1}{R}\right)u_b - \dfrac{1}{5}u_a - \dfrac{1}{R}u_c = -\dfrac{14}{5} \\ i = \dfrac{u_a - u_c}{4} + \dfrac{u_b - u_c}{R} \end{cases}$

答：C。考查电导与电阻的掌握程度，A 选项和 B 选项把电阻看成电导；D 选项把电源等效变换时的方向取反了。

19. 电路如图 3-20 所示，用网孔分析法求各支路电流的方程为（　　）。

A. $\begin{cases} (20+30)I_1 + 30I_3 = 40 \\ (30+50)I_3 + 30I_1 = 50 \times 2 \\ I_2 = I_1 + I_3 \end{cases}$ B. $\begin{cases} (20+30)I_1 - 30I_3 = 40 \\ I_3 = 2A \\ I_2 = I_1 + I_3 \end{cases}$

C. $\begin{cases} (20+30)I_1 + 30I_3 = -40 \\ (30+50)I_3 - 30I_1 = 50 \times 2 \\ I_2 = I_1 + I_3 \end{cases}$ D. $\begin{cases} (20+30)I_1 + 30I_3 = 40 \\ I_3 = 2A \\ I_2 = I_1 + I_3 \end{cases}$

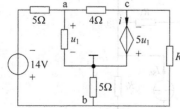

图 3-19　题 18 图

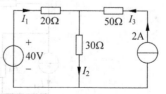

图 3-20　题 19 图

答：D。考查互电阻正负取值、电源电压正负取值问题。该题很明显，左网孔电流用 I_1 表示，右网孔电流用 I_3 表示，而 I_3 恰好表示电流源电流，因此有 $I_3=2A$。

20. 试列写图 3-21 所示电路的结点电压方程( )。

A. $\begin{cases} \left(\dfrac{1}{R_1}+\dfrac{1}{R_2}+\dfrac{1}{R_4}\right)U_1-\dfrac{1}{R_2}U_2-\dfrac{1}{R_1}U_3=-I_{S4} \\ \left(\dfrac{1}{R_2}+\dfrac{1}{R_5}\right)U_2-\dfrac{1}{R_2}U_1=gU_4 \\ \left(\dfrac{1}{R_1}+\dfrac{1}{R_6}\right)U_3-\dfrac{1}{R_1}U_1=I_{S6}-gU_4 \\ U_4=U_1 \end{cases}$

B. $\begin{cases} \left(\dfrac{1}{R_1}+\dfrac{1}{R_2}+\dfrac{1}{R_4}\right)U_1-\dfrac{1}{R_2}U_2-\dfrac{1}{R_1}U_3=-I_{S4} \\ \left(\dfrac{1}{R_2}+\dfrac{1}{R_3}+\dfrac{1}{R_5}\right)U_2-\dfrac{1}{R_2}U_1=gU_4 \\ \left(\dfrac{1}{R_1}+\dfrac{1}{R_3}+\dfrac{1}{R_6}\right)U_3-\dfrac{1}{R_1}U_1=I_{S6}-gU_4 \\ U_4=U_1 \end{cases}$

C. $\begin{cases} \left(\dfrac{1}{R_1}+\dfrac{1}{R_2}+\dfrac{1}{R_4}\right)U_1-\dfrac{1}{R_2}U_2-\dfrac{1}{R_1}U_3=-I_{S4} \\ \left(\dfrac{1}{R_2}+\dfrac{1}{R_3}+\dfrac{1}{R_5}\right)U_2-\dfrac{1}{R_2}U_1-\dfrac{1}{R_3}U_3=gU_4 \\ \left(\dfrac{1}{R_1}+\dfrac{1}{R_3}+\dfrac{1}{R_6}\right)U_3-\dfrac{1}{R_1}U_1-\dfrac{1}{R_3}U_2=I_{S6}-gU_4 \\ U_4=U_1 \end{cases}$

D. $\begin{cases} \left(\dfrac{1}{R_1}+\dfrac{1}{R_2}+\dfrac{1}{R_4}\right)U_1-\dfrac{1}{R_2}U_2=-I_{S4} \\ \left(\dfrac{1}{R_2}+\dfrac{1}{R_5}\right)U_2-\dfrac{1}{R_2}U_1=gU_4 \\ \left(\dfrac{1}{R_1}+\dfrac{1}{R_6}\right)U_3-\dfrac{1}{R_1}U_1=I_{S6}-gU_4 \\ U_4=U_1 \end{cases}$

答：A。由于 R_3 与受控电流源串联，因此在结点电压法中，不参加列方程，所以可以排除 B 选项和 C 选项。结点①和结点③之间的互电导为 R_1 的倒数，D 选项把它遗漏了。

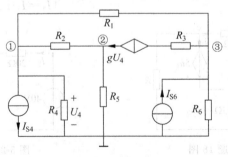

图 3-21 题 20 图

21. 列出图 3-22 所示电路的结点电压法方程。

答：用结点电压法，可得

$$\begin{cases} (G_2+G_3)U_1 - G_2U_2 - G_3U_3 = I_1 - I_{S3} \\ (G_2+G_4+G_5)U_2 - G_2U_1 - G_4U_3 = -I_1 \\ U_3 = -U_{S7} \\ U_1 - U_2 = U_{S1} \end{cases}$$

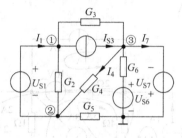

图 3-22 题 21 图

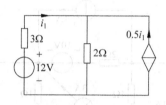

图 3-23 题 22 图

22. 用支路电流法求图 3-23 中的支路电流 i_1。

答：用支路法求解，列写 KVL 方程

$$12 = 3i_1 + 2(i_1 + 0.5\,i_1)$$

解得

$$i_1 = 2\text{A}$$

23. 用结点电压法求图 3-24 中的电流 i。

答：假设 3 个结点电压如图 3-25 所示，则有

$$\begin{cases} \left(\dfrac{1}{0.5}+\dfrac{1}{1}+\dfrac{1}{1}\right)U_1 - \dfrac{1}{1}U_2 - \dfrac{1}{1}U_3 = 3U + 3 \\ U_2 = 2\text{V} \quad U = -U_3 \\ \left(\dfrac{1}{1}+\dfrac{1}{0.5}+\dfrac{1}{0.5}+\dfrac{1}{1}\right)U_3 - \dfrac{1}{0.5}U_2 - \dfrac{1}{1}U_1 = -3 - \dfrac{2}{1} \end{cases} \Rightarrow \begin{cases} U_1 = \dfrac{16}{13}\text{V} \\ U_2 = 2\text{V} \\ U_3 = \dfrac{1}{26}\text{V} \end{cases}$$

$$\Rightarrow \begin{cases} U = -\dfrac{1}{26}\text{V} \\ i = \dfrac{-U_1}{0.5} = -\dfrac{32}{13}\text{A} \end{cases}$$

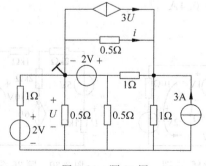

图 3-24 题 23 图

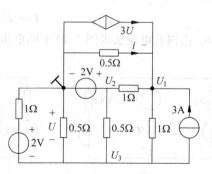

图 3-25 解题 23 图

24. 采用回路电流法求图 3-26 中的电流 i。（要求各电流源支路仅有一个回路电流经过）

答：设回路电流法如图 3-27 所示，则只需列写一个回路电流是 i 的方程

$$(1+2+3+4)i+2\times 1+4\times 1-3\times 2+(2+4)\times 3$$
$$+(2+3+4)\times 2=5+10-12+7$$

求得

$$i=-2.6\text{A}$$

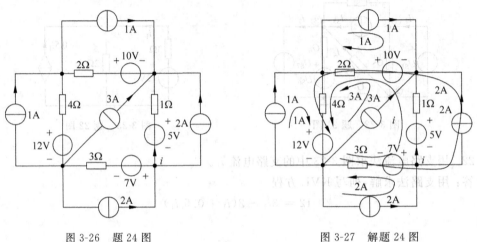

图 3-26　题 24 图　　　　　　图 3-27　解题 24 图

25. 用网孔电流法求图 3-28 中的电流 I。

答：采用网孔法，令左、右网孔电流为 I_1、I_2，都按顺时针方向绕行。如图 3-29 所示，则有

$$\begin{cases}(4+5)I_1-5I_2=5-1\\(5+10)I_2-5I_1=1-2\end{cases}$$

解得

$$\begin{cases}I_1=0.5\text{A}\\I_2=0.1\text{A}\end{cases}$$

即

$$I=I_1-I_2=0.4\text{A}$$

26. 用网孔电流法求图 3-30 中的电压 U。

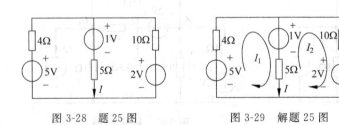
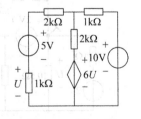

图 3-28　题 25 图　　　　图 3-29　解题 25 图　　　　图 3-30　题 26 图

答：采用网孔法，令左、右网孔电流为 I_1、I_2，都按逆时针方向绕行。如图 3-31 所示，则有

$$\begin{cases}(1000+2000+2000)I_1-2000I_2=6U-5\\(1000+2000)I_2-2000I_1=10-6U\\U=1000I_1\end{cases}$$

解得

$$\begin{cases}I_1=1\text{mA}\\I_2=2\text{mA}\\U=1\text{V}\end{cases}$$

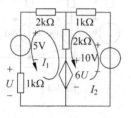

图 3-31 解题 26 图

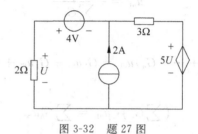

图 3-32 题 27 图

27. 用回路电流法求图 3-32 中的电压 U。

答：用回路法：回路电流如图 3-33 所示

$$\begin{cases}(3+2)I+2\times 2=5U+4\\U=2\times(2+I)\end{cases}$$

解得

$$\begin{cases}I=-4\text{A}\\U=-4\text{V}\end{cases}$$

28. 用网孔电流法求图 3-34 中的电流 I。

答：采用网孔电流法，假设电流都按顺时针绕行，则上孔电流为 1A，左下孔电流为 I_1，右下孔电流为 I_2，列方程有

$$\begin{cases}(5+5+30)I_1-5\times 1-30I_2=30\\(30+20)I_2-30I_1-20\times 1=-5\end{cases}\Rightarrow\begin{cases}I_1=2\text{A}\\I_2=1.5\text{A}\end{cases}$$

$$\Rightarrow I=I_1-I_2=(2-1.5)\text{A}=0.5\text{A}$$

29. 用网孔电流法求图 3-35 中的电流 I、电压 U。

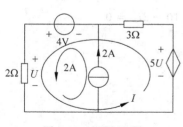

图 3-33 解题 27 图

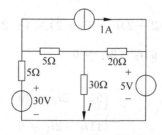

图 3-34 题 28 图

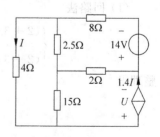

图 3-35 题 29 图

答：采用网孔电流法，假设电流都按顺时针绕行，左孔电流为 I，右上孔电流为 i，右下孔电流为 $1.4I$。

$$\begin{cases} (4+15+2.5)I - 15\times 1.4I - 2.5i = 0 \\ (2+8+2.5)i - 2.5I - 2\times 1.4I = -14 \\ U + 14 + 8i + 4I = 0 \end{cases} \Rightarrow \begin{cases} I = 1\text{A} \\ i = 5\text{A} \\ U = -42\text{V} \end{cases}$$

30. 图 3-36 为由电压源和电阻组成的一个独立结点的电路，用结点电压法证明其结点电压为如下公式，此式又称为弥尔曼定理。

$$u_{n1} = \frac{\sum G_k U_{Sk}}{\sum G_k}$$

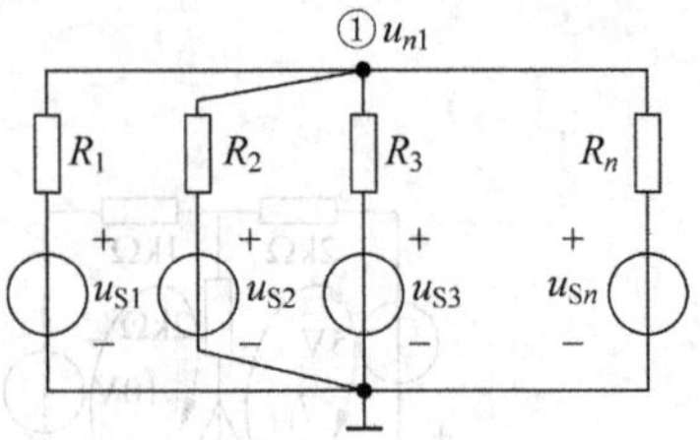

证明：

$$(G_1 + G_2 + \cdots + G_n)u_{n1} = G_1 u_{S1} + G_2 u_{S2} + \cdots + G_n u_{Sn}$$

即

$$\left(\sum G_k\right)\cdot u_{n1} = \sum G_k u_{Sk}$$

故

$$u_{n1} = \frac{\sum G_k u_{Sk}}{\sum G_k}$$

证毕。

图 3-36 题 30 图

31. 分别列写图 3-37 所示电路的回路电流方程和结点电压方程。

答：结点及回路如图 3-38 所示。

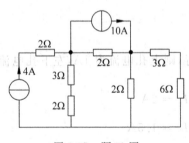

图 3-37 题 31 图

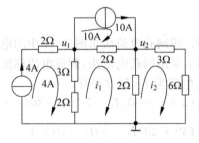

图 3-38 解题 31 图

（1）回路法

$$\begin{cases} (2+3+2+2)i_1 - (3+2)\times 4 - 2\times 10 - 2i_2 = 0 \\ (2+3+6)i_2 - 2i_1 = 0 \end{cases}$$

整理得

$$\begin{cases} 9i_1 - 2i_2 = 40 \\ 11i_2 - 2i_1 = 0 \end{cases}$$

（2）结点电压法

$$\begin{cases} \left(\dfrac{1}{2+3}+\dfrac{1}{2}\right)u_1-\dfrac{1}{2}u_2=4-10 \\ \left(\dfrac{1}{6+3}+\dfrac{1}{2}+\dfrac{1}{2}\right)u_2-\dfrac{1}{2}u_1=10 \end{cases}$$

整理得

$$\begin{cases} 7u_1-5u_2=-60 \\ 20u_2-9u_1=180 \end{cases}$$

32. 分别列写图 3-39 所示电路的回路电流方程和结点电压方程。

答：结点及回路如图 3-40 所示。

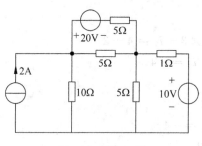
图 3-39　题 32 图

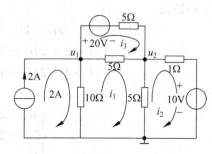
图 3-40　解题 32 图

（1）回路法

$$\begin{cases} (10+5+5)i_1-10\times 2-5i_2-5i_3=0 \\ (5+1)i_2-5i_1=-10 \\ (5+5)i_3-5i_1=-20 \end{cases}$$

整理得

$$\begin{cases} 4i_1-i_2-i_3=4 \\ 6i_2-5i_1=-10 \\ 2i_3-i_1=-4 \end{cases}$$

（2）结点电压法

$$\begin{cases} \left(\dfrac{1}{10}+\dfrac{1}{5}+\dfrac{1}{5}\right)u_1-\dfrac{2}{5}u_2=2+\dfrac{20}{5} \\ \left(\dfrac{1}{5}+\dfrac{1}{5}+\dfrac{1}{5}+\dfrac{1}{1}\right)u_2-\dfrac{2}{5}u_1=\dfrac{10}{1}-\dfrac{20}{5} \end{cases}$$

整理得

$$\begin{cases} 5u_1-4u_2=60 \\ 8u_2-2u_1=30 \end{cases}$$

33. 分别列写图 3-41 所示电路的回路电流方程和结点电压方程。

答：结点及回路如图 3-42 所示。

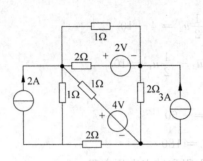
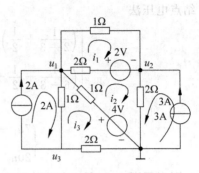

图 3-41 题 33 图 　　　　　　图 3-42 解题 33 图

（1）回路法

$$\begin{cases}(1+2)i_1 - 2i_2 = 2\\(1+2+2)i_2 - 2i_1 + 2\times 3 - i_3 = 4-2\\(1+1+2)i_3 - 1\times 2 - i_2 = -4\end{cases}$$

整理得

$$\begin{cases}3i_1 - 2i_2 = 2\\5i_2 - 2i_1 - i_3 = -4\\4i_3 - i_2 = -2\end{cases}$$

（2）结点电压法

$$\begin{cases}\left(\dfrac{1}{1}+\dfrac{1}{1}+\dfrac{1}{1}+\dfrac{1}{2}\right)u_1 - \left(\dfrac{1}{2}+\dfrac{1}{1}\right)u_2 - \dfrac{1}{1}u_3 = 2 + \dfrac{2}{2} + \dfrac{4}{1}\\\left(\dfrac{1}{1}+\dfrac{1}{2}+\dfrac{1}{2}\right)u_2 - \left(\dfrac{1}{2}+\dfrac{1}{1}\right)u_1 = 3 - \dfrac{2}{2}\\\left(\dfrac{1}{1}+\dfrac{1}{2}\right)u_3 - \dfrac{1}{1}u_1 = -2\end{cases}$$

整理得

$$\begin{cases}7u_1 - 3u_2 - 2u_3 = 14\\4u_2 - 3u_1 = 4\\3u_3 - 2u_1 = -4\end{cases}$$

34．分别列写图 3-43 所示电路的回路电流方程和结点电压方程。

答：结点及回路如图 3-44 所示。

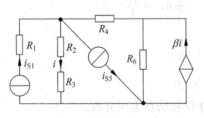
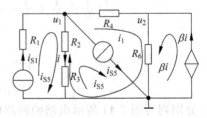

图 3-43 题 34 图 　　　　　　图 3-44 解题 34 图

(1) 回路法
$$\begin{cases} (R_2+R_3+R_4+R_6)i_1 - (R_2+R_3)i_{S1} + (R_2+R_3)i_{S5} + R_6\beta i = 0 \\ i = i_{S1} - i_{S5} - i_1 \end{cases}$$

(2) 结点电压法
$$\begin{cases} \left(\dfrac{1}{R_2+R_3}+\dfrac{1}{R_4}\right)u_1 - \dfrac{1}{R_4}u_2 = i_{S1} - i_{S5} \\ \left(\dfrac{1}{R_4}+\dfrac{1}{R_6}\right)u_2 - \dfrac{1}{R_4}u_1 = \beta i \\ i = \dfrac{u_1}{R_2+R_3} \end{cases}$$

35. 采用回路电流法求图 3-45 所示电路的电流 I_S 和 I_O。

答：采用回路电流法，回路如图 3-46 所示。

$$\begin{cases} (5+6)I_S - 5I_O - (5+6)I = 48 \\ (5+3+9+2)I_O - 5I_S + (5+3+9)I = 0 \\ (5+3+9+1+1+6)I - (5+6)I_S + (5+3+9)I_O = 0 \end{cases}$$

解得

$$\begin{cases} I = 6\text{A} \\ I_S = 9\text{A} \\ I_O = -3\text{A} \end{cases}$$

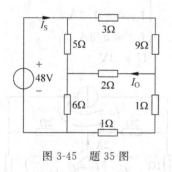

图 3-45　题 35 图

图 3-46　解题 35 图

36. 采用回路电流法求图 3-47 所示电路的电压 U。

答：采用回路电流法，回路如图 3-48 所示。

$$\begin{cases} (5+20)I - 5I_2 = 50 \\ (5+10+4)I_2 + 10I_1 - 5I = 0 \\ 10I_1 + 10I_2 = 50 - 15I \\ U = 20I \end{cases}$$

解得

$$\begin{cases} I_1 = 4.6\text{A} \\ I_2 = -2\text{A} \\ I = 1.6\text{A} \\ U = 32\text{V} \end{cases}$$

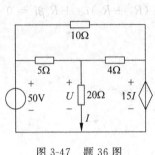

图 3-47　题 36 图

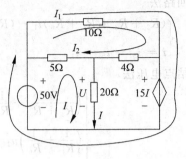

图 3-48　解题 36 图

37. 根据图 3-49 所示电路，试用结点电压方程求解电压 U_{bc}。

答：采用结点电压法，有

$$\begin{cases}(G_2+G_3)U_a-G_2U_b=I_S\\U_b=U_S\\(G_4+G_5)U_c-G_4U_b=-I_S\end{cases}\Rightarrow\begin{cases}U_a=\dfrac{I_S+G_2U_S}{G_2+G_3}\\U_b=U_S\\U_c=\dfrac{G_4U_S-I_S}{G_4+G_5}\end{cases}\Rightarrow U_{bc}=\dfrac{G_5U_S-I_S}{G_4+G_5}$$

38. 用网孔电流法求图 3-50 所示电路的网孔电流 I_{L1}、I_{L2}、I_{L3}。

答：采用网孔电流法，则有

$$\begin{cases}I_{L1}=1A\\(1+2)I_{L2}-2I_{L1}=-U\\(2+1)I_{L3}-2I_{L1}=U\\I_{L3}-I_{L2}=2\end{cases}\Rightarrow\begin{cases}I_{L1}=1A\\I_{L2}=-1/3A\\I_{L3}=5/3A\\U=3V\end{cases}$$

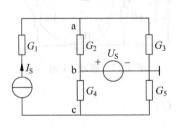

图 3-49　题 37 图

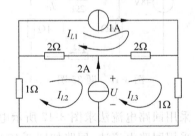

图 3-50　题 38 图

39. 电路如图 3-51 所示，用结点电压法求解电压 u。

答：用结点电压法比较简单

$$\left(\dfrac{1}{2}+\dfrac{1}{2}\right)u=u+2+\dfrac{4u}{2}$$

解得

$$u=-1V$$

40. 电路如图 3-52 所示，用结点电压法求解电流 i。

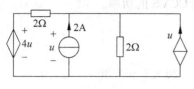

图 3-51 题 39 图

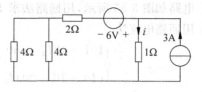

图 3-52 题 40 图

答：用结点电压法比较简单（注：两个 4Ω 电阻并联为 2Ω，再与 2Ω 电阻串联为 4Ω）

$$\begin{cases}\left(1+\dfrac{1}{4//4+2}\right)U = 3+\dfrac{6}{2+4//4}\\ U = 1\times i\end{cases}$$

解得

$$\begin{cases}U = 3.6\text{V}\\ i = 3.6\text{A}\end{cases}$$

41. 电路如图 3-53 所示，用结点电压方程求解电压 u。

答：用结点电压法（如图 3-54 所示）进行分析，得到

$$\begin{cases}\left(\dfrac{1}{R_1}+\dfrac{1}{R_5}\right)u_1-\dfrac{1}{R_1}u-\dfrac{1}{R_5}u_2 = i_{S1}-i_{S2}\\ \left(\dfrac{1}{R_1}+\dfrac{1}{R_2}+\dfrac{1}{R_3}\right)u-\dfrac{1}{R_1}u_1-\dfrac{1}{R_2}u_2 = i_{S2}\\ \left(\dfrac{1}{R_2}+\dfrac{1}{R_4}+\dfrac{1}{R_5}\right)u_2-\dfrac{1}{R_2}u-\dfrac{1}{R_5}u_1 = 0\end{cases}$$

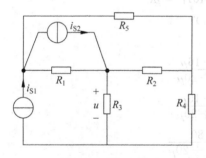

图 3-53 题 41 图

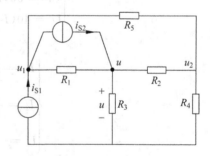

图 3-54 解题 41 图

三式相加

$$u_2 = R_4 i_{S1}-\dfrac{R_4}{R_3}u$$

代入第 3 式得

$$u_1 = \dfrac{R_2R_4+R_2R_5+R_4R_5}{R_2}i_{S1}-\dfrac{R_2R_4+R_2R_5+R_3R_5+R_4R_5}{R_2R_3}u$$

代入第 2 式得

$$u = \dfrac{R_1R_2 i_{S2}+(R_2R_4+R_4R_5+R_5R_2+R_1R_4)i_{S1}}{R_1R_2+R_2R_3+R_3R_1+R_2R_4+R_4R_5+R_5R_2+R_1R_4+R_3R_5}R_3$$

42. 电路如图 3-55 所示,用回路法求 I_X 以及 CCVS 的功率。

答:用回路电流法

$$\begin{cases} 10I - 10I_X = 50 - 10I_X \\ (10+10+20)I_X - 10I - 20 \times 5 = -30 \end{cases}$$

解得

$$\begin{cases} I = 5A \\ I_X = 3A \end{cases}$$

CCVS 的功率 $= 10I_X(I-5) = 0W$。

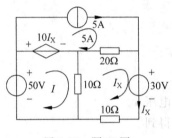

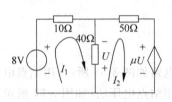

图 3-55 题 42 图   图 3-56 题 43 图

43. 电路如图 3-56 所示,列出回路电流方程,求 μ 为何值时电路无解。

答:用回路电流法进行分析,则有

$$\begin{cases} (10+40)I_1 - 40I_2 = 8 \\ (40+50)I_2 - 40I_1 = \mu U \\ U = 40(I_2 - I_1) \end{cases}$$

解得

$$\begin{cases} I_1 = \dfrac{36+16\mu}{145+20\mu} \\ I_2 = \dfrac{16+16\mu}{145+20\mu} \\ U = -\dfrac{80}{145+20\mu} \end{cases}$$

故 $\mu = -\dfrac{29}{4}$ 时无解。

44. 电路如图 3-57 所示,分别按图 3-57 规定的回路列出支路电流方程。

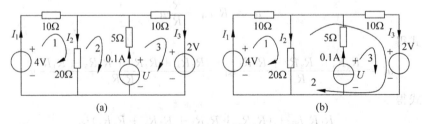

图 3-57 题 44 图

答：按规定回路列写支路电流方程，结点电流方程都是 $-I_1+I_2+I_3=0.1$。则有

(a) $\begin{cases} 10I_1+20I_2=4 \\ -20I_2-5\times 0.1=-U \\ 5\times 0.1+10I_3=U-2 \end{cases}$ (b) $\begin{cases} 10I_1+20I_2=4 \\ -20I_2+10I_3=-2 \\ 5\times 0.1+10I_3=U-2 \end{cases}$

45. 用回路电流法求图 3-58 所示电路的电流 I。

答：用网孔电流法，电流按顺时针方向绕行，则有

$$\begin{cases} (2+4)i_1-2i_3=5 \\ (3+5)i_2-3i_3=-5 \\ (1+2+3)i_3-2i_1-3i_2=10 \end{cases}$$

解得

$$i_1=\frac{325}{202}\text{A}, \quad i_2=\frac{50}{202}\text{A}, \quad i_3=\frac{470}{202}\text{A}$$

故

$$I=i_3-i_1=\frac{145}{202}\text{A}\approx 0.718\text{A}$$

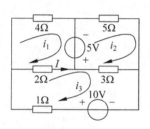

图 3-58 题 45 图

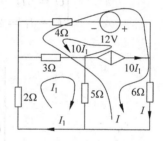

图 3-59 题 46 图

46. 用回路电流法求图 3-59 所示电路的电流 I。

答：用回路电流法，注意绕行方向，不要遗漏互电阻

$$\begin{cases} (2+3+5)I_1-(3+5)I+3\times 10I_1=0 \\ (3+4+5+6)I-(3+5)I_1-(3+4)\times 10I_1=12 \end{cases}$$

解得

$$\begin{cases} I=5\text{A} \\ I_1=1\text{A} \end{cases}$$

47. 用回路电流法求图 3-60 所示电路的电流 I_X。

答：用回路电流法，注意回路绕行方向，则有

$$\begin{cases} (1+0.5)I_X-1\times 2I+(1+0.5)I=5 \\ (1+0.5+1+2)I-(1+2)\times 2I+(1+0.5)I_X=0 \end{cases}$$

解得

$$\begin{cases} I=5\text{A} \\ I_X=5\text{A} \end{cases}$$

48. 用网孔电流法求图 3-61 所示电路的电流 I_1 和 I_2。

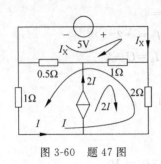

图 3-60 题 47 图

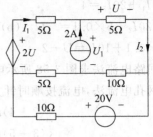

图 3-61 题 48 图

答：用网孔电流法，电流按顺时针方向绕行，并假设电流源电压 U_1，方向为从上到下，左上网孔电流为 I_1，右上网孔电流为 I_2，下网孔电流为 I_3。

$$\begin{cases} (5+5)I_1 - 5I_3 = 2U - U_1 \\ (10+5)I_2 - 10I_3 = U_1 \\ (5+10+10)I_3 - 5I_1 - 10I_2 = 20 \\ U = 5I_2 \\ I_2 - I_1 = 2 \end{cases}$$

解得

$$\begin{cases} I_1 = 8/9 \text{A} \\ I_2 = 26/9 \text{A} \\ I_3 = 14/9 \text{A} \\ U = 130/9 \text{V} \\ U_1 = 250/9 \text{V} \end{cases}$$

49. 图 3-62 所示电路，分别按图 3-62 规定的回路列出回路电流方程。

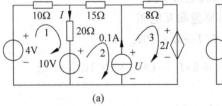
(a)

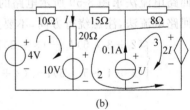
(b)

图 3-62 题 49 图

答：

(a) 网孔电流方程，电流按顺时针方向绕行，则有

$$\begin{cases} (10+20)I_{m1} - 20I_{m2} = 4 - 10 \\ (20+15)I_{m2} - 20I_{m1} = 10 - U \\ 8I_{m3} = U - 2I \\ I = I_{m1} - I_{m2} \\ I_{m3} - I_{m2} = 0.1 \end{cases}$$

整理后得

60

$$\begin{cases} 30I_{m1} - 20I_{m2} = -6 \\ 35I_{m2} - 20I_{m1} = 10 - U \\ 8I_{m3} = U - 2I \\ I = I_{m1} - I_{m2} \\ 10I_{m3} - 10I_{m2} = 1 \end{cases}$$

(b) 回路电流方程,注意:1、3号按顺时针方向绕行,2号按逆时针方向绕行,则有

$$\begin{cases} (10+20)I_{m1} + 20I_{m2} = 4 - 10 \\ (20+15+8)I_{m2} + 20I_{m1} - 8I_{m3} = 2I - 10 \\ I_{m3} = 0.1\text{A} \\ I = I_{m1} + I_{m2} \\ U = 8(I_{m3} - I_{m2}) + 2I \end{cases}$$

整理后得

$$\begin{cases} 30I_{m1} + 20I_{m2} = -6 \\ 43I_{m2} + 20I_{m1} - 8I_{m3} = 2I - 10 \\ I_{m3} = 0.1\text{A} \\ I = I_{m1} + I_{m2} \\ U = 8(I_{m3} - I_{m2}) + 2I \end{cases}$$

50. 列写图 3-63 所示电路的支路电流方程。

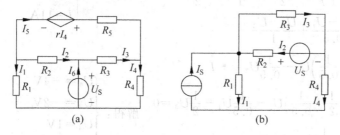

图 3-63 题 50 图

答:
(a) 根据 KCL 的 3 个方程有

$$\begin{cases} I_1 + I_2 + I_5 = 0 \\ -I_2 + I_3 - I_6 = 0 \\ -I_3 + I_4 - I_5 = 0 \end{cases}$$

根据 KVL 的 3 个方程,电流按顺时针方向绕行,则有

$$\begin{cases} -rI_4 + R_5 I_5 - R_3 I_3 - R_2 I_2 = 0 \\ -R_1 I_1 + R_2 I_2 = -U_S \\ R_3 I_3 + R_4 I_4 = U_S \end{cases}$$

(b) 根据 KCL 的 2 个方程,有

$$\begin{cases} I_1 - I_2 + I_3 = I_S \\ I_2 - I_3 + I_4 = 0 \end{cases}$$

61

根据 KVL 的 2 个方程,电流按顺时针方向绕行,则有
$$\begin{cases} R_2I_2 + R_3I_3 = U_S \\ -R_1I_1 - R_2I_2 + R_4I_4 = -U_S \end{cases}$$

51. 用结点电压法求图 3-64 所示电路的电流 I。

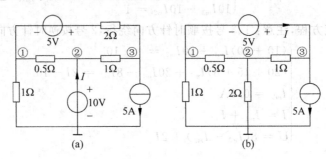

图 3-64 题 51 图

答：用结点电压法。

(a) $\begin{cases} \left(\dfrac{1}{1}+\dfrac{1}{2}+\dfrac{1}{0.5}\right)U_1 - \dfrac{1}{0.5}U_2 - \dfrac{1}{2}U_3 = -\dfrac{5}{2} \\ U_2 = 10\text{V} \\ \left(\dfrac{1}{2}+\dfrac{1}{1}\right)U_3 - \dfrac{1}{2}U_1 - \dfrac{1}{1}U_2 = \dfrac{5}{2} - 5 \\ I = \dfrac{U_2 - U_1}{0.5} + \dfrac{U_2 - U_3}{1} \end{cases}$ 解得：$\begin{cases} U_1 = 6\text{V} \\ U_2 = 10\text{V} \\ U_3 = 7\text{V} \\ I = 11\text{A} \end{cases}$

(b) $\begin{cases} \left(\dfrac{1}{1}+\dfrac{1}{0.5}\right)U_1 - \dfrac{1}{0.5}U_2 = -I \\ \left(\dfrac{1}{1}+\dfrac{1}{2}+\dfrac{1}{0.5}\right)U_2 - \dfrac{1}{0.5}U_1 - \dfrac{1}{2}U_3 = 0 \\ \dfrac{1}{1}U_3 - \dfrac{1}{1}U_2 = I - 5 \\ U_3 - U_1 = 5 \end{cases}$ 解得：$\begin{cases} U_1 = -4\text{V} \\ U_2 = -2\text{V} \\ U_3 = 1\text{V} \\ I = 8\text{A} \end{cases}$

52. 用结点电压法求图 3-65 所示电路中 5A 电流源发出的功率。

答：用结点电压法
$$\begin{cases} (1+2)U_1 = 10 - 5 \\ (3+4)U_2 = 5 + 1 \times 4 \end{cases}$$

解得
$$U_1 = \dfrac{5}{3}\text{V}, \quad U_2 = \dfrac{9}{7}\text{V}$$

5A 电流源发出的功率
$$P_{5A} = 5(U_2 - U_1) = 5\left(\dfrac{9}{7} - \dfrac{5}{3}\right) = -\dfrac{40}{21}\text{W}(发出功率)$$

53. 图 3-66 所示电路,用结点电压法求 1A 电流源发出的功率。

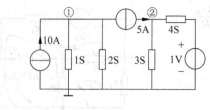

图 3-65 题 52 图

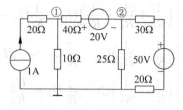

图 3-66 题 53 图

答：用结点电压法

$$\begin{cases} \left(\dfrac{1}{10}+\dfrac{1}{40}\right)U_1 - \dfrac{1}{40}U_2 = 1 + \dfrac{20}{40} \\ \left(\dfrac{1}{25}+\dfrac{1}{40}+\dfrac{1}{20+30}\right)U_2 - \dfrac{1}{40}U_1 = \dfrac{50}{20+30} - \dfrac{20}{30} \end{cases}$$

解得

$$U_1 = 14\text{V}, \quad U_2 = 10\text{V}$$

1A 电流源发出的功率

$$P_{1\text{A}} = -1 \times (U_1 + 20 \times 1) = -(14+20)\text{W} = -34\text{W}(发出功率)$$

54．列出图 3-67 所示电路的结点电压方程。

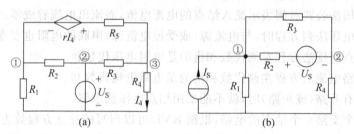

图 3-67 题 54 图

答：用结点电压法

(a) $\begin{cases} \left(\dfrac{1}{R_1}+\dfrac{1}{R_2}+\dfrac{1}{R_5}\right)U_1 - \dfrac{1}{R_2}U_2 - \dfrac{1}{R_5}U_3 = -\dfrac{rI_4}{R_5} \\ U_2 = U_\text{S} \\ \left(\dfrac{1}{R_2}+\dfrac{1}{R_3}+\dfrac{1}{R_4}\right)U_3 - \dfrac{1}{R_5}U_1 - \dfrac{1}{R_3}U_2 = \dfrac{rI_4}{R_5} \\ I_4 = \dfrac{U_3}{R_4} \end{cases}$

(b) $\begin{cases} \left(\dfrac{1}{R_1}+\dfrac{1}{R_2}+\dfrac{1}{R_3}\right)U_1 - \left(\dfrac{1}{R_2}+\dfrac{1}{R_3}\right)U_2 = I_\text{S} + \dfrac{U_\text{S}}{R_2} \\ \left(\dfrac{1}{R_2}+\dfrac{1}{R_3}+\dfrac{1}{R_4}\right)U_2 - \left(\dfrac{1}{R_2}+\dfrac{1}{R_3}\right)U_1 = -\dfrac{U_\text{S}}{R_2} \end{cases}$

55．分别列出图 3-68 所示电路的结点电压方程和回路电流方程。
答：此题采用回路电流法比较简单。
结点电压方程为

$$\begin{cases} \left(\dfrac{1}{R_1}+\dfrac{1}{R_2}+\dfrac{1}{R_4}\right)U_1 - \dfrac{1}{R_2}U_2 - \dfrac{1}{R_4}U_3 = -\dfrac{U_S}{R_4} \\ \left(\dfrac{1}{R_2}+\dfrac{1}{R_3}\right)U_2 - \dfrac{1}{R_2}U_1 = -\beta I \\ \left(\dfrac{1}{R_4}+\dfrac{1}{R_5}\right)U_3 - \dfrac{1}{R_4}U_1 = \dfrac{U_S}{R_4}+\beta I \\ I = -\dfrac{U_1}{R_1} \end{cases}$$

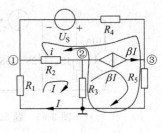

图 3-68 题 55 图

回路电流方程为

$$\begin{cases} (R_1+R_2+R_3)I - R_3\beta I - (R_2+R_3)i = 0 \\ (R_2+R_3+R_4+R_5)i - (R_2+R_3)I + (R_3+R_5)\beta I = U_S \end{cases}$$

3.4 思考改错题

1. 回路电流法是网孔电流法的一个特例,回路电流法的方程数多于网孔电流法。
2. 无电阻与之串联的电流源称为无伴电流源。
3. 无电阻与之并联的电压源称为无伴电压源。
4. 结点电压法公式右侧表示流入结点的电源电流,而流出电流看成零。
5. 用结点电压法列方程时,与电流源(或受控电流源)串联的电阻也要参与列方程。
6. 每个结点电压法方程左侧代数和指的是电阻电压代数和。
7. 每个回路电流法方程左侧代数和指的是电阻电流代数和。
8. 当电路有开路(或短路)时,就不能采用结点电压法求解。
9. 对于 b 个支路 n 个结点的电路,根据 KVL 可以列写的独立方程数为 $n-1$ 个。
10. 对于 b 个支路 n 个结点的电路,支路电流法实质是 $b-(n-1)$ 个 KCL 方程和 $n-1$ 个 KVL 方程的组合。

第4章 电路定理

4.1 知识点概要

叠加定理：仅线性电路，响应是由各独立电源单独作用时所产生的分响应之代数和
齐性定理：仅线性电路，所有激励都同时放大 A 倍，则所有响应也放大 A 倍
替代定理：支路可以替换，只要保持支路电压或支路电流一致，并有唯一解
戴维宁定理：有源一端口线性网络可用一个电压源与一个电阻串联来等效替代
诺顿定理：有源一端口线性网络可用一个电流源与一个电导并联来等效替代
最大功率传输定理：可变负载等于端口等效电阻时，负载获得最大功率
特勒根定理：任何一个电路的全部支路吸收的功率之和恒等于零
互易定理：激励与响应互换位置后，同一激励所产生的响应并不改变

1. 叠加定理

线性电路中，任意一条支路中的响应都可以看成是由电路中各个独立电源单独作用时所产生的分响应之代数和，称为叠加定理。叠加定理是线性性质中可加性的体现，因此是线性电路中的一个重要定理，是分析线性电路的基础。

当电路中含有受控源时，叠加定理同样适用。由于受控源的控制量为分响应的叠加，因此受控源的作用也同样反映在每一个分响应中。因此，在分析含有受控源电路时，需将受控源保留在各分电路中进行分析。

应用叠加定理需注意的问题：

（1）叠加定理只适用于线性电路；

（2）在分电路中，不作用的电压源需要作短路处理，不作用的电流源需要作开路处理；

（3）受控源保留在各分电路图中，电阻元件不予更动；

（4）功率不可叠加，应分别求出所需电量的总响应再求功率；

（5）分响应在叠加时需要注意参考方向，分响应与原电路中的总响应同向时取"＋"号，否则取"－"号；

（6）叠加方式是任意的，可以各个独立电源单独作用，也可以一次几个电源同时作用，取决于使分析计算简便。

2. 齐性定理

线性电路中，所有激励都同时增大或缩小同样的倍数，则电路中的任一响应也增大或缩小同样的倍数。这就是齐性定理，可由叠加定理推导得到。当电路中只有一个激励时，则任一响应均与激励成正比；当电路中有多个激励，其中第 k 个激励增大 A 倍，则第 k 个分响应也增大 A 倍，其他分响应不变。

3. 替代定理

对于给定的任意一个电路，若某一支路电压为 u_k、电流为 i_k，那么这条支路就可以用一个电压等于 u_k 的独立电压源，或者用一个电流等于 i_k 的独立电流源，或用 $R=u_k/i_k$ 的电阻

来替代,替代后电路中全部电压和电流均保持原有值(解唯一),如图4-1所示。

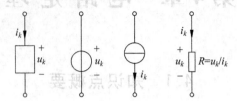

图4-1 支路k的替代

替代定理既可适用于线性电路,也可适用于非线性电路,其主要用于简化电路及用于推导其他电路定理。

4. 戴维宁定理

对于所研究的支路而言,不论有源二端线性网络的简繁程度如何,它对所要计算的这个支路而言,相当于一个电源。因此,任意一个有源二端线性网络N_A都可用一个电压为u_{OC}的电压源与一个电阻R_{eq}相串联的形式来进行等效替代。电压源的电压值即为有源二端线性网络的开路电压,而R_{eq}即为端口内独立电源全部置零后的输入电阻。这就是戴维宁定理,如图4-2所示。等效前后,端口的电压电流关系不变,端口以外的电路中的电压、电流均保持不变。

5. 诺顿定理

对于所研究支路,有源二端线性网络对所要计算的这个支路而言都可相当于一个电源。同样这个有源二端线性网络N_A可用一个电流为i_{SC}的电流源与一个电阻R_{eq}相并联的形式来进行等效替代。其中电流源的电流值即为有源二端线性网络的端口短路电流,而R_{eq}仍为端口内独立电源全部置零后的输入电阻。这就是诺顿定理,如图4-3所示。

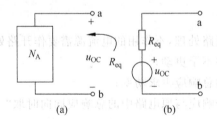
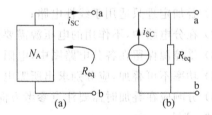

图4-2 戴维宁等效变换　　　　图4-3 诺顿等效变换

当一端口内部含有受控源时,控制电路与受控源必须包含在被化简的同一部分电路中。此外,当含源一端口网络内部含有受控源时,输入电阻有可能为零或无限大。若一端口网络的等效电阻$R_{eq}=0$,该一端口网络只有戴维宁等效电路,无诺顿等效电路;若一端口网络的等效电阻$R_{eq}=\infty$,该一端口网络只有诺顿等效电路,无戴维宁等效电路;若一端口网络的开路电压和短路电流都为零,该一端口网络等效为电阻R_{eq}。

6. 最大功率传输定理

因任意一个复杂的有源一端口网络都可以用一个戴维宁等效电路来替代,如图4-4所示可以看成是任意一个复杂有源一端口网络向负载R_L供电的电路。设U_{OC}、R_{eq}为定值,若负载R_L值可变,则R_L等于何值时,它得到的功率最大,最大功率是多少? 负载R_L消耗的

功率 P_L 为

$$P_L = R_L \left(\frac{U_{OC}}{R_{eq} + R_L} \right)^2$$

负载 R_L 获得的最大功率为

$$P_{Lmax} = \frac{U_{OC}^2}{4R_{eq}}$$

可见，当负载 $R_L = R_{eq}$ 时，负载可以获得最大的功率，称为 R_L 与 R_{eq} 匹配。类似的，如果应用诺顿电路等效有源一端口网络，其短路电流、等效电阻分别用 I_{SC} 和 R_{eq} 表示，同样有结论，当可变负载 $R_L = R_{eq}$ 时，即二者匹配时，负载可以获得最大的功率，最大功率为

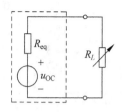

图 4-4　电源电路等效变换

$$P_{Lmax} = \frac{I_{SC}^2 R_{eq}}{4}$$

值得注意的是，最大功率传输定理用于有源一端口网络给定，负载电阻可调的情况；有源一端口网络等效电阻消耗的功率一般并不等于端口内部消耗的功率，因此当负载获取最大功率时，电路的传输效率并不一定是 50%。

电路如图 4-5 所示，求最大功率问题。

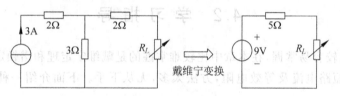

图 4-5　计算最大功率

当 $R_L = 5\Omega$ 时，获得最大功率为

$$P_{max} = \frac{9^2}{4 \times 5} \text{W} = 4.05 \text{W}$$

而此时，电流源发出的功率为

$$P_{3A} = \{3^2 \times [2 + 3//(2+5)]\} \text{W} = 36.9 \text{W}$$

电路的传输效率为

$$\eta = 4.05/36.9 = 11\%$$

7. 特勒根定理 1

任何时刻，一个具有 n 个结点和 b 条支路的集总电路，在支路电流和电压取关联参考方向下，满足：$\sum_{k=1}^{b} u_k i_k = 0$，该定理表明任何一个电路的全部支路吸收的功率之和恒等于零。

8. 特勒根定理 2

任何时刻，对于两个具有 n 个结点和 b 条支路的集总电路，当它们具有相同的图，但由内容不同的支路构成，在支路电流和电压取关联参考方向下，如图 4-6 所示，满足

$$\sum_{k=1}^{b} u_k \hat{i}_k = 0 \quad \sum_{k=1}^{b} \hat{u}_k i_k = 0$$

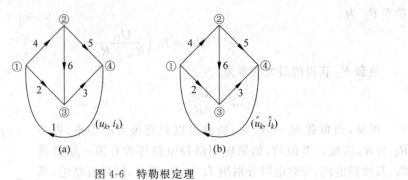

图 4-6 特勒根定理

值得注意的是,应用特勒根定理时,电路中的支路电压必须满足 KVL;电路中的支路电流必须满足 KCL;电路中的支路电压和支路电流必须满足关联参考方向;定理的正确性与元件的特征全然无关。

9. 互易定理

一个具有互易性的网络在输入端(激励)与输出端(响应)互换位置后,同一激励所产生的响应并不改变。具有互易性的网络叫互易网络。

4.2 学习指导

叠加定理比较容易掌握,在本章中比较难掌握的是戴维宁定理和诺顿定理,因为需要分别求开路电压、短路电流及等效电阻,方法太多,无从下手。下面介绍一种方法,叫直接求解法。

一端口电路进行戴维宁和诺顿变换,采用直接列写端口电压变量 u 和端口电流变量 i 的关系式 VAR,然后对照戴维宁和诺顿变换电路图,从中找出开路电压、短路电流及等效电阻。该方法只需要一步工作,就可以确定端口的开路电压、短路电流及等效电阻。

从图 4-7(b)可得 $u=u_{OC}+R_{eq}i$;从图 4-7(c)可得 $i=u/R_{eq}-i_{SC}$。这就是说,只要对原一端口电路 N(图 4-7(a))列写出 u 和 i 的表达式 VAR,整理成 $u=u_{OC}+R_{eq}i$ 表达式,其中电流 i 的系数为等效电阻,与电流无关的为开路电压;也可以整理成 $i=u/R_{eq}-i_{SC}$ 的表达式,其中电压 u 的系数为等效电阻的倒数,与电压无关的为短路电流。

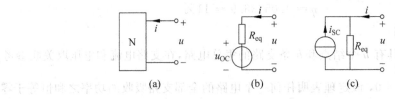

图 4-7 一端口电路的加源等效变换

极端情况分析,①当 u 和 i 的计算表达式变成比例关系,即 $u=R_{eq}i$ 或 $i=u/R_{eq}$ 时,则一端口电路等效为一个值为 R_{eq} 的电阻电路;②当 u 与 i 无关,即 $u=u_{OC}$ 时,则一端口电路等效为一个值为 u_{OC} 的电压源;③当 i 与 u 无关,即 $i=-i_{SC}$ 时,则一端口电路等效为一个值为 i_{SC} 的电流源;其他情况既有戴维宁等效电路,也有诺顿等效电路。

1. 既有戴维宁等效变换,也有诺顿等效变换

如图 4-8 为一端口电路图,首先找出端口电压 u_{ab} 和端口电流 i_{ab} 的计算表达式。

应用基尔霍夫定律可知,$i_{ab}=\dfrac{10-u_{ab}}{10}+\dfrac{20-u_{ab}}{10}=3-\dfrac{u_{ab}}{5}$,或 $u_{ab}=15-5i_{ab}$。对比戴维宁、诺顿等效变换 VAR 可知,端口开路电压为 15V,短路电流为 3A,等效电阻为 5Ω,如图 4-9 电路所示。其中图 4-9(a)为诺顿等效电路图,图 4-9(b)为戴维宁等效电路图。

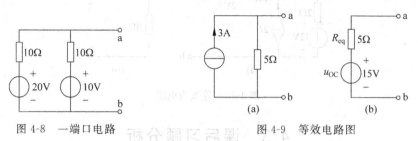

图 4-8　一端口电路　　图 4-9　等效电路图

2. 有戴维宁等效变换,无诺顿等效变换,即等效为一个电压源

电路如图 4-10(a)所示,戴维宁或诺顿等效变换,先进行受控电流源于电阻的并联等效变换为受控电压源与电阻的串联,如图 4-10(b)所示,然后应用基尔霍夫定律 $u_{ab}=4i-(1+3)\times\left(\dfrac{u_{ab}}{4}+i\right)+8, i_{ab}=i$;则 u_{ab} 和 i_{ab} 的计算表达式为 $u_{ab}=4$,对比戴维宁、诺顿等效变换 VAR 可知,端口开路电压为 4V,短路电流不确定,等效电阻为 0,如图 4-10(c)所示电路。

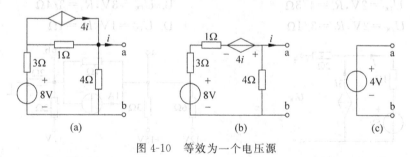

图 4-10　等效为一个电压源

3. 无戴维宁等效变换,有诺顿等效变换,即等效为一个电流源

电路如图 4-11(a)所示,进行戴维宁或诺顿等效变换,先进行混合电源等效变换,如图 4-11(b)所示,然后应用基尔霍夫定律 $u_{ab}=2i=(8+10)\times(-i_{ab}-i)+20i-20$,消去 i 得 u_{ab} 和 i_{ab} 的计算表达式为 $i_{ab}=-10/9$,对比戴维宁、诺顿等效变换 VAR 可知,端口开路电压不确定,短路电流为 $-10/9$A,等效电阻为 ∞,如图 4-11(c)所示电路。

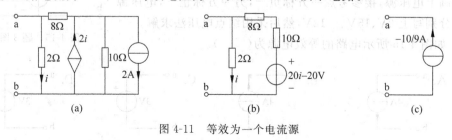

图 4-11　等效为一个电流源

4. 等效为一个电阻

如图 4-12 所示，$u_{ab}=2+2I+2(I+2I)-2=8I$，对比戴维宁、诺顿等效变换 VAR 可知，等效电阻 8Ω，端口开路电压为零，短路电流也为零。该电路等效为一个值为 8Ω 的电阻，如图 4-12(b)所示。

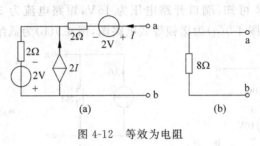

图 4-12　等效为电阻

4.3　课后习题分析

1. 图 4-13 所示网络的开路电压 U_{OC} 为(　　)。

    A. 4V　　　　B. 5V　　　　C. 6V　　　　D. 7V

答：B。端口开路时，2Ω 电阻无电流，其电压为零，可以除去，从而得到 $I=3I$，即 $I=0$。这样 1Ω 电阻也无电流，所以开路电压就是电压源电压，即为 5V。

2. 电路如图 4-14 所示，其 a、b 端口戴维宁等效电路参数是(　　)。

    A. $U_{OC}=2V,R_0=4/3Ω$　　　　B. $U_{OC}=3V,R_0=3/4Ω$

    C. $U_{OC}=2V,R_0=3/4Ω$　　　　D. $U_{OC}=1V,R_0=1Ω$

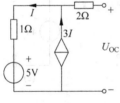
图 4-13　题 1 图

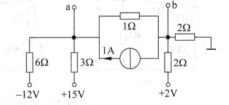
图 4-14　题 2 图

答：C。先求 a、b 端口开路电压，然后求 a、b 端口短路电流，它们的比值就是等效电阻。在求解时，一种方法是用两个电位相减，即用电位差除以电阻表示电流，再利用 KCL 列写方程来求解；另一种方法是先把 2V、15V、-12V 分别与参考点相连，并在连线上画上电压源，接参考点一方标负-，另一方标正+，电压源电压值分别写上 2V、15V、-12V，然后采用结点电压法求解。

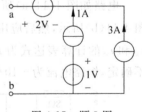
图 4-15　题 3 图

3. 如图 4-15 所示电路的等效电源为(　　)。

A.

B.

C.

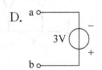
D.

答：B。1A 电流源与 1V 电压源串联，保留 1A 电流源，除去 1V 电压源；1A 和 3A 电流源并联，进行合并，成为一个 4A 电流源；4A 电流源与 2V 电压源串联，保留 4A 电流源。

4. 电路如图 4-16 所示，求电压 U_{ab} 时，不可采用（　　）来求解。

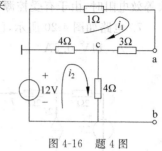

A. $\begin{cases}(1+3)U_a-3U_c=0\\ U_b=-12\text{V}\\ (3+4+4)U_c-3U_a-4U_b=0\\ U_{ab}=U_a-U_b\end{cases}$

B. $\begin{cases}(1+3+4)i_1-4i_2=0\\ (4+4)i_2-4i_1=12\\ U_{ab}=3i_1+4i_2\end{cases}$

C. $\begin{cases}\left(1+\dfrac{1}{3}\right)U_a-\dfrac{1}{3}U_c=0\\ U_b=-12\text{V}\\ \left(\dfrac{1}{3}+\dfrac{1}{4}+\dfrac{1}{4}\right)U_c-\dfrac{1}{3}U_a-\dfrac{1}{4}U_b=0\\ U_{ab}=U_a-U_b\end{cases}$

D.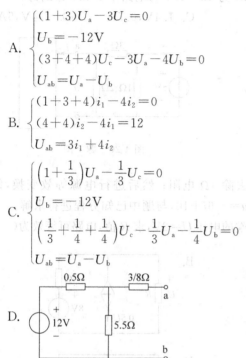

图 4-16　题 4 图

答：A。A 选项想用结点电压法求解，但方程中计算电导时，没有用电阻的倒数来表示，所以不正确。B 选项采用网孔电流法，正确；C 选项采用结点电压法，正确；D 选项采用 △ 形电阻等效变换为 Y 形电阻，正确，若只求电压 U_{ab} 的话，3/8Ω 电阻也可除去。

5. 电路如图 4-17 所示，当 S 断开时，$U_{ab}=12.5\text{V}$；当 S 闭合时，$I=10\text{mA}$。有源电阻电路 N 的等效参数 U_{OC} 及 R_0 分别为（　　）。

A. $R_0=2.5\text{k}\Omega, U_{OC}=15\text{V}$　　　　B. $R_0=2.5\Omega, U_{OC}=15\text{V}$
C. $R_0=2.5\text{k}\Omega, U_{OC}=15\text{mV}$　　　D. $R_0=2.5\Omega, U_{OC}=15\text{mV}$

答：A。首先把 N 网络看成一个电压源与电阻的串联组合，左边进行电源等效变换，如图 4-18 所示，然后进行联合分析。根据 S 断开和闭合时的情况，分别列写方程求解。

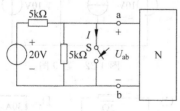　　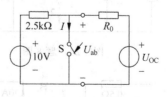

图 4-17　题 5 图　　　　　　　图 4-18　解题 5 图

6. 电路如图 4-19 所示，问 R_L 为何值时获最大功率？最大功率为（　　）。

A. $R_L=0.8\Omega, P_{\max}=0.05\text{W}$　　　　B. $R_L=0.8\Omega, P_{\max}=0.1\text{W}$

C. $R_L=1.6\Omega, P_{max}=0.9W$ D. $R_L=1.6\Omega, P_{max}=0.225W$

答：D。先拿走 R_L 电阻，求出端口开路电压 1.2V 和等效电阻 1.6Ω；再求最大功率。求等效电阻时，由于有受控源，因此采用加源法求解。

7. 电路如图 4-20 所示，已知 N 的 VAR 为 $5u=4i+5$，电路中 u 和 i 分别为（　　）。

A. 14V，0.5A   B. 14V，5A   C. 1.4V，0.5A   D. 1.4V，5A

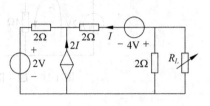
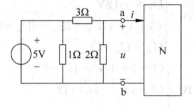

图 4-19　题 6 图　　　　　　　　图 4-20　题 7 图

答：C。1Ω 电阻与 5V 电压源并联，去除 1Ω 电阻；然后进行电源等效变换，结果为 1.2Ω 电阻与 2V 电压源串联；列写方程 $5u=-6i+10$，与题中已知方程进行求解。

8. 电路如图 4-21 所示，为使电阻 R 两端的电压 $U=2V$，求 R 值，电路可等效为（　　）。

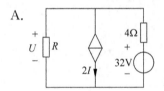
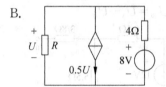

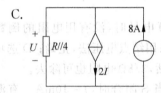
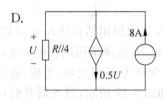

答：D。A 选项或 C 选项丢失了受控源控制变量 I；B 选项丢失了 6A 的电流源。

9. 电路如图 4-22 所示，求图示电路中的电流 I，电路不可等效为（　　）。

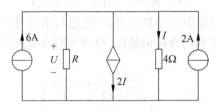
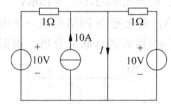

图 4-21　题 8 图　　　　　　　　图 4-22　题 9 图

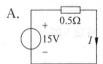
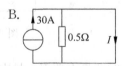
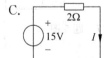
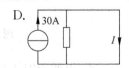

答:C。等效电阻为 0.5Ω,不是 2Ω;D 选项不正确是因为此题只求短路电流 I。

10. 电路如图 4-23 所示中,已知 $I=2A$,试求电压源电压 U_S,电路不可等效为( )。

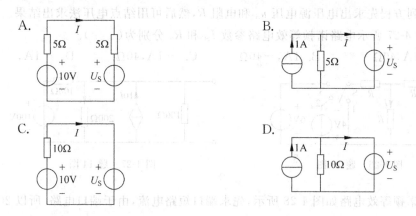

答:B。正确的等效电阻为 10Ω,A 选项两个电阻相加为 10Ω,正确;B 选项等效电阻 5Ω,不正确;C 选项和 D 选项电路等效,都正确。

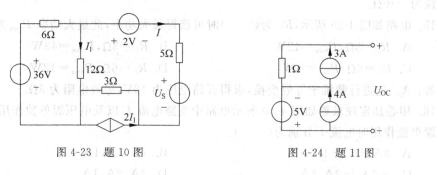

图 4-23 题 10 图   图 4-24 题 11 图

11. 图 4-24 所示电路的开路电压 U_{OC} 为( )。
    A. $-2V$ B. $2V$ C. $7V$ D. $8V$

答:A。电源等效变换,注意电压电流的参考方向。

12. 图 4-25 所示电路中的支路电流 I 为( )。
    A. 2A   B. 200mA   C. 4A   D. 400mA

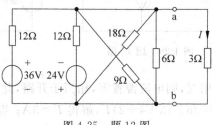

图 4-25 题 12 图

答:D。注意 6Ω、9Ω、18Ω 三电阻是并联关系,并联后电阻是 3Ω;用结点电压法求出 a 点电位,b 点作为参考点,然后求出 $I=0.4A$。

13. 电路如图 4-26 所示,已知当 S 在位置 1 时,$i=40mA$;当 S 在位置 2 时,$i=-60mA$,

当S在位置3时的i值为( )。

  A. 190A   B. 190mA   C. $-$190mA   D. $-$190A

答：B。列方程先求出电压源电压u_S和电阻R,然后可用结点电压法求出结果。

14. 如图 4-27 所示电路诺顿等效电路参数I_{SC}和R_0分别为( )。

  A. 1A,40Ω   B. 1A,$-$40Ω   C. $-$1A,40Ω   D. $-$1A,$-$40Ω

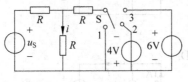
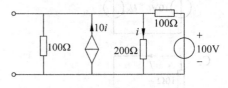

图 4-26   题 13 图   图 4-27   题 14 图

答：B。诺顿等效电路如图 4-28 所示,先求端口短路电流,由于端口电路,所以 200Ω 电阻两端电压为零,根据欧姆定律,得该电阻电流i为零；受控电流源电流也为零,相当于开路,所以电路电流为 1A；用结点电压法求开路电压为$-$40V；等效电阻为开路电压除以短路电流为$-$40Ω。

15. 电路如图 4-29 所示,R_L为( )时可获得最大功率,此最大功率P_{max}为( )。

  A. $R_L=3$Ω,$P_{max}=12$W   B. $R_L=3$Ω,$P_{max}=48$W

  C. $R_L=6$Ω,$P_{max}=6$W   D. $R_L=6$Ω,$P_{max}=12$W

答：A。先进行戴维宁等效变换,求得开路电压为 12V,等效电阻为 3Ω。

16. 用叠加定理求解如图 4-30 所示电路中支路电流I,以及电压源单独作用时电流I',电流源单独作用时电流I''分别为( )。

  A. 2A,3A,$-$1A   B. 4A,3A,1A

  C. $-$2A,$-$3A,1A   D. 3A,2A,1A

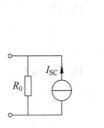
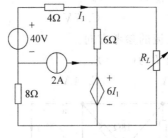
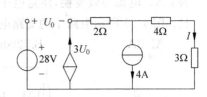

图 4-28   解题 14 图   图 4-29   题 15 图   图 4-30   题 16 图

答：A。电压源单独作用时,则电流源置零,相当于开路,此时电流$I'=3U_0'$,而U_0'是开路电压,列写 KVL 方程$U_0'=28-(3+4+2)I'$,解得$I'=3$A；当电流源单独作用,电压源置零,相当于短路线,则有$U_0''=-(3+4)I''-2\times3U_0''$,$3U_0''=I''+4$,解得$I''=-1$A。

17. 用叠加定理可求得如图 4-31 所示电路中的支路电流I以及左电压源单独作用时电流I',右电压源单独作用时电流I''分别为( )。

  A. $-$1A,1A,$-$2A   B. 1A,$-$1A,2A

  C. 3A,1A,2A   D. $-$3A,$-$1A,$-$2A

答：B。左电压源单独作用时，$I'=-1$A；右电压源单独作用时电流$I''=2$A。

18. 如图 4-32 所示的电路为一直流电路，不可使用（　　）方法求出 I 值。

答：D。A 选项为利用叠加原理求解，又由于电桥平衡，所以 $I'=0$，与 C 选项等效；B 选项左边先进行电源等效变换，然后进行叠加分析，正确；D 选项电流 I 方向画反了。

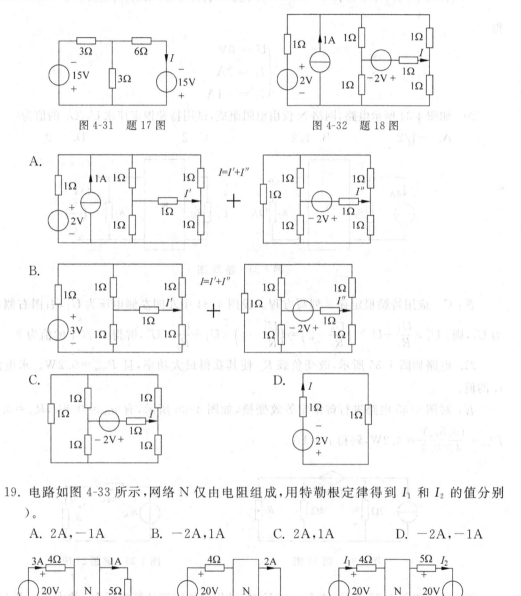

图 4-31　题 17 图　　　　　图 4-32　题 18 图

19. 电路如图 4-33 所示，网络 N 仅由电阻组成，用特勒根定律得到 I_1 和 I_2 的值分别为（　　）。

　　A. 2A，−1A　　　　B. −2A，1A　　　　C. 2A，1A　　　　D. −2A，−1A

图 4-33　题 19 图

答：A。两两电路图组合应用特勒根定律 2 列写方程，可以写出 3 组方程求解。设中图左侧端口电压为 U，方向从上到下，则

$$\begin{cases}(20-3\times4)\times\dfrac{U-20}{4}+5\times1\times2=-3\times U+1\times0\\(20-3\times4)\times(-I_1)+5\times1\times I_2=-3\times(20-4I_1)+1\times(5I_2+20)\\U\times(-I_1)+0\times I_2=\dfrac{U-20}{4}\times(20-4I_1)+2\times(5I_2+20)\end{cases}$$

得

$$\begin{cases}U=6\text{V}\\I_1=2\text{A}\\I_2=-1\text{A}\end{cases}$$

20. 如图 4-34 所示电路,网络 N 仅由电阻组成,试用特勒根定律求 U_2/U_1 的值为( )。

    A. $-1/2$ B. $1/2$ C. 2 D. -2

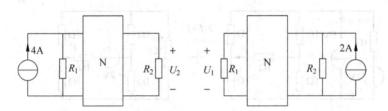

图 4-34 题 20 图

答:C。应用特勒根定律 2 列写方程。设图 4-34 中左图左侧电压为 U_1',右图右侧电压为 U_2',则:$U_1'\times\dfrac{U_1}{R_1}+U_2\times\left(\dfrac{U_2'}{R_2}-2\right)=\left(\dfrac{U_1'}{R_1}-4\right)\times U_1+\dfrac{U_2}{R_2}\times U_1'$,解得 U_2/U_1 的值为 2。

21. 电路如图 4-35 所示,改变负载 R_L 使其获得最大功率,且 $P_{max}=0.2\text{W}$。求电流源 i_S 的值。

    答:对图 4-35 电路进行戴维宁等效变换,如图 4-36 所示,有 $u_{OC}=0.8i_S$,$R_{eq}=0.8\Omega$,$P_{max}=\dfrac{(0.8i_S)^2}{4\times0.8}=0.2\text{W}$,解得 $i_S=1\text{A}$。

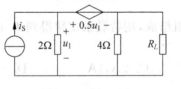 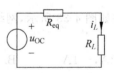

图 4-35 题 21 图   图 4-36 解题 21 图

22. 电路如图 4-37 所示,当 $U_{S2}=2\text{V}$ 时,试用叠加定理计算电压 U_4 的大小。若 U_{S1} 的大小不变,要使 $U_4=0$,则 U_{S2} 应等于多少?

    答:在 U_{S1}、U_{S2} 分别作用下,有

    (1)
    $$U_4=\dfrac{4000//4000}{4000//4000+6000//6000}U_{S1}-\dfrac{4000//6000}{4000//6000+4000//6000}U_{S2}$$
    $$=0.4U_{S1}-0.5U_{S2}=-0.4\text{V}$$

(2) 从上式知
$$U_{S2} = 2(0.4U_{S1} - U_4) = 2 \times (0.4 \times 1.5 - 0)\text{V} = 1.2\text{V}$$

23. 线性电阻电路如图 4-38 所示，aa' 处接有电压源 U_S，bb' 处接有电阻 R。已知① $U_S = 8\text{V}$，$R = 3\Omega$ 时，$I = 0.5\text{A}$；② $U_S = 18\text{V}$，$R = 4\Omega$ 时，$I = 1\text{A}$；求 $U_S = 30\text{V}$，$R = 5\Omega$ 时，电流 I 可能为多少？

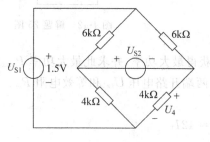

图 4-37　题 22 图

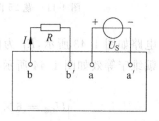

图 4-38　题 23 图

答：利用特勒根定律 2 来求解，假设在三种情况下电源 U_S 的电流分别为 I_1，I_2，I_3，则有：
$$\begin{cases} 8I_2 + (3 \times 0.5) \times 1 = 18I_1 + (4 \times 1) \times 0.5 \\ 8I_3 + (3 \times 0.5)I = 30I_1 + (5I) \times 0.5 \\ 18I_3 + (4 \times 1)I = 30I_2 + (5I) \times 1 \end{cases}$$

解得
$$I = 1.5\text{A}$$

24. 求图 4-39 中 a，b 二端等效戴维宁电路。

答：等效戴维宁电路如图 4-40(b) 所示，首先求解 ab 端口开路电压，则有
$$U_{OC} = 3I_1 = 3 \times \frac{-14}{3+1+2} = -7\text{V}$$

然后求等效电阻，在电路置零后，在 ab 两端加电源，如图 4-40(a) 所示，则有
$$U = 3I - 3I_1 = 3I + 2I_1 + 1 \times (I + I_1)$$

解得
$$R_{eq} = \frac{U}{I} = 3.5\Omega$$

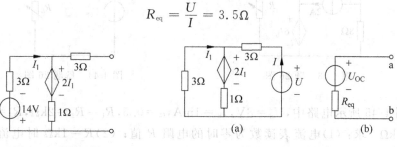

图 4-39　题 24 图　　　　图 4-40　解题 24 图

25. 求图 4-41 所示电路的电压 U。

答：简化电路图如图 4-42 所示，利用分压公式
$$U = -\frac{1}{1+4} \times 5 = -1\text{V}$$

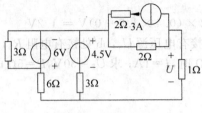
图 4-41 题 25 图

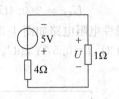
图 4-42 解题 25 图

26. 电路如图 4-43 所示，R_L 为何值时可获得最大功率，并求此最大功率 P_{max}。

答：戴维宁等效如图 4-44 所示，求解 R_L 两端开路电压 U_{OC} 和等效电阻 R_{eq}。首先列写方程

$$\begin{cases} U_{OC} = 6 \times I_1 + 6I_1 = 12I_1 \\ 40 = 4 \times I_1 + 6 \times I_1 + 6I_1 + 8 \times (2 + I_1) \end{cases}$$

解得

$$U_{OC} = 12\text{V}$$

再利用加源法求 R_{eq}

$$\begin{cases} U = 6 \times (I_1 + I) + 6I_1 \\ 4I_1 + U + 8 \times I_1 = 0 \end{cases}$$

消去 I_1，得

$$R_{eq} = \frac{U}{I} = 3\Omega$$

当 $R_L = 3\Omega$ 时，最大功率

$$P_{max} = \frac{U_{OC}^2}{4R_{eq}} = \frac{12^2}{4 \times 3} = 12\text{W}$$

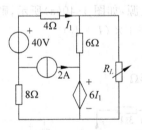
图 4-43 题 26 图

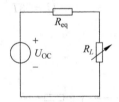
图 4-44 解题 26 图

27. 图 4-45 所示电路中，$U_S = 8\text{V}$，$I_S = 1\text{mA}$，$\alpha = 0.5$，$R_1 = R_2 = 2\text{k}\Omega$，$R_3 = 1\text{k}\Omega$，$R_4 = R_5 = R_6 = 3\text{k}\Omega$。求：(1)电流表读数为零时的电阻 R 值；(2)$R = 1\text{k}\Omega$ 时电流表的读数；(3)$R = 1\text{k}\Omega$ 时电流源电压。

答：对电路进行等效变换，如图 4-46 所示。

① 根据 KVL 列写方程

$$\begin{cases} 8 = 2000I_1 + 2000I_1 \\ 8 = 2000I_1 - 500I_1 + (1000 + 1000) \times 0 + (1000 + R) \times 1\text{mA} \end{cases} \Rightarrow \begin{cases} I_1 = 2\text{mA} \\ R = 4\text{k}\Omega \end{cases}$$

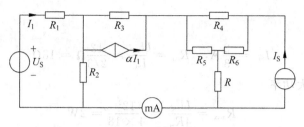

图 4-45 题 27 图

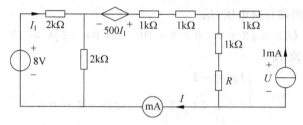

图 4-46 解题 27 图

② 设此时流过电流表的电流为 I，方向从右到左

$$\begin{cases} 8 = 2000I_1 + 2000(I_1 - I) \\ 8 = 2000I_1 - 500I_1 + (1000+1000) \times I + (1000+1000) \times (I+1\text{mA}) \end{cases} \Rightarrow I = \frac{12}{19}\text{mA}$$

即电流表的读数为 $12/19\text{mA}$。

③ 电流源的电压为

$$U_{1\text{mA}} = 1000 \times 1\text{m} + (1000+R) \times (I+1\text{m})$$
$$= 1 + (1000+1000) \times \left(\frac{12}{19}\text{m} + 1\text{m}\right) = \frac{81}{19}\text{V}$$

28. 电路如图 4-47 所示，电阻 R_L 为何值时可获得最大功率，并求此最大功率 $P_{\max}$。

答：戴维宁等效变换电路图如图 4-48 所示，利用以下方程求解 R_L 两端开路电压 U_{OC}

$$\begin{cases} U_{\text{OC}} = 2I_1 + U_1 \\ 6 = 5(I_1 - U_1) + U_1 + 5I_1 \\ U_1 = 2I_1 \end{cases}$$

故

$$U_{\text{OC}} = 12\text{V}$$

再利用短路法求解求等效电阻 R_{eq}，设短路电流为 I_{SC}，方向从上到下

$$\begin{cases} I_1 = U_1/2 + I_{\text{SC}} \\ 6 = 5(I_1 - U_1) + U_1 + 5I_1 \\ U_1 + 2I_1 = 0 \end{cases}$$

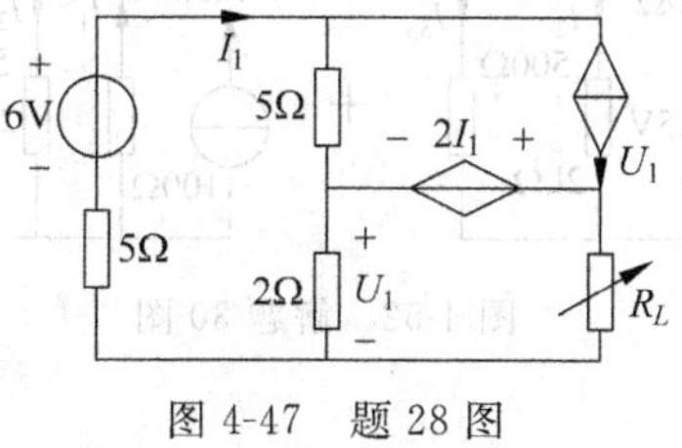

图 4-47 题 28 图

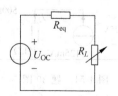

图 4-48 解题 28 图

解得

$$I_{SC} = \frac{2}{3}A, \quad R_{eq} = \frac{U_{OC}}{I_{SC}} = \frac{12}{2/3}\Omega = 18\Omega$$

当 $R_L = 18\Omega$ 时,最大功率

$$R_{max} = \frac{U_{OC}^2}{4R_{eq}} = \frac{12^2}{4 \times 18} = 2W$$

29. 求图 4-49 所示电路的戴维宁等效电路。

答：首先求 ab 两端开路电压 U_{OC}

$$U_{OC} = [2 + 2 \times 0 + 2 \times (0 + 2 \times 0) - 2]V = 0V$$

再求 ab 两端短路电流 I_{SC}

$$\begin{cases} I_{SC} = -I \\ 2 + 2 \times I + 2 \times (I + 2I) - 2 = 0 \end{cases}$$

解得

$$I_{SC} = 2A$$

由 $I_{SC} = 0$ 得到此题等效为无源电阻,如图 4-50 所示,利用加电源法求等效电阻：

$$U = 2I + 2 \times (I + 2I)$$

解得

$$R_{eq} = U/I = 8\Omega$$

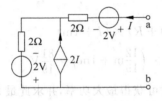

图 4-49 题 29 图   图 4-50 解题 29 图

30. 电路如图 4-51 所示,①用叠加定理求各支路电流；②求电压源发出的功率。

答：叠加电路等效图如图 4-52 所示,电压源作用,电流源置零：

$$I_1' = \frac{25}{100 + 2000//500} = 50mA$$

$$I_2' = \frac{500}{2000 + 500}I_1' = 10mA$$

$$I_3' = \frac{2000}{2000 + 500}I_1' = 40mA$$

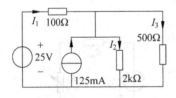
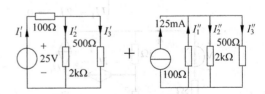

图 4-51 题 30 图   图 4-52 解题 30 图

电流源作用,电压源置零

$$I_1'' = -\frac{0.125 \times (100//2000//500)}{100} = -100\text{mA}$$

$$I_2'' = -\frac{0.125 \times (100//2000//500)}{2000} = 5\text{mA}$$

$$I_3'' = -\frac{0.125 \times (100//2000//500)}{500} = 20\text{mA}$$

$$I_1 = I_1' + I_1'' = -50\text{mA}$$

$$I_2 = I_2' + I_2'' = 15\text{mA}$$

$$I_3 = I_3' + I_3'' = 60\text{mA}$$

电压源发出的功率

$$P_{25\text{V}} = -25I_1 = -25 \times (-50\text{m}) = 1.25\text{W}(吸收功率)$$

31. 电路如图4-53所示,网络A含有电压源、电流源及线性电阻。(a)中测得电压$U_{ab}=10\text{V}$;(b)中测得电压$U_{a'b'}=4\text{V}$;求(c)中电压$U_{a''b''}$。

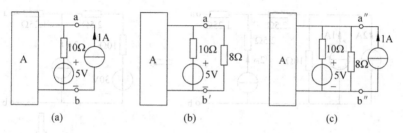

图4-53 题31图

答:网络A是含源电路,可以等效变换为一个电压源U与电阻R的串联组合,如图4-54所示。

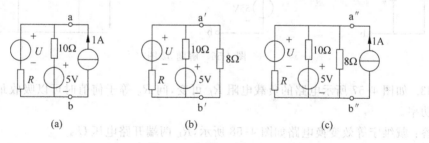

图4-54 解题31图

利用结点电压法,则有

$$\left(\frac{1}{R}+\frac{1}{10}\right)U_{ab}=\frac{U}{R}+\frac{5}{10}+1; \quad \left(\frac{1}{R}+\frac{1}{10}+\frac{1}{8}\right)U_{a'b'}=\frac{U}{R}+\frac{5}{10}$$

解得

$$U=20/3\text{V} \quad R=20/3\Omega$$

再列写方程

$$\left(\frac{1}{R}+\frac{1}{10}+\frac{1}{8}\right)U_{a''b''}=\frac{U}{R}+\frac{5}{10}+1$$

所以

$$U_{a''b''} = \frac{20}{3}\text{V}$$

32. 求图 4-55 所示电路的戴维宁和诺顿等效电路。

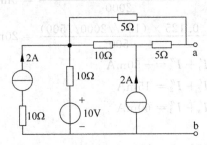

图 4-55 题 32 图

答：对图 4-55 所示的电路进行等效变换，如图 4-56 所示。

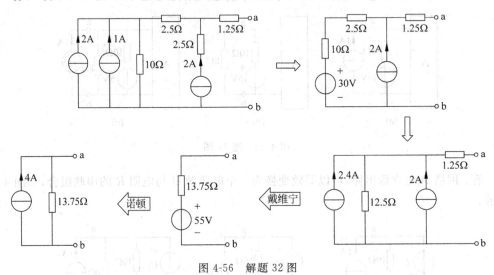

图 4-56 解题 32 图

33. 如图 4-57 所示电路的负载电阻 R_L 可变，问 R_L 等于何值时可以吸收最大功率，并求此功率。

答：戴维宁等效变换电路如图 4-58 所示，R_L 两端开路电压 U_{OC}

$$\begin{cases} u = 0.5u + U_{OC} \\ \dfrac{U_{OC}}{4} = 1 - \dfrac{u}{2} \end{cases}$$

故 $U_{OC} = 0.8\text{V}$。

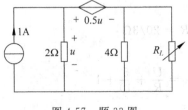

图 4-57 题 33 图

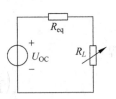

图 4-58 解题 33 图

再利用短路法求解求等效电阻 R_{eq}，设短路电流为 I_{SC}，方向从上到下

$$\begin{cases} I_{SC} = 1 - \dfrac{u}{2} \\ u = 0.5u \end{cases}$$

解得

$$I_{SC} = 1A, \quad R_{eq} = \dfrac{U_{OC}}{I_{SC}} = \dfrac{0.8}{1}\Omega = 0.8\Omega$$

当 $R_L = 0.8\Omega$ 时有最大功率

$$P_{max} = \dfrac{U_{OC}^2}{4R_{eq}} = \dfrac{0.8^2}{4 \times 0.8}W = 0.2W$$

34. 电路如图 4-59 所示，网络 N 仅由电阻组成。已知电压 $U_1 = 1V$，电流 $I_2 = 0.5A$，求(b)中 $\hat{I}_1$。

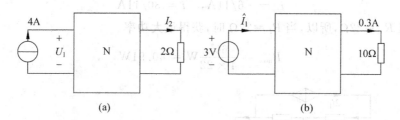

图 4-59 题 34 图

答：利用特勒根定律 2：$-4 \times 3 + 0.5 \times (10 \times 0.3) = 1 \times (-\hat{I}_1) + (2 \times 0.5) \times 0.3$，解得：$\hat{I}_1 = 10.8A$。

35. 图 4-60 电路，已知负载 R_L 为可调电阻，当 $R_L = 8\Omega$ 时，$i_L = 20A$；当 $R_L = 2\Omega$ 时，$i_L = 50A$。求 R_L 为何值时它消耗的功率为最大，为多少？

答：戴维宁等效变换电路如图 4-61 所示，则有

$$u_{OC} = 20 \times (R_{eq} + 8) \quad u_{OC} = 50 \times (R_{eq} + 2)$$

解得

$$u_{OC} = 200V, \quad R_{eq} = 2\Omega$$

所以，当 $R_L = 2\Omega$ 时，获得最大功率

$$P_{max} = \dfrac{200^2}{4 \times 2}kW = 5kW$$

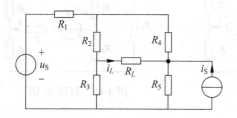
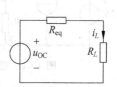

图 4-60 题 35 图　　　　图 4-61 解题 35 图

36. 电路如图 4-62 所示,负载 R_L 为可调电阻,求 R_L 为何值时它消耗的功率为最大,为多少?

答:戴维宁等效变换电路如图 4-63 所示,则有
$$i = 0, \quad 6 = 1 \times (i_1 - 2i_1) + 2 \times i_1 + 2 \times (i_1 - 2i_1)$$
即 $i_1 = -6\text{A}$,可求解出 u_{OC}
$$u_{OC} = -4 \times 2i_1 + 2 \times (i_1 - 2i_1) = 60\text{V}$$
再求短路电流 i
$$6 = 1 \times (i_1 - 2i_1) + 2 \times i_1 + 4 \times (i + 2i_1)$$
即
$$4 \times (i + 2i_1) = 2 \times [i_1 - (i + 2i_1)] + 4i$$
解得
$$i_1 = -6/11\text{A}, \quad i = 30/11\text{A}$$
则等效电阻 $R_{eq} = 22\Omega$,所以,当 $R_L = 22\Omega$ 时,获得最大功率
$$P_{max} = \frac{60^2}{4 \times 22}\text{W} = 40.91\text{W}$$

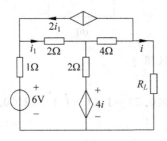

图 4-62 题 36 图

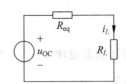

图 4-63 解题 36 图

37. 图 4-64 所示的电路为一直流电路,$R_1 = R_2 = R_3 = R_4 = R_5 = 1\Omega$,$R_6 = 2\Omega$,试用最简单的方法求出 I 值。

答:本题用叠加定理最为简便。电流 I 可以看成三个电源单独作用时产生的响应之和。

由于 $R_2 R_4 = R_3 R_5$,四个电阻组成一平衡电桥,所以左侧电压源与电流源作用时产生的电流 $I = 0$。因此该电路可以简化为图 4-65 所示的电路。

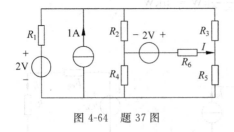

图 4-64 题 37 图

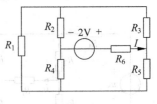

图 4-65 解题 37 图

再次应用平衡电桥的条件,可知 R_1 电阻两端等电位,流过 R_1 的电流为零,可视 R_1 为开路,求得

$$I = \frac{U_{S2}}{R_6+(R_2+R_3)//(R_4+R_5)} = \frac{2}{2+(1+1)//(1+1)} = \frac{2}{3}\text{A}$$

38. 求图 4-66 所示二端网络的戴维宁等效电路。

答：解法一：用戴维宁等效电路法求解，如图 4-67 所示。

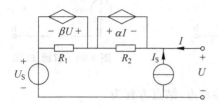 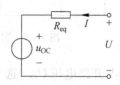

图 4-66　题 38 图　　　　　　图 4-67　解题 38 图

(1) 求 U_{OC}：开路时 $I=0$，所以受控源 $\alpha I=0$，即 R_2 被短路。

由 KVL 方程，可得

$$U_{OC} = \beta U_{OC} + U_S$$

求得

$$U_{OC} = \frac{U_S}{1-\beta}$$

(2) 求 R_0。

a. 用外加电源法求解。

由 KVL 方程，则有

$$U = -\alpha I + \beta U$$

所以

$$R_{eq} = \frac{U}{I} = \frac{\alpha}{\beta-1}$$

b. 用开短法求 R_0，再求 I_{SC}，此时

$$U = 0, \quad I = -I_{SC}$$

由 KVL 方程，则有

$$\alpha I_{SC} + U_S = 0$$

所以

$$R_{eq} = \frac{U_{OC}}{I_{SC}} = \frac{\alpha}{\beta-1}$$

解法二：用单口网络的 VAR 进行求解。

列 KVL 方程得单口网络的 VAR 为 $U = -\alpha I_1 + \beta U + U_S$，所以

$$U = \frac{U_S}{1-\beta} + \frac{\alpha I}{\beta-1}$$

再根据戴维宁电路，得其 VAR 为

$$U = U_{OC} + R_{eq}I$$

比较两者系数相等，得开路电压 $U_{OC} = \frac{U_S}{1-\beta}$，所以等效电阻 $R_{eq} = \frac{\alpha}{\beta-1}$。

39. 求图 4-68 所示电路的戴维宁等效电路。

答：戴维宁等效变换电路如图 4-69 所示，求解步骤如下。

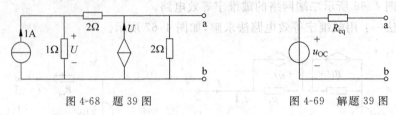

图 4-68 题 39 图　　　　　图 4-69 解题 39 图

(1) 求 ab 开路电压 U_{OC}，选 b 点作为参考点，结点方程为

$$\begin{cases} \left(1+\dfrac{1}{2}\right)U - \dfrac{1}{2}U_{OC} = 1 \\ -\dfrac{1}{2}U + \left(\dfrac{1}{2}+\dfrac{1}{2}\right)U_{OC} = U \end{cases}$$

解得 $U_{OC} = 2\text{V}$。

(2) 求 ab 短路电流 I_{SC}

$$I_{SC} = 1 - \dfrac{U}{1} + U = 1\text{A}$$

(3) 利用开路短路法求 R_{eq}

$$R_{eq} = \dfrac{U_{OC}}{I_{SC}} = \dfrac{2}{1}\Omega = 2\Omega$$

40. 用戴维宁定理求图 4-70 所示电路中流过 1Ω 电阻的电流 I。

答：戴维宁等效变换电路如图 4-71 所示，求解步骤如下。

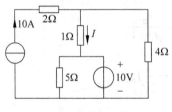 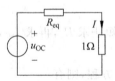

图 4-70 题 40 图　　　　　图 4-71 解题 40 图

(1) 去除 1Ω 电阻后的开路电压

$$U_{OC} = 4 \times 10 - 10 = 30\text{V}$$

(2) 去除电源后的等效电阻 $R_{eq} = 4\Omega$。

(3) $I = \dfrac{U_{OC}}{R_{eq}+1} = \dfrac{30}{4+1}\text{A} = 6\text{A}$。

41. 电路如图 4-72 所示。

(1) 当将开关 S 合在 a 点时，求电流 I_1、I_2 和 I_3；

(2) 当将开关 S 合在 b 点时，利用(1)的结果，用叠加定理计算电流 I_1、I_2、I_3。

答：

(1) 若将开关 S 闭合 a 点，设图底部为参考点。根据结

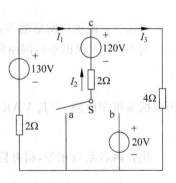

图 4-72 题 41 图

点电位法可得

$$U_c = \frac{130/2 + 120/2}{1/2 + 1/2 + 1/4}V = 100V$$

所以

$$I_1 = (130 - 100)/2 = 15A$$
$$I_2 = [(120 - 100)/2]A = 10A$$
$$I_3 = [100/4]A = 25A$$

(2) 若将开关 S 闭合到 b，用叠加原理计算电流 I_1、I_2、I_3 时，可构造只有 20V 电压作用的电路，其余电源置零。

$$I_2 = [20/(2 + 2//4)]A = 6A$$
$$I_1 = [-(20 - 6 \times 2)/2]A = -4A$$
$$I_3 = [(20 - 6 \times 2)/4]A = 2A$$

则叠加得：

$$I_1 = [15 + (-4)]A = 11A$$
$$I_2 = (10 + 6)A = 16A$$
$$I_3 = (25 + 2)A = 27A$$

42. 求图 4-73 所示电路的戴维宁等效电路和诺顿等效电路。

答：图 4-74(a)为戴维宁等效电路，图 4-74(b)为诺顿等效电路。

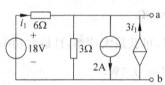

图 4-73 题 42 图　　　　　图 4-74 解题 42 图

(1) 用结点电压法求开路电压 U_{OC}

$$\left(\frac{1}{6} + \frac{1}{3}\right)U_{OC} = \frac{18}{6} - 2 + 3i_1$$

附加方程

$$i_1 = \frac{18 - U_{OC}}{6}$$

解得

$$U_{OC} = 10V$$

(2) 采用独立源置零后加源法求等效电阻 R_{eq}，设 ab 电压为 u，非关联电流 i

$$i + 3i_1 = \frac{u}{3} + \frac{u}{6}, \quad i_1 = \frac{u}{6}$$

解得 $R_{eq} = 1\Omega$。

(3) 设 ab 短路电流 I_{SC}，求短路电流 I_{SC}

$$I_{SC} = i_1 + 3i_1 - 2$$

而 $i_1 = 18/6A = 3A$，解得 $I_{SC} = 10A$。

43. 图 4-75 所示电路，试求 R_L 为何值时能获得最大功率？并求此最大功率。

答：戴维宁等效变换电路如图 4-76 所示，应用最大功率传递定理。

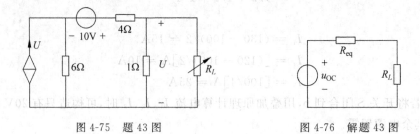

图 4-75 题 43 图   图 4-76 解题 43 图

(1) 求 R_L 的开路电压 U_{OC}，显然 $U_{OC}=U$，由 KVL

$$U=-4\times\frac{U}{1}+10+6\times\left(U-\frac{U}{1}\right)$$

解得

$$U_{OC}=U=2\text{V}$$

(2) 求 R_L 的短路电流 I_{SC}，显然 $U=0$，由 KVL 可得

$$I_{SC}=\frac{10}{6+4}\text{A}=1\text{A}$$

(3) 用开短法求 R_{eq}

$$R_{eq}=\frac{U_{OC}}{I_{SC}}=\frac{2}{1}=2\Omega$$

(4) 由最大功率传递定理知，当 $R_L=R_{eq}=2\Omega$ 时，可获最大功率，且最大功率

$$P_{max}=\frac{U_{OC}^2}{4R_{eq}}=\frac{2^2}{4\times 2}\text{W}=0.5\text{W}$$

44. 图 4-77 中 N_0 为一线性无源电阻网络，图 4-78(a) 中 1-1′ 端加电流 $I_S=2\text{A}$，测得 $U'_{11}=8\text{V}$；$U'_{22}=6\text{V}$，如果将 $I_S=2\text{A}$ 电流源接到 2-2′ 端，而在 1-1′ 两端接 2Ω 电阻，参见图 4-78(b)。求 2Ω 电阻中流过的电流。

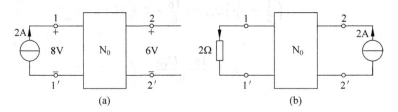

图 4-77 题 44 图

答：设 2Ω 电阻中流过的电流为 I，图 4-77(b) 电流源电压为 U，根据特勒根 2：$8\times I+6\times(-2)=2I\times(-2)+U\times 0$，解得：$I=1\text{A}$。

45. 在图 4-78 中，N_0 为内部结构未知的线性无源网络。已知当 $u_S=18\text{V}$，$i_S=2\text{A}$ 时，$u=0$；当 $u_S=-15\text{V}$，$i_S=-1\text{A}$ 时，$u=-6\text{V}$。求当 $u_S=20\text{V}$，$i_S=1\text{A}$ 时，电压 u 的值。

答：可以利用叠加原理求解，令 $u=au_S+bi_S$，其中 a、b 为待定系数，则有

$$\begin{cases} 0 = 18a + 2b \\ -6 = -15a - 1b \end{cases}$$

解得

$$\begin{cases} a = 1 \\ b = -9 \end{cases}$$

从而

$$u = u_S - 9i_S$$

代入后可得

$$u = 20 - 9 \times 1 = 11\text{V}$$

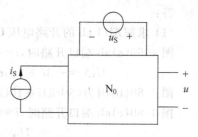

图 4-78 题 45 图

46. 在图 4-79(a)中,已知 N 为有源线性电阻网络,当负载电阻 R_L 从 0 到 ∞ 改变时,负载 R_L 上的电压 u 与电流 i 的关系如图 4-79(b)所示,求 N 网络的戴维宁等效电路。

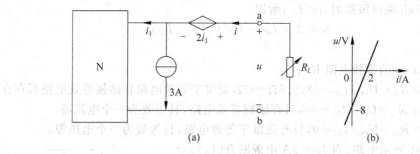

图 4-79 题 46 图

答:先列写出电压 u 与电流 i 的关系式:$u = 4i - 8$。

设 N 网络的戴维宁等效电路为:电压源 U_{OC} 与电阻 R_{eq} 串联组合,则列写方程

$$\begin{cases} i = i_1 + 3 \\ u = 2i_1 + R_{eq}i_1 + U_{OC} \end{cases}$$

解得

$$\begin{cases} U_{OC} = 4\text{V} \\ R_{eq} = 2\Omega \end{cases}$$

47. 试求图 4-80 所示各电路的戴维宁等效电路和诺顿等效电路。

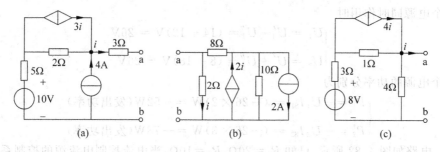

图 4-80 题 47 图

答：

(1) 求解端口 ab 的开路电压 U_{OC}。

图 4-80(a)ab 端口开路时,$i=0$,所以
$$U_{OC} = -3i + 2(3i-i+4) + 5 \times 4 + 10 = i + 38 = 38V$$

图 4-80(b)因为 $(8+2)i = 10(2i-i-2)$,得 i 无解,$U_{OC}=2i$,所以 U_{OC} 也无解。

图 4-80(c)ab 端口开路时,$i=0$,所以
$$U_{OC} = 4 \times 8/(3+1+4) = 4V$$

(2) 求解端口 ab 的短路电流 I_{SC}。

图 4-80(a)ab 端口短路时,$i=I_{SC}$,即
$$3 \times I_{SC} = 10 + 5 \times (4-I_{SC}) + 2 \times (4+3I_{SC}-I_{SC}),\quad I_{SC}=9.5A$$

图 4-80(b)ab 端口短路时,$i=0$,所以
$$I_{SC} = -10/9A$$

图 4-80(c)ab 端口短路时,$i=I_{SC}$,所以
$$8 = 3 \times I_{SC} - 1 \times (4I_{SC} - I_{SC})$$

I_{SC} 无解。

(3) 求端口 ab 的等效电阻 R_{eq}。

图 4-80(a) $R_{eq} = U_{OC}/I_{SC} = 38/9.5\Omega = 4\Omega$,戴维宁等效电路和诺顿等效电路都存在。

图 4-80(b) $R_{eq} = U_{OC}/I_{SC} = \infty$,只有诺顿等效电路,且等效为一个电流源。

图 4-80(c) $R_{eq} = U_{OC}/I_{SC} = 0$,只有戴维宁等效电路,且等效为一个电压源。

48. 图 4-81 所示电路,当 $I_{S2}=3A$ 电源断开时,$I_{S1}=2A$ 电源输出功率为 28W,这时 $U_2=8V$。当 $I_{S1}=2A$ 电源断开时,$I_{S2}=3A$ 电源输出功率为 54W,这时 $U_1=12V$。试求两电源同时作用时,每个电源的输出功率。

图 4-81 题 48 图

答：用叠加定理求解。

2A 电流源单独作用时
$$U_1' = \frac{-P_1'}{I_{S1}} = \frac{-(-28)}{2} = 14V,\quad U_2' = 8V(已知)$$

3A 电流源单独作用时
$$U_1'' = 12V(已知)$$
$$U_2'' = \frac{-P_2''}{I_{S2}} = \frac{-(-54)}{3} = 18V$$

两个电源同时作用时
$$\begin{cases} U_1 = U_1' + U_1'' = (14+12)V = 26V \\ U_2 = U_2' + U_2'' = (8+18)V = 26V \end{cases}$$

两个电源的功率分别为
$$\begin{cases} P_1 = -U_1 I_{S1} = (-26 \times 2)W = -52W(发出功率) \\ P_2 = -U_2 I_{S2} = (-26 \times 3)W = -78W(发出功率) \end{cases}$$

49. 电路如图 4-82 所示,已知 $R_1=20\Omega$,$R_2=10\Omega$,当电流控制电流源的控制系数 $\beta=1$ 时,有源线性网络 N 的端口电压 $u=20V$;当 $\beta=-1$ 时,$u=12.5V$。求 β 为何值时,外部电路从 N 网络获得最大功率,并求出此功率的值。

答：设有源网络 N 为电压源 U_{OC} 和电阻 R_{eq} 串联组合,则有

$$U_{OC} = I_1 R_{eq} + I_1 R_1 + (\beta+1) I_1 R_2$$
$$u = I_1 R_1 + (\beta+1) I_1 R_2$$

解得：

$$U_{OC} = 50\text{V}, \quad R_{eq} = 60\Omega$$

外电路等效电阻 $= \dfrac{u}{I_1} = R_1 + (\beta+1) R_2 = 30 + 10\beta$

当外电路电阻等于 R_{eq} 时,外部电路从 N 网络获得最大功率,此时

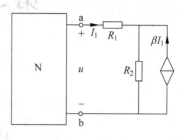

图 4-82 题 49 图

$$\beta = 3, \quad P_{max} = \dfrac{U_{OC}^2}{4 R_{eq}} = \dfrac{50^2}{4 \times 60}\text{W} = 10.42\text{W}$$

50. 图 4-83 所示电路,试求 $R_0 = 5\Omega$ 和 $R_0 = 10\Omega$ 时的电流 I_0。

答：保留 R_0 支路进行戴维宁或诺顿等效变换,求开路电压 U_{OC}：$U_{OC} = -10I = 5I + 10(I - 2.5I) + 45$,得 U_{OC} 无解。

求短路电流 I_{SC}

$$I = 0, \quad 45 = (10+5) I_{SC}, \quad I_{SC} = 3\text{A}$$

电路只能等效为一个 3A 的电流源,如图 4-84 所示,所以 R_0 不管是多少,I_0 都是 3A。

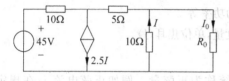

图 4-83 题 50 图

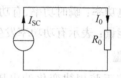

图 4-84 解题 50 图

4.4 思考改错题

1. 应用叠加定理时,需要把不作用的电源置零,不作用的电流源用导线代替。

2. 对于有多个激励的线性电路,只要有一个激励(独立电源)增大(或减小),则电路中响应(电压或电流)也增大(或减小)同样的倍数。

3. 任何一个含源线性一端口电路,对外电路来说,可以用一个电流源和电阻的并联组合来等效置换；电流源的电流等于该一端口的短路电流,电阻等于该一端口的输入电阻。称为戴维宁定理。

4. 若一端口网络的等效电阻 $R_{eq} = \infty$,则该一端口网络等效为一个电压源。

5. 若一端口网络的等效电阻 $R_{eq} = 0$,则该一端口网络等效为一个电流源。

6. 最大功率传输定理,只能通过戴维宁等效来求解,而不能通过诺顿等效来求解。

7. 根据最大功率传输定理,当负载获取最大功率时,电路的传输效率一定是 50%。

8. 戴维宁和诺顿定理,只适合于线性电路,不适合于非线性电路。

9. 叠加定理,既适合于线性电路,也适合于非线性电路。

10. 替代定理中,被替代的支路或二端网络只能是无源的。

第 5 章　相量法基础

5.1　知识点概要

正弦电路分析
- 理论——相量基尔霍夫定律
  - 相量基尔霍夫电流定律 KCL，$\sum \dot{I} = 0$——满足电荷守恒
  - 相量基尔霍夫电压定律 KVL，$\sum \dot{U} = 0$——满足能量守恒
- 电路元件
  - 电阻器：电阻用 R 表示，单位欧姆(Ω)；电导：用 G 表示，单位西门子(S)
  - 电感器：感抗用 $j\omega L$ 表示，单位欧姆(Ω)；其倒数称为感纳，单位西门子(S)
  - 电容器：容抗用 $1/j\omega C$ 表示，单位欧姆(Ω)；其倒数称为容纳，单位西门子(S)
  - 电压源：电压恒定或时间函数，电流可任意值
  - 电流源：电流恒定或时间函数，电压可任意值
- 物理量
  - 电压：用 $\dot{U}$ 表示，单位伏特(V)
  - 电流：用 $\dot{I}$ 表示，单位安倍(A)
  - 电功率：瞬时功率、有功功率、无功功率等
  - 能量：表示有功功率发生变化的度量，单位焦耳(J)

1. 正弦量

电路中按正弦规律变化的电压或电流，统称为正弦量。例如正弦电流 i，在规定的参考方向下，其数学表达式定义为

$$i = I_m \cos(\omega t + \varphi_i) \quad \text{或} \quad i = I_m \sin(\omega t + \varphi_i)$$

其中的 3 个常数 I_m、ω 和 φ_i 称为正弦量的三要素。I_m 称为正弦量的振幅。正弦量是一个等幅振荡的、正负交替变化的周期函数，振幅是正弦量在整个振荡过程中达到的最大值，即 $\cos(\omega t + \varphi_i) = 1$ 时，有 $i_{max} = I_m$，这也是正弦量的极大值。当 $\cos(\omega t + \varphi_i) = -1$ 时，将有最小值(也是极小值)$i_{min} = -I_m$。

随时间变化的角度$(\omega t + \varphi_i)$称为正弦量的相位，或称相角。ω 称为正弦量的角频率，它是正弦量的相位随时间变化的角速度，即 $\omega = \dfrac{d}{dt}(\omega t + \varphi_i)$，单位为 rad/s(弧度每秒)。它与正弦量的周期 T 和频率 f 之间的关系为

$$\omega = 2\pi f = \dfrac{2\pi}{T}$$

频率 f 的单位为赫兹(Hz)。我国工业用电的频率为 50Hz。

φ_i 是正弦量在 $t=0$ 时刻的相位，称为正弦量的初相位(角)，简称初相，即$(\omega t + \varphi_i)|_{t=0} = \varphi_i$，初相的单位用弧度或度表示，通常在主值范围内取值，即 $|\varphi_i| \leqslant 180°$。初相与计时零点的确定有关。对任一正弦量，初相是允许任意指定的，但对于一个电路中的许多相关的正弦量，它们只能相对于一个共同的计时零点确定各自的相位。正弦量的三要素是正弦量之间进行比较和区分的依据。

2. 相位差

电路中常引用"相位差"的概念描述两个同频正弦量之间的相位关系。例如,设两个同频正弦电流 i_1、电压 u_2 分别为 $i_1 = \sqrt{2} I_1 \cos(\omega t + \varphi_{i1})$,$u_2 = \sqrt{2} U_2 \cos(\omega t + \varphi_{u2})$。

两个同频正弦量的相位差等于它们相位相减的结果。如设 φ_{12} 表示电流 i_1 与电压 u_2 之间的相位差,则有 $\varphi_{12} = (\omega t + \varphi_{i1}) - (\omega t + \varphi_{u2}) = \varphi_{i1} - \varphi_{u2}$。

相位差也是在主值范围内取值。上述结果表明:同频正弦量的相位差等于它们的初相之差,为一个与时间无关的常数。电路常采用"超(越)前"和"滞(落)后"等概念来说明两个同频正弦量相位比较的结果。

当 $\varphi_{12} > 0$,称为 i_1 超前 u_2;$\varphi_{12} < 0$,称 i_1 滞后 u_2;当 $\varphi_{12} = 0$,称 i_1 和 u_2 同相;当 $|\varphi_{12}| = \pi/2$,称 i_1 与 u_2 正交;当 $|\varphi_{12}| = \pi$,称 i_1 与 u_2 彼此反相。

3. 有效值

工程中常将周期电流或电压在一个周期内产生的平均效应换算为在效应上与之相等的直流量,以衡量和比较周期电流或电压的效应,这一直流量就称为周期量的有效值,用相对应的大写字母表示。可通过比较电阻的热效应获得周期电流 i 与其有效值 I 之间的关系,有效值 I 定义为

$$I \stackrel{\text{def}}{=} \sqrt{\frac{1}{T} \int_0^T i^2 \, dt}$$

上式表示:周期量的有效值等于其瞬时值的平方在一个周期内积分的平均值再取平方根,因此有效值又称为均方根值。上式的定义是周期量有效值普遍适用的公式。当电流 i 是正弦量时,可以推出正弦量的有效值与正弦量的振幅之间的特殊关系。此时有

$$I = I_m / \sqrt{2} = 0.707 I_m$$

所以正弦量的有效值与其最大值之间有 $\sqrt{2}$ 关系,但是,正弦量的有效值与正弦量的频率和初相无关。根据这一关系常将正弦量 i 改写成如下的形式

$$i = \sqrt{2} I \cos(\omega t + \varphi_i)$$

其中,I、ω、φ_i 也可用来表示正弦量的三要素,电压也有相同关系。

4. 相量

设正弦电流 i 为

$$i = I_m \cos(\omega t + \varphi_i)$$

正好对应复数的实部,即

$$i = \text{Re}(I_m e^{j(\omega t + \varphi_i)}) = \text{Re}(\sqrt{2} I e^{j\varphi_i} e^{j\omega t})$$

而如果设正弦电流 i 为:

$$i = I_m \sin(\omega t + \varphi_i)$$

正好对应复数的虚部,即

$$i = \text{Im}(I_m e^{j(\omega t + \varphi_i)}) = \text{Im}(\sqrt{2} I e^{j\varphi_i} e^{j\omega t})$$

对应的相量定义为

$$\dot{I} \stackrel{\text{def}}{=} I e^{j\varphi_i} = I \angle \varphi_i \text{(有效值相量)}$$

字母 I 上的小圆点表示这一复常数与正弦量关联的特殊身份,同时也区别于电流、电压

的有效值。相量是以正弦量的有效值为模,以初相为辐角的一个复常数。正弦量的相量可直接根据正弦量的表达式按定义写出。正弦电压同正弦电流说明。

5. 相量图

相量是一个复数,它在复平面上表示的图形称为相量图。

6. 理想元件的电压与电流关系相量表达式

进行电路分析时,各个元件有相应的相量表达式,表 5-1 可以作为参考。

表 5-1 理想元件电压、电流、功率的关系相量表达式

元 件	相量表达式		有 功 功 率	无 功 功 率
电阻	$\dot{U}=R\dot{I}$	$\dot{I}=G\dot{U}$	U^2/R 或 I^2R	0
电感	$\dot{U}=j\omega L\dot{I}$	$\dot{I}=\dfrac{\dot{U}}{j\omega L}$	0	$\dfrac{U^2}{X_L}$ 或 $I^2 X_L$
电容	$\dot{U}=\dfrac{\dot{I}}{j\omega C}$	$\dot{I}=j\omega C\dot{U}$	0	$\dfrac{-U^2}{X_C}$ 或 $-I^2 X_C$

其中:$X_L=\omega L$,表示感抗;$X_C=1/\omega C$,表示容抗;用 X 表示电抗;单位欧姆(Ω)。
$B_L=1/\omega L$,表示感纳;$B_C=\omega C$,表示容纳;用 B 表示电纳;单位西门子(S)。

7. 瞬时功率

设 $u=U_m\cos(\omega t+\varphi_u)$,$i=I_m\cos(\omega t+\varphi_i)$,则 $p=ui$ 直接用三角函数求解。

8. 基尔霍夫定律的相量形式

正弦交流电路中,通过任一结点电流相量的代数和等于零,即 $\sum \dot{I} = 0$。

正弦交流电路中,任一闭合回路电压相量的代数和等于零,即 $\sum \dot{U} = 0$。

5.2 学习指导

本章的关键是瞬时电压、电流的表达式,相量电压电流的表达式,以及它们的互相转换关系。需要理解的是,$i(t)\neq \dot{I}$,即瞬时电压、电流不等于相量电压、电流,但可以等效转换,转换关系如下。

欧拉公式

$$e^{j\varphi} = \cos\varphi + j\sin\varphi, \quad e^{-j\varphi} = \cos\varphi - j\sin\varphi$$

电流

$$i(t) = \sqrt{2}I\cos(\omega t+\varphi_i) = \text{Re}(\sqrt{2}Ie^{j\varphi_i}e^{j\omega t}) = \text{Re}(\sqrt{2}\dot{I}e^{j\omega t}), \quad \text{其中} \quad \dot{I}=I\angle\varphi_i$$

电压

$$u(t) = \sqrt{2}U\cos(\omega t+\varphi_u) = \text{Re}(\sqrt{2}Ue^{j\varphi_u}e^{j\omega t}) = \text{Re}(\sqrt{2}\dot{U}e^{j\omega t}), \quad \text{其中} \quad \dot{U}=U\angle\varphi_u$$

或电流

$$i(t) = \sqrt{2}I\sin(\omega t+\varphi_i) = \text{Im}(\sqrt{2}Ie^{j\varphi_i}e^{j\omega t}) = \text{Im}(\sqrt{2}\dot{I}e^{j\omega t}), \quad \text{其中} \quad \dot{I}=I\angle\varphi_i$$

或电压

$$u(t) = \sqrt{2}U\sin(\omega t+\varphi_u) = \text{Im}(\sqrt{2}Ue^{j\varphi_u}e^{j\omega t}) = \text{Im}(\sqrt{2}\dot{U}e^{j\omega t}), \quad \text{其中} \quad \dot{U}=U\angle\varphi_u$$

进行相量加、减运算时,需要把相量转化为代数式来计算。
$$I\angle\varphi_i = I\cos\varphi_i + \mathrm{j}I\sin\varphi_i$$
进行相量乘、除运算时,需要把相量转化为极坐标式来计算。
$$a + \mathrm{j}b = |F|\angle\varphi$$
其中
$$|F| = \sqrt{a^2 + b^2}, \quad \varphi = \arctan\frac{b}{a}$$

进行相量微分、积分运算时,必须利用上述公式来解答。

电流微分
$$\frac{\mathrm{d}i}{\mathrm{d}t} = \mathrm{Re}\left(\sqrt{2}\,\dot{I}\,\frac{\mathrm{d}\mathrm{e}^{\mathrm{j}\omega t}}{\mathrm{d}t}\right) = \mathrm{Re}\left(\sqrt{2}\,\dot{I}\omega\mathrm{e}^{\mathrm{j}\omega t}\right)$$

微分相量为 $\omega\dot{I}$。

电流积分
$$\int i\,\mathrm{d}t = \mathrm{Re}\left(\sqrt{2}\,\dot{I}\int\mathrm{e}^{\mathrm{j}\omega t}\,\mathrm{d}t\right) = \mathrm{Re}\left(\sqrt{2}\,\dot{I}\,\frac{1}{\omega}\mathrm{e}^{\mathrm{j}\omega t}\right)$$

积分相量为 $\frac{1}{\omega}\dot{I}$。

电压的微分和积分用同样方法求出。

5.3 课后习题分析

1. 若线圈电阻为 50Ω,外加 200V 正弦电压时电流为 2A,则其感抗为(   )。

  A. 50Ω   B. 70.7Ω   C. 86.6Ω   D. 100Ω

答:C。把线圈看成是电感和电阻的串联,这样阻抗为 $50 + \mathrm{j}X_L$,求感抗 X_L,即 $50^2 + X_L^2 = (200/2)^2$。

2. 把一个额定电压为 220V 的灯泡分别接到 220V 的交流电源和直流电源上,灯泡的亮度为(   )。

  A. 相同亮度   B. 接到直流电源上亮

  C. 接到交流电源上亮   D. 烧毁

答:A。交流电的有效值是根据相同时间直流电消耗能量相等的原则推导出来的,所以它们有相同亮度。

3. RL 串联电路接到 12V 直流电压源时,电流为 2A,接到 12V 正弦电压时,电流为 1.2A,则感抗为(   )。

  A. 4Ω   B. 8Ω   C. 10Ω   D. ∞

答:B。RL 串联电路接直流电时,电感相当于短路,因此电阻 $R = 12/2\,\Omega = 6\,\Omega$;接正弦电时阻抗为 $6 + \mathrm{j}X_L$,求感抗 X_L,即 $6^2 + X_L^2 = (12/1.2)^2$。

4. 选择 RL 串联电路的 u 与 i 为关联参考方向,$u = 100\sqrt{2}\sin(\omega t + 30°)\mathrm{V}$,$\dot{I} = 2\angle-30°\mathrm{A}$,则 R 和 X_L 分别为(   )。

  A. 25Ω 和 −43.3Ω B. 25Ω 和 43.3Ω C. 43.3Ω 和 25Ω D. 43.3Ω 和 −25Ω

答：B。已知 $\dot{U}=100\angle 30°\text{V}$，所以 $R+\text{j}X_L = \dot{U}/\dot{I} = 50\angle 60°(\Omega) = 25+\text{j}25\sqrt{3}\,\Omega$。

5. 图 5-1 所示正弦交流电路中，已知 $u_S = U_m\sin\omega t\text{V}$，欲使电流 i 为最大，则 C 应等于（　　）。

  A. 2F   B. 1F   C. ∞ D. 0

答：C。当电容 C 为 ∞ 时，其阻抗为零，相当于电容短路，此时相对来说，电流 i 将达到最大值。

6. 如图 5-2 所示正弦交流电路，已知 $\dot{I}=1\angle 0°\text{A}$，则图中 $\dot{I}_R$ 为（　　）。注：$\cos 53.13° = 0.6$

  A. $0.8\angle 53.13°\text{A}$ B. $0.6\angle 53.13°\text{A}$ C. $0.8\angle 36.87°\text{A}$ D. $0.6\angle 36.87°\text{A}$

答：C。可用分流法求解，$\dot{I}_R = \dfrac{\text{j}40}{30+\text{j}40}\dot{I} = 0.8\angle 36.87°\text{A}$。

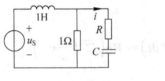
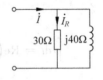

图 5-1　题 5 图　　　　　　　　图 5-2　题 6 图

7. 当 5Ω 电阻与 8.66Ω 感抗串联时，电感电压超前于总电压的相位差为（　　）。

  A. $30°$ B. $60°$ C. $-60°$ D. $-30°$

答：A。对于串联电路，可用分压法来分析，即电感电压相量与总电压相量的比值为

$$\frac{\text{j}8.66}{5+\text{j}8.66} = \frac{\text{j}\sqrt{3}}{1+\text{j}\sqrt{3}} = \frac{\sqrt{3}\angle 90°}{2\angle 60°} = \frac{\sqrt{3}}{2}\angle 30°$$

8. 在频率为 f 的正弦电流电路中，一个电感的感抗等于一个电容的容抗。当频率变为 $2f$ 时，感抗为容抗的（　　）。

  A. 1/4   B. 1/2   C. 4 倍   D. 2 倍

答：C。感抗与频率成正比，容抗与频率成反比；使用频率放大 2 倍，感抗放大 2 倍，而容抗缩小 2 倍；因此当频率变为 $2f$ 时，感抗为容抗的 4 倍。

9. 若线圈与电容 C 串联，测得线圈电压 $U_L=50\text{V}$，电容电压 $U_C=30\text{V}$，且在关联参考方向下端电压与电流同相，则端电压为（　　）。

  A. 20V   B. 40V   C. 80V   D. 58.3V

答：B。把线圈看成是电感和电阻的串联，在关联参考方向下端电压与电流同相，表示总阻抗等效为电阻，即感抗与容抗之和为零；也就是说电感的电压与电容电压相等，都是 30V，但互相抵消；因此线圈电压就是电阻电压：$(\sqrt{50^2-30^2})\text{V}=40\text{V}$。

10. 如果 $u=50\sqrt{2}\sin\omega t\text{V}$，$i=5\sqrt{2}\cos(\omega t+30°\text{A})$，则电压与电流的相位差为（　　）。

  A. $-30°$ B. $-120°$ C. $30°$ D. $120°$

答：B。利用相量法求相位差直接用除法即可，$\dfrac{\dot{U}}{\dot{I}} = \dfrac{50\angle -90°}{5\angle 30°} = 10\angle -120°$

11. 电路如图 5-3 所示，若 $\dot{U}=(10+\text{j}30)\text{V}$，$\dot{I}=(2+\text{j}2)\text{A}$，则当电压为同频率的 $u=$

$2\sqrt{10}\sin(\omega t+30°)$V 时，电流 i 的表达式为（　　）。

  A．$0.4\sqrt{2}\sin(\omega t+26.6°)$A   B．$0.4\sqrt{2}\sin(\omega t-86.6°)$A

  C．$0.4\sqrt{2}\sin(\omega t+3.4°)$A   D．$0.2\sqrt{2}\cos(\omega t+3.4°)$A

  答：C。先求出阻抗

$$Z=\frac{\dot{U}}{\dot{I}}=\frac{10+\text{j}30}{2+\text{j}2}\Omega=10+\text{j}5\Omega$$

当电压改变后

$$\dot{I}=\frac{2\sqrt{5}\angle 30°}{10+\text{j}5}\text{A}=\frac{2\sqrt{5}\angle 30°}{5\sqrt{5}\angle 26.6°}\text{A}=0.4\angle 3.4°\text{A}$$

12．图 5-4 所示电路中若 $i_1=3\sqrt{2}\sin\omega t$ A，$i_2=4\sqrt{2}\sin(\omega t+90°)$A，则电流表读数为（　　）。

  A．7A   B．9.9A   C．1A   D．5A

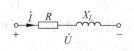
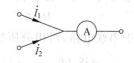

图 5-3　题 11 图　　　　　　　图 5-4　题 12 图

  答：D。电流 I_1 的有效值为 3A，电流 I_2 的有效值为 4A，它们相差 90°，因此叠加后电流的有效值为（$\sqrt{3^2+4^2}$）A＝5A。

13．图 5-5 所示正弦电流电路中，电流表 A_1、A_2 的读数分别为 8A、6A，则电流表 A 的读数为（　　）。

  A．14A   B．2A   C．10A   D．－2A

  答：C。电阻与电感并联，即它们两端电压相同，而电阻电流与电压同相，电感电流落后电压 90°，所以总电流有效值为 $\sqrt{6^2+8^2}$A＝10A。

14．图 5-6 所示正弦电流电路中，电流表 A_1 的读数为 4A，A_2 的读数为 3A，则电流表 A 的读数是（　　）。

  A．1A   B．5A   C．7A   D．10A

  答：B。电感与电容并联后，可以等效为一个电感或一个电容，等效后再与电阻并联，则电流相差±90°，所以总电流有效值为 $\sqrt{4^2+3^2}$A＝5A。

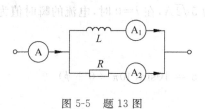

图 5-5　题 13 图　　　　　　　图 5-6　题 14 图

15．RC 并联电路接到 12V 直流电压源时，电源电流为 2.4A，接到 12V 正弦电压时，电源电流为 4A,则容抗为( )。

　　A. 3Ω　　　　　　B. 3.75Ω　　　　　　C. 5Ω　　　　　　D. 7.5Ω

答：B。接直流电时,电容相当于开路,所以电导 $G=2.4/12=0.2$S；接到正弦电时,导纳为 $0.2+jB_C$,求容纳 B_C,即 $0.2^2+B_C^2=(4/12)^2$,解得 $B_C=4/15$(S),故容抗 $X_C=3.75$Ω。

16. 选择 RC 串联电路的 u 与 i 为关联参考方向,其 $u=100\sqrt{2}\sin(\omega t+30°)$V,$\dot{I}=2\angle 60°$A,则 R 和 X_C 分别为( )。

　　A. 25Ω 和 −43.3Ω　　　　　　　　B. 25Ω 和 43.3Ω
　　C. −43.3Ω 和 25Ω　　　　　　　　D. 43.3Ω 和 −25Ω

答：D。已知

$$\dot{U}=100\angle 30°\text{V}$$

所以

$$R+jX_C=\dot{U}/\dot{I}=50\angle-30°\ \Omega=25\sqrt{3}-j25\ \Omega$$

17. 当 5Ω 电阻与 −8.66Ω 容抗串联时,电容电压落后于总电压的相位差为( )。

　　A. 30°　　　　　　B. 60°　　　　　　C. −60°　　　　　　D. −30°

答：A。对于串联电路,可用分压法来分析,即电容电压相量与总电压相量的比值为

$$\frac{-j8.66}{5-j8.66}=\frac{-j\sqrt{3}}{1-j\sqrt{3}}=\frac{\sqrt{3}\angle-90°}{2\angle-60°}=\frac{\sqrt{3}}{2}\angle-30°$$

18. RL 串联电路两端的电压 $u=50\sqrt{2}\sin 3\omega t$ V,$R=8$Ω,$\omega L=2$Ω,该电路中电流的有效值为( )。

　　A. 3A　　　　　　B. 4A　　　　　　C. 5A　　　　　　D. 6.06A

答：C。感抗重新计算 $3\omega L=6$Ω,则电流的有效值为 $\frac{50}{\sqrt{8^2+6^2}}A=5$A。

19. RLC 串联电路两端的电压 $u=5\sqrt{2}\sin 3\omega t$ V,$R=5$Ω,$\omega L=5$Ω,$\frac{1}{\omega C}=45$Ω,该电路中电流的有效值为( )。

　　A. 124mA　　　　　B. 1A　　　　　C. 0.707A　　　　　D. 2A

答：B。感抗与容抗都要重新计算,在 3ω 下,感抗为 15Ω,容抗也为 15Ω,在串联电路中正好互相抵消,所以总阻抗就是电阻 5Ω,故电流有效值为 $(5/5)$A$=1$A。

20. 请计算表达式 $10\angle-20°-10\angle 40°$ 等于( )。

　　A. $10\angle-80°$　　　B. $10\angle 80°$　　　C. $-10\angle 80°$　　　D. $10\angle 280°$

答：A。$10\angle-20°-10\angle 40°=10\angle 10°(1\angle-30°-1\angle 30°)=-j10\angle 10°=10\angle-80°$

21. 某正弦电流的频率为 20Hz,有效值为 $5\sqrt{2}$A,在 $t=0$ 时,电流的瞬时值为 5A,且此时刻电流在增加,求该电流的瞬时值表达式。

答：根据题意令电流为

$$i(t)=10\sin(40\pi t+\phi),\quad 5=10\sin(40\pi\times 0+\phi)$$

解得 $\phi=30°$,因此有

$$i(t)=10\sin(40\pi t+30°)\text{A}$$

22. 已知复数 $A_1=6+j8$Ω,$A_2=4+j4$Ω,试求它们的和、差、积、商。

答：
$$A_1 + A_2 = 10 + j12\,\Omega$$
$$A_1 - A_2 = 2 + j4\,\Omega$$
$$A_1 \cdot A_2 = -8 + j56\,\Omega$$
$$A_1/A_2 = 1.75 + j0.25\,\Omega$$

23. 试将下列各时间函数用对应的相量来表示。

(1) $i_1 = 5\sin(\omega t)\text{A}$；

(2) $i_2 = 10\sin(\omega t + 60°)\text{A}$；

(3) $i = i_1 + i_2$。

答：(1) $\dot{I}_1 = 2.5\sqrt{2}\text{A}$；(2) $\dot{I}_2 = 5\sqrt{2}\angle 60°\text{A}$；(3) $\dot{I} = \dot{I}_1 + \dot{I}_2$。

24. 计算下列正弦波的相位差。

(1) $u = 10\sin(314t + 50°)\text{V}$ 和 $i = 20\sin(314t - 20°)\text{A}$；

(2) $u_1 = 5\sin(60t + 10°)\text{V}$ 和 $u_2 = -8\sin(60t + 95°)\text{V}$；

(3) $u = 5\cos(20t + 5°)\text{V}$ 和 $i = 7\sin(30t - 20°)\text{A}$；

(4) $u = 5\sin(6\pi t + 10°)\text{V}$ 和 $i = 4\cos(6\pi t - 15°)\text{A}$；

(5) $i_1 = -6\sin 4t\,\text{A}$ 和 $i_2 = -9\cos(4t + 30°)\text{A}$。

答：(1)65°；(2)95°；(3)无解；(4)−65°；(5)−120°。

25. 设 $A = 3 + j4, B = 10\angle 60°$，计算 $A + B, A \cdot B, A/B$。

答：
$$A + B = 3 + j4 + 10\angle 60° = 3 + j4 + 5 + j5\sqrt{3} = 8 + j(4 + 5\sqrt{3}) = 8 + j12.66$$
$$A \cdot B = (3 + j4) \times 10\angle 60° = 5\angle 53.13° \times 10\angle 60° = 50\angle 113.13°$$
$$A/B = (3 + j4)/10\angle 60° = 5\angle 53.13°/10\angle 60° = 0.5\angle -6.87°$$

26. 在图 5-7 中所示的相量图中，已知 $U = 220\text{V}$，$I_1 = 10\text{A}$，$I_2 = 5\sqrt{2}\text{A}$，它们的角频率是 ω，试写出各正弦量的瞬时值表达式及其相量。

答：
$$u(t) = 220\sqrt{2}\sin\omega t\,\text{V}$$
$$i_1(t) = 10\sqrt{2}\sin(\omega t + 90°)\text{A}$$
$$i_2(t) = 10\sin(\omega t - 45°)\text{A}$$

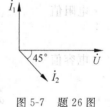

图 5-7 题 26 图

相量形式为
$$\dot{U} = 220\angle 0°\text{V}, \quad \dot{I}_1 = 10\angle 90°\text{A}, \quad \dot{I}_2 = 5\sqrt{2}\angle -45°\text{A}$$

27. 220V、50Hz 的电压电流分别加在电阻、电感和电容负载上，此时它们的电阻值、电感值、电容值均为 22Ω，试分别求出三个元件中的电流，写出各电流的瞬时值表达式，并以电压为参考相量画出相量图。若电压的有效值不变，频率由 50Hz 变到 500Hz，重新回答以上问题。

答：

(1) 设电压为 $u(t) = 220\sqrt{2}\sin(100\pi t)\text{V}$，则
$$i_R(t) = 10\sqrt{2}\sin(100\pi t)\text{A}$$
$$i_L(t) = 10\sqrt{2}\sin(10\pi t - 90°)\text{A}$$

$$i_C(t) = 10\sqrt{2}\sin(100\pi t + 90°)\,\text{A}$$

相量图如图 5-8(a)所示。

（2）设电压为
$$u(t) = 220\sqrt{2}\sin(10^3\pi t)\,\text{V}$$

此时电阻、电感、电容分别为 $22\Omega, 220\Omega, 2.2\Omega$，则
$$i_R(t) = 10\sqrt{2}\sin(10^3\pi t)\,\text{A}$$
$$i_L(t) = \sqrt{2}\sin(10^3\pi t - 90°)\,\text{A}$$
$$i_C(t) = 100\sqrt{2}\sin(10^3\pi t + 90°)\,\text{A}$$

相量图如图 5-8(b)所示。

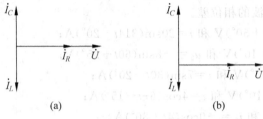

图 5-8 解题 27 图

28. 已知 RC 串联电路的电源频率为 $1/(2\pi RC)$，试问电阻电压相位超前电源电压多少度？

答：由题意得 $\dot{U}_R = \dfrac{R}{R - \text{j}\dfrac{1}{\omega C}}\dot{U} = \dfrac{1}{1 - \text{j}1}\dot{U} = \dfrac{1 + \text{j}1}{2}\dot{U} = \dfrac{\sqrt{2}}{2}\dot{U}\angle 45°$，所以超前 45°。

29. 已知一段电路的电压 $u = 10\sin(10t - 20°)\,\text{V}$，电流 $i = 5\cos(10t - 50°)\,\text{A}$。试问该段电路可能是哪两个元件构成的？并分别求出它们的值。

答：要求同频率、同函数、同符号，因此电流需要变换，即 $i = 5\sin(10t + 40°)\,\text{A}$。

因为电压电流相位差 $\phi = -20° - 40° = -60°$，所以两个元件是电阻和电容。

电阻值
$$R = \frac{10}{5}\cos(-60°)\,\Omega = 1\,\Omega$$

电容值
$$\frac{1}{\omega C} = -\frac{10}{5}\sin(-60°)\,\Omega = \sqrt{3}\,\Omega,\quad C = \frac{1}{\omega\sqrt{3}} = \frac{\sqrt{3}}{30}\,\text{F}$$

30. 图 5-9 所示电路，电流表 A_1：5A，A_2：20A，A_3：25A，求电流表 A 和 A_4 的读数。

答：由于电容、电感并联，电容电流超前电压 90°，而电感电流落后电压 90°，所以它们的电流并联后，直接相减并取绝对值即可，故电流表 A_4 的读数为 $(25 - 20)\,\text{A} = 5\,\text{A}$。

而电阻电流与电压同相位，所以电流表 A 的读数为 $\sqrt{5^2 + (25 - 20)^2}\,\text{A} = 5\sqrt{2}\,\text{A}$。

31. 正弦交流电路如图 5-10 所示，用交流电压表测得 $U_{AD} = 5\text{V}, U_{AB} = 3\text{V}, U_{CD} = 6\text{V}$，试问 U_{DB} 是多少？

答：根据有效值相等进行求解，设电流的有效值为 I
$$U_{AB} = RI = 3\,\text{V},\quad U_{AD} = I\sqrt{R^2 + \left(\omega L - \frac{1}{\omega C}\right)^2} = 5\,\text{V}$$

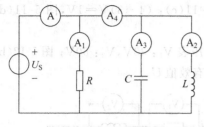

图 5-9 题 30 图

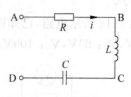

图 5-10 题 31 图

两式相比得：$\left|\omega L-\dfrac{1}{\omega C}\right|=\dfrac{4}{3}R$，而 $U_{DB}=I\left|\omega L-\dfrac{1}{\omega C}\right|=\dfrac{4}{3}IR=\dfrac{4}{3}\times 3=4V$。

32. 某一元件的电压、电流(关联方向)分别为下述 4 种情况时，它可能是什么元件？

(1) $\begin{cases} u=10\cos(10t+45°)\text{V} \\ i=2\sin(10t+135°)\text{A} \end{cases}$
(2) $\begin{cases} u=-10\cos t\,\text{V} \\ i=-\sin t\,\text{A} \end{cases}$

(3) $\begin{cases} u=10\sin(100t)\text{V} \\ i=2\cos(100t)\text{A} \end{cases}$
(4) $\begin{cases} u=10\cos(314t+45°)\text{V} \\ i=2\cos(314t)\text{A} \end{cases}$

答：要求同频率、同函数、同符号，即先变换，后分析

(1) $\begin{cases} u=10\sin(10t+135°)\text{V} \\ i=2\sin(10t+135°)\text{A} \end{cases}$ 所以判断为电阻 $R=5\Omega$。

(2) $\begin{cases} u=-10\sin(t+90°)\text{V} \\ i=-\sin t\,\text{A} \end{cases}$ 所以判断为电感 $L=10\text{H}$。

(3) $\begin{cases} u=10\sin(100t)\text{V} \\ i=2\sin(100t+90°)\text{A} \end{cases}$ 所以判断为电容 $C=2\text{mF}$。

(4) $\begin{cases} u=10\cos(314t+45°)\text{V} \\ i=2\cos(314t)\text{A} \end{cases}$ 所以判断为电阻 $R=\dfrac{5\sqrt{2}}{2}\Omega$ 和电感 $L=\dfrac{5\sqrt{2}}{628}\text{H}$。

33. 图 5-11 所示电路，已知电压表 V_1：3V，V_2：4V，分别求电压表 V 的读数。

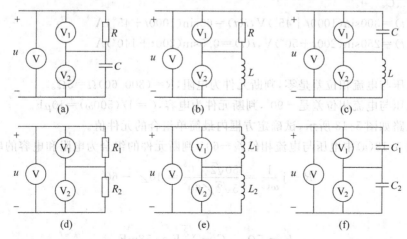

图 5-11 题 33 图

答：图 5-11(a)～(b)：$\sqrt{3^2+4^2}=5$V，图 5-11(c)：$(4-3)$V$=1$V，图 5-11(d)～(f)：$(4+3)$V$=7$V。

34．图 5-12 所示电路，已知图 5-12(a)中电压表 V_1：30V，V_2：60V；图 5-12(b)中电压表 V_1：15V，V_2：80V，V_3：100V；求电源 u_S 的有效值 U_S。

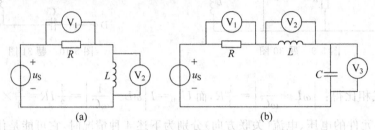

图 5-12　题 34 图

答：(a) $U_S=\sqrt{30^2+60^2}$V$=30\sqrt{3}$V　　(b) $U_S=\sqrt{15^2+(100-80)^2}V=25$V

35．已知 $i_1(t)=\sqrt{2}I\sin 314t$A，$i_2(t)=-\sqrt{2}I\sin(314t+120°)$A，求 $i_3(t)=i_1(t)+i_2(t)$。

答：用相量法求

$$\dot{I}_1=I\angle 0°\text{A},\quad \dot{I}_2=-I\angle 120°\text{A},\quad \dot{I}_3=I\angle 0°-I\angle 120°=\sqrt{3}I\angle -30°\text{A}$$

所以

$$i_3(t)=\sqrt{6}\sin(314t-30°)\text{A}$$

36．电感电压为 $u(t)=80\sin(1000t+105°)$V，若 $L=0.02$H，求电感电流 $i(t)$。

答：用相量法求

$$\dot{U}=40\sqrt{2}\angle 105°\text{V}$$

$$\dot{I}=\frac{\dot{U}}{j\omega L}=\frac{40\sqrt{2}\angle 105°}{j\times 1000\times 0.02}=2\sqrt{2}\angle 15°\text{A}$$

故

$$i(t)=4\sin(1000t+15°)\text{A}$$

37．已知元件 A 为电阻或电容，若其两端电压、电流各为如下列情况所示，试确定元件的参数 R、L、C。

(1) $u(t)=300\sin(1000t+45°)$V，$i(t)=60\sin(1000t+45°)$A
(2) $u(t)=250\sin(200t+50°)$V，$i(t)=0.5\sin(200t+140°)$A

答：

(1) 电压与电流相位差是零，判断元件为电阻，$R=(300/60)\Omega=5\Omega$。
(2) 电压与电流相位差是$-90°$，判断元件为电容，$C=1/(500\omega)=10\mu$F。

38．电路如图 5-13 所示，试确定方框内最简单组合的元件值。

答：图 5-13(a)中电压与电流相位差$-60°$，判断元件的组合为电阻和电容的串联。

$$R-j\frac{1}{\omega C}=\frac{50\sqrt{2}\angle 0°}{5\sqrt{2}\angle 60°}=10\angle -60°$$

解得

$$R=5\Omega,\quad C=\frac{\sqrt{3}}{30}\text{F}\approx 58\text{mF}$$

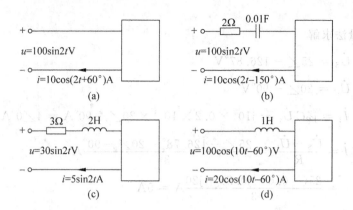

图 5-13 题 38 图

图 5-13(b)中电压与电流相位差 60°,判断元件的组合为电阻和电感的串联。

$$R + j\omega L + 2 - j\frac{1}{0.01\omega} = \frac{50\sqrt{2}\angle 0°}{5\sqrt{2}\angle -60°} = 10\angle 60°$$

解得

$$R = 3\Omega, \quad L = 29.33\text{H}$$

图 5-13(c)中电压与电流相位差 0°,判断元件的组合为电阻和电容的串联。

$$R - j\frac{1}{\omega C} + 3 + j2\omega = \frac{15\sqrt{2}\angle 0°}{2.5\sqrt{2}\angle 0°} = 6\angle 0°$$

解得

$$R = 3\Omega, \quad C = \frac{1}{8}\text{F}$$

图 5-13(d)中电压与电流相位差 90°,元件应该为电感,但题中已有电感,故判断元件为电容。

$$j1\omega - j\frac{1}{\omega C} = \frac{50\sqrt{2}\angle 30°}{10\sqrt{2}\angle -60°} = j5$$

解得

$$C = \frac{1}{50}\text{F}$$

39. RLC 串联电路中 $R=1\Omega, L=0.01\text{H}, C=1\mu\text{F}$。则输入阻抗与频率 ω 的关系是什么?

答:

$$Z = 1 + j\left(0.01\omega - \frac{1}{10^{-6}\omega}\right)\Omega = 1 + \left(\frac{\omega}{100} - \frac{10^6}{\omega}\right)\Omega$$

40. 已知图 5-14 中 $u_S = 25\sqrt{2}\cos(10^6 t - 126.87°)\text{V}, u_C = 20\sqrt{2}\cos(10^6 t - 90°)\text{V}, R = 3\Omega, C = 0.2\mu\text{F}$。求:

(1) 各支路电流;
(2) 框 1 可能是什么元件?

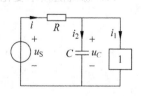

图 5-14 题 40 图

答:
(1) 用相量法求解

$$\dot{U}_s = 25\angle -126.87°\text{V}$$

$$\dot{U}_C = 20\angle -90°\text{V}$$

$$\dot{I}_2 = j\omega C\dot{U}_C = j10^6 \times 0.2\times 10^{-6}\times 20\angle -90°\text{A} = 4\angle 0°\text{A}$$

$$\dot{I} = \frac{\dot{U}_s - \dot{U}_C}{R} = \frac{25\angle -126.78° - 20\angle -90°}{3}\text{A}$$

$$= \frac{25(-0.6-j0.8)+j20}{3}\text{A} = 5\text{A}$$

$$\dot{I}_1 = \dot{I} - \dot{I}_2 = (-5-4)\text{A} = -9\text{A}$$

故

$$\begin{cases} i_1 = 9\sqrt{2}\cos(10^6 t \pm 180°)\text{A} \\ i_2 = 4\sqrt{2}\cos(10^6 t)\text{A} \\ i = 5\sqrt{2}\cos(10^6 t \pm 180°)\text{A} \end{cases}$$

(2) 支路 1 电压与电流的相位差是

$$\phi = -90° + 180° = 90°$$

故判断框 1 为电感元件。

5.4 思考改错题

1. RLC 串联电路与正弦电压源 $u_s(t)$ 相连,若 L 的感抗与 C 的容抗相等,电路两端的电压 $u_s(t)$ 与 $i(t)$ 取关联参考方向,则 u_s 与 i 值相等。

2. 电感元件因其不消耗平均功率,所以在正弦稳态时它的瞬时功率也为零。

3. 将正弦量表示为相量,意味着相量等于正弦量。

4. 正弦电流电路中,电感元件的电流有效值不变时,其电压的有效值与频率成反比。

5. 如 $U=\sqrt{2}U\sin\omega t\text{V}$, $i=\sqrt{2}I\cos(\omega t+\varphi)\text{A}$,则电压电流的相位差为 φ。

6. 若电压超前电流 α,而电流相位为 $-\beta$ 时,则电压相位为 $\alpha+\beta$。

7. 请判断 $U\angle\alpha + U\angle -\beta = U\angle(\alpha-\beta)$。

8. 电感的电压 U 与电流 I 的关系式为 $U=j\omega LI$,而电容 UI 的关系式为 $I=j\omega CU$。

9. 容抗随频率变化:频率越高,容抗就越大;直流时,电容相当于短路。

10. 感抗随频率变化:频率越低,感抗就越小;直流时,电感相当于开路。

第6章 正弦稳态电路分析

6.1 知识点概要

$\begin{cases}
\text{相量叠加定理：响应是由各独立电源单独作用时所产生的分响应之代数和}\\
\text{相量齐性定理：仅线性电路，所有激励都同时放大 }A\text{ 倍，则所有响应也放大 }A\text{ 倍}\\
\text{相量替代定理：支路可以替换，只要保持支路电压或支路电流一致，并有唯一解}\\
\text{相量戴维宁定理：有源一端口线性网络可用一个电压源与一个电阻串联来等效替代}\\
\text{相量诺顿定理：有源一端口线性网络可用一个电流源与一个电导并联来等效替代}\\
\text{正弦功率问题：瞬时功率、有功功率、无功功率、视在功率、复功率、最大功率}
\end{cases}$

1. 阻抗

一个不含独立源的一端口 N，当它在角频率为 ω 的正弦电源激励下处于稳定状态时，端口的电流、电压都是同频率的正弦量。其相量分别设为 $\dot{U}=U\angle\varphi_u$ 和 $\dot{I}=I\angle\varphi_i$。

一端口 N 的端电压相量 $\dot{U}$ 与（输入）电流相量 $\dot{I}$ 的比值定义为一端口 N 的（复）阻抗 Z，即有

$$Z \stackrel{\text{def}}{=} \frac{\dot{U}}{\dot{I}} = \frac{U}{I}\angle(\varphi_u-\varphi_i) = |Z|\angle\varphi_Z \quad \text{或} \quad \dot{U}=Z\dot{I}$$

式中用阻抗 Z 表示的欧姆定律的相量形式。Z 不是正弦量，是一个复数，称为复阻抗，其模 $|Z|=U/I$ 称为阻抗模（经常将 Z、$|Z|$ 都简称为阻抗），辐角 $\varphi_Z=\varphi_u-\varphi_i$ 称为阻抗角。Z 的单位为欧姆（Ω），其电路符号与电阻相同，Z 的代数形式表示为 $Z=R+\mathrm{j}X$。实部中的 R 称为等效电阻（分量），虚部中的 X 称为等效电抗（分量）。R、X 和 Z 在复平面上可以用直角三角形表示，称为阻抗三角形。

2. 导纳

一端口 N 的（输入）电流相量 $\dot{I}$ 与端电压相量 $\dot{U}$ 的比值定义为一端口 N 的（复）导纳 Y，它是表述一端口 N 对外特性的另一种参数，即有

$$Y \stackrel{\text{def}}{=} \frac{\dot{I}}{\dot{U}} = \frac{I}{U}\angle(\varphi_i-\varphi_u) = |Y|\angle\varphi_Y \quad \text{或} \quad \dot{I}=Y\dot{U}$$

式中用导纳 Y 表示的欧姆定律的相量形式。Y 是一个复数，称为复导纳，其模 $|Y|=I/U$ 称为导纳模（经常将 Y 和 $|Y|$ 简称为导纳），其单位为西门子（S），其辐角 $\varphi_Y=\varphi_i-\varphi_u$ 称为导纳角，其电路符号与电导相同。Y 的代数形式表示为 $Y=G+\mathrm{j}B$。实部 G 称为等效电导（分量），虚部 B 称为等效电纳（分量）。G、B 和 Y 在复平面上可以用直角三角形表示，称为导纳三角形。

3. 瞬时功率

设一端口 N 的电压 u 和电流 i 取关联参考方向，一端口 N 吸收的瞬时功率 p 等于电压 u 和电流 i 的乘积，即 $p=ui$。

当一端口 N 处于正弦稳态时,端口的电压、电流是同频正弦量,瞬时功率是两个同频正弦量的乘积,是一个随时间作周期变化的周期量。

4. 有功功率

设有源一端口的电压、电流分别为(关联方向)

$$i = \sqrt{2}I\cos(\omega t + \varphi_i) \quad u = \sqrt{2}U\cos(\omega t + \varphi_i + \varphi)$$

式中 $\varphi = \varphi_u - \varphi_i$,有功功率(即平均功率)

$$P \stackrel{\text{def}}{=} \frac{1}{T}\int_0^T p\,\mathrm{d}t = UI\cos\varphi$$

它是瞬时功率不可逆部分的恒定分量,也是其变动部分的振幅,它是衡量一端口实际所吸收的功率,其单位为瓦特(W)。

5. 无功功率

无功功率定义为

$$Q \stackrel{\text{def}}{=} UI\sin\varphi$$

它是瞬时功率可逆部分的振幅,是衡量由储能元件引起的与外部电路交换的功率,也是电路工作状态所需要的功率,这里"无功"的意思是指这部分能量在往复交换的过程中,没有"消耗"掉。其单位为乏(var)。

6. 视在功率

视在功率 S 定义为

$$S \stackrel{\text{def}}{=} UI$$

它是满足一端口有功功率和无功功率两者的需要时,要求外部提供的功率容量,显然有 $S \geqslant P$ 和 $S \geqslant Q$,三者的关系为

$$P = S\cos\varphi, \quad Q = S\sin\varphi, \quad S^2 = P^2 + Q^2$$

它们是一个直角三角形关系(S 是斜边)。工程上常用视在功率衡量电气设备在额定的电压、电流条件下最大的负荷能力,或承载能力(指对外输出最大的有功或无功的能力)。视在功率的单位为伏安(V·A)。

7. 功率因数

当一端口为无源一端口时,功率因数 λ 定义为 $\lambda = \cos\varphi_z \leqslant 1$。

φ_z 称为功率因数角(无源一端口的阻抗角)。它是衡量传输电能效果的一个非常重要的经济指标,表示传输系统有功功率所占的比例,即 $\lambda = P/S$。

8. 功率守恒

对于正弦稳态电路:整个电路遵守功能守恒原理,有功功率守恒,无功功率守恒,一般情况下视在功率不守恒。

9. 复功率

设一端口的电压相量为 $\dot{U}$,电流相量为 $\dot{I}$,复功率 $\bar{S}$ 定义为

$$\bar{S} \stackrel{\text{def}}{=} \dot{U}\dot{I}^* = UI\angle(\varphi_u - \varphi_i) = UI\cos\varphi + jUI\sin\varphi = P + jQ$$

式中,$\dot{I}^*$ 是 $\dot{I}$ 的共轭复数。复功率的吸收或发出同样根据端口电压和电流的参考方向来判断,复功率守恒。

10. 最大功率

先进行戴维宁等效变换，求出 $\dot{U}_{OC}$ 和 $Z_{eq}=R_{eq}+jX_{eq}$，有如下结论：

(1) 当可变负载 $Z_L=R_L+jX_L$ 都可变时，则 $Z_L=Z_{eq}^*$ 时，负载可获得最大功率 $P_{max}=\dfrac{U_{OC}^2}{4R_{eq}}$；

(2) 当只允许 X_L 改变，则 $X_L=-X_{eq}$ 时，功率最大 $P_{max}=\dfrac{U_{OC}^2 R_L}{(R_L+R_{eq})^2}$；

(3) 当负载是 $Z_L=R_L$ 电阻时，则 $Z_L=R_L=|Z_{eq}|$ 时，功率最大 $P_{max}=\dfrac{R_L U_S^2}{(R_{eq}+R_L)^2+X_{eq}^2}$。

11. 功率因素的提高

提高功率因素，能提高发电设备的利用率。在感性负载的两端并联电容器，用于补偿感性负载的无功功率，减少电源的无功功率，使输电线路中的电流减少。

功率因素从 $\cos\varphi_1$ 提高到 $\cos\varphi_2$，需要补偿电容值

$$C=\dfrac{P}{\omega U^2}(\tan\varphi_1-\tan\varphi_2)$$

式中，P 为感性负载的平均功率，U 为工作电压。

6.2 学习指导

在电阻电路中学过的所有知识都可以应用到这章中，有相量电源等效变换，电阻、电感、电容都看成为阻抗或导纳，即有阻抗串联、导纳并联、△-Y 联结等的等效变换，相量支路电流法，相量回路（网孔）电流法，相量结点电压法，相量叠加定理，相量戴维宁定理，相量诺顿定理，相量最大功率定理；并增加一些术语，如有功功率、无功功率、视在功率、复功率，功率因数，有效值，相位差，角频率等。需要记住的概念比较多，因此练习要多做些。

在相量领域如何区分电阻、电感、电容呢？在阻抗中，实部表示电阻，正虚部表示电感，负虚部表示电容，很容易区分，阻抗的单位是 Ω；在导纳中实部表示电导，负虚部表示电感，正虚部表示电容。

在分析电路图时，首先要把时域电路图变换成相量电路图，变换法则是：

(1) 电阻为 R 的元件，阻抗 Z 仍为 R，电导为 G 的元件，导纳 Y 仍为 G。

(2) 电感为 L 的元件，阻抗 Z 为 $j\omega L$，导纳 Y 为 $j\omega L$ 的倒数，当 ω 改变，则 Z 和 Y 也改变。

(3) 电容为 C 的元件，阻抗 Z 为 $j\omega C$ 的倒数，导纳 Y 为 $j\omega C$，当 ω 改变，则 Z 和 Y 也改变。

(4) 电源、受控电源都要用相量表示。

(5) 物理量电压、电流也要用相量表示。

在电路分析时，要求同频率进行计算，因为阻抗、导纳、电压、电流等都与角频率有关，所以在电路中若有不同频率的话，必须用叠加法来分析，保证每个电路图在同频率下分析计算。表 6-1 给出不同频率下电阻、电感、电容的阻抗发生变化情况；表 6-2 给出不同频率下电阻、电感、电容的导纳发生变化情况。

表 6-1 电阻、电感、电容不同频率下的阻抗

元件	直流	1ω	3ω	1000ω
电阻	R	R	R	R
电感	0	$j\omega L$	$j3\omega L$	$j1000\omega L$
电容	∞	$\dfrac{1}{j\omega C}$	$\dfrac{1}{j3\omega C}$	$\dfrac{1}{j1000\omega C}$

表 6-2 电阻、电感、电容不同频率下的导纳

元件	直流	1ω	3ω	1000ω
电导	G	G	G	G
电感	∞	$\dfrac{1}{j\omega L}$	$\dfrac{1}{j3\omega L}$	$\dfrac{1}{j1000\omega L}$
电容	0	$j\omega C$	$j3\omega C$	$j1000\omega C$

例如 RLC 串联电路的时域电路如图 6-1 所示,对应直流、1ω、3ω 的相量电路如图 6-2、图 6-3、图 6-4 所示,即可以转换为任一角频率的相量电路图。通常,需要把时域电路转换成对应的相量电路图,用相量法进行运算,产生相量结果后,再反变换为时域表达式。

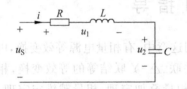

图 6-1 时域电路

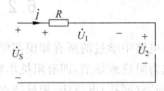

图 6-2 直流的相量电路

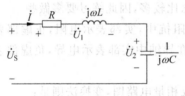

图 6-3 1ω 的相量电路

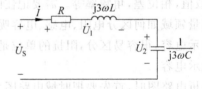

图 6-4 3ω 的相量电路

6.3 课后习题分析

1. RLC 串联正弦交流电路中,已知 $R=8\Omega$,$\omega L=6\Omega$,$\dfrac{1}{\omega C}=12\Omega$,则该电路的功率因数等于( )。

  A. 0.6   B. 0.8   C. 0.75   D. 0.25

答:B。先求出总阻抗 $Z=8+j(6-12)=8-j6(\Omega)$,故功率因数 $\lambda=\cos\varphi=\dfrac{8}{\sqrt{8^2+6^2}}=0.8$。

2. 在( )条件下图 6-5 电路中 $\dot{U}_{ab}$ 和 $\dot{U}_{cd}$ 的有效值相等。

  A. $R_1=X_L$ $R_2=X_C$ B. $R_1=-X_C$ $R_2=X_L$

C. $R_1 = X_L$　$R_2 = -X_C$　　　　　　D. $R_1 = -X_L$　$R_2 = -X_C$

答：A。需要找出它们的关系，用分压法计算

$$\dot{U}_{cd} = \left(\frac{R_2}{R_2 - jX_C} - \frac{R_1}{R_1 + jX_L}\right)\dot{U}_{ab}$$

即

$$\dot{U}_{cd} = \frac{j(R_1 X_C + R_2 X_L)}{(R_1 + jX_L)(R_2 - jX_C)}\dot{U}_{ab}$$

根据题意

$$(R_1 X_C + R_2 X_L)^2 = (R_1^2 + X_L^2)(R_2^2 + X_C^2)$$

即

$$X_L X_C = R_1 R_2$$

由于电阻总为正，因此选 A。

3. 图 6-6 所示电路中，$R = X_L = X_C$，电压表读数为（　　）。

A. $-2V$　　　　B. $1V$　　　　C. $2V$　　　　D. $4V$

答：C。用分压法计算电压表电压相量

$$\dot{U} = \left(\frac{R}{R - jX_C} - \frac{R}{R + jX_L}\right) \times 2\angle 0° = j2(V)$$

4. 图 6-7 所示正弦电流电路中，已知 $U_{CD} = 28V$，则电压 U_{AB} 为（　　）。

A. $128V$　　　　B. $96V$　　　　C. $80V$　　　　D. $158.3V$

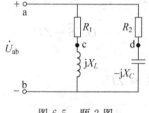
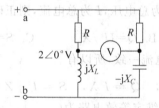
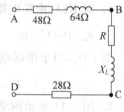

图 6-5　题 2 图　　　　　　图 6-6　题 3 图　　　　　　图 6-7　题 4 图

答：C。先计算总电流的有效值 $I = 28/28 A = 1A$，故电压

$$U_{AB} = I \times \sqrt{48^2 + 64^2} = 80V$$

5. 欲使图 6-8 所示正弦交流电路的功率因数为 $\frac{\sqrt{2}}{2}$，则 $\frac{1}{\omega C}$ 应等于（　　）。

A. -10Ω　　　　B. 5Ω　　　　C. 20Ω　　　　D. 10Ω

答：D。端口 ab 总阻抗

$$Z_{ab} = \frac{(10 + j10)(-jX_C)}{10 + j10 - jX_C} = \frac{10X_C(1-j)}{10 + j(10 - X_C)}$$

分析：阻抗分子为 $-45°$，根据题意，阻抗分母必须为 $0°$ 或 $-90°$，而分母实部不为零，因此分母只能选 $0°$，即虚部为零，从而确定 $X_C = 10\Omega$。

6. 图 6-9 所示电路中的 $\dot{I}$ 及电压源供出的复功率 $\tilde{S}$ 分别为（　　）。

A. $(0.5 + j0.5)A$，$(5 + j5)V \cdot A$　　　　B. $(0.5 - j0.5)A$，$(5 - j5)V \cdot A$

C. $(0.5 + j0.5)A$，$(5 - j5)V \cdot A$　　　　D. $(0.5 - j0.5)A$，$(5 + j5)V \cdot A$

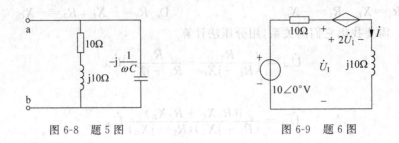

图 6-8 题 5 图　　　　　图 6-9 题 6 图

答：C。先求出电流

$$\begin{cases} 10\angle 0° = 10\dot I + \dot U_1 \\ \dot U_1 = 2\dot U_1 + j10\dot I \end{cases}$$

解得
$$\dot I = (0.5+j0.5)\text{A}, \quad \tilde S = (5-j5)\text{V}\cdot\text{A}$$

7. 图 6-10 所示正弦交流电路中，已知 $\dot U_s=10\angle 0°$V，则图中电压 $\dot U$ 等于（　　）。

　　A. 10∠90°V　　　B. 5∠-90°V　　　C. 10∠-90°V　　　D. 5∠90°V

答：B。利用分压法来计算

$$\dot U = \left(\frac{1000}{1000+1000} - \frac{500}{500-j500}\right)\dot U_s = -j5\text{V} = 5\angle -90°\text{V}$$

8. 对 RLC 串联电路，U 为总电压，I 为总电流，则正确的是（　　）。

　　A. $P=U^2/R$　　B. $Q=U^2/X$　　C. $S=I^2Z$　　D. $\tilde S = ZI^2$

答：D。对于串联电路，电流一致，所以有

$$P = I^2R, \quad Q = I^2X, \quad S = I^2|Z|, \quad \tilde S = ZI^2$$

9. 图 6-11 所示网络的戴维宁等效电路为（　　）。

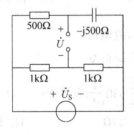 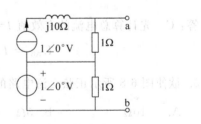

图 6-10 题 7 图　　　　　图 6-11 题 9 图

  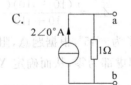 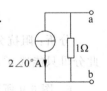

答：A。电压源 1∠0°V 与电阻并联等效为电压源 1∠0°V，丢弃电阻；电流源 1∠0°A 与电感串联等效为电流源 1∠0°A，丢弃电感；丢弃后再进行电源等效变换，就可得到戴维

宁等效电路。选项 C 是诺顿等效电路,虽然变换正确,但与题意不符。

10. 已知图 6-12 所示电路中的电压 $\dot{U}=8\angle 30°$V,电流 $\dot{I}=2\angle 30°$A,则 X_C 和 R 分别是( )。

  A. $0.5\Omega,4\Omega$ B. $2\Omega,4\Omega$
  C. $0.5\Omega,16\Omega$ D. $2\Omega,16\Omega$

图 6-12 题 10 图

答:B。根据题意电压与电流同相,则感纳和容纳相等,故 $X_C=2\Omega$,$R=8/2\Omega=4\Omega$。

11. 当接入线圈的正弦电压为 100V 时,电流为 2A,有功功率为 120W,则线圈电阻 R 和线圈感抗 X_L 分别是( )。

  A. $30\Omega,40\Omega$ B. $40\Omega,30\Omega$ C. $30\Omega,50\Omega$ D. $50\Omega,40\Omega$

答:A。电阻 $R=\dfrac{P}{I^2}=\dfrac{120}{2^2}\Omega=30\Omega$,所以电阻电压 $U_R=IR=60$V,感抗 $X_L=\dfrac{U_L}{I}=\dfrac{\sqrt{100^2-60^2}}{2}\Omega=40\Omega$。

12. 用戴维宁定理求图 6-13 所示电路的 $\dot{I}$ 时,开路电压 $\dot{U}_{OC}$ 和输入阻抗 Z_0 分别是( )。

  A. $6-j12$V,$-j6\Omega$ B. $6+j12$V,$-j6\Omega$
  C. $6-j12$V,$j6\Omega$ D. $6+j12$V,$j6\Omega$

答:D。根据题意 $\dot{U}_{OC}=6\angle 0°+j6\times 2\angle 0°=(6+j12)$V,电源置零后,等效阻抗就是电感的感抗,所以 $Z_0=j6\Omega$,等效电路如图 6-14 所示。

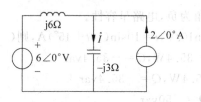
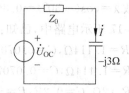

图 6-13 题 12 图   图 6-14 解题 12 图

13. 图 6-15 所示网络的阻抗模为 5kΩ,电源角频率为 10^3 rad/s,为使 $\dot{U}_1$ 与 $\dot{U}_2$ 间的相位差为 $30°$,则 R 和 C 分别是( )。

  A. 4.33kΩ,0.4μF   B. 2.5kΩ,4.33F
  C. 2.5kΩ,0.231μF   D. 5kΩ,0.12μF

答:C。应用分压法

$$\dfrac{\dot{U}_1}{\dot{U}_2}=\dfrac{R-jX_C}{-jX_C}=1+j\dfrac{R}{X_C}$$

根据题意

$$\dfrac{R}{X_C}=\tan 30°=\dfrac{1}{\sqrt{3}}$$

又阻抗模平方

$$R^2+X_C^2=(5000)^2$$

故
$$R = 2.5\text{k}\Omega, \quad X_C = 4.33\text{k}\Omega, \quad C = 231\text{pF}$$

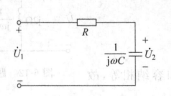

图 6-15 题 13 图

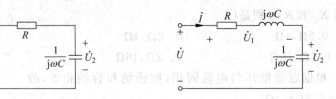

图 6-16 题 14 图

14. 图 6-16 所示网络中，$U_1 = U_2 = U$，网络的功率因数 λ 和电路呈现的性质分别为（　　）。

A. 0.866，容性　　B. 0.866，感性　　C. 0.5，容性　　D. 0.5，感性

答：A。串联电路，电流一致，电压有效值与电流有效值的比值方程如下

$$R^2 + \left(\omega L - \frac{1}{\omega C}\right)^2 = R^2 + (\omega L)^2 = \left(\frac{1}{\omega C}\right)^2$$

解得

$$\frac{1}{\omega C} = 2\omega L, \quad R = \sqrt{3}\,\omega L$$

总阻抗

$$Z = \frac{2}{\sqrt{3}} R \angle -30°\Omega$$

功率因数 $\lambda = \cos(-30°) = 0.866$，阻抗角为负，电路呈容性。

15. 图 6-17 所示电路中，已知：$u = 10\sin 10t\,\text{V}$，$i = 10\sin(10t + 45°)\,\text{A}$，则（　　）。

A. $R = 1.414\Omega$，$C = 0.0707\text{F}$，$P = -35.4\text{W}$，$Q = -35.4\text{var}$

B. $R = 1.414\Omega$，$C = 0.0707\text{F}$，$P = 35.4\text{W}$，$Q = -35.4\text{var}$

C. $R = 2\Omega$，$C = 0.2\text{F}$，$P = -50\text{W}$，$Q = -50\text{var}$

D. $R = 2\Omega$，$C = 0.2\text{F}$，$P = 50\text{W}$，$Q = -50\text{var}$

答：B。并联电路，求导纳

$$Y = \frac{1}{R} + j10C = \frac{\dot{I}}{\dot{U}} = \frac{5\sqrt{2}\angle 45°}{5\sqrt{2}\angle 0°} = \frac{\sqrt{2}}{2} + j\frac{\sqrt{2}}{2}$$

图 6-17 题 15 图

解得

$$R = \sqrt{2}\,\Omega = 1.414\Omega \quad C = \frac{\sqrt{2}}{2 \times 10}\text{F} = 0.0707\text{F}$$

$$P = \frac{U^2}{R} = 35.36\text{W} \quad Q = -\omega C U^2 = -33.35\text{var}$$

16. 图 6-18 所示电路中，各支路电流和电压源供出的功率 P 为（　　）。

A. $\dot{I}_1 = j6\text{A}$，$\dot{I}_2 = 1 + j1\text{A}$，$\dot{I} = 1 - j5\text{A}$，$P = 120\text{W}$

B. $\dot{I}_1 = j6\text{A}$，$\dot{I}_2 = 1 - j1\text{A}$，$\dot{I} = 1 - j7\text{A}$，$P = 120\text{W}$

C. $\dot{I}_1 = j6\text{A}$，$\dot{I}_2 = 1 + j1\text{A}$，$\dot{I} = 1 + j7\text{A}$，$P = 120\text{W}$

D. $\dot{I}_1 = j6A, \dot{I}_2 = 1-j1A, \dot{I} = 1+j5A, P = 120W$

答：D。根据总电流对于分电流之和可以看出，选项 A、B 中总电流计算不正确；从选项 C、D 中分析发现，只要正确算出支路 2 电流即可。

$$\dot{I}_2 = \frac{120\angle 0°}{60+j60} = (1-j1)A$$

所以 D 选项正确。

17. 图 6-19 所示电路中，当 Z_L 为（　　）时，Z_L 获得最大功率。
    A. 5Ω B. $j5\Omega$ C. $3-j4\Omega$ D. $3+j4\Omega$

答：D。拿走 Z_L 后，并把电流源置零，则其两端等效阻抗 $Z_0 = (3+j8-j4)\Omega = (3+j4)\Omega$。

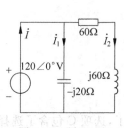

图 6-18　题 16 图

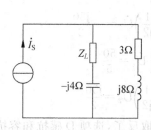

图 6-19　题 17 图

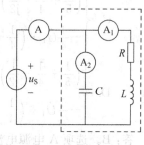

图 6-20　题 18 图

18. 图 6-20 所示正弦电流电路中，虚线框内部分电路的功率因数 $\lambda=1$。电流表 A_1 的读数为 15A，A 的读数为 12A，则 A_2 的读数为（　　）。
    A. 9A B. 27A C. 3A D. $-3A$

答：A。写出阻抗

$$Z = \frac{-jX_C(R+jX_L)}{R+j(X_L-X_C)} = \frac{X_C(X_L-jR)}{R+j(X_L-X_C)}$$

由 $\lambda=1$ 得，阻抗角为零，分子的角度等于分母的角度，即 $\frac{R}{X_L} = \frac{X_C-X_L}{R}$，也就是 $R^2+X_L^2 = X_L X_C$。

又

$$R^2+X_L^2 = \left(\frac{U}{15}\right)^2$$

$$|Z|^2 = \frac{X_C^2(R^2+X_L^2)}{R^2+(X_L-X_C)^2} = \left(\frac{U}{12}\right)^2$$

解得

$$\frac{X_L}{X_C} = \frac{9}{25}, \quad \frac{R}{X_C} = \frac{12}{25}$$

而

$$\left(\frac{U}{15}\right)^2 = R^2+X_L^2 = \left(\frac{12}{25}\right)^2 X_C^2 + \left(\frac{9}{25}\right)^2 X_C^2$$

得到

$$A_2 = \frac{U}{X_C} = \frac{15}{25}\sqrt{12^2+9^2}A = 9A$$

19. 试用结点法求图 6-21 所示电路的电压 $\dot{U}_1$ 和 $\dot{U}_2$。正确的方法是（ ）。

A. $\begin{cases}\left(\dfrac{1}{5}+\dfrac{1}{4}+\dfrac{1}{j2}\right)\dot{U}_1-\dfrac{1}{4}\dot{U}_2=-\dfrac{50}{5}\\-\dfrac{1}{4}\dot{U}_1+\left(\dfrac{1}{4}+\dfrac{1}{2}-\dfrac{1}{j2}\right)\dot{U}_2=-\dfrac{j50}{2}\end{cases}$

B. $\begin{cases}\left(\dfrac{1}{5}+\dfrac{1}{4}+\dfrac{1}{j2}\right)\dot{U}_1-\dfrac{1}{4}\dot{U}_2=\dfrac{50}{5}\\-\dfrac{1}{4}\dot{U}_1+\left(\dfrac{1}{4}+\dfrac{1}{2}-\dfrac{1}{j2}\right)\dot{U}_2=\dfrac{j50}{2}\end{cases}$

C. $\begin{cases}\left(\dfrac{1}{5}+\dfrac{1}{4}-\dfrac{1}{j2}\right)\dot{U}_1-\dfrac{1}{4}\dot{U}_2=-\dfrac{50}{5}\\-\dfrac{1}{4}\dot{U}_1+\left(\dfrac{1}{4}+\dfrac{1}{2}+\dfrac{1}{j2}\right)\dot{U}_2=-\dfrac{j50}{2}\end{cases}$

D. $\begin{cases}\left(\dfrac{1}{5}+\dfrac{1}{4}-\dfrac{1}{j2}\right)\dot{U}_1-\dfrac{1}{4}\dot{U}_2=\dfrac{50}{5}\\-\dfrac{1}{4}\dot{U}_1+\left(\dfrac{1}{4}+\dfrac{1}{2}+\dfrac{1}{j2}\right)\dot{U}_2=\dfrac{j50}{2}\end{cases}$

答：B。选项 A 电源电流方向取反了，选项 D 感抗和容抗取反了，选项 C 包含了选择 A 和选项 D 的错误。

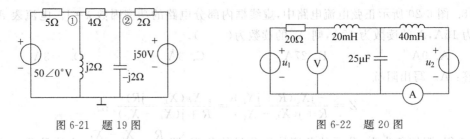

图 6-21 题 19 图   图 6-22 题 20 图

20. 电路如图 6-22 所示，已知 $u_1=120\sqrt{2}\sin1000t\,\text{V}$，$u_2=80\,\text{V}$，则两表的读数，可用叠加定理（ ）来求解。

A. 电压表读数 $=\sqrt{V_1^2+V_2^2}=\sqrt{120^2+80^2}=144.2(\text{V})$

电流表读数 $=\sqrt{A_1^2+A_2^2}=\sqrt{3^2+4^2}=5(\text{A})$

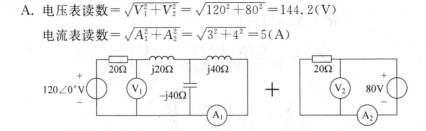

B. 电压表读数 $=V_1+V_2=120+80=200(\text{V})$，电流表读数 $=A_1+A_2=3+4=7(\text{A})$

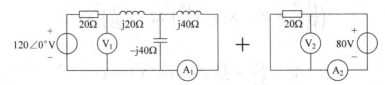

C. 电压表读数=V_1+V_2=120+40=160(V),电流表读数=A_1+A_2=3+1.414=4.414(A)

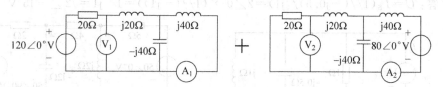

D. 电压表读数=V_1+V_2=0+80=80(V),电流表读数=A_1+A_2=0+4=4(A)

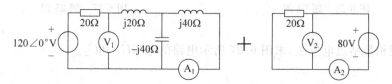

答：A。直流电压源与交流电压源是正交的,用叠加法时,采用分电压(或电流)平方和再开根号来求解。直流电单独作用时,电感短路,电容开路；某频率ω交流电单独作用时,请重新计算感抗和容抗,进行计算。

21. 求图 6-23 中所示的电流 $\dot{I}$（分三种情况讨论：β>1，β<1 和 β=1)。

答：根据题意有：$(\dot{I}-\beta\dot{I})=\mathrm{j}\omega C\dot{U}_S$，所以 $\dot{I}=\dfrac{\mathrm{j}\omega C\dot{U}_S}{1-\beta}$。

当 β=1 时：相当于短路电路；

当 β>1 时：相当于电感电路,等效电感为：$L_{eq}=\dfrac{\beta-1}{\omega^2 C}$；

当 β<1 时：相当于电容电路,等效电容为：$C_{eq}=\dfrac{C}{1-\beta}$。

22. 图 6-24 所示电路,欲使 $\dot{U}_C$ 滞后于 $\dot{U}_S$ 为 45°,求 RC 与 ω 之间的关系。

答：用相量分压法可得：$\dfrac{\dot{U}_C}{\dot{U}_S}=\dfrac{1/(\mathrm{j}\omega C)}{R+1/(\mathrm{j}\omega C)}=\dfrac{1}{1+\mathrm{j}\omega RC}$，根据题意有 ωRC=1。

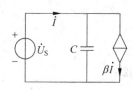 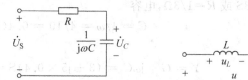 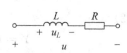

图 6-23　题 21 图　　　图 6-24　题 22 图　　　图 6-25　题 33 图

23. 电路如图 6-25 所示,已知 $u=10\sin(\omega t-180°)$V, $R=4\Omega$, $\omega L=3\Omega$。试求电感元件上的电压 u_L。

答：用相量分压法求解

$$\dot{U}_L=\dfrac{\mathrm{j}\omega L}{R+\mathrm{j}\omega L}\dot{U}=\dfrac{\mathrm{j}3}{4+\mathrm{j}3}5\sqrt{2}\angle-180°=3\sqrt{2}\angle-126.87°\text{V}$$

所以

$$u_L(t)=6\sin(\omega t-126.87°)\text{V}$$

24. 图 6-26 所示电路中 $\dot{I}_s = 2\angle 0°$A。求电压$\dot{U}$。

答：$\dot{U} = \dot{I}_s(1//(-j0.5)//j1) = 2\angle 0° \times (1//(-j1)) = 1-j1 = \sqrt{2}\angle -45°$V

图 6-26 题 24 图

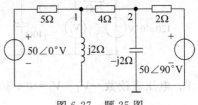

图 6-27 题 25 图

25. 试用相量结点电压法，求图 6-27 所示电路的电压$\dot{U}_1$和$\dot{U}_2$。

答：

$$\begin{cases} \left(\dfrac{1}{5}+\dfrac{1}{4}+\dfrac{1}{j2}\right)\dot{U}_1 - \dfrac{1}{4}\dot{U}_2 = \dfrac{50}{5} \\ -\dfrac{1}{4}\dot{U}_1 + \left(\dfrac{1}{4}+\dfrac{1}{2}+\dfrac{1}{-j2}\right)\dot{U}_2 = \dfrac{j50}{2} \end{cases}$$

化简整理得

$$\begin{cases} \dot{U}_1 = 24.8\angle 72.3°\text{V} \\ \dot{U}_2 = 34.3\angle 52.8°\text{V} \end{cases}$$

26. 电路如图 6-28 所示，已知 $i(t)=5\sin 10t$A，$u_{ab}(t)=\sin(10t-53.13°)$V。

(1) 求 R 和 C；

(2) 若电流源改为 $i(t)=5\sin 5t$A，试求稳态电压 $u_{ab}(t)$。

答：

(1) 求导纳

$$Y = \dfrac{\dot{I}}{\dot{U}_{ab}} = \left(\dfrac{5\sqrt{2}}{2}\angle 0° \div \dfrac{\sqrt{2}}{2}\angle -53.13°\right)\text{S} = 5\angle 53.13°\text{S} = (3+j4)\text{S}$$

电阻 $G=3$S 或 $R=1/3\Omega$，电容

$$C = 4/\omega = 4/10 = 0.4(\text{F})$$

(2)

$$Y = G + j\omega C = (3+j5\times 0.4)\text{S} = 3+j2\text{S}$$

$$\dot{U}_{ab} = \dfrac{\dot{I}}{Y} = \dfrac{2.5\sqrt{2}\angle 0°}{3+j2}\text{V} = 0.98\angle -33.7°\text{V}$$

$$u_{ab}(t) = 1.39\sin(5t-33.7°)\text{V}$$

27. 求图 6-29 所示电路中 3Ω 电阻的电流。

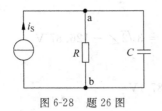

图 6-28 题 26 图

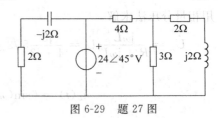

图 6-29 题 27 图

答：设 3Ω 电阻电流 $\dot{I}$，从上到下方向，按照右侧总电流相等列方程为

$$\frac{24\angle 45°}{4+3//(2+\mathrm{j}2)}=\dot{I}+\frac{3\dot{I}}{2+\mathrm{j}2}$$

求得

$$\dot{I}=-1.09+\mathrm{j}2.024=2.3\angle 61.7°\mathrm{A}$$

28. 正弦交流电路如图 6-30 所示。
(1) 求 u_1 和 u_2 的相位差；
(2) 如要求该相位差为 $90°$，应满足什么条件？

答：用分压法

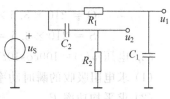

图 6-30 题 28 图

$$\dot{U}_1=\frac{\frac{1}{\mathrm{j}\omega C_1}}{R_1+\frac{1}{\mathrm{j}\omega C_1}}\dot{U}_S,\quad \dot{U}_2=\frac{R_2}{R_2+\frac{1}{\mathrm{j}\omega C_2}}\dot{U}_S$$

故

$$\frac{\dot{U}_1}{\dot{U}_2}=\frac{1+\mathrm{j}\omega R_2 C_2}{\mathrm{j}\omega R_2 C_2(1+\mathrm{j}\omega R_1 C_1)}$$

(1) 两者的相位差

$$\phi=\arctan(\omega R_2 C_2)-90°-\arctan(\omega R_1 C_1)$$

(2) $R_1 C_1 = R_2 C_2$。

29. 对 RC 并联电路作如下两次测量：(1)端口加 120V 直流电压时，输入电流为 4A；(2)端口加频率为 50Hz，有效值为 120V 的正弦电压时，输入电流有效值为 5A。求 R 和 C 的值。

答：
(1) 端口加 120V 直流电压时，电容开路，所以 $R=120/4=30\Omega$。
(2) RC 并联

$$R//\frac{1}{\mathrm{j}\omega C}=\frac{R}{1+\mathrm{j}\omega RC}$$

取有效值

$$\frac{R}{\sqrt{1+(\omega RC)^2}}=\frac{120}{5}$$

解得

$$C=\frac{1}{40\omega}=\frac{1}{4000\pi}=79.58\mu\mathrm{F}$$

30. 求二端网络的阻抗，若该网络在电压为 230V 时吸收的复功率为 $4600\angle 30°\mathrm{V}\cdot\mathrm{A}$。

答：因为 $\overline{S}=\dot{U}\dot{I}^*=\frac{U^2}{Z^*}$，所以 $Z^*=\frac{U^2}{\overline{S}}=\frac{230^2}{4600\angle 30°}=11.5\angle -30°$，故 $Z=11.5\angle 30°\Omega$。

31. 当 $R=50\Omega$、$L=200\mathrm{mH}$、$C=10\mu\mathrm{F}$ 的串联电路接至 100Hz、210V 的正弦电压源时，电路的有功功率 P、无功功率 Q、视在功率 S 各为多少？

答：

$$X_L = \omega L = 2\pi \times 100 \times 200 \times 10^{-3} = 40\pi \approx 126\Omega$$
$$X_C = 1/(\omega C) = 1/(2\pi \times 100 \times 10 \times 10^{-6}) = 500/\pi \approx 159\Omega$$
$$Z = 50 + j(126 - 159) = 50 - j33 = 60\angle -33.4°\Omega$$
$$I = 210/60 = 3.5A$$
$$P = 210 \times 3.5 \times \cos(-33.4°) = 613W$$
$$Q = 210 \times 3.5 \times \sin(-33.4°) = -404\text{var}$$
$$S = 210 \times 3.5 = 735(V \cdot A)$$

32. 电压 $u(t) = 100\cos 10t$ V 施加于 10Ω 的电阻。

(1) 求电阻吸收的瞬时功率 $p(t)$；

(2) 求平均功率 P。

答：

(1) $p(t) = \dfrac{u^2(t)}{R} = \dfrac{100^2\cos^2(10t)}{10} = 500(1+\cos 2t)$W

(2) $P = \dfrac{U^2}{R} = \dfrac{(50\sqrt{2})^2}{10}$W $= 500$W

33. 电压 $u(t) = 100\cos 10t$ V 施加于 10H 的电感。

(1) 求电感吸收的瞬时功率 $p_L(t)$；

(2) 求储存的瞬时能量 $w_L(t)$；

(3) 求平均储能 W_L。

答：

(1) $p_L(t) = u \cdot \dfrac{1}{L}\int_0^t u\,\mathrm{d}\tau = 100\cos 10t \times \dfrac{1}{10}\int_0^t 100\cos 10\tau\,\mathrm{d}\tau = 50\sin 20t$ W

(2) $i(t) = \dfrac{1}{L}\int u\,\mathrm{d}t = \dfrac{1}{10}\int 100\cos 10t\,\mathrm{d}t$ A $= \sin 10t$ A,

$w_L(t) = \dfrac{1}{2}Li^2(t) = \dfrac{10}{2}\times \sin^2 10t$ J $= 2.5(1-\cos 20t)$ J。

(3) $W_L = \dfrac{1}{2}LI^2 = \dfrac{10}{2}\times\left(\dfrac{\sqrt{2}}{2}\right)^2$ J $= 2.5$ J。

34. 电压 $u(t) = 100\cos 10t$ V 施加于 0.001F 的电容。

(1) 求电容吸收的瞬时功率 $p_C(t)$；

(2) 求储存的瞬时能量 $w_C(t)$；

(3) 求平均储能 W_C。

答：

(1) $p_C(t) = uC\dfrac{\mathrm{d}u}{\mathrm{d}t} = 100\cos 10t \times 0.001\dfrac{\mathrm{d}(100\cos 10t)}{\mathrm{d}t} = -50\sin 20t$ W

(2) $w_C(t) = \dfrac{1}{2}Cu^2(t) = \dfrac{0.001}{2}\times 100^2\cos^2 10t$ J $= 2.5(1+\cos 20t)$ J

(3) $W_C = \dfrac{1}{2}CU^2 = \dfrac{0.001}{2}\times(50\sqrt{2})^2 = 2.5$ J

35. 某网络的输入阻抗为 $Z = 20\angle 60°\Omega$，外施加电压为 $\dot{U} = 100\angle -30°$V。求网络消耗

的功率及功率因数。

答：
$$\dot{I} = \frac{\dot{U}}{Z} = 5\angle -90°\text{A}$$
$$P = UI\cos\phi = 100\times 5\times \cos(-30°+90°)\text{W} = 250\text{W}$$

功率因数为
$$\lambda = \cos(-30°+90°) = \cos 60° = 0.5$$

36. 已知某二端网络端口电压 $u(t)=75\sin\omega t\text{V}$，端口电流 $i(t)=10\sin(\omega t+30°)\text{A}$，$u$ 和 i 为关联参考方向。求二端网络的 P、Q 和 λ。

答：
$$P = UI\cos\phi = \frac{75}{\sqrt{2}}\times\frac{10}{\sqrt{2}}\times\cos(0°-30°) = \frac{375}{2}\sqrt{3}\text{W} \approx 324.7\text{W}$$

$$Q = UI\sin\phi = \frac{75}{\sqrt{2}}\times\frac{10}{\sqrt{2}}\times\sin(0°-30°) = -\frac{375}{2}\text{var} = 187.5\text{var}$$

$$\lambda = \cos(0°-30°) = \cos(-30°) = 0.866$$

37. 试确定 50kW 负载的无功功率及视在功率，若功率因数为
(1) 0.80（滞后）；
(2) 0.90（超前）。

答：
(1) 视在功率
$$S = \frac{P}{\cos\phi} = \frac{50\,000}{0.8} = 62.5\text{kVA}$$

无功功率
$$Q = S\sin\phi = S\sqrt{1-\cos^2\phi} = 62.5\times 1000\times\sqrt{1-0.8^2}\text{var} = 37.5\text{kvar}$$

(2) 视在功率
$$S = \frac{P}{\cos\phi} = \frac{50\,000}{0.9} = 55.6\text{kVA}$$

无功功率
$$Q = S\sin\phi = -S\sqrt{1-\cos^2\phi}$$
$$= -55.6\times 1000\times\sqrt{1-0.9^2}\text{var}$$
$$= -24.2\text{kvar}$$

38. 电路相量模型如图 6-31 所示。用结点法求结点电压以及流过电容的电流。

答：用结点电压法：设电容左端结点①，电容右端结点②，电源负极为参考点。

$$\begin{cases} \left(\dfrac{1}{1}+\dfrac{1}{-j}\right)\dot{U}_1 - \dfrac{1}{-j}\dot{U}_3 = 10\angle 0° \\ \left(\dfrac{1}{2}+\dfrac{1}{2}+\dfrac{1}{-j}\right)\dot{U}_2 - \dfrac{1}{-j}\dot{U}_1 = \dfrac{j20}{2} \end{cases}$$

解得

或

$$\begin{cases} \dot{U}_1 = (4+j2)\text{V} \\ \dot{U}_2 = (6+j8)\text{V} \end{cases}$$

$$\begin{cases} \dot{U}_1 = 2\sqrt{5}\angle 26.565°\text{V} \\ \dot{U}_2 = 10\angle 5313°\text{V} \end{cases}$$

流过电容的电流

$$\dot{I}_C = \frac{\dot{U}_1 - \dot{U}_2}{-j} = \frac{(4+j2)-(6+j8)}{-j} = 6-j2\text{A} = 2\sqrt{10}\angle 18.435°\text{A}$$

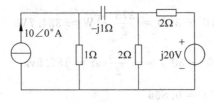
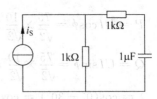

图 6-31　题 38 图　　　　　　图 6-32　题 39 图

39. 图 6-32 所示电路中 $i_S(t)=10\cos 10^3 t$ mA，求每个电阻、电容及电源所吸收的平均功率。试用算得结果验证平均功率守恒。

答：已知电流源电流相量 $\dot{I}_S=5\sqrt{2}\angle 0°$A，设流过电容电流为 $\dot{I}$，根据分流法有

$$\dot{I} = \frac{1\text{k}}{1000+1000-j\frac{1}{10^3\times 10^{-6}}}\dot{I}_S = \frac{5\sqrt{2}\angle 0°}{2-j} = \sqrt{2}(2+j)\text{A}$$

电源电压

$$\dot{U} = 1000(\dot{I}_S - \dot{I}) = \sqrt{2}(3-j)(\text{kV})$$

上方 1kΩ 电阻吸收功率

$$P_1 = 1000I^2 = 1000\times 2\times(2^2+1^2)\text{W} = 10\text{kW}$$

中间 1kΩ 电阻吸收功率

$$P_2 = 1000\times|\dot{I}_S - \dot{I}|^2 = 1000\times 2\times[(5-2)^2+1^2]\text{W} = 20\text{kW}$$

电容吸收功率 $= 0\text{W}$

电源发出功率 $= -UI\cos\phi$

$$= -\sqrt{2}\sqrt{3^2+1^2}\,1000\times 5\sqrt{2}\times\frac{3}{\sqrt{3^2+1^2}}\text{W}$$

$$= -30\text{kW}$$

发出平均功率等于吸收平均功率，所以平均功率守恒。

40. 输电线的阻抗为 $0.08+j0.25\Omega$，用来传送功率给负载。负载为电感性，其电压为 $220\angle 0°$V，功率为 12kW。已知输电线的功率损失为 560W。试求负载的功率因数角。

答：设负载阻抗 $Z=R+jX$，总电流有效值为 I，则

$$I^2 = \frac{560}{0.08} = 7000$$

$$R = \frac{12\,000 - 560}{I^2} = \frac{11\,440}{7000}\Omega = \frac{1144}{700}\Omega = \frac{286}{175}\Omega \approx 1.634\,\Omega$$

$$(0.08 + R)^2 + (0.25 + X)^2 = \frac{U^2}{I^2} = \frac{220^2}{7000}$$

解得

$$X = \left(\frac{\sqrt{4870}}{35} - 0.25\right)\Omega \approx 1.744\,\Omega$$

负载的功率因数角

$$\phi = \arctan\frac{X}{R} = \arctan\frac{1.744}{1.634} \approx 46.87°$$

41. 求图 6-33 所示电路的功率。用两种方法：
(1) 由电阻的平均功率求得；
(2) 由电源提供的平均功率求得。

答：设总电流为 $\dot{I}$，4Ω 电流为 $\dot{I}_1$，则有

$$\dot{I} = \frac{126\angle 0°}{2 + (-j4//4)} = \frac{63}{5}(2+j)\,\text{A}, \quad \dot{I}_1 = \frac{-j4}{4-j4}\dot{I} = \frac{63}{10}(3-j)\,\text{A}$$

(1)
$$P_{2\Omega} = 2I^2 = 2 \times \frac{63^2}{5^2}(2^2 + 1^2)\,\text{W} = 1587.6\,\text{W}$$

$$P_{4\Omega} = 4I_1^2 = 4 \times \frac{63^2}{10^2}(3^2 + 1^2)\,\text{W} = 1587.6\,\text{W}$$

电阻的平均功率

$$P = P_{2\Omega} + P_{4\Omega} = 3175.2\,\text{W}$$

(2) 电路总阻抗

$$Z = 2 + 4//(-j4)\,\Omega = (4-j2)\,\Omega$$

所以

$$\cos\phi = 4/\sqrt{4^2 + 2^2} = 2\sqrt{5}$$

电源发出的功率

$$P_S = -UI\cos\phi = -126 \times \frac{63}{5}\sqrt{2^2+1^2} \times \frac{2}{\sqrt{5}}\,\text{W} = -3175.2\,\text{W}$$

42. 电路如图 6-34 所示：
(1) 为获得最大功率，Z_L 为何？最大功率是多少？
(2) 若 Z_L 只能为纯电阻，则该电阻应为多少才能获得最大功率？此时功率为多少？

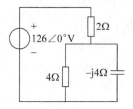

图 6-33 题 41 图

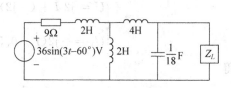

图 6-34 题 42 图

答：转换成相量电路图，然后进行等效变换，如图 6-35 所示。

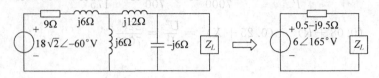

图 6-35 解题 42 图

求 Z_L 两端的开路电压 $\dot{U}_{OC}$，采用两次分流法求解

$$\dot{U}_{OC}=\frac{j6}{j6+j12-j6}\cdot\frac{18\sqrt{2}\angle-60°}{9+j6+j6//(j12-j6)}\cdot(-j6)$$

$$=\frac{1}{2}\cdot\frac{18\sqrt{2}\angle-60°}{9+j9}\cdot(-j6)\text{V}=6\angle165°\text{V}$$

求等效阻抗

$$Z_{eq}=((9+j6)//j6+j12))//(-j6)\Omega=\left(\frac{-12+j18}{3+j4}+j12\right)//(-j6)\Omega$$

$$=\frac{-60+j54}{3+j4}//(-j6)\Omega=\frac{9+j10}{-1+j}\Omega=\frac{1-j19}{2}\Omega=(0.5-j9.5)\Omega$$

(1) 当 $Z_L=Z_{eq}^*=0.5+j9.5\Omega$ 时功率最大，最大功率为

$$P_{max}=\frac{U_{OC}^2}{4R_{eq}}=\frac{6^2}{4\times0.5}\text{W}=18\text{W}$$

(2) 当 $P_L=|Z_{eq}|=\sqrt{0.5^2+9.5^2}=9.513(\Omega)$ 时，电阻获得最大功率，功率为

$$P_{max}=I^2R_L=\left|\frac{\dot{U}_{OC}}{Z_{eq}+R_L}\right|^2R_L$$

$$=\left|\frac{6\angle165°}{0.5-j9.5+9.531}\right|^2\times9.531$$

$$=\frac{36\times9.531}{10.031^2+9.5^2}\text{W}\approx1.8\text{W}$$

43. 图 6-36 所示电路，$\dot{U}_S=2\angle0°\text{V}$，为使 Z_L 获得最大功率，Z_L 为多少？P_{Lmax} 为多少？
答：

(1) 求消去 Z_L 支路后的开路电压 $\dot{U}_{OC}$。

由 KCL $\dot{I}_1=2-0.5\dot{U}_1=2+j\dot{I}_1$，得 $\dot{I}_1=1+j$；由 KVL $\dot{U}_{OC}=j2\times2-j2\dot{I}_1+\dot{U}_S=4+j2$。

(2) 求消去 Z_L 支路后的等效阻抗 Z_0。用外加电源法

由 KVL、KCL 及欧姆定律

$$\begin{cases}\dot{U}=j2\dot{I}+(-j2)(\dot{I}-0.5\dot{U}_1)\\ \dot{U}_1=-j2(\dot{I}-0.5\dot{U}_1)\end{cases}$$

消去 $\dot{U}_1$ 得

$$Z_0=\frac{\dot{U}}{\dot{I}}=1+j$$

所以,当 $Z_L=Z_0^*=1-\mathrm{j}$ 时,获最大功率,最大功率为

$$P_{L\max}=\frac{U_{\mathrm{OC}}^2}{4R_0}=\frac{4^2+2^2}{4\times 1}\mathrm{W}=5\mathrm{W}$$

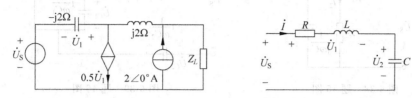

图 6-36　题 43 图　　　　图 6-37　题 44 图

44. 电路如图 6-37 所示,已知 $u_S=200\sqrt{2}\cos(314t+\pi/3)\mathrm{V}$, $I=2\mathrm{A}$, $U_1=U_2=200\mathrm{V}$,试求参数 R、L、C 的值。

答:利用计算模的概念求解

$$R^2+\left(\omega L-\frac{1}{\omega C}\right)^2=\left(\frac{U_S}{I}\right)^2=\left(\frac{200}{2}\right)^2=10^4$$

$$R^2+(\omega L)^2=\left(\frac{U_1}{I}\right)^2=\left(\frac{200}{2}\right)^2=10^4$$

$$\frac{1}{\omega C}=\frac{U_2}{I}=\frac{200}{2}=100$$

$$C=\frac{1}{100\omega}=\frac{1}{100\times 314}\approx 31.8(\mu\mathrm{F})$$

$$L=159\mathrm{mH},\quad R=86.6\Omega$$

45. 图 6-38 中 $Z_1=(5+\mathrm{j}3)\Omega$, $Z_2=(4+\mathrm{j}3)\Omega$,如果要使 $\dot{I}_2$ 和 $\dot{U}_S$ 的相位差为 $90°$,则 $\frac{1}{\omega C}$ 应等于多少。

答:用相量法列方程

$$\dot{U}_S=Z_1\dot{I}+Z_2\dot{I}_2=\left(Z_1+Z_2//\frac{1}{\mathrm{j}\omega C}\right)\dot{I}$$

推得

$$\frac{\dot{I}_2}{\dot{U}_S}=\frac{Z_2//\frac{1}{\mathrm{j}\omega C}}{Z_2\left[Z_1+\left(Z_2//\frac{1}{\mathrm{j}\omega C}\right)\right]}=\frac{1}{Z_1+Z_2+\mathrm{j}\omega CZ_1Z_2}=\frac{1}{(9-27\omega C)+\mathrm{j}(6+11\omega C)}$$

要使 $\dot{I}_2$ 和 $\dot{U}_S$ 的相位差为 $90°$,则

$$9-27\omega C=0$$

故

$$\frac{1}{\omega C}=3\Omega$$

46. 如图 6-39 所示电路,$R_1=3\Omega$,$\omega=4\mathrm{rad/s}$,$C_1=C_2=1/16\mathrm{F}$,$\dot{U}_{R_2}=0$,$u_S=5\sqrt{2}\sin\omega t\mathrm{V}$。求 $\dot{I}$、$\dot{U}_{C_1}$、$\dot{U}_{C_2}$ 及 $\dot{U}_L$。

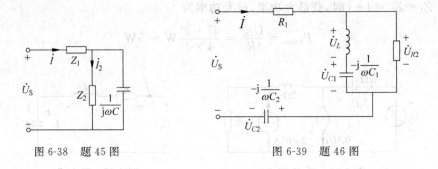

图 6-38 题 45 图   图 6-39 题 46 图

答：因为 $\dot{U}_{R_2}=0$，所以并联组合相当于短路，总阻抗为

$$Z = R_1 - j\frac{1}{\omega C_2} = \left(3 - j\frac{1}{4 \times \frac{1}{16}}\right)\Omega = (3-j4)\Omega$$

则有

$$\dot{I} = \frac{5}{3-j4}\text{A} = 1\angle 53.1°\text{A}$$

$$\dot{U}_{C_1} = \dot{U}_{C_2} = -j4\dot{I} = 4\angle -36.9°\text{V}$$

$$\dot{U}_L = -\dot{U}_{C_1} = -4\angle -36.9°\text{V} = 4\angle 143.1°\text{V}$$

47. 已知图 6-40 中 $U_S=10$V（直流），$L=1\mu$H，$R_1=1\Omega$，$i_S=2\cos(10^6 t+45°)$A。用叠加定理求电压 u_C 和电流 i_L。

答：直流电压源作用，交流电流源置零（即电流源开路），此时电感短路、电容开路

$$\dot{U}'_C = -\dot{U}_S = -10\text{V}, \qquad \dot{I}'_L = \frac{\dot{U}_S}{R_1} = \frac{10}{1}\text{A} = 10\text{A};$$

直流电压源置零（即电压源短路），交流电流源作用：

$$\dot{U}''_C = 0\text{V}, \qquad \dot{I}''_L = -\frac{R_1\dot{I}_S}{R_1+j\omega L} = -\frac{1\times\sqrt{2}\angle 45°}{1+j\times 10^6\times 10^{-6}}\text{A} = -1\text{A};$$

叠加后

$$u_C = -10\text{V},$$
$$i_L = 10-\sqrt{2}\cos(10^6 t)\text{A}$$

或

$$i_L = 10+\sqrt{2}\cos(10^6 t \pm 180°)\text{A}$$

48. 已知图 6-41 所示电路中 $I_1=I_2=10$A。求 $\dot{I}$ 和 $\dot{U}_S$。

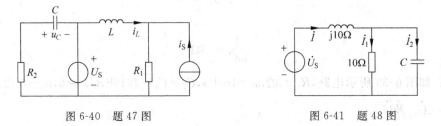

图 6-40 题 47 图   图 6-41 题 48 图

答：电阻和电容并联，所以两端电压相等，这样可以列写如下方程：

$$\begin{cases} \dot{U}_S = j10\,\dot{I} + 10\,\dot{I}_1 \\ \dot{I} = \dot{I}_1 + \dot{I}_2 \\ 10\,\dot{I}_1 = -j\dfrac{\dot{I}_2}{\omega C} \end{cases}$$

令 $\dot{I}_1 = 10\angle 0°\text{A}$，则解得

$$\begin{cases} \dot{I}_1 = 10\angle 0°\text{A} \\ \dot{I}_2 = 10\angle 90°\text{A} \\ \dot{I} = 10\sqrt{2}\angle 45°\text{A} \\ \dot{U}_S = 100\angle 90°\text{V} \end{cases} \quad \text{或} \quad \begin{cases} \dot{I}_1 = 10\text{A} \\ \dot{I}_2 = j10\text{A} \\ \dot{I} = 10 + j10\text{A} \\ \dot{U}_S = j100\text{V} \end{cases}$$

49. 如图 6-42 所示，$I_1 = 10\text{A}$，$I_2 = 10\sqrt{2}\,\text{A}$，$U = 200\text{V}$，$R_1 = 5\Omega$，$R_2 = X_L$，试求 I、X_L、X_C 及 R_2。

答：

(1)
$$I_1 X_C = I_2 \sqrt{X_L^2 + R_2^2}$$
$$R_2 = X_L \Rightarrow I_1 X_C = \sqrt{2}\,I_2 X_L \Rightarrow X_C = 2X_L$$

(2) 并联阻抗
$$Z = \frac{-jX_C(R_2 + jX_L)}{R_2 + jX_L - jX_C} = \frac{-j2X_L(X_L + jX_L)}{X_L + jX_L - j2X_L} = 2X_L$$

呈电阻性。

(3)
所以
$$U = 5I + 2X_L I, \quad 2X_L I = I_1 X_C = 2I_1 X_L$$
$$I = I_1 = 10\text{A}, \quad R_2 = X_L = 7.5\Omega, \quad X_C = 15\Omega$$

50. 图 6-43 所示电路，已知 $u_S(t) = 200\sqrt{2}\cos\left(100\pi t + \dfrac{\pi}{3}\right)\text{V}$，电流表读数为 2A，电压表读数均为 200V。试求：

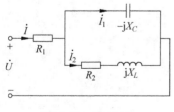

图 6-42 题 49 图

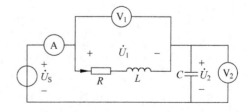

图 6-43 题 50 图

(1) 元件参数 R，L 和 C；
(2) 电源发出的复功率。

答：

(1) 已知
$$U_S = U_1 = U_2 = 200\text{V}, \quad I = 2\text{A}, \quad \omega = 100\pi$$

则有

$$\begin{cases} R^2 + (\omega L)^2 = (U/I)^2 = (200/2)^2 = 40^4 \\ 1/(\omega C)^2 = (U/I)^2 = (200/2)^2 = 10^4 \\ R^2 + \left(\omega L - \dfrac{1}{\omega C}\right)^2 = (U/I)^2 = (200/2)^2 = 10^4 \end{cases} \Rightarrow \begin{cases} R = 50\sqrt{3}\ \Omega \\ \dfrac{1}{\omega C} = 100\ \Omega \\ \omega L = 50\ \Omega \end{cases} \begin{cases} R \approx 86.6\ \Omega \\ C \approx 31.85\ \mu\text{F} \\ L \approx 0.159\ \text{H} \end{cases}$$

(2) $\widetilde{S} = \dot{U}_S \dot{I}^* = \dfrac{U_S^2}{\left[R + \text{j}\left(\omega L - \dfrac{1}{\omega C}\right)\right]^*} = \dfrac{200^2}{50\sqrt{3} - \text{j}(50-100)}\ \text{V}\cdot\text{A} = 400\angle -30°\ \text{V}\cdot\text{A}$

6.4 思考改错题

1. 与感性负载并联一个适当的电容，可以提高负载自身的功率因数。

2. 若某网络的阻抗 $Z = (R + \text{j}X)\Omega$，则其阻抗角为 $\arctan(R/X)$。

3. 两阻抗 Z_1 与 Z_2 串联后接至正弦电压源 $\dot{U}_S$，若 $\dot{U}_1$ 与 $\dot{U}_2$ 分别为 Z_1 与 Z_2 的电压，则分压公式为 $\dot{U}_1 = \dfrac{|Z_1|}{|Z_1| + |Z_2|}\dot{U}_S, \dot{U}_2 = \dfrac{|Z_2|}{|Z_1| + |Z_2|}\dot{U}_S$。

4. 两阻抗 Z_1 与 Z_2 并联后接至正弦电流源，电流源的有效值为 I_S，若 I_1 与 I_2 分别为 Z_1 与 Z_2 的电流有效值，则分流公式为 $I_1 = \dfrac{Z_2}{Z_1 + Z_2}I_S, I_2 = \dfrac{Z_1}{Z_1 + Z_2}I_S$。

5. 已知二端网络的复功率 $\widetilde{S} = S\angle\varphi\ \text{V}\cdot\text{A}$，则其无功功率 $Q = \text{j}S\sin\varphi\ \text{var}$。

6. 在正弦电流电路中，两个串联元件的总电压必定大于每个元件的电压。

7. 在正弦电流电路中，两个并联元件的总电流必定大于每个元件的电流。

8. 若负载阻抗 $Z = (R - \text{j}X)\Omega$，其中 R、X 都是大于零的实数，则该负载是感性负载。

9. 设系统的功率因数为 0 到 1 的一个值，则其功率因数角一定大于 0°且小于 90°。

10. 若负载导纳 $Y = (G - \text{j}B)\text{S}$，其中 G、B 都是大于零的实数，则该负载是容性负载。

第7章 互感与谐振

7.1 知识点概要

$$\begin{cases} \text{术语：耦合电感、同名端、耦合因数、互感电压、变压器、空心变压器、理想变压器} \\ \text{耦合电感电压方程：} \begin{cases} u_1 = \pm \left(L_1 \dfrac{di_1}{dt} \pm M \dfrac{di_2}{dt} \right) \\ u_2 = \pm \left(L_2 \dfrac{di_2}{dt} \pm M \dfrac{di_1}{dt} \right) \end{cases} \\ \text{去耦等效变换：串联、并联，空心变压器原边、副边，理想变压器变压、变流、变阻抗，} \\ \qquad\text{T 型去耦等效变换} \\ \text{谐振：串联谐振，并联谐振，谐振频率，品质因数} \end{cases}$$

1. 耦合电感

当两个载流线圈电流产生的磁通彼此交链时，这种现象称为磁耦合。耦合线圈中的磁通链等于自感磁通链和互感磁通链两部分的代数和。

当周围空间是各向同性的线性磁介质时，每一种磁通链都与产生它的施感电流成正比，即有自感磁通链和互感磁通链。

自感系数用 L 表示，互感用符号 M 表示，单位都为 H，M 恒取正值。耦合线圈中的磁通链与施感电流成线性关系，是各施感电流独立产生的磁通链叠加的结果。

2. 同名端

工程上将起互感"增助"作用的一对施感电流流进（或流出）线圈的端子命名为同名端，并用符号标记，如用圆点 $\odot$、* 号等工程上将起"增助"作用的一对施感电流流进（或流出）线圈的端子命名为同名端，并用符号标记，如用圆点 $\odot$、* 号等。

3. 耦合因数

两个耦合线圈的耦合因数 k 定义为：

$$k \stackrel{\text{def}}{=\!=} \frac{M}{\sqrt{L_1 L_2}} \leqslant 1$$

其中，L_1、L_2 分别为两个耦合线圈的自感，M 为两个耦合线圈之间的互感。

4. 互感电压

当线圈中电流为时变电流时，磁通也将随时间变化，从而在线圈两端产生感应电压，如图 7-1 所示电路为磁耦合电路。

$$\begin{cases} u_1 = \pm \left(L_1 \dfrac{di_1}{dt} \pm M \dfrac{di_2}{dt} \right) \\ u_2 = \pm \left(L_2 \dfrac{di_2}{dt} \pm M \dfrac{di_1}{dt} \right) \end{cases}$$

其中，u_1 等号后的"±"号，当电感 L_1 上的电压 u_1 与流入 L_1 的电流 i_1 位关联参考方向时取"+"号，非关联参考方向取

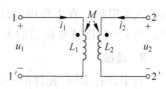

图 7-1 互感电路

"一"号；u_2 等号后的"±"号，当电感 L_2 上的电压 u_2 与流入 L_2 的电流 i_2 位关联参考方向时取"+"号，非关联参考方向取"一"号。互感电压的符号由磁通相互作用的情况决定，M 前的"±"号说明磁耦合中互感作用的两种可能性。"+"号表示互感磁通链与自感磁通链方向一致，称为互感的"增助"作用；"一"号则相反，表示互感的"削弱"作用。

互感电压用相量表示：

$$\dot{U}_1 = \pm(j\omega L_1 \dot{I}_1 \pm j\omega M \dot{I}_2), \quad \dot{U}_2 = \pm(j\omega L_2 \dot{I}_2 \pm j\omega M \dot{I}_1)$$

5. 变压器

变压器是电工、电子技术中常用的电气设备。它由两个耦合线圈绕在一个共同的心子上制成，其中，一个线圈作为输入，接入电源后形成一个回路，称为原边回路（或初级回路）；另一线圈作为输出，接入负载后形成另一个回路，称为副边回路（或次级回路）。变压器的心子是线性磁性（或工作在线性段）材料制成的。变压器通过耦合作用，将输入原边中的一部分能量传递到副边输出。

6. 空心变压器

空心变压器是由两个绕在非铁磁材料制成的芯子上并具有互感的线圈组成。它没有铁心变压器产生的各种损耗，常用于高频电路。

7. 理想变压器

理想变压器是对实际变压器的一种理想化模型，设 N_1 和 N_2 分别为变压器原边和副边的匝数，原、副边电压和电流满足下列关系：

同名端电压同极性（都是正极或都是负极），$\dfrac{u_1}{u_2} = \dfrac{N_1}{N_2} = n$ 或 $u_1 = nu_2$；

同名端电压不同极性，$\dfrac{u_1}{u_2} = -\dfrac{N_1}{N_2} = -n$ 或 $u_1 = -nu_2$；

电流都是从同名端流入（或流出），$\dfrac{i_1}{i_2} = -\dfrac{N_2}{N_1} = -\dfrac{1}{n}$ 或 $i_1 = -\dfrac{1}{n}i_2$；

一个电流从同名端流入，另一个电流从同名端流出：$\dfrac{i_1}{i_2} = \dfrac{N_2}{N_1} = \dfrac{1}{n}$ 或 $i_1 = \dfrac{1}{n}i_2$；

式中：$n = N_1/N_2$，称为理想变压器的变比。满足理想变压器的 3 个条件是：①变压器无损耗；②耦合因数 $k=1$；③L_1、L_2 和 M 均为无穷大，但保持 $\sqrt{L_1/L_2} = n$ 不变，n 为匝比。

理想变压器除了可以用来变换电压和电流，还可以用来变换阻抗。当次级接负载 Z_L 时，从原级看进去的输入阻抗为

$$Z_1 = \dfrac{\dot{U}_1}{\dot{I}_1} = \dfrac{n\dot{U}_2}{-\dfrac{1}{n}\dot{I}_2} = n^2\left(\dfrac{\dot{U}_2}{-\dot{I}_2}\right) = n^2 Z_L$$

即副边负载经过理想变压器，折合到原边的负载变为 $n^2 Z_L$。可见，改变 n，可在原边得到不同的入端阻抗。在工程中，常用理想变压器变换阻抗的性质来实现匹配，使负载获得最大功率。当 $n>1$，阻抗变换后增大；当 $n<1$，阻抗变换后减小。

8. 谐振

对于含有 RLC 元件的一端口，在正弦稳态时，当一端口呈现纯电阻时，端口上的电压与电流同相，工程上将电路的这种工作状况称为谐振。

9. 串联谐振

对于 RLC 串联电路,在正弦稳态时,当一端口呈现纯电阻时(即电抗为零),端口上的电压与电流同相,工程上将电路的这种工作状况称为串联谐振。

10. 并联谐振

对于 RLC 并联电路,在正弦稳态时,当一端口呈现纯电阻时(即电纳为零),端口上的电压与电流同相,工程上将电路的这种工作状况称为并联谐振。

11. 谐振频率

电路发生谐振时所对应的激励的频率称为谐振频率。对于 RLC 串联电路,由于 $\text{Im}[Z(j\omega_0)]=0$,可求得谐振角频率 $\omega_0=\dfrac{1}{\sqrt{LC}}$ 和谐振频率 $f_0=\dfrac{1}{2\pi\sqrt{LC}}$。

12. 品质因数

对于 RLC 串联电路,为了综合反映 R、L 和 C 对幅频响应曲线的影响,谐振电路的品质因数 Q 定义为 $Q \stackrel{\text{def}}{=} \dfrac{\omega_0 L}{R} = \dfrac{1}{\omega_0 RC} = \dfrac{1}{R}\sqrt{\dfrac{L}{C}}$。

7.2 学习指导

当线圈 1 的电压与电流取关联参考方向时,两线圈磁通若相互加强,自感与互感电压符号相同;磁通若相互削弱,自感与互感电压符号相反。M 前的"±"号说明磁耦合中互感作用的两种可能性。"+"号表示两个电流都从同名端流入(或流出),称为互感的"增助"作用;"−"号则相反,表示一个电流从同名端流入,另一个电流从同名端流出,称为互感的"削弱"作用。

如图 7-2 所示电路的电压、电流关系式求解方法如下。

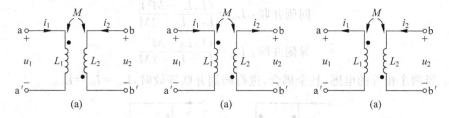

图 7-2 三种电压、电流关系式

根据图 7-2 电路中同名端标示及两个线圈各自的电压电流参考方向有:

(1) 图 7-2(a)分析,u_1 与 i_1 对电感 L_1 为关联参考方向,u_2 与 i_2 对电感 L_2 为关联参考方向,互感减弱,所以有

时域

$$u_1 = +\left(L_1\dfrac{di_1}{dt} - M\dfrac{di_2}{dt}\right), \quad u_2 = +\left(L_2\dfrac{di_2}{dt} - M\dfrac{di_1}{dt}\right)$$

相量

$$\dot{U}_1 = +(j\omega L_1 \dot{I}_1 - j\omega M \dot{I}_2), \quad \dot{U}_2 = +(j\omega L_2 \dot{I}_2 - j\omega M \dot{I}_1)$$

(2) 图 7-2(b)分析，u_1 与 i_1 对电感 L_1 为关联参考方向，u_2 与 i_2 对电感 L_2 为非关联参考方向，互感加强，所以有

时域

$$u_1 = + \left(L_1 \frac{di_1}{dt} + M \frac{di_2}{dt}\right), \quad u_2 = - \left(L_2 \frac{di_2}{dt} - M \frac{di_1}{dt}\right)$$

相量

$$\dot{U}_1 = + (j\omega L_1 \dot{I}_1 + j\omega M \dot{I}_2), \quad \dot{U}_2 = - (j\omega L_2 \dot{I}_2 + j\omega M \dot{I}_1)$$

(3) 图 7-2(c)分析，u_1 与 i_1 对电感 L_1 为非关联参考方向，u_2 与 i_2 对电感 L_2 为关联参考方向，互感加强，所以有

时域

$$u_1 = - \left(L_1 \frac{di_1}{dt} + M \frac{di_2}{dt}\right), \quad u_2 = + \left(L_2 \frac{di_2}{dt} + M \frac{di_1}{dt}\right)$$

相量

$$\dot{U}_1 = - (j\omega L_1 \dot{I}_1 + j\omega M \dot{I}_2), \quad \dot{U}_2 = + (j\omega L_2 \dot{I}_2 + j\omega M \dot{I}_1)$$

耦合电感顺串联、反接串联等效变换，如图 7-3 所示。

顺接串联：$L_{eq} = L_1 + L_2 + 2M$ 反接串联：$L_{eq} = L_1 + L_2 - 2M$

(a) 顺接串联   (b) 反接串联

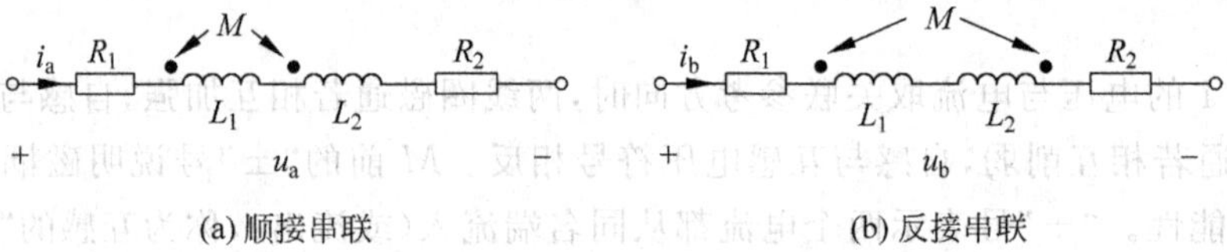

图 7-3 耦合电感串联电路

耦合电感同侧并联、异侧并联等效变换，如图 7-4 所示。

同侧并联：$L_{eq} = \dfrac{(L_1 L_2 - M^2)}{L_1 + L_2 - 2M}$

异侧并联：$L_{eq} = \dfrac{(L_1 L_2 - M^2)}{L_1 + L_2 + 2M}$

注：当两个相等的电感，且全耦合，进行同侧并联等效时，$L_{eq} = L_1 = L_2$。

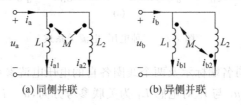

(a) 同侧并联   (b) 异侧并联

图 7-4 耦合电感并联电路

互感线圈 T 型网络如图 7-5 所示，其中图 7-5(a)是同名端连接在同一个结点；图 7-5(b)是异名端连接在同一个结点。可将原含互感线圈的电路进行去耦等效，分别等效为如图 7-6(a)、图 7-6(b)所示。

全耦合变压器等效为理想变压器，由于理想变压器的第 3 个条件不容易实现，一般先把

铁芯全耦合变压器当做理想变压器的一部分,如图 7-7 所示,然后利用理想变压器的变压、变流、变阻抗关系进行电路分析。

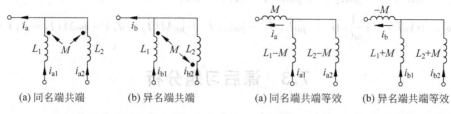

(a) 同名端共端　　　(b) 异名端共端　　　(a) 同名端共端等效　　(b) 异名端共端等效

图 7-5　耦合电感 T 型连接　　　　　图 7-6　耦合电感 T 型连接去耦等效

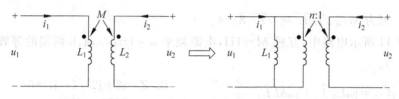

图 7-7　全耦合变压器等效为理想变压器

这里,$k=1$,即 $M=\sqrt{L_1 L_2}$;$L_1\neq\infty$,$n=\sqrt{L_1/L_2}$。

耦合变压器也可以进行 T 型去耦等效变换,只要把变压器的两个负极连接起来看即可,如图 7-8 所示。注意,不能把变压器的两个正极连接在一起。

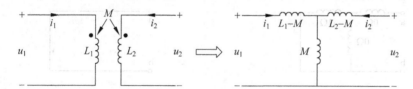

图 7-8　耦合变压器的去耦等效变换

针对有互感的电路,一般可以采用如下步骤来分析计算:
(1) 在正弦稳态情况下,有互感的电路的计算仍应用相量分析方法。
(2) 注意互感线圈上的电压除自感电压外,还应包含互感电压。
(3) 尽量采用 T 型去耦等效变换,也可采用支路法和回路法计算。

如图 7-9 所示直接采用回路法分析;如图 7-10 所示先用 T 型去耦等效变换,后用回路法分析;但是回路方程不变。

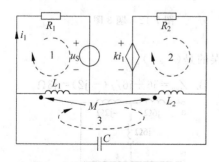 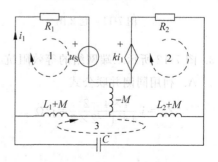

图 7-9　耦合电感的回路法分析　　　　图 7-10　T 型去耦等效的回路法分析

$$\begin{cases}(R_1+j\omega L_1)\dot I_1-j\omega L_1\dot I_3+j\omega M(\dot I_2-\dot I_3)=-\dot U_S\\(R_2+j\omega L_2)\dot I_2-j\omega L_2\dot I_3+j\omega M(\dot I_1-\dot I_3)=k\dot I_1\\\left(j\omega L_1+j\omega L_2-j\dfrac{1}{\omega C}\right)\dot I_3-j\omega L_1\dot I_1-j\omega L_2\dot I_2+j\omega M(\dot I_3-\dot I_1)+j\omega M(\dot I_3-\dot I_2)=0\end{cases}$$

7.3 课后习题分析

1. 耦合线圈的自感 L_1 和 L_2 分别为 2H 和 8H，则互感 M 至多只能为（ ）。

    A. 8H   B. 10H   C. 4H   D. 6H

答：C。因为 $M\leqslant\sqrt{L_1L_2}=\sqrt{2\times 8}=4$。

2. 图 7-11 所示电路中，互感 $M=1\text{H}$，电源频率 $\omega=1\text{rad/s}$，a、b 两端的等效阻抗 Z，错误的是（ ）。

A. $\begin{cases}\dot U_{ab}=j\omega L_1\dot I_1+j\omega M\dot I_2\\ j\omega L_2\dot I_2+j\omega M\dot I_1=0\\ Z=\dot U_{ab}/\dot I_1=0\end{cases}$

B. $Z=j2+j2//(-j)=0$

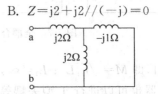

C. $Z=0+j1//0=0$

D. $Z=0$

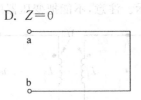

答：C。T 型去耦等效时，对于异名端共端的等效公式是，自感加互感，中间增加的支路为负的互感。而对于同名端共端的等效公式是，自感减互感，中间增加的支路为正的互感。本题是异名端共端，而选项 C 为同名端共端的结果。虽然结果都是 $Z=0$，但选项 C 使用了错误的方法，而选项 D 呈现最后的结果，没有错。

图 7-11 题 2 图

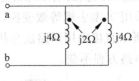

图 7-12 题 3 图

3. 图 7-12 所示二端网络的等效阻抗 Z_{ab}，错误的是（ ）。

    A. 利用同侧并联公式

$$Z_{ab}=j\dfrac{4\times 4-2^2}{4+4-2\times 2}=j3\Omega$$

B. $Z_{ab}=j6+j6//(-j2)=j3\Omega$

C. $Z_{ab}=j2+j2//j2=j3\Omega$ D. $Z_{ab}=j3\Omega$

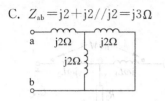
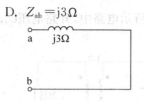

答：B。T 型去耦等效使用方法错误。

4. 设电压、电流为正弦量，在变比为 $n:1$ 的理想变压器输出端口接有阻抗 Z，输入端口的输入阻抗为（　　）。

A. $-n^2Z$　　　　B. nZ　　　　C. nZ^2　　　　D. n^2Z

答：D。应用理想变压器的变阻抗公式。

5. 电路如图 7-13 所示，耦合因数 $K=1$，$\dot{I}_S=1\angle 0°$A，则 $\dot{U}_1$ 与 $\dot{U}_2$ 分别为（　　）。

A. j10V 与 j20V　　　　B. j10V 与 0V

C. $-$j10V 与 j20V　　　　D. $-$j10V 与 $-$j20V

答：B。先计算互感阻抗，因为耦合因数 $K=1$，所以 $X_M=\sqrt{10\times 10}=10\Omega$；由于输出端开路，开路电压就是互感电压 $\dot{U}_1=jX_M\dot{I}_S=j10$V，$\dot{U}_2=j10\dot{I}_S-\dot{U}_1=0$V。也可以进行 T 型去耦等效变换，负极可以连接在一起，如图 7-14 所示，去耦等效后，中间变压器变成一个 j10Ω 的电感。从图 7-14 中可以看出，$\dot{U}_1=j10\dot{I}_S=j10$V，$\dot{U}_2=0$V。

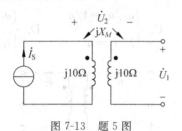
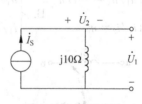

图 7-13　题 5 图　　　　　　　　图 7-14　解题 5 图

6. 为使图 7-15 所示电路中 10Ω 电阻获得最大功率，理想变压器的变比 n 应为（　　）。

A. 10　　　　B. 40　　　　C. 100　　　　D. 0.1

答：A。应用理想变压器的变阻抗公式，如图 7-16 所示，当 $10n^2=1000$，即 $n=10$ 时，10Ω 电阻获得最大功率。

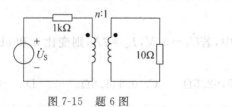

图 7-15　题 6 图　　　　　　　　图 7-16　解题 6 图

7. 图 7-17 所示理想变压器变比为 1:2，则 R_i 应为（　　）。

A. 8Ω　　　　B. 4Ω　　　　C. 0.5Ω　　　　D. 1Ω

答：C。应用理想变压器的变阻抗公式 $R_i=2\times(1/2)^2\Omega=0.5\Omega$。

8. 图 7-18 所示电路中,开路电压 $\dot{U}_{OC}$ 为( )。

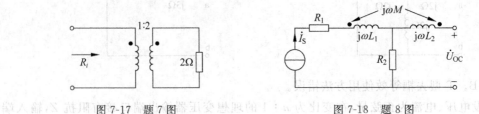

图 7-17 题 7 图   图 7-18 题 8 图

A. $\dot{I}_S R_2$ B. $\dot{I}_S(R_2-\mathrm{j}\omega M)$

C. $\dot{I}_S(R_2+\mathrm{j}\omega M)$ D. $\dot{I}_S(\mathrm{j}\omega L_2-\mathrm{j}\omega M)$

答:C。开路电压为 L_1 对 L_2 的互感电压加电阻 R_2 的电压。选项 A 未考虑互感电压;选项 B 互感电压方向反了;选项 D 开路时 L_2 上电流应该是零,L_2 没有自感电压。

9. 图 7-19 所示耦合电感,当 b 和 c 连接时,其 $L_{ad}=0.2\mathrm{H}$,当 b 和 d 连接时,$L_{ac}=0.6\mathrm{H}$,则互感 M 为( )。

A. 0.8H   B. 0.4H   C. 0.2H   D. 0.1H

答:D。当 b 和 c 连接时,$L_{ad}=L_1+L_2-2M=0.2\mathrm{H}$;当 b 和 d 连接时,$L_{ac}=L_1+L_2+2M=0.6\mathrm{H}$;所以 $M=(0.6-0.2)/4=0.1\mathrm{H}$。

10. 理想变压器端口上电压、电流参考方向如图 7-20 所示,则其伏安关系为( )。

A. $\begin{cases} u_1/u_2=-1/n \\ i_1/i_2=n \end{cases}$ B. $\begin{cases} u_1/u_2=1/n \\ i_1/i_2=-n \end{cases}$ C. $\begin{cases} u_1/u_2=1/n \\ i_1/i_2=n \end{cases}$ D. $\begin{cases} u_1/u_2=-1/n \\ i_1/i_2=n \end{cases}$

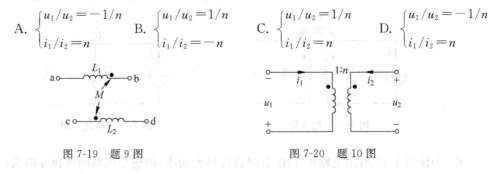

图 7-19 题 9 图   图 7-20 题 10 图

答:A。若同名端电压相同极性,则电压比等于变比;若同名端电压不同极性,则电压比等于负的变比。若同名端电流同时流入(或流出),则电流比等于负变比倒数;若同名端电流一个流入,另一个流出,则电流比等于变比的倒数。本题是同名端电压不同极性和同名端电流同时流入。

11. 图 7-21 所示理想变压器电路中,若 $\dot{U}_1=50\mathrm{V}$,$\dot{I}_2=2\mathrm{A}$,则变比 n 和 ab 端的等效电阻分别为( )。

A. $2.5,62.5\Omega$ B. $-2.5,62.5\Omega$ C. $0.4,1.6\Omega$ D. $-0.4,1.6\Omega$

答:A。应用理想变压器的变阻抗公式 $Z_{ab}=10n^2$,变比 $n=\dot{U}_1/\dot{U}_2=50/(10\dot{I}_2)=2.5$。

12. 含理想变压器的电路如图 7-22 所示,ab 端口的输入电阻 R_i 为( )。

A. 25Ω B. 100Ω C. 820Ω D. 45Ω

答:B。应用理想变压器的变阻抗公式 $R_i=20+20\times2^2\Omega=100\Omega$。

13. 图 7-23 所示电路中,理想变压器次级开路,若 $\dot{U}_2=5\angle30°V$,则 $\dot{U}_S$ 和 $\dot{I}_1$ 为( )。
   A. $25\angle0°V,5\angle30°A$ B. $5\angle30°V,5\angle0°A$
   C. $5\angle30°V,0A$ D. $25\angle30°V,0A$

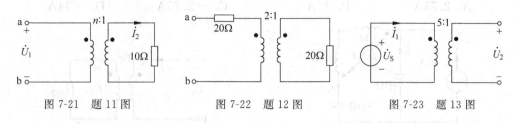

图 7-21 题 11 图　　图 7-22 题 12 图　　图 7-23 题 13 图

答:D。应用理想变压器的变压关系可得 $\dot{U}_S=5\dot{U}_2=25\angle30°V$;应用理想变压器的变流关系可得 $\dot{I}_1=-(1/5)\times A=0A$。

14. 图 7-24 所示耦合电感,其端钮 3、4 两端的互感电压 u_{34} 表达式为( )。
   A. $M\dfrac{di_2}{dt}$ B. $-M\dfrac{di_2}{dt}$ C. $M\dfrac{di_1}{dt}$ D. $-M\dfrac{di_1}{dt}$

答:C。互感起加强作用。

15. 电路如图 7-25 所示,u_1 和 u_2 的正确表达式为( )。

A. $\begin{cases} u_1=-L_1\dfrac{di_1}{dt}-M\dfrac{di_2}{dt} \\ u_2=R_2i_2+L_2\dfrac{di_2}{dt}+M\dfrac{di_1}{dt} \end{cases}$　　B. $\begin{cases} u_1=L_1\dfrac{di_1}{dt}+M\dfrac{di_2}{dt} \\ u_2=R_2i_2+L_2\dfrac{di_2}{dt}+M\dfrac{di_1}{dt} \end{cases}$

C. $\begin{cases} u_1=-L_1\dfrac{di_1}{dt}+M\dfrac{di_2}{dt} \\ u_2=R_2i_2+L_2\dfrac{di_2}{dt}-M\dfrac{di_1}{dt} \end{cases}$　　D. $\begin{cases} u_1=L_1\dfrac{di_1}{dt}-M\dfrac{di_2}{dt} \\ u_2=R_2i_2+L_2\dfrac{di_2}{dt}-M\dfrac{di_1}{dt} \end{cases}$

答:A。电压 u_1 和电流 i_1 对 L_1 来说是非关联的;电压 u_2 和电流 i_2 对 L_2 来说是关联的;两个电流都是从同名端流入,起加强作用。选项 B 没有考虑 L_1 的电压电流参考方向;选项 C 互感起减弱作用了;选项 D 是既没有考虑 L_1 的电压电流参考方向,也把互感看成了减弱作用。

16. 图 7-26 所示正弦稳态电路中,$\dot{I}_1$ 和 $\dot{I}_2$ 分别为( )。
   A. $-2\angle0°A,4\angle0°A$ B. $4\angle0°A,-2\angle0°A$
   C. $2\angle0°A,0A$ D. $0A,2\angle0°A$

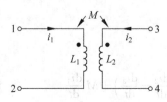

图 7-24 题 14 图　　图 7-25 题 15 图

答:C。耦合电感是反接串联,去耦等效为 j1Ω 的电感;再与 −j1Ω 电容串联,相当于短路线,电源电流都流入该支路。

17. 图 7-27 所示理想变压器电路中,若 $\dot{U}_1=220\angle 0°\text{V}$,$\dot{U}_2=55\angle 0°\text{V}$,则 $\dot{I}_1$ 为( )。

A. 2.75A　　　　B. 44A　　　　C. −2.75A　　　　D. −44A

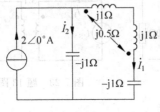

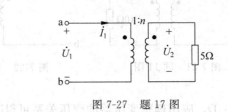

图 7-26　题 16 图　　　　　　　图 7-27　题 17 图

答:A。由理想变压器的变压求变比 $n=\dot{U}_2/\dot{U}_1=0.25$,由理想变压器的变流关系求出电流 $\dot{I}_1=\dfrac{1}{1/n}\times\dfrac{\dot{U}_2}{5}=2.75\angle 0°\text{A}$。

18. 试列写如图 7-28 所示电路的网孔电流方程,写法错误的是( )。

A. $\begin{cases}(R_1+R_2)\dot{I}_1-R_1\dot{I}_2-R_2\dot{I}_3=-\dot{U}_1\\ R_1\dot{I}_2-R_1\dot{I}_1=\dot{U}_S-\dot{U}_2\\ (R_2+R_3)\dot{I}_3-R_2\dot{I}_1=\dot{U}_2\\ \dot{U}_1=j\omega L_1\dot{I}_1+j\omega M(\dot{I}_2-\dot{I}_3)\\ \dot{U}_2=j\omega L_2(\dot{I}_2-\dot{I}_3)+j\omega M\dot{I}_1\end{cases}$

B. $\begin{cases}(R_1+R_2+j\omega L_1)\dot{I}_1-R_1\dot{I}_2-R_2\dot{I}_3+j\omega M(\dot{I}_2-\dot{I}_3)=0\\ (R_1+j\omega L_2)\dot{I}_2-R_2\dot{I}_1-j\omega L_2\dot{I}_3+j\omega M\dot{I}_1=\dot{U}_S\\ (R_2+R_3+j\omega L_2)\dot{I}_3-R_2\dot{I}_1-j\omega L_2\dot{I}_2+j\omega M\dot{I}_1=0\end{cases}$

图 7-28　题 18 图

C. $\begin{cases}(R_1+R_2)i_1+L_1\dfrac{di_1}{dt}-R_1i_2-R_2i_3+M\left(\dfrac{di_2}{dt}-\dfrac{di_3}{dt}\right)=0\\ R_1i_2+L_2\dfrac{di_2}{dt}-R_1i_1-L_2\dfrac{di_3}{dt}+M\dfrac{di_1}{dt}=u_S\\ (R_2+R_3)i_3+L_2\dfrac{di_3}{dt}-R_2i_1-L_2\dfrac{di_2}{dt}-M\dfrac{di_1}{dt}=0\end{cases}$

D. $\begin{cases}(R_1+R_2)i_1-R_1i_2-R_2i_3=-u_1\\ R_1i_2-R_1i_1=u_S-u_2\\ (R_2+R_3)i_3-R_2i_1=u_2\\ u_1=L_1\dfrac{di_1}{dt}+M\left(\dfrac{di_2}{dt}-\dfrac{di_3}{dt}\right),\ u_2=L_2\left(\dfrac{di_2}{dt}-\dfrac{di_3}{dt}\right)+M\dfrac{di_1}{dt}\end{cases}$

答:B。选项 A 和 B 采用相量法,选项 B 和 D 采用时域法;选项 B 的第 3 个方程有错,错误是 1 号网孔电流对 3 号有的互感电压应该是减弱,但方程中变成加强了;选项 A 和 D,

把电感先当作电源看待,引入电压变量,最后附加电压方程来完成。

19. 如图 7-29 电路中,问 n 为(　　)时可使 R_L 获最大功率 P_{max}。

    A. $n=5$ 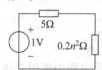   B. $n=125$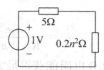

    C. $n=75$ D. $n=\sqrt{15}$

答:A。采用戴维宁变换,理想变压器变阻抗关系。

20. 如图 7-30 所示电路中,当并联的 L、C 发生谐振时,串联的 L、C 同时也发生谐振,L_1 为(　　)。

    A. 250H   B. 250mH   C. 4H   D. 4mH

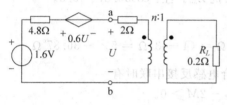
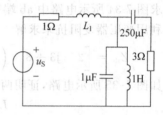

图 7-29　题 19 图　　　　　　　　　图 7-30　题 20 图

答:D。先计算并联谐振频率

$$\omega = \frac{1}{\sqrt{1\mu F \times 1H}} = 1000 \text{rad/s}$$

再根据串联谐振频率计算

$$L_1 = \frac{1}{\omega^2 C} = \frac{1}{1000^2 \times 250\mu F} = 4 \text{mH}$$

21. 如图 7-31 中,当 $i_S=\sqrt{2}\cos(50t)$A,$u_2=\cos(50t+90°)$V,求互感 M。

答:

$$M = \frac{1\angle 90°}{j50\sqrt{2}\angle 0°} \text{mH} = 14.1 \text{mH}$$

22. 试求图 7-32 中电流 i_1、电压 u_{ab} 与 u_S 的关系式。

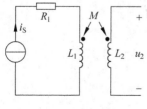
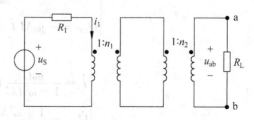

图 7-31　题 21 图　　　　　　　　　图 7-32　题 22 图

答：利用变压器的变压、变流关系来求解。
$$\frac{u_S - R_1 i_1}{u_{ab}} = \frac{1}{n_1} \times \frac{1}{n_2}, \quad \frac{i_1}{u_{ab}/R_L} = (-n_1) \times (-n_2)$$

解得：
$$i_1 = \frac{n_1^2 n_2^2 u_S}{R_L + n_1^2 n_2^2 R_1}, \quad u_{ab} = \frac{n_1 n_2 R_L u_S}{R_L + n_1^2 n_2^2 R_1}$$

23．如果使用 10Ω 电阻能获得最大功率，试确定图 7-33 所示电路中理想变压器的变比。

答：利用变压器变阻抗来求解：$10n^2 = 50$，故 $n = \sqrt{5}$。

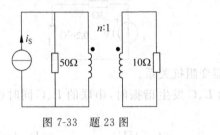
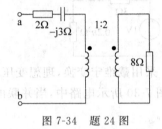

图 7-33　题 23 图　　　　　　图 7-34　题 24 图

24．求图 7-34 所示电路中 ab 端等效阻抗 Z_{ab}。注：$\cos 36.87° = 0.8$。

答：利用变压器变阻抗来求解
$$Z_{ab} = \left[2 - j3 + 8 \times \left(\frac{1}{2}\right)^2 \right] \Omega = (4 - j3)\Omega = 5\angle -36.87°\Omega$$

25．如图 7-35 所示电路，证明两个耦合电感反接串联时有
$$L_1 + L_2 - 2M \geqslant 0$$

答：因为 $M \leqslant \sqrt{L_1 L_2}$，所以
$$L_1 + L_2 - 2M \geqslant (\sqrt{L_1} - \sqrt{L_2})^2 \geqslant 0$$

证明完毕。

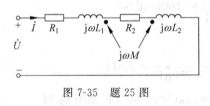
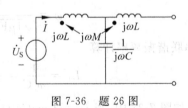

图 7-35　题 25 图　　　　　　图 7-36　题 26 图

26．图 7-36 所示电路输出端口开路，已知电压源的角频率为 ω，求端口开路电压 $\dot{U}_{OC}$。

答：先列写互感方程，然后求解。
$$\begin{cases} \dot{U}_S = j\omega L \dot{I} + \dfrac{1}{j\omega C} \dot{I} \\ \dot{U}_{OC} = -j\omega M \dot{I} + \dfrac{1}{j\omega C} \dot{I} \end{cases}$$

解得
$$\begin{cases} \dot{I} = \dfrac{j\omega C}{1 - \omega^2 LC} \dot{U}_S \\ \dot{U}_{OC} = \dfrac{1 + \omega^2 MC}{1 - \omega^2 LC} \dot{U}_S \end{cases}$$

27. 电路如图 7-37 所示,电路能否谐振。如能发生谐振,试求其谐振角频率。

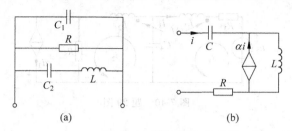

图 7-37 题 27 图

答:对图 7-37(a),先求解端口的导纳 Y,然后求谐振角频率

$$Y = \frac{1}{R} + j\omega C_2 + \frac{1}{j\omega L + \frac{1}{j\omega C_1}} = \frac{1}{R} + j\frac{C_1 + C_2 - \omega^2 L C_1 C_2}{1 - \omega^2 L C_1}$$

设导纳 Y 虚部为零,得谐振角频率

$$\omega = \sqrt{\frac{C_1 + C_2}{L C_1 C_2}}$$

对图 7-37(b),用加源法求解端口等效阻抗 Z,然后求谐振角频率

$$\dot{U} = \frac{\dot{I}}{j\omega C} + j\omega L(\dot{I} + \alpha \dot{I}) + R\dot{I}$$

解得

$$Z = \frac{\dot{U}}{\dot{I}} = R + j\left[\omega L(1+\alpha) - \frac{1}{\omega C}\right]$$

设阻抗 Z 虚部为零,得谐振角频率

$$\omega = 1/\sqrt{LC(1+\alpha)}$$

28. 如图 7-38 所示含有理想变压器的电路,如 $\dot{U}_S = 20\angle 0°$V,求出 $\dot{I}$ 的值。

答:先进行电源等效变换,变换后如图 7-39 所示。

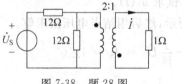

图 7-38 题 28 图

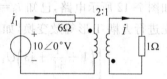

图 7-39 解题 28 图

$$\begin{cases} \dfrac{10\angle 0° - 6\dot{I}_1}{1\times \dot{I}} = -\dfrac{2}{1} \\ \dfrac{\dot{I}_1}{\dot{I}} = -\dfrac{1}{2} \end{cases}$$

解得

$$\begin{cases} \dot{I} = 2\angle 180°\text{A} \\ \dot{I}_1 = 1\angle 0°\text{A} \end{cases}$$

29. 试求图 7-40 所示电路的网孔电流方程，已知 $u_S = U_m\cos(\omega t)$ V。

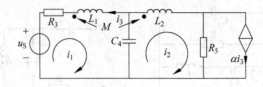

图 7-40 题 29 图

答：列写网孔电流方程，需要考虑互感电压。

$$\begin{cases} \left(R_3 + j\omega L_1 + \dfrac{1}{j\omega C_4}\right)\dot{I}_1 + \left(j\omega M - \dfrac{1}{j\omega C_4}\right)\dot{I}_2 = \dot{U}_S \\ \left(R_5 + j\omega L_2 + \dfrac{1}{j\omega C_4}\right)\dot{I}_2 + \left(\alpha R_5 + j\omega M - \dfrac{1}{j\omega C_4}\right)\dot{I}_1 = 0 \end{cases}$$

30. 已知 $k = 0.5$，求图 7-41 输入端口的等效阻抗。

答：互感

$$M = k\sqrt{L_1 L_2} = 0.5\sqrt{2\times 3} = 0.5\sqrt{6}$$

等效阻抗

$$Z = 2 // (j2\omega + j3\omega - 2\times j0.5\sqrt{6}\,\omega) = \dfrac{j2\omega(5-\sqrt{6})}{2+j\omega(5-\sqrt{6})}\ \Omega$$

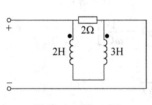

图 7-41 题 30 图

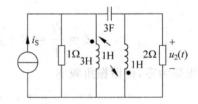

图 7-42 题 31 图

31. 如图 7-42 所示电路，已知 $i_S = \sqrt{2}\cos t$ A，试求 $u_2(t)$。

答：先进行去耦 T 形等效变换，如图 7-43 所示，然后用结点电压法求解。

$$\begin{cases} \left(1 + \dfrac{1}{j4} + j3\right)\dot{U}_1 - j3\dot{U}_2 - \dfrac{1}{j4}\dot{U}_3 = \dot{I}_S = 1\angle 0° \\ \left(\dfrac{1}{2} + \dfrac{1}{j2} + j3\right)\dot{U}_2 - j3\dot{U}_1 - \dfrac{1}{j2}\dot{U}_3 = 0 \\ \left(-\dfrac{1}{-j1} + \dfrac{1}{j4} + \dfrac{1}{j2}\right)\dot{U}_3 - \dfrac{1}{j4}\dot{U}_1 - \dfrac{1}{j2}\dot{U}_2 = 0 \end{cases}$$

解得

$$\dot{U}_1 = 0.168\angle 54.6°\text{V},\quad \dot{U}_2 = 0.372\angle 73°\text{V},\quad \dot{U}_3 = 0.905\angle 69.6°\text{V}$$

所以

$$u_2(t) = 0.372\sqrt{2}\cos(t+73°)\text{V} = 1.035\cos(t+73°)\text{V}$$

32. 图 7-44 所示为含有耦合电感的正弦稳态电路，已知电源角频率为 ω，试写出网孔电流方程。

答：网孔电流方程，要考虑互感电压。

$$\left(R_1 + j\omega L_1 + \frac{1}{j\omega C}\right)\dot{I}_1 + (j\omega M - R_1)\dot{I}_2 - \left(\frac{1}{j\omega C} + j\omega M\right)\dot{I}_3 = 0$$

$$(R_1 + j\omega L_2)\dot{I}_2 + (j\omega M - R_1)\dot{I}_1 - j\omega L_2 \dot{I}_3 = \dot{U}_S$$

$$\left(R_2 + j\omega L_2 + \frac{1}{j\omega C}\right)\dot{I}_3 - j\omega L_2 \dot{I}_2 - \left(\frac{1}{j\omega C} + j\omega M\right)\dot{I}_1 = 0$$

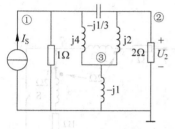

图 7-43　解题 31 图

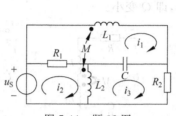

图 7-44　题 32 图

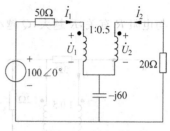

图 7-45　题 33 图

33. 求图 7-45 中理想变压器的 $\dot{U}_1, \dot{U}_2$ 和 $\dot{I}_1, \dot{I}_2$。

答：根据理想变压器的变压和变流关系来求解

$$\dot{U}_1 : \dot{U}_2 = 1 : 0.5$$

$$\dot{I}_1 : \dot{I}_2 = -0.5 : 1$$

$$100\angle 0° = 50\dot{I}_1 + \dot{U}_1 - j60(\dot{I}_1 + \dot{I}_2)$$

$$20\dot{I}_2 + \dot{U}_2 - j60(\dot{I}_1 + \dot{I}_2) = 0$$

解得

$$\dot{U}_1 = 100.7\angle -31.5°\text{V}, \quad \dot{U}_2 = 50.35\angle -31.5°\text{V}$$

$$\dot{I}_1 = 0.7\angle 24.8°\text{A}, \quad \dot{I}_2 = 1.4\angle -155.2°\text{A}$$

34. 图 7-46 所示为理想变压器的正弦交流电路，求 ab 端等效阻抗。

答：根据理想变压器的变压和变流关系来求解。

令 ab 端电压为 $\dot{U}_1$，2Ω 电压为 $\dot{U}_2$，则

$$\dot{U}_1 : \dot{U}_2 = 1 : 0.5, \quad \dot{I}_1 : \dot{I}_2 = -0.5 : 1$$

$$\dot{I} = \dot{I}_1 + \dot{I}_2 + \dot{U}_2/2, \quad \dot{U}_1 = 3 \times (\dot{I}_2 + \dot{U}_2/2) + \dot{U}_2$$

即有

$$\dot{U}_2 = 0.5\dot{U}_1, \quad \dot{I}_2 = -\dot{U}_1/12, \quad \dot{I}_1 = \dot{U}_1/24, \quad \dot{I} = 5\dot{U}_1/24$$

ab 端等效阻抗

$$Z = \frac{\dot{U}_1}{\dot{I}} = \frac{24}{5}\Omega = 4.8\Omega$$

35. 图 7-47 所示电路中，当 R 的值增大时，ω_0（变大/不变/变小），Q 值（变大/不变/变小）？

答：先求等效阻抗

$$Z = R + j\left[\omega(L_1 + L_2 - 2M) - \frac{1}{\omega C}\right]$$

141

令阻抗虚部为零,得固有频率

$$\omega_0 = \cfrac{1}{\sqrt{(L_1+L_2-2M)C}}$$

与电阻 R 无关,即 ω_0 不变。

品质因数

$$Q = \cfrac{\omega_0(L_1+L_2-2M)}{R}$$

与电阻 R 有关,R 越大,Q 越小,即 Q 变小。

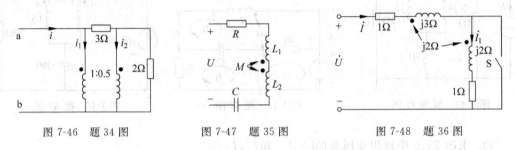

图 7-46 题 34 图   图 7-47 题 35 图   图 7-48 题 36 图

36. 图 7-48 所示电路中,$\dot{U}=85\angle 0°\mathrm{V}$,求开关 S 打开和闭合时的电流 $\dot{I}$ 和 $\dot{I}_1$。

答:

(1) 开关 S 打开,则

$$\dot{I} = \dot{I}_1$$

$$\dot{U} = 1\times\dot{I} + (\mathrm{j}3\,\dot{I}+\mathrm{j}2\,\dot{I}_1) + (\mathrm{j}2\,\dot{I}_1+\mathrm{j}2\,\dot{I}) + 1\times\dot{I}_1$$

整理

$$85\angle 0° = 2\,\dot{I} + 9\,\dot{I}$$

解得

$$\dot{I} = \dot{I}_1 = 2-\mathrm{j}9\ \mathrm{A}$$

(2) 开关 S 闭合时,则

$$\dot{U} = 1\times\dot{I} + (\mathrm{j}3\,\dot{I}+\mathrm{j}2\,\dot{I}_1) + (\mathrm{j}2\,\dot{I}_1+\mathrm{j}2\,\dot{I}) + 1\times\dot{I}_1$$

并且

$$\mathrm{j}2\,\dot{I}_1 + \mathrm{j}2\,\dot{I} + 1\times\dot{I}_1 = 0$$

整理

$$85\angle 0° = \dot{I}+\mathrm{j}5\,\dot{I}+\dot{I}_1+\mathrm{j}4\,\dot{I}_1,\quad \mathrm{j}2\,\dot{I}_1+\mathrm{j}2\,\dot{I}+\dot{I}_1 = 0$$

解得

$$\dot{I} = \cfrac{85}{26}(9-\mathrm{j}7)\ \mathrm{A} \quad \text{和} \quad \dot{I}_1 = \cfrac{85}{26}(-10+\mathrm{j}2)\ \mathrm{A}$$

37. 如图 7-49 所示,已知负载 Z_L 可变,求负载 Z_L 为何值时获得最大功率,为多少?

答:先进行戴维宁等效变换,负载开路时,求得开路电压 $\dot{U}_{OC}$ 为

$$\dot{U}_{OC} = 1\times\cfrac{5}{1+\mathrm{j}} - 1\times\cfrac{5}{1-\mathrm{j}} = -\mathrm{j}5\ \mathrm{V}$$

负载端的等效阻抗
$$Z_{eq} = [1//j + 1//(-j)]\Omega = 1\Omega$$
当 $Z_L = 1\Omega$ 时，
$$P_{max} = 5^2/(4 \times 1)W = 6.25W$$

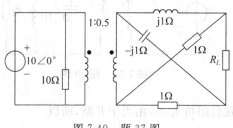

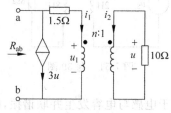

图 7-49　题 37 图　　　　　　图 7-50　题 38 图

38. 已知图 7-50 所示电路输入电阻 $R_{ab} = 0.25\Omega$，求理想变压器的变比。

答：利用变压器的变压、变流、变阻抗关系来求解

$$\begin{cases} \dot{U}_1 = n\dot{U} = -10n\dot{I}_2 \\ \dot{I}_1 = -\dot{I}_2/n \end{cases}$$

$$\begin{cases} \dot{U}_{ab} = 1.5\dot{I}_1 + 10n^2\dot{I}_1 \\ \dot{U}_{ab} = R_{ab}(3\dot{U} + \dot{I}_1) = 0.25(-30\dot{I}_2 + \dot{I}_1) \end{cases}$$

解得
$$n = 0.25 \quad 或 \quad n = 0.5$$

39. 如图 7-51 所示电路中，$u_S = 10\sqrt{2}\cos t\text{V}$，求电流 i_1 和 i_2。

答：利用变压器的性质列方程

$$\begin{cases} 10\angle 0° = j2\dot{I}_1 - j4\dot{I}_2 \\ 8\dot{I}_2 = -(j8\dot{I}_2 - j4\dot{I}_1) \end{cases}$$

解得：
$$\begin{cases} \dot{I}_1 = 5\sqrt{2}\angle -45°\text{A} \\ \dot{I}_2 = 2.5\angle 0°\text{A} \end{cases}$$

故：
$$\begin{cases} i_1 = 10\cos(t-45°)\text{A} \\ i_2 = 2.5\sqrt{2}\cos(t)\text{A} \end{cases}$$

40. 图 7-52 所示电路中，$u_S(t) = 10\cos t\text{V}$，若 $R_1 = 2\Omega$，试求 $\dot{I}_1$ 及次级负载获得的功率 P_L；若要使 $R_2 = 1\Omega$ 电阻上获得最大功率，试求 R_1 应取何值。

答：

(1) 把理想变压器次级的阻抗折合到初级乘以 n^2（这里 $n = \dfrac{N_1}{N_2} = 2$），如图 7-53 所示，

其中 $R_2' = n^2 R_2 = 4\Omega, L' = n^2 L = 4H, C' = \dfrac{C}{n^2} = \dfrac{1}{4}F$。

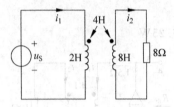

图 7-51 题 39 图

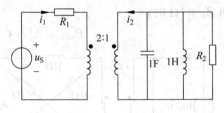

图 7-52 题 40 图

由于电感与电容发生并联谐振，两者并联后阻抗为∞，相当于开路，所以

$$\dot{I}_1 = \dot{I}_1' = \dfrac{\dot{U}_S}{R_1 + R_2'} = \dfrac{10/\sqrt{2}}{2+4} = \dfrac{5}{3\sqrt{2}}\text{A}$$

R_2' 的功率即为次级电阻 R_2 的功率，即

$$P_L = (I_1')^2 R_2' = \left(\dfrac{5}{3\sqrt{2}}\right)^2 \times 4 = 5.56\text{W}$$

（2）R_1 为电源内阻，显然 $R_1 = 0$ 时，R_2' 获最大功率，即 R_2 获最大功率

$$P_{L\max} = \dfrac{U_S^2}{R_2'} = \dfrac{50}{4}\text{W} = 12.5\text{W}$$

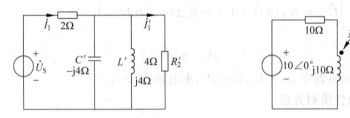

图 7-53 解题 40 图

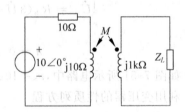

图 7-54 题 41 图

41. 图 7-54 所示电路中变压器为全耦合变压器，Z_L 为何值获最大功率，最大功率为多少？

答：把全耦合变压器等效为如图 7-55 所示理想变压器模型。其中

$$n = \sqrt{\dfrac{L_2}{L_1}} = \sqrt{\dfrac{\omega L_2}{\omega L_1}} = \sqrt{\dfrac{1000}{10}} = 10$$

（1）求 $\dot{U}_{OC}$。因为 $\dot{I}_2 = 0$，所以 $\dot{I}_1 = n\dot{I}_2 = 0$。

分压公式

$$\dot{U}_1 = \dfrac{j10}{10+j10}\dot{U}_S = \dfrac{j10}{10+j10}10\angle 0° = 5\sqrt{2}\angle 45°\text{V}$$

$$\dot{U}_{OC} = \dot{U}_2\big|_{\dot{I}_2=0} = 10\dot{U}_1 = 50\sqrt{2}\angle 45°\text{V}$$

（2）求 Z_0。把初级阻抗折合到次级

$$Z_0 = n^2(10 /\!/ j10) = 500\sqrt{2}\angle 45°\Omega = 500 + j500\Omega$$

(3) 当 $Z_L = Z_0^* = 500 - \text{j}500\Omega$ 时,获得功率最大

$$P_{L\max} = \frac{U_{OC}^2}{4R_0} = \frac{(50\sqrt{2})^2}{4 \times 500} = 2.5\text{W}$$

42. 试求图 7-56 所示网络的输入阻抗,已知 $L_1 = 2\text{H}, L_2 = 1\text{H}, M = 1\text{H}, R = 100\Omega, C = 100\mu\text{F}$,电源角频率为 100rad/s。

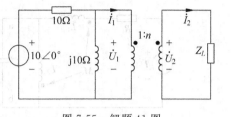

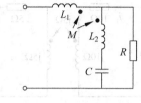

图 7-55 解题 41 图　　　　　图 7-56 题 42 图

答：去耦等效电路如图 7-57 所示,所以有

$$\omega M = 100\Omega \quad \omega(L_1 - M) = 100\Omega \quad \omega(L_2 - M) = 0\Omega \quad 1/(\omega C) = 100\Omega$$

$$Z = \text{j}\omega(L_1 - M) + \frac{\text{j}\left[\omega(L_2 - M) - \frac{1}{\omega C}\right](R + \text{j}\omega M)}{\text{j}\left[\omega(L_2 - M) - \frac{1}{\omega C}\right] + (R + \text{j}\omega M)} = 100\Omega$$

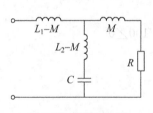

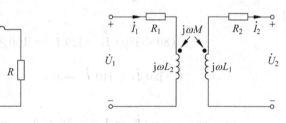

图 7-57 解题 42 图　　　　　图 7-58 题 43 图

43. 图 7-58 所示空心变压器电路中,$R_1 = 10\Omega, R_2 = 5\Omega, \omega L_1 = 10\Omega, \omega L_2 = 5\Omega, \omega M = 5\Omega, U_1 = 100\text{V}$。试求：①副边开路时,原边线圈的电流,副边线圈的电压；②副边短路时,副边线圈的电流。

答：

① 设

$$\dot{U}_1 = 100\angle 0°\text{V}$$

$$\dot{I}_1 = \frac{\dot{U}_1}{R_1 + \text{j}\omega L_1} = 5\sqrt{2}\angle -45°\text{A}$$

$$\dot{U}_2 = \text{j}\omega M \dot{I}_1 = 25\sqrt{2}\angle 45°\text{V}$$

② 副边短路时,如图 7-59 所示

$$\begin{cases} (10 + \text{j}10)\dot{I}_1 - \text{j}5\dot{I}_2 = 100 \\ -\text{j}5\dot{I}_1 + (5 + \text{j}5)\dot{I}_2 = 0 \end{cases}$$

解得

$$\begin{cases} \dot{I}_1 = 6.86\angle-30.96°\text{A} \\ \dot{I}_2 = 4.85\angle14.04°\text{A} \end{cases}$$

44. 在图 7-60 所示电路中,已知电源的角频率 $\omega=10^4\text{rad/s}, R=80\Omega, L_1=9\text{mH}, L_2=6\text{mH}, M=4\text{mH}, C=5\mu\text{F}, \dot{U}=100\angle0°\text{V}$。求电压 $\dot{U}_{ab}$。

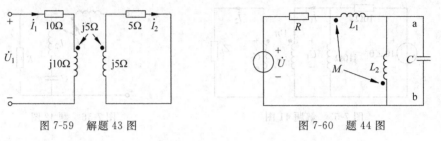

图 7-59 解题 43 图   图 7-60 题 44 图

答:耦合电感为单端连接,作 T 型去耦等效电路如图 7-61 所示。
回路方程为

$$\begin{cases} [R_1+j\omega(L_1-M)+j\omega(L_2-M)]\dot{I}_1-j\omega(L_2-M)\dot{I}_2=\dot{U} \\ -j\omega(L_2-M)\dot{I}_1+\left[j\omega(L_2-M)+j\omega M-j\dfrac{1}{\omega C}\right]\dot{I}_2=0 \end{cases}$$

代入参数得

$$\begin{cases}(80+j70)\dot{I}_1-j20\dot{I}_2=100\angle0° \\ -j20\dot{I}_1+j40\dot{I}_2=0\end{cases}$$

解得

$$\begin{cases}\dot{I}_1=1\angle-36.9°\text{A}\\ \dot{I}_2=0.5\angle-36.9°\text{A}\end{cases}$$

电压 $\dot{U}_{ab}$ 实际上是电容 C 两端的电压

$$\dot{U}_{ab}=\dot{I}_2\left(-j\dfrac{1}{\omega C}\right)=0.5\angle-36.9°\times(-j20)=10\angle-126.9°\text{V}$$

45. 如图 7-62 所示电路,已知 $L_1=6\text{H}, L_2=4\text{H}$,两耦合线圈串联时,电路的谐振频率是反向串联时谐振频率的 0.5 倍,求互感 M。

答:顺接串联时,谐振频率

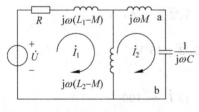

图 7-61 解题 44 图

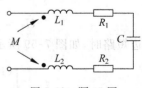

图 7-62 题 45 图

$$\omega_1 = \frac{1}{\sqrt{(L_1+L_2+2M)C}}$$

反接串联时,谐振频率

$$\omega_2 = \frac{1}{\sqrt{(L_1+L_2-2M)C}}$$

根据题意

$$\frac{\omega_1}{\omega_2} = \frac{1}{2}$$

即互感

$$M = \frac{3(L_1+L_2)}{10} = \frac{3(6+4)}{10}\text{H} = 3\text{H}$$

7.4 思考改错题

1. 理想变压器变压是同名端电压不同极性,则电压比等于变压器匝数比。
2. 理想变压器变流是同名端电流相同极性,则电流比等于变压器匝数比的倒数。
3. RLC 电路串联谐振时,阻抗最大,流过电阻 R 的电流最小。
4. 互感电压的正负只与线圈的同名端有关,而与电流的参考方向无关。
5. 耦合电感初、次级的电压、电流分别为 u_1、u_2 和 i_1、i_2。若次级电流 i_2 为零,则次级电压 u_2 一定为零。
6. 设电压、电流为正弦量,在变比为 $n:1$ 的理想变压器输出端口接有阻抗 Z,则输入端口的输入阻抗为 nZ^2。
7. R、L、C 串联电路的谐振频率为 $R/\sqrt{LC}$。
8. 含 R、L、C 的一端口电路,在特定条件下出现端口电压、电流值相等的现象时,则称电路发生了谐振。
9. 耦合电感线圈的初级和次级自感量分别为 L_1 和 L_2,互感量为 M,初级电流以 I_1(A/s)速率增加,次级电流以 I_2(A/s)速率增加,若这两个电流在每个线圈中产生的磁链方向相同,则初级线圈电压为 $(L_1I_1+MI_1)$V,次级线圈电压为 $(L_2I_2+MI_2)$V。
10. 互感为 M 的异名端共端耦合电感进行 T 型去耦等效变换,则结果有一端电感为 M。

第8章 三相电路

8.1 知识点概要

三相电路由对称三相电源、三相负载和三相输电线路三部分组成。其中对称三相电源是由 3 个等幅值、同频率、初相依次相差 120° 的正弦电压源连接成星形(Y)或三角形(△)组成的电源。这 3 个电源依次称为 A 相、B 相和 C 相，它们的电压为

$$u_A = \sqrt{2}U\cos(\omega t) \quad u_B = \sqrt{2}U\cos(\omega t - 120°) \quad u_C = \sqrt{2}U\cos(\omega t + 120°)$$

式中以 A 相电压 u_A 作为参考正弦量。它们对应的相量形式为

$$\dot{U}_A = U\angle 0° \quad \dot{U}_B = U\angle 120° \quad \dot{U}_C = U\angle 120°$$

对称三相电压满足

$$u_A + u_B + u_C = 0 \quad 或 \quad \dot{U}_A + \dot{U}_B + \dot{U}_C = 0$$

1. 相电压与线电压

当三相电压源连接成星形连接方式(简称星形或 Y 形电源)时，从 3 个电压源正极性端子 A、B、C 向外引出的导线称为端线，从中(性)点 N 引出的导线称为中线。端线 A、B、C 之间(即端线之间)的电压称为线电压。电源每一相的电压称为相电压。把三相电压源依次连接成一个回路，再从端子 A、B、C 引出端线，就成为三相电源的三角形连接，简称三角形或 △ 形电源。三角形电源的线电压和相电压的概念与星形电源相同。三角形电源不能引出中线。对于三相负载，无论是星形连接方式还是三角形连接，三相负载的相电压是指各阻抗的电压。三相负载的 3 个端子 A'、B'、C' 任两个端子之间的电压则称为负载端的线电压。

2. 相电流与线电流

当三相电压源连接成星形连接方式(简称星形或 Y 形电源)时，从 3 个电压源正极性端子 A、B、C 向外引出的导线称为端线，从中(性)点 N 引出的导线称为中线。端线中的电流称为线电流，各相电压源中的电流称为相电流。将三相电压源连接成三角形连接，简称三角形或 △ 形电源。三角形电源的线电流和相电流的概念与星形电源相同。对于三相负载，无论是星形连接方式还是三角形连接，三相负载的相电流是指各阻抗的电流。三相负载的 3 个端子 A'、B'、C' 向外引出的导线中的电流称为负载端的线电流。

3. 三相四线制和三相三线制

在三相电路中，如果三相电源和三相负载均为星形连接方式，并将三相电源和三相负载的中(性)点用中线相连接，三相系统的这种连接方式称为三相四线制。如果没有中线，则三相系统的连接方式称为三相三线制。

4. 对称三相电路与不对称三相电路

当三相电源对称，三相端线阻抗相等，三相负载对称时，称为对称三相电路。

当三相电源对称，三相负载不对称就称为不对称三相电路。

5. 三相负载

三相电路的负载也有星型连接和三角形连接两种方式，三个阻抗连接成星形就构成星

形负载；连接成三角形就构成△形负载。至于采用哪种方法,要根据负载的额定电压和电源电压确定。当三个阻抗相等时,就称为对称三相负载。这时 $Z_A=Z_B=Z_C$。

6. 线电压与相电压的关系

对称星形连接

$$\dot{U}_{AB}=\sqrt{3}\dot{U}_A\angle 30°,\quad \dot{U}_{BC}=\sqrt{3}\dot{U}_B\angle 30°,\quad \dot{U}_{CA}=\sqrt{3}\dot{U}_C\angle 30°$$

对称三角形连接

$$\dot{U}_{AB}=\dot{U}_A,\quad \dot{U}_{BC}=\dot{U}_B,\quad \dot{U}_{CA}=\dot{U}_C$$

7. 线电流与相电流的关系

对称星形连接

$$\dot{I}_A=\dot{I}_{AB},\quad \dot{I}_B=\dot{I}_{BC},\quad \dot{I}_C=\dot{I}_{CA}$$

对称三角形连接

$$\dot{I}_A=\sqrt{3}\dot{I}_{AB}\angle -30°,\quad \dot{I}_B=\sqrt{3}\dot{I}_{BC}\angle -30°,\quad \dot{I}_C=\sqrt{3}\dot{I}_{CA}\angle -30°$$

8.2 学习指导

三相电路通常由三相电源、三相线路和三相负载构成,有星形和三角形两种连接方式。对称三相电路的电源中性点和负载中性点等电位,可简化成单相电路进行分析。

对称三相电路的星形接法：线电流等于相电流,线电压是相电压的$\sqrt{3}$倍,线电压超前于对应相电压30°。

对称三相电路的三角形接法：线电压等于相电压,线电流是相电流的$\sqrt{3}$倍,线电流滞后于对应相电流30°。

不对称三相电路造成电源中性点和负载中性点不等位,中线中有电流。不对称三相负载作 Y 形联结时,必须采用三相四线制接法。

对称三相电路分析：

(1) 对称情况下,各相电压、电流都是对称的,可归结为一相(如 A 相)计算；

(2) 将所有三相电源、负载都化为等值 Y-Y 电路；

(3) 对称三相电路,电源中点与负载中点等电位,有无中线对电路没有影响；连接各负载和电源中点,中线上若有阻抗可不计；

(4) 画出单相计算电路,求出一相的电压、电流,一相电路中的电压为 Y 接时的相电压,一相电路中的电流为线电流；

(5) 相电流=线电流,即 $I_L=I_P$；

(6) 中线电流 $\dot{I}_N=\dot{I}_A+\dot{I}_B+\dot{I}_C=0$；

(7) 相电压与线电压,即 $U_l=\sqrt{3}U_P$,或者 $\dot{U}_l=\sqrt{3}\dot{U}_P\angle 30°$；

(8) 根据△形联结、Y 形联结时,线量、相量之间的关系,求出原电路的电流和电压；

(9) 由对称性,得出其他两相的电压、电流。

对称三相电路功率的计算：在三相电路中,三相负载吸收的复功率等于各相复功率之和,即 $\bar{S}=\bar{S}_A+\bar{S}_B+\bar{S}_C$。

在对称的三相电路中,显然有 $\bar{S}_A=\bar{S}_B=\bar{S}_C$,因而 $\bar{S}=3\bar{S}_A$。

(1) 平均功率,单位瓦特(W)。设对称三相电路中一相负载吸收的功率等于 $P_p=U_pI_p\cos\varphi$,其中 U_p、I_p 为负载上的相电压和相电流。则三相总功率为:$P=3U_pI_p\cos\varphi=\sqrt{3}U_lI_l\cos\varphi$。

需要特别留意的是 $\cos\varphi$ 是一相的功率因素,φ 是一相的功率因数角,或是一相的阻抗角,或是相电压与相电流的相位差角。

(2) 无功功率,单位乏(var)。对称三相电路中负载吸收的无功功率等于各相无功功率之和:
$$Q=3U_pI_p\sin\varphi=\sqrt{3}U_lI_l\sin\varphi$$

(3) 视在功率,单位伏安(VA)。
$$S=\sqrt{P^2+Q^2}=3U_pI_p=\sqrt{3}U_lI_l$$

测量三相功率有三表法和两表法两种方法。

(1) 三表法:对三相四线制电路,可以用三个功率表测量平均功率。若负载对称,则只需一个表,读数乘以 3 即可。

(2) 二表法:在三相三线制电路中,不论对称与否,也不论负载和电源的连接方式,可以使用两个功率表测量三相功率。这种方法习惯上称为二瓦计法。

设两个功率表的读数分别用 P_1 和 P_2 表示,则三相总功率为 $P=P_1+P_2$。

在对称三相制中有
$$P_1=U_lI_l\cos(\varphi-30°),\quad P_2=U_lI_l\cos(\varphi+30°)$$

式中 φ 为一相负载阻抗角。应当注意,在一定的条件下(例如 $\varphi>60°$),两个功率表之一的读数可能为负,求代数和时该读数应取负值。此时功率表指针反转,将其电流线圈极性反接后,指针指向正数,但此时读数应记为负值;一般来讲,单独一个功率表的读数是没有意义的。负载对称情况下,有 $P=U_lI_l\cos(\varphi-30°)+U_lI_l\cos(\varphi+30°)=\sqrt{3}U_lI_l\cos\varphi$。

8.3 课后习题分析

1. 在△-Y 联结对称三相电路中,一相等效计算电路中的电压源电压 $\dot{U}_A$ 等于(   )。

    A. $\dot{U}_{AB}$ B. $\frac{1}{\sqrt{3}}\dot{U}_{AB}\angle-30°$

    C. $\frac{1}{\sqrt{3}}\dot{U}_{AB}\angle 30°$ D. $\sqrt{3}\dot{U}_{AB}\angle-30°$

答:B。线电压与相电压的关系。

2. 图 8-1 所示对称三相电路的中线电流 $\dot{I}_N$ 为(   )。

    A. $\frac{\dot{U}_A}{Z+Z_N}$ B. $\frac{\dot{U}_A}{Z}$ C. $\frac{\dot{U}_A}{Z_N}$ D. 0

答:D。对称三相电路的中线电流为零。

3. 图 8-2 所示对称三相电路中,线电压为 380V,电压表 V_1 和 V_2 的读数分别为(   )。

    A. 110V,0   B. 220V,0   C. 220V,220V   D. 110V,110V

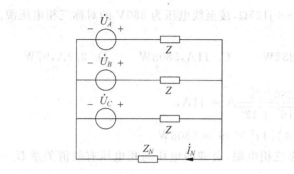
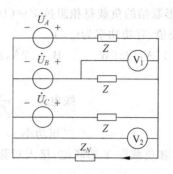

图 8-1 题 2 图　　　　　图 8-2 题 3 图

答：B。V_1 为相电压,相电压是线电压除以 $\sqrt{3}$,即 $380/\sqrt{3}=110V$;V_2 为中线电压,而中线电流为零,中线电压也为零。

4. 电源和负载均为星形联结的对称三相电路中,电源联结不变,负载改为三角形联结,负载电流有效值(　　)。

　　A. 增大　　　　B. 减小　　　　C. 不变　　　　D. 时大时小

答：A。△形联结相电流有效值等于 Y 形联结线电流有效值的 $\sqrt{3}$ 倍。

5. 将 Y 形联结对称负载改成△形联结,接至相同的对称三相电压源上,则负载相电流为 Y 形联结相电流的(　　)倍。线电流为 Y 形联结线电流的(　　)倍。

　　A. $\sqrt{3}$,3　　　B. 3,3　　　C. $\sqrt{3}$,$\sqrt{2}$　　　D. $\sqrt{2}$,$\sqrt{3}$

答：A。△形联结相电流有效值等于 Y 形联结线电流有效值的 $\sqrt{3}$ 倍;△形联结负载等效变换为 Y 形联结,负载将缩小 3 倍,因此在同样三相电源下线电流将放大 3 倍。

6. 三相对称电路中,星形接法的线电压和相电压的相位关系是(　　)。

　　A. 线电压超前相电压 30°　　　　B. 线电压滞后相电压 30°
　　C. 线电压超前相电压 45°　　　　D. 线电压滞后相电压 45°

答：A。因为 $\dot{U}_{AB}=\sqrt{3}\dot{U}_A\angle 30°$,角度为正表示超前,为负表示滞后。

7. 对称三相电路,如果 A 相功率为 P_A,B 相功率为 P_B,C 相功率为 P_C,则(　　)。

　　A. $P_A>P_B>P_C$　　B. $P_A<P_B<P_C$　　C. $P_A\neq P_B\neq P_C$　　D. $P_A=P_B=P_C$

答：D。每相功率的计算是负载相电压有效值×负载相电流有效值×负载功率因素;很显然对于对称负载,都是一样的。

8. 一台三相电动机作三角形联结,每相阻抗 $Z=(30+j40)\Omega$,接到线电压为 380V 的三相电源,电动机线电流有效值、三相功率分别为(　　)。

　　A. 7.6A,5198W　　　　　　　　B. 13.2A,5198W
　　C. 7.6A,1733W　　　　　　　　D. 13.2A,1733W

答：B。

$$相电流 = \frac{380}{\sqrt{30^2+40^2}}A = 7.6A$$

$$线电流 = 7.6\sqrt{3}A = 13.2A$$

$$三相功率 = 3\times 7.6^2\times 30W = 5198W$$

9. Y形联结的负载每相阻抗 $Z=(16+j12)\Omega$，接至线电压为380V的对称三相电压源。线电流有效值、有功功率为（ ）。

    A. 11A，1936W   B. 2.2A，232W   C. 11A，5808W   D. 2.2A，97W

答：C。

$$\text{线电流} = \frac{380/\sqrt{3}}{\sqrt{16^2+12^2}}\text{A} = 11\text{A},$$

$$\text{三相功率} = 3\times 11^2 \times 16 = 5808\text{W}$$

10. 三相负载作Y形联结，接入对称三相电源，负载线电压与相电压有效值关系 $U_l = \sqrt{3}U_p$ 成立的条件是三相负载（ ）。

    A. 对称   B. 都是电阻   C. 都是电感   D. 都是电容

答：A。对称三相电路的结果。

11. 在三相电路中，当三个相的负载都具有（ ）时，三相负载叫做对称三相负载。

    A. 相同的功率   B. 相同的能量   C. 相同的电压   D. 相同的参数

答：D。对称三相电路的结果。

12. Y形联结的对称三相电压源中，$\dot{U}_B$（相电压）=（ ）$\dot{U}_{AB}$（线电压）。

    A. $\frac{1}{\sqrt{3}}\angle -150°$ B. $\sqrt{3}\angle -150°$ C. $\frac{1}{\sqrt{3}}\angle -30°$ D. $\sqrt{3}\angle -30°$

答：A。因为

$$\dot{U}_B = \dot{U}_A\angle -120° = \frac{1}{\sqrt{3}}\dot{U}_{AB}\angle(-30°-120°) = \frac{1}{\sqrt{3}}\dot{U}_{AB}\angle -150°$$

13. Y形联结的对称三相电压源中，$\dot{U}_{AC}$（线电压）=（ ）$\dot{U}_B$（相电压）。

    A. $\sqrt{3}\angle 30°$ B. $\sqrt{3}\angle 90°$ C. $\sqrt{3}\angle 120°$ D. $\sqrt{3}\angle -90°$

答：B。因为

$$\dot{U}_{AC} = -\dot{U}_{CA} = -\sqrt{3}\dot{U}_C\angle 30° = \sqrt{3}\dot{U}_B(180°+30°-120°) = \sqrt{3}\dot{U}_B\angle 90°$$

14. 如图8-3所示电路，电源对称线电压为380V，负载阻抗 $Z=(50+j50)\Omega$，端线阻抗 $Z_1=(1+j1)\Omega$，中线阻抗 $Z_N=(2+j1)\Omega$。电压表的读数为（ ）。

    A. 0V   B. 150V   C. 215V   D. 372V

答：C。电压表的读数就是阻抗 Z 相电压的有效值，利用分压法求解

$$V = \frac{380}{\sqrt{3}}\times\left|\frac{Z}{Z+Z_1}\right| = \frac{380}{\sqrt{3}}\times\frac{\sqrt{50^2+50^2}}{\sqrt{51^2+51^2}}\text{V} = 215\text{V}$$

15. 在图8-4所示Y-Y联结对称三相电路中，一相等效计算电路图为（ ）。

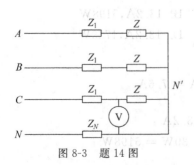

图8-3 题14图

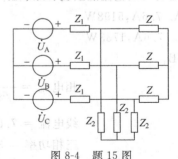

图8-4 题15图

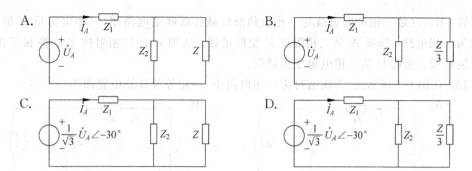

答:A。这是三相星形负载并联连接电路图,三相电源也是 Y 形联结,等效为一相电路;选项 B 的错误是把三相 Z 负载连接看成是△形联结了;选项 C 把三相电源连接看成是△形联结了;选项 D 是三相电源与三相阻抗 Z 都变换错了。

16. 在图 8-5 所示△-Y 联结对称三相电路中,一相等效计算电路图为(　　)。

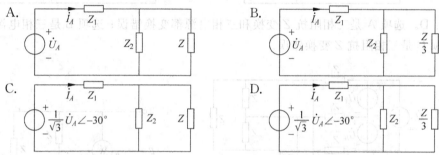

答:C。这是三相星形负载并联联结电路图,三相电源是△形联结,等效为一相电路;选项 A 把三相电源连接看成是 Y 形联结了;选项 B 是三相电源与三相阻抗 Z 都变换错了;选项 D 的错误是把三相 Z 负载连接看成是△形联结了。

17. 在图 8-6 所示 Y-△联结对称三相电路中,一相等效计算电路图为(　　)。

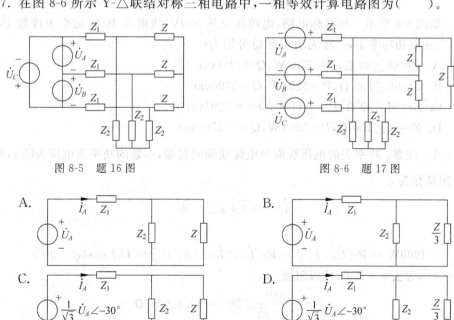

图 8-5　题 16 图　　　　　　　　图 8-6　题 17 图

153

答：B。这是三相星形负载与三相三角形负载并联联结电路图，三相电源是 Y 形联结，等效为一相电路；选项 A 是三相阻抗 Z 变换错误；选项 C 是三相阻抗 Z 变换和三相电源都变换错误；选项 D 是三相电源变换错误。

18. 在图 8-7 所示 △-△ 联结对称三相电路中，一相等效计算电路图为（　　）。

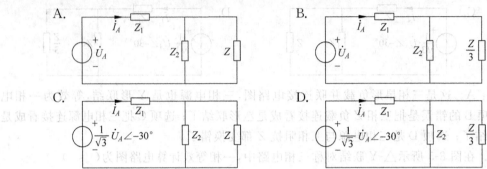

答：D。选项 A 是三相阻抗 Z 变换和三相电源都变换错误；选项 B 是三相电源变换错误；选项 C 是三相阻抗 Z 变换错误。

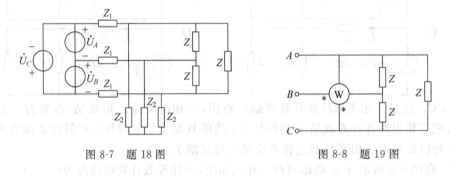

图 8-7　题 18 图　　　　　　　　图 8-8　题 19 图

19. 如图 8-8 所示三相对称电路，电源线电压 380V，线电流 10A，功率表读数 1900W。阻抗 Z，三相有功功率 P，三相无功功率 Q 分别为（　　）。

　　A. $Z=66\angle 30°\Omega, P=5700\text{W}, Q=3291\text{var}$

　　B. $Z=66\angle 150°\Omega, P=3291\text{W}, Q=5700\text{var}$

　　C. $Z=66\angle 30°\Omega, P=5700\text{W}, Q=-3291\text{var}$

　　D. $Z=66\angle 150°\Omega, P=3291\text{W}, Q=-5700\text{var}$

答：A。注意：功率表的电压线圈与电流线圈同名端，本题的功率表电压为 $\dot{U}_{CA}$，电流为 $\dot{I}_B$。令阻抗角为 φ

则

$$\dot{I}_C = \sqrt{3}\,\dot{I}_{CA}\angle -30°$$

$$1900\text{W} = \text{Re}[\dot{U}_{CA}\dot{I}_B^*] = \text{Re}[\dot{U}_{CA}(\dot{I}_C\angle 120°)^*] = U_l I_l \cos(\varphi - 90°)$$

解得 $\varphi=30°$，舍去 $\varphi=150°$，所以阻抗

$$Z = \frac{380}{10/\sqrt{3}}\angle 30° = 65.8\angle 30°\Omega$$

三相有功功率

$$P = \sqrt{3}U_l I_l \cos 30° = 5700\text{W}$$

三相无功功率

$$Q = \sqrt{3}U_l I_l \sin 30° = 3291\text{var}$$

20. 对称三相电路三相总功率为 $P=\sqrt{3}U_l I_l\cos\varphi$,其中 φ 是(　　)。
　　A. 线电压与线电流的相位差　　　　B. 相电压与相电流的相位差
　　C. 线电压与相电流的相位差　　　　D. 相电压与线电流的相位差

答：B。相电压与相电流的相位差,或一相负载阻抗角,或功率因素角。

21. 已知对称三相电路的星形负载阻抗 $Z=165+j84\Omega$,端线阻抗 $Z_1=2+j1\Omega$,中线阻抗 $Z_N=1+j1\Omega$,线电压 $U_l=380\text{V}$。求负载端的电流和线电压,并作电路的相量图。

答：对称三相电路先转换为 Y-Y 形对称三相电路,然后简化为单相电路进行分析。
　　由线电压知,电源相电压

$$\dot{U}_A = \frac{380}{\sqrt{3}}\angle 0° = 220\angle 0°\text{V}$$

中线无电流,阻抗可不计。
　　负载端的 A 相(线)电流

$$\dot{I}_A = \frac{\dot{U}_A}{Z+Z_1} = \frac{220\angle 0°}{(165+j84)+(2+j1)} = 1.17\angle -26.975°\text{A}$$

故

$$\dot{I}_B = \dot{I}_A\angle -120° = 1.17\angle -146.975°\text{A}$$
$$\dot{I}_C = \dot{I}_A\angle 120° = 1.17\angle 93.025°\text{A}$$

负载端的 $A'B'$ 线电压

$$\dot{U}_{A'B'} = \sqrt{3}\,\dot{I}_A Z\angle 30°$$
$$= \sqrt{3}\times 1.17\angle(30-26.975)°\times(165+j84)\text{V}$$
$$= 375.466\angle 30.005°\text{V}$$

故

$$\dot{U}_{B'C'} = \dot{U}_{A'B'}\angle -120° = 375.466\angle -89.995°\text{V}$$
$$\dot{U}_{C'A'} = \dot{U}_{A'B'}\angle +120° = 375.466\angle -150.005°\text{V}$$

以相电压为基线作相量图,如图 8-9 所示。

22. 已知对称三相电路线电压 $U_l=380\text{V}$(电源端),△负载阻抗 $Z=4.5+j14\Omega$,端线阻抗 $Z_1=1.5+j2\Omega$。求线电流和负载的相电流,并作相量图。

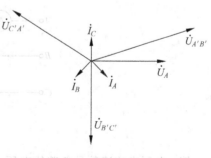

图 8-9　解题 21 图

答：对称三相电路先转换为 Y-Y 形对称三相电路,然后简化为单相电路进行分析。
　　由线电压知,电源相电压

$$\dot{U}_A = \frac{380}{\sqrt{3}}\angle 0°\text{V} = 220\angle 0°\text{V}$$

中线无电流,阻抗可分析。

A 线电流

$$\dot{I}_A = \frac{\dot{U}_A}{Z_1 + Z/3} = \frac{220\angle 0°}{(1.5+j2)+(4.5+j14)/3}\text{A} = 30.09\angle -65.78°\text{A}$$

故

$$\dot{I}_B = \dot{I}_A \angle -120° = 30.09\angle 174.55°\text{A}$$

$$\dot{I}_C = \dot{I}_A \angle 120° = 30.09\angle 64.22°\text{A}$$

△负载端的 A 相电流

$$\dot{I}_{A'B'} = \frac{\dot{I}_A}{\sqrt{3}} \angle 30° = 17.37\angle -35.78°\text{A}$$

$$\dot{I}_{B'C'} = \dot{I}_{A'B'} \angle -120° = 17.37\angle -155.78°\text{A}$$

$$\dot{I}_{C'A'} = \dot{I}_{A'B'} \angle +120° = 17.37\angle 84.22°\text{A}$$

以相电压为基线作相量图,如图 8-10 所示。

23. 试求图 8-11 所示电路中的电流 I。

答：对称三相电路,中心电流为零,所以 $I=0$。

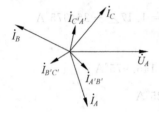

图 8-10　解题 22 图

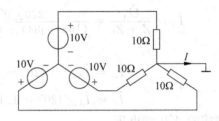

图 8-11　题 23 图

24. 如图 8-12 所示为对称的 Y-Y 三相电路,电压表的读数为 380V, $Z=15+j15\sqrt{3}\,\Omega$, $Z_1=1+j2\Omega$,求图示电路电流表的读数和线电压 U_{AB}。

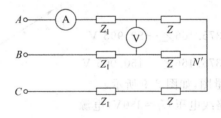

图 8-12　题 24 图

答：电压表的读数是负载线电压,所以负载端相电压

$$\dot{U}_{A'} = \frac{380}{\sqrt{3}}\angle 0° = 220\angle 0°\text{V}$$

A 线电流：

$$\dot{I}_A = \frac{\dot{U}_{A'}}{Z} = \frac{220\angle 0°}{15+j15\sqrt{3}}\text{A} = 7.3\angle -60°\text{A}$$

线电压：
$$\dot{U}_{AB} = \sqrt{3}\,\dot{I}_A(Z+Z_1)\angle 30°$$
$$= 7.3\sqrt{3}\angle(-60°+30°)\times(15+\mathrm{j}15\sqrt{3}+1+\mathrm{j}2)\mathrm{V}$$
$$= 407\angle 30.24°\mathrm{V}$$

所以电流表的读数为 7.3A，线电压 $U_{AB}=407\mathrm{V}$。

25. 一台 Y 形联结的三相交流电动机，其功率因数为 0.8，每相绕组的阻抗为 30Ω，电源线电压为 380V，求相电压、相电流、线电流及三相总功率。

答：相电压：$U_p=\dfrac{380}{\sqrt{3}}=220\mathrm{V}$，相电流：$I_p=\dfrac{220}{30}=7.3\mathrm{A}$，线电流：$I_l=\dfrac{220}{30}=7.3\mathrm{A}$，三相总功率：$p=3U_pI_p\cos\phi=3\times 220\times 7.3\times 0.8=3872\mathrm{W}$。

26. 对称三相电路的线电压 $U_l=230\mathrm{V}$，负载阻抗 $Z=12+\mathrm{j}16\Omega$。试求：
① Y 形联结负载时的线电流及吸收的总功率；
② △形联结负载的线电流、相电流和吸收的总功率；
③ 比较①和②的结果能得到什么结论？

答：电源相电压：$U_p=\dfrac{230}{\sqrt{3}}=132.8\mathrm{V}$，阻抗角：$\varphi=\arctan\dfrac{16}{12}=53.13°$。

① 负载线电流：$I_l=\dfrac{132.8}{|12+\mathrm{j}16|}\mathrm{A}=6.64\mathrm{A}$，负载相电流：$I_p=I_l=6.64\mathrm{A}$。

 吸收的总功率：$P=3U_pI_p\cos\phi=3\times 132.8\times 6.64\times\cos(53.13°)\mathrm{W}=1587\mathrm{W}$。

② 负载线电流：$I_l=\dfrac{132.8}{|(12+\mathrm{j}16)/3|}\mathrm{A}=19.92\mathrm{A}$，负载相电流：$I_p=\dfrac{I_l}{\sqrt{3}}11.5\mathrm{A}$。

 吸收的总功率：$p=\sqrt{3}U_lI_l\cos\phi=\sqrt{3}\times 230\times 19.92\times\cos(53.13°)\mathrm{V}=4761\mathrm{W}$。

③ △形联结负载的总功率是星形连接负载的总功率的 3 倍。

27. 对称三相电路中，每相端线阻抗为 $\mathrm{j}1\Omega$；Y 形联结负载每相阻抗为 $(10+\mathrm{j}10)\Omega$，负载线电压为 380V。求电源线电压。

答：负载线电压 380V，设负载端相电压
$$\dot{U}_{A'}=\dfrac{380}{\sqrt{3}}\angle 0°\mathrm{V}=220\angle 0°\mathrm{V}$$

A 线电流：
$$\dot{I}_A=\dfrac{\dot{U}_{A'}}{Z}=\dfrac{220\angle 0°}{10+\mathrm{j}10}\mathrm{A}=11\sqrt{2}\angle -45°\mathrm{A}$$

线电压：
$$\dot{U}_{AB}=\sqrt{3}\,\dot{I}_A(Z+Z_1)\angle 30°$$
$$=11\sqrt{2\times 3}\angle(-45°+30°)\times(10+\mathrm{j}10+\mathrm{j}1)\mathrm{V}$$
$$=400\angle 32.73°\mathrm{V}$$

28. 图 8-13 示对称三相 Y-△形电路中，已知负载电阻 $R=38\Omega$，相电压 $\dot{U}_A=220\angle 0°\mathrm{V}$。求各线电流 $\dot{I}_A$、$\dot{I}_B$、$\dot{I}_C$。

答：△形负载等效变换为 Y 形负载，$R_Y=38/3\Omega$，然后利用单相电路求解

$$\dot{I}_A = \frac{\dot{U}_A}{R_Y} = \frac{220\angle 0°}{338/3}\text{A} = 17.37\angle 0°\text{A}$$

$$\dot{I}_B = \dot{I}_A\angle -120° = 17.37\angle -120°\text{A}$$

$$\dot{I}_C = \dot{I}_A\angle 120° = 17.37\angle 120°\text{A}$$

29. 三相电路如图 8-14 所示，已知顺序对称电源线电压 $\dot{U}_{AB}=380\angle 60°\text{V}$，试求中线电流 $\dot{I}_N$。

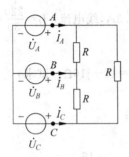
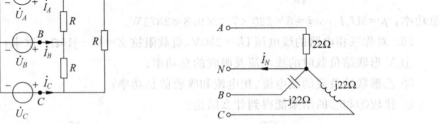

图 8-13　题 28 图　　　　　图 8-14　题 29 图

答：电源 A 相电压

$$\dot{U}_A = \frac{\dot{U}_{AB}}{\sqrt{3}}\angle -30° = \frac{380\angle 60°}{\sqrt{3}}\angle -30° = 220\angle 30°\text{V}$$

所以

$$\dot{U}_B = \dot{U}_A\angle -120° = 220\angle -90°\text{V}$$

$$\dot{U}_C = \dot{U}_A\angle 120° = 220\angle 150°\text{V}$$

$$\dot{I}_N = \frac{\dot{U}_A}{22} + \frac{\dot{U}_B}{-j22} + \frac{\dot{U}_C}{j22} = 10(1+\sqrt{3})\angle 30°\text{A} = 27.32\angle 30°\text{A}$$

30. 有一三相对称负载作 Y 形联结，每相负载阻抗为 $Z=15+j20\Omega$，接至三相对称电源上，已知 $\dot{U}_{AB}=380\angle 60°\text{V}$，试求各相负载中的电流 $\dot{I}_A$、$\dot{I}_B$、$\dot{I}_C$ 及功率因数，并绘出相量图。

答：利用单相电路求解，电源 A 相电压

$$\dot{U}_A = \frac{\dot{U}_{AB}}{\sqrt{3}}\angle -30° = \frac{380\angle 0°}{\sqrt{3}}\angle -30°\text{V} = 220\angle -30°\text{V}$$

$$\dot{I}_A = \frac{\dot{U}_A}{Z} = \frac{220\angle -30°}{15+j20}\text{A} = 8.8\angle -83.13°\text{A}$$

$$\dot{I}_B = \dot{I}_A\angle -120° = 8.8\angle 156.87°\text{A}$$

$$\dot{I}_C = \dot{I}_A\angle 120° = 8.8\angle 36.87°\text{A}$$

功率因数

$$\lambda = \cos(-30°+83.13°) = 0.6$$

以线电压为基线作相量图，如图 8-15 所示。

31. △形负载的每相阻抗 $Z=(16+j24)\Omega$，接到线电压为 380V 的三相对称电源。
① 求负载的相电流和线电流；② 作负载相电压、相电流和线电流相量图。

答：△形负载等效变换为 Y 形负载，$Z_Y=(16+j24)/3\Omega$，然后利用单相电路求解

① 设线电压为：$\dot{U}_{AB}=380\angle 0°V$，则负载相电压

$$\dot{U}_{A'B'}=380°V$$

电源 A 相电压

$$\dot{U}_A=\frac{380}{\sqrt{3}}\angle -30°=220\angle -30°V$$

A 线电流

$$\dot{I}_A=\frac{\dot{U}_A}{Z_Y}=\frac{220\angle -30°}{(16+j24)/3}=22.88\angle -86.31°A$$

即线电流

$$I_l=22.88A$$

故

$$\dot{I}_B=\dot{I}_A\angle -120°=22.88\angle 153.69°A$$

$$\dot{I}_C=\dot{I}_A\angle 120°=22.88\angle 33.69°A$$

负载的 AB 相电流

$$\dot{I}_{AB}=\frac{\dot{I}_A}{\sqrt{3}}\angle 30°=13.21\angle -56.31°A$$

即负载相电流

$$I_p=13.21A$$

故

$$\dot{I}_{BC}=\dot{I}_{AB}\angle -120°=17.37\angle -176.31°A$$

$$\dot{I}_{CA}=\dot{I}_{AB}\angle +120°=17.37\angle 63.69°A$$

② 以线电压为基线作相量图，如图 8-16 所示。

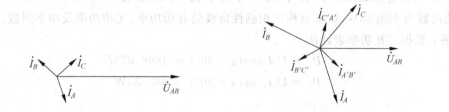

图 8-15 解题 30 图　　　　图 8-16 解题 31 图

32. 图 8-17 所示对称三相电路中，电源线电压为 380V，端线阻抗 $Z_l=(2+j1)\Omega$，中线阻抗 $Z_N=(1+j1)\Omega$，负载阻抗 $Z=(165+j84)\Omega$。①求各负载电流；②求负载端线电压 $\dot{U}_{B'C'}$。

答：

(1) 此题与第 21 题重复，简化为单相电路进行分析。

由线电压知,电源相电压

$$\dot{U}_A = \frac{380}{\sqrt{3}}\angle 0° = 220\angle 0° \text{V}$$

中线无电流,阻抗可不计。

负载端的 A 相(线)电流

$$\dot{I}_A = \frac{\dot{U}_A}{Z+Z_1} = \frac{220\angle 0°}{(165+\text{j}84)+(2+\text{j}1)}\text{A} = 1.17\angle -26.975°\text{A}$$

故:

$$\dot{I}_B = \dot{I}_A\angle -120° = 1.17\angle -146.975°\text{A}$$

$$\dot{I}_C = \dot{I}_A\angle 120° = 1.17\angle 93.025°\text{A}$$

(2) 负载端的 $A'B'$ 线电压:

$$\dot{U}_{A'B'} = \sqrt{3}\,\dot{I}_A Z\angle 30°$$
$$= \sqrt{3}\times 1.17\angle (30-26.975)°\times (165+\text{j}84)\text{V}$$
$$= 375.466\angle 30.005°\text{V}$$

故

$$\dot{U}_{B'C'} = \dot{U}_{A'B'}\angle -120° = 375.466\angle -89.995°\text{V}$$

$$\dot{U}_{C'A'} = \dot{U}_{A'B'}\angle +120° = 375.466\angle 150.005°\text{V}$$

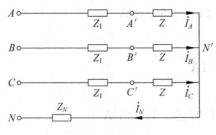

图 8-17 题 32 图

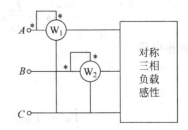

图 8-18 题 33 图

33. 三相电路如图 8-18 所示,第一个功率表 W_1 的读数为 1666.67W,第二个功率表 W_2 的读数为 833.33W,试求对称三相感性负载的有功功率、无功功率及功率因数。

答:根据二瓦功率表计法

$$P_1 = U_l I_l \cos(\alpha - 30°) = 1666.67\text{W}$$
$$P_2 = U_l I_l \cos(\alpha + 30°) = 833.33\text{W}$$

解得

$$\alpha = 30°, \quad U_l I_l = 1666.67$$

有功功率

$$P = P_1 + P_2 = 1666.67 + 833.33 = 2500\text{W}$$

功率因数

$$\lambda = \cos(\alpha) = 0.866$$

无功功率

$$Q = \sqrt{3}U_l I_l \sin(\alpha) = \sqrt{3} \times 1666.67 \times \sin 30° = 1443.38 \text{var}$$

34. 对称三相负载 Y 形联结,已知每相阻抗为 $Z=31+j22\Omega$,电源线电压为380V,求三相交流电路的有功功率、无功功率、视在功率和功率因数。

答:先求阻抗角

$$\varphi = \arctan \frac{22}{31} = 35.36°$$

再求线电流

$$I_l = \frac{380}{\sqrt{3} \times |Z|} = \frac{220}{\sqrt{31^2+22^2}} = 5.77\text{A}$$

有功功率

$$P = \sqrt{3}U_l I_l \cos\varphi = \sqrt{3} \times 380 \times 5.77 \cos 35.36° \text{W} = 3097\text{W}$$

无功功率

$$Q = \sqrt{3}U_l I_l \sin\varphi = \sqrt{3} \times 380 \times 5.77 \sin 35.36° \text{var} = 2198\text{var}$$

视在功率

$$S = \sqrt{3}U_l I_l = \sqrt{3} \times 380 \times 5.77\text{A} = 3798\text{VA}$$

功率因数

$$\lambda = \cos\varphi = \cos 35.36° = 0.816$$

35. 对称三相电路每相的电压为230V,负载每相 $Z=12+j16\Omega$,求:①Y 形联结时线电流及吸收的总功率。②△形联结时的线电流及吸收的总功率。

答:此题与第26题类似,简化为单相电路进行分析。

电源相电压:$U_p=230\text{V}$,阻抗角:$\varphi=\arctan\frac{16}{12}=53.13°$。

① 负载线电流

$$I_l = \frac{230}{|12+j16|} = 11.5\text{A}$$

负载相电流

$$I_p = I_l = 11.5\text{A}$$

吸收的总功率

$$p = 3U_p I_p \cos\phi = 3 \times 230 \times 11.5 \times \cos(53.13°)\text{W} = 4761\text{W}$$

② 负载线电流

$$I_l = \frac{230}{|(12+j16)/3|}\text{A} = 34.5\text{A}$$

线电压

$$U_l = \sqrt{3}U_p = 230\sqrt{3}\text{A} = 398.38\text{A}$$

吸收的总功率

$$p = \sqrt{3}U_l I_l \cos\phi = \sqrt{3} \times 230\sqrt{3} \times 34.5 \times \cos(53.13°)\text{W} = 14\,283\text{W}$$

36. Y 形联结的对称三相负载,每相阻抗为 $Z=16+j12\Omega$,接于线电压 $U_l=380\text{V}$ 的三相对称电源,试求线电流 I_l,有功功率 P,无功功率 Q,视在功率 S。

答:简化为单相电路进行分析。

电源相电压
$$U_p = \frac{U_l}{\sqrt{3}} = \frac{380}{\sqrt{3}} = 220\text{V}$$

阻抗角
$$\varphi = \arctan\frac{12}{16} = 36.87°$$

线电流
$$I_l = \frac{U_p}{|Z|} = \frac{220}{|16+\text{j}12|}\text{A} = 11\text{A}$$

有功功率
$$P = \sqrt{3}U_lI_l\cos\varphi = \sqrt{3}\times380\times11\cos36.87°\text{W} = 5792\text{W}$$

无功功率
$$Q = \sqrt{3}U_lI_l\sin\varphi = \sqrt{3}\times380\times11\sin36.87°\text{var} = 4344\text{var}$$

视在功率
$$S = \sqrt{3}U_lI_l = \sqrt{3}\times380\times11\text{VA} = 7240\text{VA}$$

37. 图 8-19 所示对称三相电路,已知线电压为 380V,$Z_1=-\text{j}120\Omega$,$R=40\Omega$,$Z_N=\text{j}2\Omega$。① 求电流表 A_1、A_2 的读数。② 求三相负载吸收的总功率 P。

答:中线无电流,Z_N 阻抗可不计,所以电流表 A_1 为 0。

① 把△形电路等效变换为 Y 形电路,每相负载为:$Z_1/3=-\text{j}40\Omega$。

故 A_2 电流表读数
$$\frac{380}{\sqrt{3}\;|-\text{j}40|} = 5.5\text{A}$$

② 由于△形联结电路无电阻,故有功功率为零,不用计算;只需计算 Y 形 R 电阻。

R 电阻线电流
$$I_l = \frac{U_l}{\sqrt{3}\times R} = \frac{380}{\sqrt{3}\times 40}\text{A} = 5.5\text{A}$$

总功率
$$P = \sqrt{3}U_lI_l = \sqrt{3}\times 380\times 5.5\text{W} = 3610\text{W}$$

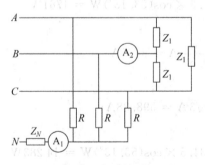

图 8-19 题 37 图

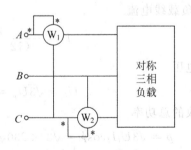

图 8-20 题 38 图

38. 如图 8-20 所示对称三相电路,两功率表采用如图接法。已知 $\dot{U}_{AB}=380\angle30°\text{V}$,

$\dot{I}_A = 2\angle 60°\text{A}$。求两个功率表读数各为多少？

答：根据功率表的工作原理有

$$P_1 = \text{Re}[\dot{U}_{AB} \dot{I}_A^*]$$
$$= \text{Re}[380\angle 30° \times 2\angle -60°]\text{W}$$
$$= \text{Re}[760\angle -30°]\text{W}$$
$$= 760 \times \cos 30°\text{W} = 658.18\text{W}$$

$$P_2 = \text{Re}[\dot{U}_{CB} \dot{I}_C^*]$$
$$= \text{Re}[380\angle(30° - 120° + 180°) \times 2\angle -(60° + 120°)]$$
$$= \text{Re}[760\angle -90°] = 0$$

39. 图 8-21 所示对称三相电路中，已知△形联结负载复阻抗 Z 端线电压 $U_l' = 300\text{V}$，负载复阻抗 Z 的功率因数为 0.8，负载消耗功率 $P_Z = 1440\text{W}$。求负载复阻抗 Z 和电源端线电压 U_l。

答：先求阻抗 Z 的相电流

$$I_p = \frac{P_Z}{U_l' \cos\varphi} = \frac{1440}{300 \times 0.8}\text{A} = 6\text{A}$$

令阻抗 $Z = R + \text{j}X$，则

$$R = \frac{P_Z}{I_p^2} = \frac{1440}{6^2}\Omega = 40\Omega$$

$$X = R\tan\varphi = 40 \times \frac{\sqrt{1 - 0.8^2}}{0.8}\Omega = 30\Omega$$

负载复阻抗

$$Z = R + \text{j}X = 40 + \text{j}30\Omega$$

电源端线电压

$$U_l = \sqrt{3} \times |1 + \text{j}1 + Z/3| \times \frac{U_l'}{\sqrt{3} \times |Z/3|} = 300 \left|\frac{43 + \text{j}33}{40 + \text{j}30}\right|\text{V} = 325\text{V}$$

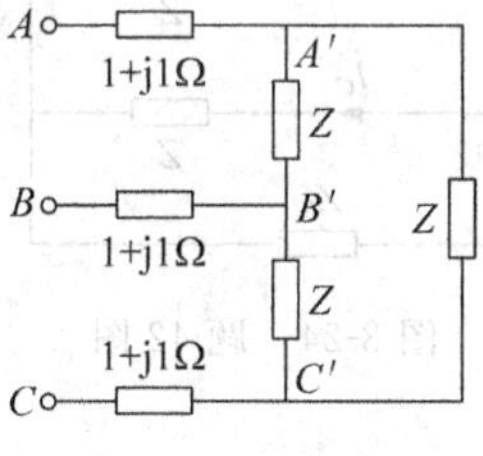

图 8-21 题 39 图

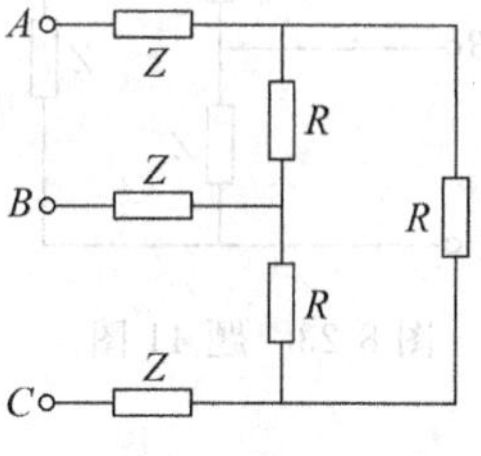

图 8-22 题 40 图

40. 图 8-22 所示对称三相电路中，$R = 3\Omega$，$Z = 2 + \text{j}4\Omega$，电源线电压有效值为 380V。求三相电源供给的总有功功率 P 及总无功功率 Q 的值。

答：△形等效变换为 Y 形，变换后单相电阻变为 $R/3 = 1\Omega$，所以有线电流

$$I_l = \frac{380}{\sqrt{3} \times |Z + R/3|} = \frac{380}{\sqrt{3} \times |2 + \text{j}4 + 3/3|}\text{A} = 43.88\text{A}$$

阻抗角
$$\varphi = \arctan\frac{4}{2+3/3} = 53.13°$$
总有功功率
$$P = \sqrt{3}U_l I_l \cos\varphi = \sqrt{3}\times 380\times 43.88\cos 53.13°\text{W} = 17\,328\text{W}$$
总无功功率
$$Q = \sqrt{3}U_l I_l \sin\varphi = \sqrt{3}\times 380\times 43.88\sin 53.13°\text{var} = 23\,104\text{var}$$

41. 图 8-23 所示电路阻抗 Z 为 $(8+\text{j}6)\Omega$，接至对称三相电源，设电压 $\dot{U}_{AB}=380\angle 0°\text{V}$。①求线电流 $\dot{I}_A$；②求三相负载总的有功功率。

答：△形等效变换为 Y 形，变换后单相电阻变为 $Z/3$。

① 线电流
$$\dot{I}_A = \frac{380\angle 0°}{\sqrt{3}\times Z/3}\angle -30°\text{A}$$
$$= \frac{380}{\sqrt{3}\times (8+\text{j}6)/3}\angle -30°\text{A}$$
$$= 65.82\angle -66.87°\text{A}$$

② 阻抗角
$$\varphi = \arctan\frac{6}{8} = 36.87°$$
总有功功率
$$P = \sqrt{3}U_l I_l \cos\varphi = \sqrt{3}\times 380\times 65.82\cos 36.87°\text{W} = 34\,656\text{W}$$

42. 图 8-24 所示对称三相电路中，线电压 $U_l=380\text{V}$，负载阻抗 $Z=60+\text{j}80\Omega$，中线阻抗 $Z_N=1\angle 45°\Omega$。①求各线电流相量和中线电流；②求电路的总功率。

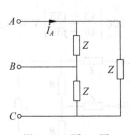

图 8-23　题 41 图

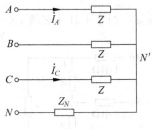

图 8-24　题 42 图

答：由线电压 $U_l=380\text{V}$ 知

① 电源相电压
$$\dot{U}_A = \frac{380}{\sqrt{3}}\angle 0°\text{V} = 220\angle 0°\text{V}$$

中线无电流，阻抗可不计。

负载端的 A 相电流
$$\dot{I}_A = \frac{\dot{U}_A}{Z} = \frac{220\angle 0°}{60+\text{j}80}\text{A} = 2.2\angle -53.13°\text{A}$$

故
$$\dot{I}_B = \dot{I}_A \angle -120° = 2.2\angle -173.13°\text{A}, \quad \dot{I}_C = \dot{I}_A\angle 120° = 2.2\angle 66.87°\text{A}$$

② 阻抗角
$$\varphi = \arctan\frac{80}{60} = 53.13°$$

总有功功率
$$P = \sqrt{3}U_l I_l \cos\varphi = \sqrt{3}\times 380\times 2.2\cos 53.13°\text{W} = 866\text{W}$$

43. 图 8-25 所示三相电路接至相电压为 220V 的对称三相电压源,负载阻抗 $Z_A = 6+\text{j}8\Omega$, $Z_B = 20\angle 90°\Omega$, $Z_C = 10\Omega$。①求各相电流,并作相电压、相电流相量图;②求三相负载的有功功率、无功功率。

答:此题为求解不对称三相电路,相量图如图 8-26 所示,令 A 相电源电压为: $\dot{U}_A = 220\angle 0°\text{V}$,则

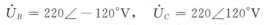

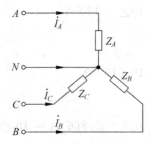

图 8-25 题 43 图

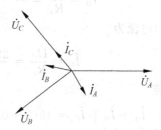

图 8-26 解题 43 图

① A 相电流为
$$\dot{I}_A = \frac{\dot{U}_A}{Z_A} = \frac{220\angle 0°}{6+\text{j}8}\text{A} = 22\angle -53.13°\text{A}$$

B 相电流为
$$\dot{I}_B = \frac{\dot{U}_B}{Z_B} = \frac{220\angle -120°}{20\angle 90°}\text{A} = 11\angle 150°\text{A}$$

C 相电流为
$$\dot{I}_C = \frac{\dot{U}_C}{Z_C} = \frac{220\angle 120°}{10}\text{A} = 22\angle 120°\text{A}$$

中线电流
$$\dot{I}_N = \dot{I}_A + \dot{I}_B + \dot{I}_C$$
$$= 11(-0.666+\text{j}0.632)\text{A}$$
$$= (-7.326+\text{j}6.952)\text{A} = 10.1\angle 136.5°\text{A}$$

② 三相负载的有功功率
$$P = 6I_A^2 + 20\cos 90°I_B^2 + 10I_C^2$$
$$= (6\times 22^2 + 0 + 10\times 22^2)\text{W} = 7744\text{W}$$

三相负载的无功功率

$$Q = 8I_A^2 + 20\sin 90° I_B^2 + 0 \times I_C^2$$
$$= (8 \times 22^2 + 20 \times 11^2 + 0)\text{var} = 6292\text{var}$$

44. 如图 8-27 所示三相四线制电路,三相负载连接成 Y 形,已知电源线电压 380V,负载电阻 $R_a = 11\Omega, R_b = R_c = 22\Omega$,试求:①负载的各相电压、相电流、线电流和三相总功率;②中线断开,A 相又短路时的各相电流和线电流。

答:此题为求解不对称三相电路。

令 A 相电压为

$$\dot{U}_A = \frac{380}{\sqrt{3}} \angle 0° = 220\angle 0°\text{V}, \quad 则 \quad \dot{U}_B = 220\angle -120°\text{V}, \quad \dot{U}_C = 220\angle 120°\text{V}$$

① A 相(线)电流为

$$\dot{I}_A = \frac{\dot{U}_A}{R_a} = \frac{220\angle 0°}{11}\text{A} = 20\angle 0°\text{A}$$

B 相(线)电流为

$$\dot{I}_B = \frac{\dot{U}_B}{R_b} = \frac{220\angle -120°}{22}\text{A} = 10\angle -120°\text{A}$$

C 相(线)电流为

$$\dot{I}_C = \frac{\dot{U}_C}{R_c} = \frac{220\angle 120°}{22}\text{A} = 10\angle 120°\text{A}$$

中线电流

$$\dot{I}_N = \dot{I}_A + \dot{I}_B + \dot{I}_C = 10(2 - 0.5 - j0.866 - 0.5 + j0.866)\text{A} = 10\angle 0°\text{A}$$

三相负载的总功率

$$P = 11I_A^2 + 22I_B^2 + 22I_C^2 = (11 \times 20^2 + 22 \times 10^2 + 22 \times 10^2)\text{W} = 8800\text{W}$$

② 由于是 Y 形连接,所以相电流与线电流相等。

B 相(线)电流为

$$\dot{I}_B = \frac{\dot{U}_B - \dot{U}_A}{R_b} = \frac{220\angle -120° - 220\angle 0°}{22}\text{A} = 10\sqrt{3}\angle -150°\text{A}$$

C 相(线)电流为

$$\dot{I}_C = \frac{\dot{U}_C - \dot{U}_A}{R_c} = \frac{220\angle 120° - 220\angle 0°}{22}\text{A} = 10\sqrt{3}\angle 150°\text{A}$$

A 相(线)电流为

$$\dot{I}_A = -(\dot{I}_B + \dot{I}_C) = -(10\sqrt{3}\angle -150° + 10\sqrt{3}\angle 150°)\text{A} = 30\angle 0°\text{A}$$

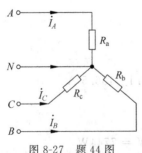

图 8-27 题 44 图

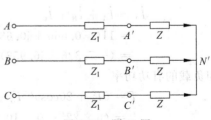

图 8-28 题 45 图

45. 图 8-28 所示对称三相电路中,已知 $\dot{U}_{A'N'}=220\angle 0°\text{V}$,端线阻抗 $Z_l=1+\text{j}1\Omega$,负载阻抗 $Z=3+\text{j}4\Omega$。①求线电压 $\dot{U}_{BC}$ 和 $\dot{U}_{B'C'}$。②求三相电压源供出的功率。

答:此题为求解对称三相电路,根据三相电路对称性质有:$\dot{U}_{B'N'}=\dot{U}_{A'N'}\angle-120°\text{V}$。

① B 相线电流

$$\dot{I}_B = \frac{\dot{U}_{B'N'}}{Z} = \frac{220\angle-120°}{3+\text{j}4}\text{A} = 44\angle-173.13°\text{A}$$

B 相电压

$$\dot{U}_{BN'} = \dot{I}_B(Z+Z_l)$$
$$= 44\angle-173.13°\times(3+\text{j}4+1+\text{j}1)\text{V}$$
$$= 282\angle-121.79°\text{V}$$

线电压

$$\dot{U}_{BC} = \sqrt{3}\dot{U}_{BN'}\angle 30° = 282\sqrt{3}\angle(-121.79°+30°)\text{V}$$
$$= 282\sqrt{3}\angle-91.79°\text{V} = 488\angle-91.79°\text{V}$$
$$\dot{U}_{B'C'} = \sqrt{3}\dot{U}_{B'N'}\angle 30° = 220\sqrt{3}\angle(-120°+30°)\text{V}$$
$$= 220\sqrt{3}\angle-90°\text{V} = 380\angle-90°\text{V}$$

②
$$P = 3U_pI_p\cos\varphi = 3\times 282\times 44\cos(-121.79+173.13)\text{W} = 23\,253\text{W}$$

8.4 思考改错题

1. 三相不对称负载作 Y 形联结,接至对称三相电压源,若有中线,负载相电压不对称。
2. 三相不对称负载作 Y 形联结,接至对称三相电压源,若有中线,负载相电流对称。
3. 对称三相电路三相瞬时功率之和 $p=3U_lI_l\cos\varphi$ 或 $p=\sqrt{3}U_pI_p\cos\varphi$。
4. 不对称三相电路是指三相电源和三相负载都不对称。
5. 一台三相电动机作三角形联结,每相阻抗 $Z=(R+\text{j}X)\Omega$,接到线电压为 U_l 的三相电源,电动机线电流有效值为 $U_l/\sqrt{R^2+X^2}$,三相功率为 $3U_l^2/\sqrt{R^2+X^2}$。
6. Y 形联结的负载每相阻抗 $Z=(R+\text{j}X)\Omega$,接至线电压为 U_l 的对称三相电压源,则线电流有效值为 $U_l/\sqrt{R^2+X^2}$,有功功率为 $3U_l^2/\sqrt{R^2+X^2}$。
7. Y 形联结的对称三相电压源中,$\dot{U}_{AC}$(线电压)$=\sqrt{3}\angle 120°\dot{U}_B$(相电压)。
8. 对称三相电路中,Y 形接法:线电压等于相电压,线电流是相电流的 $\sqrt{3}$ 倍。
9. 对称三相电路中,△形接法:线电流等于相电流,线电压是相电压的 $\sqrt{3}$ 倍。
10. 对称三相电路中,当负载由 Y 形联结改成△形联结时,若线电压保持不变,则功率增大 $\sqrt{3}$ 倍。

第9章 一阶动态电路的时域分析

9.1 知识点概要

1. 换路

电路结构或参数变化引起的电路变化统称为"换路",并认为换路是在 $t=0$ 时刻进行的。为了叙述方便,把换路前的最终时刻记为 $t=0_-$,把换路后的最初时刻记为 $t=0_+$,换路经历的时间为 0_- 到 0_+。

2. 换路定则

在换路前后电容电流和电感电压为有限值的条件下,换路前后瞬间电容电压和电感电流不能跃变。上述关系又称为换路定则。

3. 动态元件

电容元件和电感元件,这两种元件的电压和电流的约束关系是通过导数(或积分)表达的,所以称为动态元件,又称为储能元件。

4. 动态电路

含有动态元件(电容或电感)的电路称为动态电路。

当电路中有储能元件(电容或电感)时,因这些元件的电压和电流的约束关系是通过导数(或积分)表达的。根据 KCL、KVL 以及元件的 VCR 所建立的电路方程是以电流、电压为变量的微分方程或微分-积分方程,微分方程的阶数取决于动态元件的个数和电路的结构。当电路的无源元件都是线性和时不变的,电路方程将是线性常微分方程。

5. 过渡过程

当动态电路的结构或元件的参数发生变化时(例如电路中电源或无源元件的断开或接入,信号的突然注入等),可能使电路改变原来的工作状态,转变到另一个工作状态,这种转变往往需要经历一个过程,在工程上称为过渡过程。

6. 经典法

根据 KCL、KVL 和支路的 VCR 建立描述电路的方程,建立的方程是以时间为自变量的线性常微分方程,然后求解常微分方程,从而得到电路所求变量(电压或电流)。此方法称为经典法,它是一种在时间域中进行的分析方法。

7. 初始条件

用经典法求解常微分方程时,必须根据电路的初始条件确定解答中的积分常数。设描述电路动态过程的微分方程为 n 阶,所谓初始条件就是指电路中所求变量(电压或电流)及其 $(n-1)$ 阶导数在 $t=0_+$ 时的值,也称初始值。电容电压 $u_C(0_+)$ 和 $i_L(0_+)$ 称为独立的初始条件,其余的称为非独立的初始条件。

(1) 换路前,电容开路、电感短路,求出 $u_C(0_-)$ 和 $i_L(0_-)$;

(2) 利用换路定律求出 $u_C(0_+)$ 和 $i_L(0_+)$;

(3) 若 $u_C(0_+)=u_C(0_-)=U_0$，电容用一个电压源 U_0 代替，若 $u_C(0_+)=u_C(0_-)=0$ 则电容用短路线代替。若 $i_L(0_+)=i_L(0_-)=I_0$，电感一个电流源 I_0 代替，若 $I_L(0_+)=i_L(0_-)=0$，则电感作开路处理。

(4) 画出 $t=0_+$ 时的等效电路，在该电路中求解非独立初始条件。

$t=0_-$ 的电路中，只需求 $u_C(0_-)$ 或 $i_L(0_-)$，其他各电压电流都没有必要去求，因为换路后，这些量可能要变，只能在 $t=0_+$ 的电路中再确定。

8. 特征根

电路特征方程的根，仅取决于电路的结构和元件的参数。

9. 时间常数

一阶动态电路方程的特征根倒数的绝对值称为该电路的时间常数。

10. 零输入响应

动态电路中无外加激励电源，仅由动态元件初始储能所产生的响应，称为动态电路的零输入响应。

11. 零状态响应

电路在零初始状态下（动态元件初始储能为零）由外施激励引起的响应。

12. 一阶电路的解

一阶电路方程为一阶线性非齐次方程。方程的解由非齐次方程的特解 x' 和对应的齐次方程的通解 x'' 两个分量组成，即 $x=x'+x''$。

13. 强制分量

一阶电路的线性非齐次方程的特解 x' 与外施激励的变化规律有关，所以又称强制分量。

14. 自由分量

一阶电路的线性非齐次方程对应的齐次方程的通解 x'' 由于其变化规律取决于特征根而与外施激励无关，所以称为自由分量。

15. 稳态分量

当外施激励为直流或正弦激励时，一阶电路的线性非齐次方程的特解称为稳态分量。

16. 暂态分量

一阶电路的线性非齐次方程解的自由分量按指数规律衰减，最终趋于零，所以又称为瞬态分量。

17. 全响应

当一个非零初始状态的动态电路受到激励时，电路的响应称为动态电路的全响应。

18. 三要素法

直流电源激励下，若初始值为 $f(0_+)$，特解为稳态解 $f(\infty)$，时间常数为 τ，则全响应 $f(t)$ 可写为 $f(t)=f(\infty)+[f(0_+)-f(\infty)]e^{-\frac{t}{\tau}}$。

只要知道 $f(0_+)$、$f(\infty)$ 和 τ 这三个要素，就可以根据上式直接写出直流激励下，一阶电路的全响应，这种方法称为三要素法。

利用三要素法求解电路的步骤如下：

(1) 确定初始值 $f(0_+)$：在换路前电路中求出 $u_C(0_-)$ 或 $i_L(0_-)$，如果 $t=0_-$ 时电路稳定，则电容 C 视为开路，电感 L 用短路线代替。根据换路定律得 $u_C(0_+)=u_C(0_-)$，$i_L(0_+)=i_L(0_-)$。

(2) 确定新稳态值 $f(\infty)$：由换路后 $t=\infty$ 的等效电路求出。

作 $t=\infty$ 电路，换路后暂态过程结束，电路进入新的稳态，在此电路中，电容 C 视为开路，电感 L 视为短路，即可按一般电阻性电路来求各变量的稳态值 $u(\infty)$、$i(\infty)$。

(3) 求时间常数 τ：求出戴维宁等效电阻 R_{eq}，则 $\tau=R_{eq}C$ 或 $\tau=\dfrac{L}{R_{eq}}$。

9.2 学习指导

本章重点掌握"换路"前状态、"换路"后状态、时间常数 τ 的计算和从动态元件看进去的等效电阻的计算。

对于一阶动态电路分析，一般采用三要素法求解。首先在换路前电路中求出 $u_C(0_-)$ 或 $i_L(0_-)$；然后由换路后 $t=\infty$ 的等效电路求出 $u_C(\infty)$、$i_L(\infty)$；最后求出换路后电路的时间常数 τ。

电路在换路前，看成为初始稳定状态，此时电感当作短路线，该短路线电流作为电感的初始电流；电容当作开路，该开路电压作为电容的初始电压。其他初始值必须回到 0_+ 电路图中计算得到。

0_+ 电路图中，电感用电流源替代，值为换路前电感短路电流；电容用电压源替代，值为换路前电容开路电压。注意参考方向要保持一致。在 0_+ 电路图中，可以求解所有元件的电压电流初始值。

例如，电路如图 9-1(a)所示，开关闭合时电路已达稳态。$t=0$ 时打开开关 K。

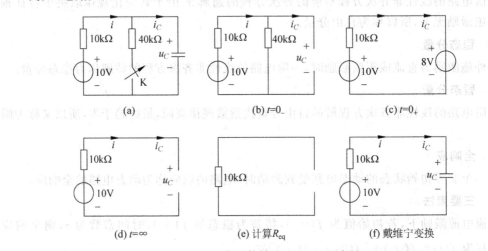

图 9-1　电容元件的 0_-、0_+、∞ 电路图

解：

(1) 由 0_- 电路如图 9-1(b)所示，电容开路，求得 $u_C(0_-)=8\text{V}$。

(2) 由换路定律：$u_C(0_+) = u_C(0_-) = 8\text{V}$。
(3) 由 $t=0_+$ 时等效电路，如图 9-1(c)所示，电容用电压源替代，求得
$$i_C(0_+) = \frac{10-8}{8} = 0.2\text{mA}$$
(4) 画出 $t=\infty$ 时等效电路，如图 9-1(d)所示，电容开路，求得：$u_C(\infty) = 10\text{V}$。
(5) 画出 $t=\infty$ 时，电容端口等效电阻，如图 9-1(e)所示，求得：$R_{eq} = 10\Omega$。
(6) 画出戴维宁等效变换图，如图 9-1(f)所示，求得：$\tau = R_{eq}C$。
(7) 最后用三要素公式，写出
$$u_C(t) = u_C(\infty) + [u_C(0) - u_C(\infty)]e^{-\frac{t}{\tau}}$$

例如，电路如图 9-2(a)所示，$t=0_-$ 时电路已处于稳态，$t=0$ 时闭合开关 K。

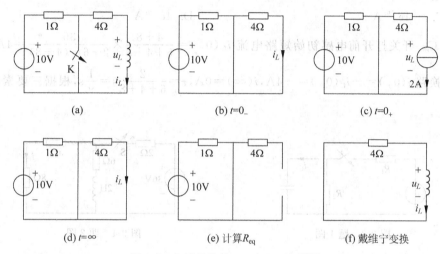

图 9-2 电感元件的 0_-、0_+、∞ 电路图

解：
(1) 由 0_- 电路如图 9-2(b)所示，电感短路，求得
$$i_L(0_-) = \frac{10}{1+4} = 2\text{A}$$
(2) 由换路定律
$$i_L(0_+) = i_L(0_-) = 2\text{A}$$
(3) 由 0_+ 电路，如图 9-2(c)所示，电感用电流源替代，求得
$$u_L(0_+) = -2 \times 4 = -8\text{V}$$
(4) 画出 $t=\infty$ 时等效电路，如图 9-2(d)所示，电感短路，求得
$$i_L(\infty) = 0\text{A}$$
(5) 画出 $t=\infty$ 时，电感端口等效电阻，如图 9-2(e)所示，求得
$$R_{eq} = 4\Omega$$
(6) 画出戴维宁等效变换图，如图 9-2(f)所示，求得
$$\tau = L/R_{eq}$$
(7) 最后用三要素公式，写出
$$i_L(t) = i_L(\infty) + [i_L(0) - i_L(\infty)]e^{-\frac{t}{\tau}}$$

9.3 课后习题分析

1. 如图9-3所示电路,已知电源电压 $u_S=30\text{V}$, $R_1=10\Omega$, $R_2=20\Omega$。开关S闭合之前电路稳定,$t=0$ 时开关接通,则 $i_C(0_+)=$( )。

    A. 0　　　　B. 1A　　　　C. 2A　　　　D. 3A

    答:D。在开关闭合前,电容初始电压值 $u_C(0_-)=0\text{V}$,开关闭合瞬间,画出 0_+ 电路图,很显然电容用短路线代替,计算短路电流 $i_C(0_+)=u_S/R_1=3\text{A}$。

2. 图9-4所示电路中,$t=0$ 时开关断开,则 $t\geqslant 0$ 时 8Ω 电阻的电流 i 为( )。

    A. $2e^{-9t}$A　　　　　　　　　　B. $-2e^{-9t}$A
    C. $-4e^{-9t}$A　　　　　　　　　D. $4e^{-9t}$A

    答:C。开关打开前电感初始短路电流 $i_L(0_-)=\dfrac{4+8}{6+4+8}\times\dfrac{36}{2+6//(4+8)}=4\text{A}$,开关打开后,换路 $i(0_+)=-i_L(0_+)=-4\text{A}$,$i(\infty)=0\text{A}$,$\tau=\dfrac{2}{6+4+8}\text{s}=\dfrac{1}{9}\text{s}$,根据三要素法得到结果。

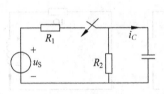

图9-3 题1图

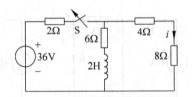

图9-4 题2图

3. 如图9-5所示电路,已知电源电压 $u_S=20\text{V}$,$C=100\text{mF}$,$R_1=R_2=10\Omega$。开关S打开之前电路稳定,$t=0$ 时打开,则 $t\geqslant 0$ 的电容电压 $u(t)$ 为( )。

    A. $10e^{-t}\text{V}$　　B. $10e^{-2t}\text{V}$　　C. $20e^{-t}\text{V}$　　D. $20e^{-2t}\text{V}$

    答:A。根据三要素法,$u(0_+)=u_C(0_+)=\dfrac{R_2}{R_1+R_2}u_S=10\text{V}$,$u(\infty)=0\text{V}$,$\tau=R_2C=1\text{s}$。

4. 图9-6所示电路中,已知电容初始电压为 $u_C(0)=10\text{V}$,电感初始电流 $i_L(0)=0$,$C=0.2\text{F}$,$L=0.5\text{H}$,$R_1=30\Omega$,$R_2=20\Omega$,$t=0$ 时开关接通,则 $i_R(0_+)=$( )。

    A. 0　　　　B. 0.1A　　　　C. 0.2A　　　　D. 0.3A

    答:C。由于电感初始电流为零,开关闭合瞬间,电感看成为开路,电容看成为10V的电压源,所以 $i_R(0_+)=\dfrac{10}{30+20}=0.2\text{A}$。

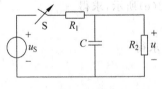

图9-5 题3图

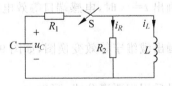

图9-6 题4图

5. 如图 9-7 所示电路在 $t=0$ 时开关接通,则换路后的时间常数等于（　　）。

A. $\dfrac{L}{R_1+R_2}$
B. $\dfrac{L}{R_1+R_2+R_3}$
C. $\dfrac{L(R_1+R_2)}{R_1R_2+R_2R_3+R_3R_1}$
D. $\dfrac{L(R_2+R_3)}{R_1R_2+R_2R_3+R_3R_1}$

答：D。时间常数 $\tau=\dfrac{L}{R_1+R_2//R_3}=\dfrac{L(R_2+R_3)}{R_1R_2+R_2R_3+R_3R_1}$。

6. 如图 9-8 所示电路中,$u_S=40\text{V},L=1\text{H},R_1=R_2=20\Omega$。换路前电路已处稳态,开关 S 在 $t=0$ 时刻接通,则 $t\geqslant0$ 的电感电流 $i(t)=$（　　）。

A. 2A　　B. $2\text{e}^{-0.1t}$A　　C. $2(1-\text{e}^{-0.1t})$A　　D. 2e^{-10t}A

答：A。根据三要素法,$i_L(0_+)=\dfrac{u_S}{R_1}=2\text{A},i_L(\infty)=\dfrac{u_S}{R_1}=2\text{A},\tau=\dfrac{L}{R_1//R_2}=0.1\text{s}$。

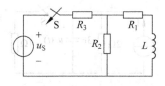

图 9-7　题 5 图

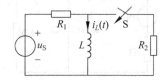

图 9-8　题 6 图

7. 如图 9-9 所示电路中,$u_S=3\text{V},C=1/4\text{F},R_1=2\Omega,R_2=4\Omega$。换路前电路已处于稳态,开关 S 在 $t=0$ 时刻接通,则 $t\geqslant0$ 的电容电压 $u_C(t)=$（　　）。

A. $3(1-\text{e}^{-2t})$V　　B. 3V　　C. $3(1-\text{e}^{-0.5t})$V　　D. 3e^{-2t}V

答：B。根据三要素法,$u_C(0_+)=u_S=3\text{V},u_C(\infty)=u_S=3\text{V},\tau=R_1C=0.5\text{s}$。

8. 如图 9-10 所示电路中,$R_1=R_4=20\Omega,R_2=R_3=10\Omega,L=2\text{H},i_S=1\text{A}$,电路的时间常数是（　　）。

A. 15/2s　　B. 20/3s　　C. 3/20s　　D. 2/15s

答：D。时间常数 $\tau=\dfrac{L}{(R_1+R_2)//(R_3+R_4)}=\dfrac{2}{15}\text{s}$；若把电流源改成电压源,则时间常数 $\tau=\dfrac{L}{R_1//R_3+R_2//R_4}=\dfrac{3}{20}\text{s}$。

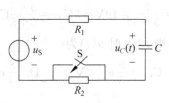

图 9-9　题 7 图

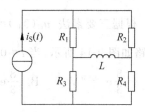

图 9-10　题 8 图

9. 电路如图 9-11 所示,开关在 $t=0$ 时闭合,已知 $u_C(0)=1\text{V},t\geqslant0$ 时 $u_S(t)=1\text{V}$,则该电路的电容电压 u_C 在 $t\geqslant0$ 时的全响应为（　　）。

A. $\dfrac{1}{3}(1+\text{e}^{-0.75t})$V
B. $\dfrac{1}{3}(1+2\text{e}^{-0.75t})$V

C. $\dfrac{1}{3}(1+e^{-0.5t})$ V   D. $\dfrac{1}{3}(1+2e^{-0.5t})$ V

答：B。根据三要素法，$u_C(0_+)=1$ V，$u_C(\infty)=\dfrac{1}{1+2}u_S=\dfrac{1}{3}$ V，$\tau=\dfrac{1\times 2}{1+2}C=\dfrac{4}{3}$ s。

10. 如图 9-12 所示电路在换路前已达稳态。当 $t=0$ 时开关接通，$t\geqslant 0$ 的 $u_C(t)$ 为（　　）。

A. $\left(\dfrac{2}{3}+\dfrac{4}{3}e^{-0.5t}\right)$ V   B. $\left(\dfrac{2}{3}-\dfrac{4}{3}e^{-0.5t}\right)$ V

C. $\left(\dfrac{4}{3}+\dfrac{2}{3}e^{-0.5t}\right)$ V   D. $\left(\dfrac{4}{3}-\dfrac{2}{3}e^{-0.5t}\right)$ V

答：A。根据三要素法，$u_C(0_+)=1\times 2$ V $=2$ V，$u_C(\infty)=1\times\dfrac{2\times 1}{1+2}$ V $=\dfrac{2}{3}$ V，$\tau=\dfrac{1\times 2}{1+2}C=2$ s。

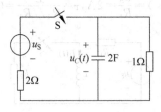

图 9-11　题 9 图

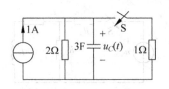

图 9-12　题 10 图

11. 一阶电路的时间常数只与电路的（　　）有关。

A. 电阻和动态元件   B. 电阻和电容

C. 电阻和电感   D. 电感和电容

答：A。电容和电感都属于动态元件。

12. 零输入响应是指在换路后电路中（　　），电路中的响应是由储能元件放电产生的。

A. 有电压源激励   B. 有电流源激励

C. 有电源激励   D. 无电源激励

答：D。零输入表示没有输入，即没有电源激励。

13. 如图 9-13 所示电路在 $t<0$ 时已处于稳态。$t=0$ 时开关闭合，则 $t\geqslant 0$ 时的 $u_C(t)$ 为（　　）。

A. $10(1-e^{-t})$ V   B. $5(1-e^{-t})$ V   C. $10(1-e^{-2t})$ V   D. $5(1-e^{-2t})$ V

答：D。根据三要素法，$u_C(0_+)=0$ V，$u_C(\infty)=\dfrac{5}{5+5}\times 10$ V $=5$ V，$\tau=\dfrac{5\times 5}{5+5}C=0.5$ s。

14. 电路如图 9-14 所示，当 $t=0$ 时开关打开，则 $t\geqslant 0$ 时 $u(t)$ 为（　　）。

A. $-\dfrac{8}{3}e^{-0.25t}$ V   B. $\dfrac{8}{3}e^{-0.25t}$ V   C. $-\dfrac{8}{3}e^{-0.5t}$ V   D. $\dfrac{8}{3}e^{-0.5t}$ V

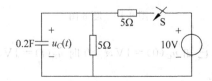

图 9-13　题 13 图

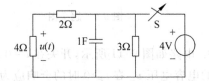

图 9-14　题 14 图

答：D。根据三要素法，$u(0_+) = \frac{4}{4+2} \times 4\text{V} = \frac{8}{3}\text{V}$，$u(\infty) = 0\text{V}$，$\tau = \frac{3 \times (4+2)}{3+4+2}C = 2\text{s}$。

15. R、L 电路的时间常数（　　）。

　　A. $\tau = R^2 L$　　　B. $\tau = R/L$　　　C. $\tau = L/R$　　　D. $\tau = RL$

　　答：C。R、L 电路的时间常数 $\tau = L/R$，RC 电路的时间常数 $\tau = RC$。

16. 一阶动态电路三要素法中的3个要素分别是指（　　）。

　　A. $f(-\infty), f(\infty), \tau$　　　　　B. $f(0_+), f(\infty), \tau$

　　C. $f(0_-), f(\infty), \tau$　　　　　D. $f(0_+), f(0_-), \tau$

　　答：B。根据三要素法来确定。

17. 电路如图9-15所示，S 在 $t=0$ 时断开，时间常数 τ 应为（　　）。

　　A. 0.25s　　　　　　　B. 2.5s

　　C. 4s　　　　　　　　D. 0.4s

　　答：A。时间常数 $\tau = \frac{1}{2+(1+2)//(3+3)}\text{s} = 0.25\text{s}$。

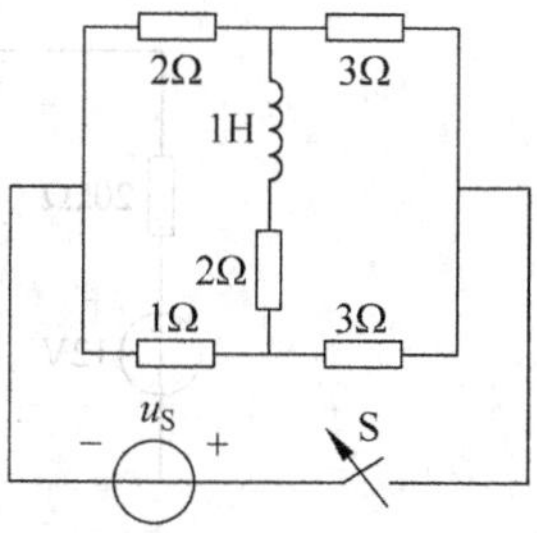

图9-15　题17图

18. R、C 电路的时间常数（　　）。

　　A. $\tau = R^2 C$　　　B. $\tau = R/C$　　　C. $\tau = C/R$　　　D. $\tau = RC$

　　答：D。R、L 电路的时间常数 $\tau = L/R$，R、C 电路的时间常数 $\tau = RC$。

19. 一个电路发生突变，如开关的突然通断、参数的突然变化及其他意外事故或干扰，统称为（　　）。

　　A. 换路　　　　B. 断路　　　　C. 短路　　　　D. 通路

　　答：A。换路定理。

20. 一阶电路全响应可分解为稳态分量和（　　）。

　　A. 固态分量　　B. 暂态分量　　C. 静态分量　　D. 状态分量

　　答：B。根据电路全响应来确定。

21. 电路如图9-16所示，开关闭合前电路已得到稳态，求换路后的瞬间，电容的电压和各支路的电流。

　　答：$u_C = 12\text{V}, i_1 = 0\text{A}, i_2 = 12/2000 = 6\text{mA}, i_C = -i_2 = -6\text{mA}$

22. 电路如图9-17所示，开关闭合前电路已得到稳态，求换路后的瞬间电感的电压和各支路的电流。

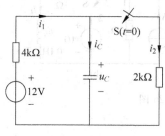

图9-16　题21图

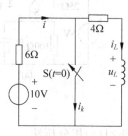

图9-17　题22图

答:$i_L=10/(6+4)\text{A}=1\text{A}$,$i=10/6\text{A}=5/3\text{A}$,$i_k=i-i_L=(5/3-1)\text{A}=2/3\text{A}$,$u_L=-4i_L=-4\text{V}$。

23. 求图 9-18 所示电路中开关打开后各电压、电流的初始值(换路前电路已处于稳态)。

答:$u_C=30\,000/(20\,000+30\,000)\times10\text{V}=6\text{V}$,$u_{20\,000}=(10-6)\text{V}=4\text{V}$,$u_{30\,000}=0\text{V}$,$i_C=u_{20\,000}/(20\,000)=0.2\text{mA}$。

24. 求图 9-19 所示电路在开关闭合后,各电压、电流的初始值,已知开关闭合前,电路已处于稳态。

答:$i_L=10/(1+4)\text{A}=2\text{A}$,$i_R=10/1\text{A}=10\text{A}$,$u_R=10\text{V}$,$u_{R1}=4i_L=8\text{V}$,$u_L=-u_{R1}=-8\text{V}$。

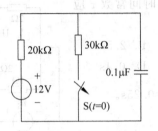
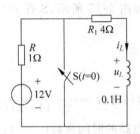

图 9-18 题 23 图　　　　　图 9-19 题 24 图

25. 在图 9-20(a)、(b)所示电路中,开关 S 在 $t=0$ 时动作,试求电路在 $t=0^+$ 时刻电压、电流的初始值。

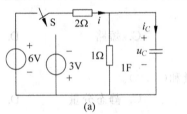
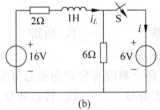

图 9-20 题 25 图

答:$u_C=1/(2+1)\times6\text{V}=2\text{V}$,$i=-(3+u_C)/2=-2.5\text{A}$,$i_C=i-u_C/1=-4.5\text{A}$。

26. 在图 9-21(a)、(b)所示电路中,开关 S 在 $t=0$ 时动作,试求图中所标电压、电流在 $t=0_+$ 时刻的值。已知图(b)中的 $e(t)=20\cos(\omega t+30°)\text{V}$。

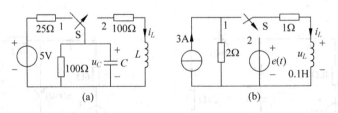

图 9-21 题 26 图

答:对图 9-21(a)用分压法

$$u_C(0)=100/(25+100)*5\text{V}=4\text{V},\quad i_L(0)=0\text{A}$$

对图 9-21(b)用分流法
$$i_L(0) = [2/(1+2) \times 3]A = 2A$$
$$u_L(0) = e(0) - 1 \times i_L(0) = [20\cos(30°) - 2]V = 15.32V$$

27. 一 R、C 放电电路，经 0.1s 电容电压变为原来值的 20%，求时间常数。

答：R、C 放电电路，假设响应为
$$u_C(t) = Ae^{-\frac{t}{\tau}}V$$

则根据题意有
$$\frac{Ae^{-\frac{t+0.1}{\tau}}}{Ae^{-\frac{t}{\tau}}} = 20\%$$

即
$$e^{-\frac{0.1}{\tau}} = 0.2$$

求得时间常数
$$\tau \approx \frac{1}{16}s$$

28. 今有 100μF 的电容元件，充电到 100V 后从电路中断开，经 10s 后电压下降到 36.8V，则该电容元件的绝缘电阻为多少？

答：电容充电到 100V 后从电路中断开，表明电容初始电压为 100V，设电容电压响应为：$u_C(t) = 100e^{-\frac{t}{\tau}}V$，而
$$u_C(10) = 100e^{-\frac{10}{\tau}} = 36.8V$$

解得
$$\tau = 10s, \quad R = \frac{\tau}{C} = \frac{10}{100\mu} = 100\,000\Omega$$

29. 图 9-22 所示电路中，求 $t \geq 0$ 时的 u_C 和 i。

答：此题为一阶电路零输入响应，用三要素法求解。
用分压法
$$u_C(0) = [6/(2+5+6) \times 10]V = \frac{6}{13}V, \quad u_C(\infty) = 0V$$

时间常数
$$\tau = RC = (5//6) \times 100 \times 10^{-6} = 3 \times 10^{-3}/11 \text{s}$$

所以
$$u_C(t) = u_C(\infty) + [u_C(0) - u_C(\infty)]e^{-\frac{t}{\tau}} = \frac{6}{13}e^{-\frac{11\,000}{3}t}V$$
$$i(t) = \frac{u_C(t)}{5} = \frac{6}{65}e^{-\frac{11\,000}{3}t}A$$

30. 图 9-23 所示电路中，求 $t \geq 0$ 时的 i_L 及 u_L。

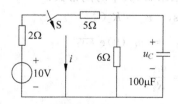

图 9-22 题 29 图

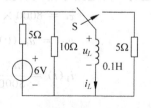

图 9-23 题 30 图

答：此题为一阶电路零输入响应，用三要素法求解
$$i_L(0) = 6/5\text{A} = 1.2\text{A}, \quad i_L(\infty) = 0\text{A}, \quad \tau = L/R = 0.1/5\text{s} = 0.02\text{s}$$
所以
$$i_L(t) = i_L(\infty) + [i_L(0) - I_L(\infty)]\text{e}^{-\frac{t}{\tau}} = 1.2\text{e}^{-50t}\text{A}$$
$$u_L(t) = -5i_L(t) = -6\text{e}^{-50t}\text{V}$$

31. 图 9-24 所示电路中，若 $t=0$ 时开关 S 闭合，求 $t \geq 0$ 时的 i_L、u_C、i_C 和 i。

答：此题为一阶电路零输入响应，用三要素法求解：
$$i_L(0) = [50/(120+100)]\text{A} = 5/22\text{A}$$
$$i_L(\infty) = 0\text{A}$$
$$\tau_L = L/R = (0.1/100)\text{s} = 0.001\text{s}$$
$$u_C(0) = 50 - 120 \times i_L(0) = 250/11\text{V}$$
$$u_C(\infty) = 0\text{V},$$
$$\tau_C = RC = 100 \times 10 \times 10^{-6}\text{s} = 0.001\text{s}$$

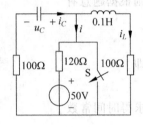

图 9-24 题 31 图

所以
$$i_L(t) = i_L(\infty) + [i_L(0) - i_L(\infty)]\text{e}^{-\frac{t}{\tau}} = \frac{5}{22}\text{e}^{-1000t}\text{A}$$
$$u_C(t) = u_C(\infty) + [u_C(0) - u_C(\infty)]\text{e}^{-\frac{t}{\tau}} = \frac{250}{11}\text{e}^{-1000t}\text{V}$$
$$i_C(t) = -C\frac{\text{d}u_C(t)}{\text{d}t} = \left(-10 \times 10^{-6} \times \frac{250}{11} \times (-1000) \times \text{e}^{-1000t}\right)\text{A} = \frac{5}{22}\text{e}^{-1000t}\text{A}$$
$$i(t) = i_C(t) - i_L(t) = 0\text{A}$$

32. 图 9-25 所示含受控源电路中，转移电导 $g=0.5\text{S}$，$i_L(0_-)=2\text{A}$，求 $t \geq 0$ 时的 i_L。

答：此题为一阶电路零输入响应，用三要素法求解
$$i_L(0) = 2\text{A}, \quad i_L(\infty) = 0\text{A}$$
$$u = -3i_L - 1 \times (i_L - gu), \quad R_{\text{eq}} = -u/i_L = 8\Omega$$
$$\tau_L = L/R_{\text{eq}} = 4/8\text{s} = 0.5\text{s}, \quad i_L(t) = 2\text{e}^{-2t}\text{A}$$

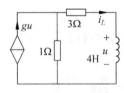

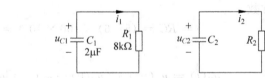

图 9-25 题 32 图

图 9-26 题 33 图

33. 图 9-26 所示两电路中，$u_{C_1}(0_-) = u_{C_2}(0_-)$。欲使 $i_2(t) = 6i_1(t)$，$t>0$，求 R_2 和 C_2。

答：此题为一阶电路零输入响应，用三要素法求解，其中时间常数：
$$\tau_1 = 8000 \times 2\mu = 16\text{ms}, \quad \tau_2 = R_2C_2$$
$$u_{C_1} = u_{C_1}(0)\text{e}^{-\frac{1000t}{16}}, \quad u_{C_{21}} = u_{C_2}(0)\text{e}^{-\frac{t}{R_2C_2}}$$
$$i_1(t) = \frac{u_{C_1}}{8000}, \quad i_2(t) = \frac{u_{C_2}}{R_2}$$

解得

$$R_2 = \frac{4}{3}\text{k}\Omega, \quad C_2 = 12\mu\text{F}$$

34. 电路如图 9-27 所示，$t=0$ 时打开开关 S，求 $t>0$ 时的 $u_{ab}(t)$。

答：此题为一阶电路零输入响应，用三要素法求解。

$$u_C(0) = 12\text{V}, \quad u_C(\infty) = 0\text{V}$$
$$R_{eq} = [9 + (4+8)//(3+1)]\Omega = 12\Omega$$
$$\tau = R_{eq}C = 12 \times 1\text{s} = 12\text{s}$$

所以

$$u_C(t) = u_C(\infty) + [u_C(0) - u_C(\infty)]e^{-\frac{t}{\tau}} = 12e^{-\frac{t}{12}}\text{V}$$

用分压法有

$$u_{ab}(t) = \left(\frac{8}{4+8} - \frac{1}{3+1}\right) \times \frac{R_{eq} - 9}{R_{eq}} u_C(t)$$
$$= \left(\frac{5}{12} \times \frac{12-9}{12} \times 12e^{-\frac{t}{12}}\right)\text{V} = \frac{5}{4}e^{-\frac{t}{12}}\text{V}$$

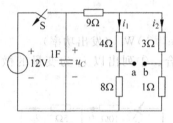
图 9-27 题 34 图

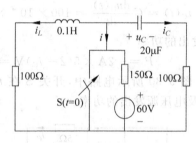
图 9-28 题 35 图

35. 如图 9-28 所示电路，开关闭合前电路已得到稳态，求换路后的电流 $i(t)$。

答：此题为一阶电路零输入响应，用三要素法求解。

$$i_L(0) = [60/(150+100)]\text{A} = 6/25\text{A}$$
$$i_L(\infty) = 0\text{A}$$
$$\tau_L = L/R = 0.1/100\text{s} = 0.001\text{s}$$
$$u_C(0) = 60 - 150 \times i_L(0) = 24\text{V}$$
$$u_C(\infty) = 0\text{V}$$
$$\tau_C = RC = 100 \times 20 \times 10^{-6}\text{s} = 0.002\text{s}$$

所以

$$i_L(t) = i_L(\infty) + [i_L(0) - i_L(\infty)]e^{-\frac{t}{\tau}} = \frac{6}{25}e^{-1000t}\text{A}$$
$$u_C(t) = u_C(\infty) + [u_C(0) - u_C(\infty)]e^{-\frac{t}{\tau}} = 24e^{-500t}\text{V}$$
$$i_C(t) = C\frac{du_C(t)}{dt} = [20 \times 10^{-6} \times 24 \times (-500) \times e^{-500t}]\text{A} = -\frac{6}{25}e^{-500t}\text{A}$$
$$i(t) = -(i_C + i_L) = \frac{6}{25}(e^{-500t} - e^{-1000t})\text{A}$$

36. 图 9-29 所示电路中，开关 S 在 $t=0$ 时打开。①列出以 u_C 为变量的微分方程；

② 求 u_C 和电流源发出的功率。

答：

①
$$5 \times (2 - i_C) = 5i_C + u_C, \quad i_C = 100\mu \frac{du_C}{dt}$$

以 u_C 为变量的微分方程
$$\frac{du_C}{dt} + 1000u_C = 10\,000$$

② 此题为一阶电路零状态响应，用三要素法求解
$$u_C(0) = 0\text{V}, \quad u_C(\infty) = (2 \times 5)\text{V} = 10\text{V}$$
$$R_{eq} = (5+5)\Omega = 10\Omega$$
$$\tau = R_{eq}C = 10 \times 100\mu\text{s} = 1\text{ms}$$

所以
$$u_C(t) = u_C(\infty) + [u_C(0) - u_C(\infty)]e^{-\frac{t}{\tau}} = 10 - 10e^{-1000t}\text{V}$$
$$i_C(t) = C\frac{du_C(t)}{dt} = 100 \times 10^{-6} \times (-10) \times (-1000) \times e^{-1000t} = e^{-1000t}\text{A}$$

电流源发出的功率
$$P = -2\text{A} \times 5(2-i_C)\text{V} = -10(2 - e^{-1000t})\text{W} \quad (发出功率)$$

37. 图 9-30 所示电路中，开关 S 在 $t=0$ 时闭合。① 列出以 i_L 为变量的微分方程；② 求 i_L 及电压源发出的功率。

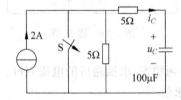
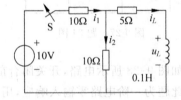

图 9-29 题 36 图　　　　　　图 9-30 题 37 图

答：

①
$$10 = 10\left(i_L + \frac{5i_L + u_L}{10}\right) + 5i_L + u_L, \quad u_L = L\frac{di_L}{dt}$$

以 i_L 为变量的微分方程
$$\frac{di_L}{dt} + 100i_L = 50$$

② 此题为一阶电路零状态响应，用三要素法求解
$$i_L(0) = 0\text{A}, \quad R_{eq} = (5 + 10//10)\Omega = 10\Omega$$
$$\tau_L = L/R_{eq} = (0.1/10)\text{s} = 0.01\text{s}$$

用分流法
$$i_L(\infty) = \frac{10}{10+5} \times \frac{10}{10 + 10//5} = 0.5\text{A}$$
$$i_L(t) = i_L(\infty) + [i_L(0) - i_L(\infty)]e^{-\frac{t}{\tau}} = 0.5(1 - e^{-100t})\text{A}$$

$$u_L(t) = L\frac{\mathrm{d}i_L(t)}{\mathrm{d}t} = 0.1 \times (0.5) \times (-100) \times \mathrm{e}^{-100t} = 5\mathrm{e}^{-100t}\mathrm{V}$$

电压源发出的功率为

$$P = -10\mathrm{V} \times [i_L + (5i_L + u_L)/10]\mathrm{A} = -(7.5 - 2.5\mathrm{e}^{-100t})\mathrm{W} \quad \text{（发出功率）}$$

38. 图 9-31 所示电路中，开关 S 在 $t=0$ 时闭合，求 $t \geqslant 0$ 时的 u_C 及 i_1。

答：此题为一阶电路零状态响应，用三要素法求解。

$u_C(0) = 0\mathrm{V}$，在 $t=\infty$ 时刻电容开路：$4 = 2i_1 + 2i_1 + 2i_1$，即 $i_1 = 2/3\mathrm{A}$，$u_C(\infty) = 2i_1 + 2i_1 = 8/3\mathrm{V}$。

用加压法，如图 9-32 所示，求电容两端的等效电阻

$$U = 1 \times I - 2 \times i_1, \quad 2 \times i_1 + 2 \times (I + i_1) + 2i_1 = 0$$
$$R_{eq} = U/I = 5/3\Omega$$
$$\tau = R_{eq}C = 5/3 \times 20\mu = 100/3\mu\mathrm{s}$$

所以

$$u_C(t) = u_C(\infty) + [u_C(0) - u_C(\infty)]\mathrm{e}^{-\frac{t}{\tau}} = \frac{8}{3}(1 - \mathrm{e}^{-30\,000t})\mathrm{V}$$

$$i_C(t) = C\frac{\mathrm{d}u_C(t)}{\mathrm{d}t} = 20 \times 10^{-6} \times \left(-\frac{8}{3}\right) \times (-30\,000) \times \mathrm{e}^{-30\,000t} = \frac{8}{5}\mathrm{e}^{-30\,000t}\mathrm{A}$$

$$i_1(t) = \frac{4 - 1 \times i_C - u_C}{2} = \frac{2}{3} + \frac{8}{15}\mathrm{e}^{-30\,000t}\mathrm{A}$$

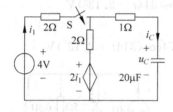

图 9-31 题 38 图

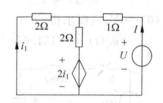

图 9-32 解题 38 图

39. 图 9-33 所示电路中，$t=0$ 时开关 S 打开，求 $t \geqslant 0$ 时的 i_L 及 u。

答：此题为一阶电路零状态响应，用三要素法求解。

$i_L(0) = 0\mathrm{A}$，在 $t=\infty$ 时刻电感短路

$$5 = 6u + i_L, \quad u = 2 \times 5 + 6i_L$$

解得

$$i_L(\infty) = -55/37\mathrm{A}$$

用加压法，如图 9-34 所示，求电感两端的等效电阻

$$I = 6u, \quad U = 6I + u, \quad R_{eq} = U/I = 37/6\Omega$$
$$\tau = L/R_{eq} = 0.2/(37/6) = 6/185\mathrm{s}$$

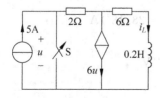

图 9-33 题 39 图

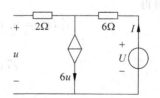

图 9-34 解题 39 图

$$i_L(t) = i_L(\infty) + [i_L(0) - i_L(\infty)]e^{-\frac{t}{\tau}} = -\frac{55}{37}(1 - e^{-\frac{185}{6}t})A$$

$$u = \frac{5 - i_L}{6} = \frac{40}{37} - \frac{55}{222}e^{-\frac{185}{6}t}V$$

40. 图 9-35 所示电路中，$e(t) = 110\sqrt{2}\cos(314t + 30°)V$，$t=0$ 时开关 S 闭合，$u_C(0_-) = 0V$，求 u_C。

答：列方程 $e(t) = 100 \times 20\mu \dfrac{du_C}{dt} + u_C$，整理后

$$\frac{du_C}{dt} + 500u_C = 55\,000\sqrt{2}\cos(314t + 30°)$$

令特解为

$$u'_C(t) = A\cos(314t + B)$$

代入方程求解得

$$u'_C(t) = 131.74\cos(314t - 2.13°)V$$

通解

$$u''_C(t) = Ke^{-500t}V$$

全解为

$$u_C(t) = Ke^{-500t} + 131.74\cos(314t - 2.13°)V$$

由于 $u_C(0) = 0V$，从而求得

$$u_C(t) = -131.65e^{-500t} + 131.74\cos(314t - 2.13°)V$$

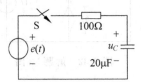

图 9-35 题 40 图

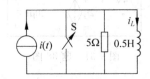

图 9-36 题 41 图

41. 图 9-36 所示电路中，$i(t) = 10\sqrt{2}\cos(314t + 60°)A$，$t=0$ 时开关 S 打开，求 i_L。

答：列方程 $i(t) = 0.5 \dfrac{di_L}{dt} \times \dfrac{1}{5} + i_L$，整理后

$$\frac{di_L}{dt} + 10i_L = 100\sqrt{2}\cos(314t + 60°)$$

令特解为

$$i'_L(t) = A\cos(314t + B)$$

代入方程求解得

$$i'_L(t) = 0.45\cos(314t - 28.18°)A$$

通解

$$i''_L(t) = Ke^{-10t}V$$

全解为

$$i_L(t) = Ke^{-10t} + 0.45\cos(314t - 28.18°)A$$

由于 $i_L(0) = 0A$，从而求得

$$i_L(t) = -0.4\mathrm{e}^{-10t} + 0.45\cos(314t - 28.18°)\mathrm{A}$$

42. 图9-37所示电路中，$U_S=5\mathrm{V}$，在$t=0$时开始作用于电路，求$t\geqslant 0$时i_L及u_L。

答：此题为一阶电路零状态响应，用三要素法求解。
$$i_L(0) = 0\mathrm{A}$$

在$t=\infty$时刻电感短路
$$5 = 0.2i, \quad i = 0.8i + i_L$$

解得：$i_L(\infty)=5\mathrm{A}$，用加压法求电感两端的等效电阻，如图9-38所示。
$$I + i = 0.8i, \quad U = -0.2i, \quad R_{\mathrm{eq}} = U/I = 1\Omega, \quad \tau = L/R_{\mathrm{eq}} = 1/1 = 1\mathrm{s}$$
$$i_L(t) = i_L(\infty) + [i_L(0) - i_L(\infty)]\mathrm{e}^{-\frac{t}{\tau}} = 5(1 - \mathrm{e}^{-t})\mathrm{A}$$
$$u_L(t) = L\frac{\mathrm{d}i_L(t)}{\mathrm{d}t} = [1\times(-5)\times(-1)\times \mathrm{e}^{-t}]\mathrm{V} = 5\mathrm{e}^{-t}\mathrm{V}$$

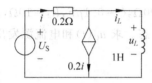
图9-37 题42图

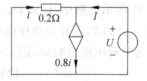
图9-38 解题42图

43. 图9-39所示电路中，已知$I_S=5\mathrm{A}$，$R=4\Omega$，$C=1\mathrm{F}$，$t=0$时闭合开关S，在下列两种情况下求$u_C(t)$、$i_C(t)$以及电流源发出的功率：①$u_C(0_-)=15\mathrm{V}$；②$u_C(0_-)=25\mathrm{V}$。

答：此题为一阶电路全响应，用三要素法求解。

① $u_C(0)=15\mathrm{V}$，$u_C(\infty)=(4\times 5)\mathrm{V}=20\mathrm{V}$，$\tau=RC=(4\times 1)\mathrm{s}=4\mathrm{s}$，所以
$$u_C(t) = u_C(\infty) + [u_C(0) - u_C(\infty)]\mathrm{e}^{-\frac{t}{\tau}} = 20 - 5\mathrm{e}^{-0.25t}\mathrm{V}$$
$$i_C(t) = C\frac{\mathrm{d}u_C(t)}{\mathrm{d}t} = [1\times(-5)\times(-0.25)\times \mathrm{e}^{-0.25t}]\mathrm{A} = 1.25\mathrm{e}^{-0.25t}\mathrm{A}$$
$$p_{I_S} = -I_S u_C(t) = -100 + 25\mathrm{e}^{-0.25t}\mathrm{W}（发出功率）$$

② $u_C(0)=25\mathrm{V}$，$u_C(\infty)=(4\times 5)\mathrm{V}=20\mathrm{V}$，$\tau=RC=(4\times 1)\mathrm{s}=4\mathrm{s}$，所以
$$u_C(t) = u_C(\infty) + [u_C(0) - u_C(\infty)]\mathrm{e}^{-\frac{t}{\tau}} = 20 + 5\mathrm{e}^{-0.25t}\mathrm{V}$$
$$i_C(t) = C\frac{\mathrm{d}u_C(t)}{\mathrm{d}t} = 1\times 5\times(-0.25)\times \mathrm{e}^{-0.25t} = -1.25\mathrm{e}^{-0.25t}\mathrm{A}$$
$$p_{I_S} = -I_S u_C() = -100 - 25\mathrm{e}^{-0.25t}\mathrm{W} \quad（发出功率）$$

44. 图9-40所示电路中，开关S在$t=0$时闭合，在$i_L(0_-)$分别为2A和5A两种情况下求$i_L(t)$。已知$U_S=8\mathrm{V}$，$R_1=1\Omega$，$R_2=R_3=3\Omega$，$L=150\mathrm{mH}$。

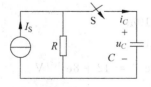
图9-39 题43图

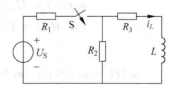
图9-40 题44图

答：此题为一阶电路全响应，用三要素法求解。

在 $t=\infty$ 时刻电感短路，用分流法求

$$i_L(\infty) = \frac{R_2}{R_2+R_3} \times \frac{U_s}{R_1+R_2//R_3} = \left(\frac{3}{3+3} \times \frac{8}{1+3//3}\right)A = \frac{8}{5}A$$

$$\tau = \frac{L}{R_{eq}} = \frac{150 \times 10^{-3}}{R_3+R_1//R_2} = \frac{150 \times 10^{-3}}{3+1//3}s = \frac{1}{25}s$$

在 $i_L(0_-)=2A$ 时

$$i_L(t) = i_L(\infty) + [i_L(0)-i_L(\infty)]e^{-\frac{t}{\tau}} = \frac{8}{5}+\frac{2}{5}e^{-25t}A$$

在 $i_L(0_-)=5A$ 时

$$i_L(t) = i_L(\infty) + [i_L(0)-i_L(\infty)]e^{-\frac{t}{\tau}} = \frac{8}{5}+\frac{17}{5}e^{-25t}A$$

45. 图9-41所示电路中，已知 $U_s=12V, R_1=100\Omega, C=0.1\mu F, R_2=10\Omega, I_s=2A$，开关 S 在 $t=0$ 时由 1 合到 2，设开关动作前电路已处于稳态。求 $u_C(t)$ 和电流源发出的功率。

答：此题为一阶电路全响应，用三要素法求解

$$u_C(0) = 12V$$
$$u_C(\infty) = R_2 \times I_s = (10 \times 2)V = 20V$$
$$\tau = R_2C = (10 \times 0.1)\mu s = 1\mu s$$

所以

$$u_C(t) = u_C(\infty)+[u_C(0)-u_C(\infty)]e^{-\frac{t}{\tau}} = 20-8e^{-10^6 t}V$$

电流源发出的功率

$$P(t) = -u_C I_s = -40+16e^{-10^6 t}W \quad \text{（发出功率）}$$

46. 图9-42所示电路中，已知 $U_s=12V, R_1=100\Omega, C=0.1\mu F, R_2=10\Omega, I_s=2A$，若开关 S 原来闭合在 2 位置已处于稳态，$t=0$ 时由 2 合到 1，求 $u_C(t)$ 及电压源 U_s 发出的功率。

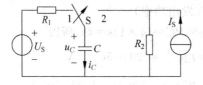

图9-41 题45图

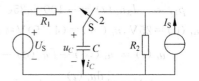

图9-42 题46图

答：此题为一阶电路全响应，用三要素法求解。

$$u_C(0) = R_2 \times I_s = (10 \times 2)V = 20V$$
$$u_C(\infty) = U_s = 12V$$
$$\tau = R_1C = 100 \times 0.1\mu s = 10\mu s$$

所以

$$u_C(t) = u_C(\infty)+[u_C(0)-u_C(\infty)]e^{-\frac{t}{\tau}} = 12+8e^{-10^5 t}V$$

电压源发出的功率

$$P(t) = -U_s \times \frac{U_s-u_C}{R_1} = -12 \times \frac{12-(12+8e^{-10^5 t})}{100}W = \frac{24}{25}e^{-10^5 t}W \quad \text{（吸收功率）}$$

47. 图 9-43 所示电路中,$U_S=16\text{V}$,$R_1=6\Omega$,$R_2=10\Omega$,$R_3=5\Omega$,$L=1\text{H}$,开关 S 在 $t=0$ 时闭合,求 $i_L(t)$ 及 $i_3(t)$。设开关 S 闭合前电路已处于稳态。

答:此题为一阶电路全响应,用三要素法求解。开关闭合前
$$i_L(0)=U_S/(R_1+R_2)=[16/(6+10)]\text{A}=1\text{A}$$
开关闭合后,用分流法求

$$i_L(\infty)=\frac{R_3}{R_2+R_3}\times\frac{U_S}{R_1+R_2//R_3}$$
$$=\left(\frac{5}{10+5}\times\frac{16}{6+10//5}\right)\text{A}=\frac{4}{7}\text{A}$$

$$\tau=\frac{L}{R_{eq}}=\frac{1}{R_2+R_1//R_3}$$
$$=\frac{1}{10+6//5}\text{s}=\frac{11}{140}\text{s}$$

$$i_L(t)=i_L(\infty)+[i_L(0)-i_L(\infty)]e^{-\frac{t}{\tau}}$$
$$=\frac{4}{7}+\frac{3}{7}e^{-\frac{140}{11}t}\text{A}$$

$$i_3(t)=\frac{L\dfrac{di_L(t)}{dt}+R_2 i_L(t)}{R_3}$$
$$=\frac{1\times\dfrac{3}{7}\times\left(-\dfrac{140}{11}\right)e^{-\frac{140}{11}t}+10\times\left(\dfrac{4}{7}+\dfrac{3}{7}e^{-\frac{140}{11}t}\right)}{5}\text{A}$$
$$=\frac{8}{7}-\frac{18}{77}e^{-\frac{140}{11}t}\text{A}$$

48. 图 9-44 所示电路中,已知 $e(t)=220\sqrt{2}\cos(314t+50°)\text{V}$,$R_1=6\Omega$,$R_2=10\Omega$,$R_3=20\Omega$,$C=0.1\mu\text{F}$,$I_S=10\text{A}$。开关 S 在 $t=0$ 时由 1 位置合到 2 位置,设开关 S 动作前电路已处于稳态,求 $u_C(t)$。当 I_S 取何值时,$u_C(t)$ 的瞬态分量为零。

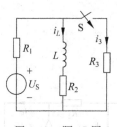

图 9-43 题 47 图

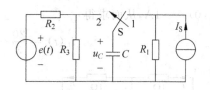

图 9-44 题 48 图

答:
(1) 开关 S 在 1 位置
$$u_C(0)=R_1\times I_S=60\text{V}$$
开关 S 在 2 位置,根据 KCL 列方程
$$\frac{e(t)-u_C}{R_2}=C\frac{du_C}{dt}+\frac{u_C}{R_3}$$
整理后

$$\frac{du_C}{dt} + 1.5 \times 10^6 u_C = 220\sqrt{2} \times 10^6 \cos(314t + 50°)$$

令特解为

$$u'_C(t) = A\cos(314t + B)$$

代入方程求解得

$$u'_C(t) = 207.418\cos(314t + 49.988°)\text{V}$$

通解

$$u''_C(t) = K e^{-1\,500\,000 t}\text{V}$$

全解为

$$u_C(t) = K e^{-1\,500\,000 t} + 207.418\cos(314t + 49.988°)\text{V}$$

由于 $u_C(0) = 60\text{V}$，从而求得

$$u_C(t) = -73.359 e^{-1\,500\,000 t} + 207.418\cos(314t + 49.988°)\text{V}$$

(2) 当 $u_C(0) = R_1 \times I_S = 6 I_S$ 时，$u_C(t)$ 的瞬态分量为零，即 K 为零，从而有

$$u_C(0) = 0 + 207.418\cos(314 \times 0 + 49.988°) = 6 I_S$$

所以 $I_S = 22.226\text{A}$。

49. 在图 9-45 所示电路中，已知 $U_S = 20\text{V}$，$i_L(0_-) = -1\text{A}$，求 $t \geqslant 0$ 时的 $i_L(t)$。

答：根据 KVL 列方程

$$U_S = 1 \times i \times 1 \times i_L + L\frac{di_L}{dt}, \quad i = 0.5i + i_L$$

整理后

$$\frac{di_L}{dt} + 3 i_L = 20$$

特解为

$$i'_L(t) = 20/3\text{A}$$

通解

$$i''_L(t) = K e^{-3t}\text{V}$$

全解为

$$i_L(t) = K e^{-3t} + 20/3$$

由于 $i_L(0) = -1\text{A}$，从而求得

$$i_L(t) = \frac{20}{3} - \frac{23}{3} e^{-3t}\text{A}$$

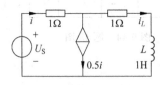

图 9-45 题 49 图

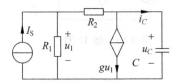

图 9-46 题 50 图

50. 图 9-46 所示电路中，已知 $R_1 = 1\Omega$，$R_2 = 2\Omega$，$C = 1\mu\text{F}$，$u_C(0_-) = 3\text{V}$，$g = 0.2\text{S}$，电流源 $I_S = 12\text{A}$，从 $t = 0$ 时开始作用于电路。求 $i_1(t)$、$i_C(t)$ 和 $u_C(t)$。

答：根据 KVL 列方程

$$u_1 = R_2(I_S - i_1) + u_C = R_1 i_1$$

即

$$u_1 = 2(12 - i_1) + u_C = i_1$$

根据 KCL 列方程

$$I_S - i_1 = gu_1 + i_C, \quad i_C = C\frac{du_C}{dt}$$

即

$$12 - i_1 = 0.2u_1 + 1 \times 10^{-6}\frac{du_C}{dt}$$

整理后

$$\frac{du_C}{dt} + 4 \times 10^5 u_C = 2.4 \times 10^6, \quad i_1 = 8 + \frac{u_C}{3}$$

特解

$$u_C'(t) = 6\text{V}$$

通解

$$u_C''(t) = K\text{e}^{-400\,000t}\text{V}$$

全解为

$$u_C(t) = 6 + K\text{e}^{-400\,000t}\text{V}$$

由于 $u_C(0)=3\text{V}$,从而求得

$$u_C(t) = 6 - 3\text{e}^{-400\,000t}\text{V}$$

$$i_C = C\frac{du_C}{dt} = 10^{-6} \times (-3) \times (-400\,000)\text{e}^{-400\,000t} = 1.2\text{e}^{-400\,000t}\text{A}$$

$$i_1 = 8 + \frac{u_C}{3} = 10 - \text{e}^{-400\,000t}\text{A}$$

51. $t \geqslant 0$ 时电路如图 9-47 所示,初始值 $u_C(0)=1\text{V}$。当 $i_S(t)=1\text{A}$ 时,$u_C(t)=1\text{V}, t \geqslant 0$;当 $i_S(t)=t\text{A}$ 时,$u_C(t)=(2\text{e}^{-t}+t-1)\text{V}, t \geqslant 0$。当 $i_S(t)=(t+1)\text{A}$ 时,且 $u_C(0)$ 仍为 1V,在 $t \geqslant 0$ 时,$u_C(t)$ 为多少?

答:列方程

$$i_S(t) = \frac{u_C}{1} + 1 \times \frac{du_C}{dt} = t + 1$$

整理得

$$\frac{du_C}{dt} + u_C = t + 1$$

特解

$$u_C'(t) = t\text{V}$$

通解

$$u_C''(t) = K\text{e}^{-t}\text{V}$$

全解为

$$u_C(t) = t + K\text{e}^{-t}\text{V}$$

由于 $u_C(0)=1\text{V}$,从而求得

$$u_C(t) = t + \text{e}^{-t}\text{V}$$

52. 图 9-48 所示电路,$t=0$ 时开关 S 由 1 合到 2,经过 $t=1$s 时,电容电压可由零充电至 60V,求 R 为多少？若此时开关再由 2 合到 1,再经过 1s 放电,电容电压为多少？

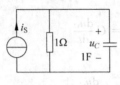

图 9-47 题 51 图

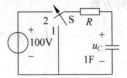

图 9-48 题 52 图

答：

(1) 此题为一阶电路零状态响应,用三要素法求解。
$$u_C(0) = 0\text{V}, \quad u_C(\infty) = 100\text{V}, \quad \tau = RC = R$$

所以
$$u_C(t) = u_C(\infty) + [u_C(0) - u_C(\infty)]e^{-\frac{t}{\tau}} = 100(1 - e^{-\frac{t}{R}})\text{V}$$

经过 $t=1$s 时,$u_C(1) = 100(1 - e^{-\frac{1}{R}}) = 60$,解得：$R = 1.1\Omega$。

(2) 开关再由 2 合到 1,此题为一阶电路零输入响应,用三要素法求解。
$$u_C(0) = 60\text{V}, \quad u_C(\infty) = 0\text{V}, \quad \tau = RC = 1.1\text{s}$$

所以
$$u_C(t) = u_C(\infty) + [u_C(0) - u_C(\infty)]e^{-\frac{t}{\tau}} = 60e^{-\frac{t}{1.1}}\text{V}$$

经过 1s 放电,电容电压
$$u_C(1) = 60e^{-\frac{1}{1.1}} = 24\text{V}$$

53. 图 9-49 所示电路在换路前已处于稳态,当 $t=0$ 时开关断开,求 $t \geq 0$ 时 $u_C(t)$。

答：此题为一阶电路全响应,用三要素法求解。

开关断开前瞬间
$$u_C(0) = 12\text{V}$$

开关断开后稳态
$$u_C(\infty) = (6 \times 10 + 12)\text{V} = 72\text{V}$$

时间常数
$$\tau = RC = 10 \times 0.1 = 1\text{s}$$

所以
$$u_C(t) = u_C(\infty) + [u_C(0) - u_C(\infty)]e^{-\frac{t}{\tau}} = 72 - 60e^{-t}\text{V}$$

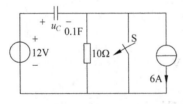

图 9-49 题 53 图

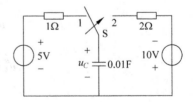

图 9-50 题 54 图

54. 图 9-50 所示电路在换路前已达稳态,求 $t \geq 0$ 时全响应 $u_C(t)$,并分别写出 $u_C(t)$ 的稳态分量、暂态分量、零输入响应和零状态响应分量。

答：此题为一阶电路全响应,用三要素法求解。

开关在 1 位置达稳态,电容开路
$$u_C(0) = 5\text{V}$$

开关在 2 位置达稳态,电容开路
$$u_C(\infty) = -10\text{V}$$

时间常数
$$\tau = RC = 2 \times 0.01 = 0.02\text{s}$$

零输入响应
$$u_C(t) = u_C(0)\text{e}^{-\frac{t}{\tau}} = 5\text{e}^{-50t}\text{V}$$

零状态响应
$$u_C(t) = u_C(\infty)(1 - \text{e}^{-\frac{t}{\tau}}) = -10(1 - \text{e}^{-50t})\text{V}$$

全响应
$$u_C(t) = u_C(\infty) + [u_C(0) - u_C(\infty)]\text{e}^{-\frac{t}{\tau}} = -10 + 15\text{e}^{-50t}\text{V}$$

稳态分量为 -10V。

暂态分量为 $15\text{e}^{-50t}\text{V}$。

55. 图 9-51 所示电路中,$i_L(0) = 1\text{A}$,求 $t \geq 0$ 时的 $i_L(t)$。

答：此题为一阶电路全响应,用三要素法求解。

用分流法
$$i_L(\infty) = \frac{6}{3+6} \times \frac{8}{2+3//6} = \frac{4}{3}\text{A}$$

从电感两端看的输入电阻
$$R_{eq} = 3 + 2//6 = 1.5\Omega$$

时间常数
$$\tau = L/R = 2/1.5 = 4/3\text{s}$$

$$i_L(t) = i_L(\infty) + [i_L(0) - i_L(\infty)]\text{e}^{-\frac{t}{\tau}} = \frac{4}{3} - \frac{1}{3}\text{e}^{-\frac{3}{4}t}\text{A}$$

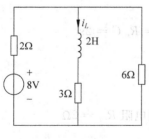

图 9-51　题 55 图

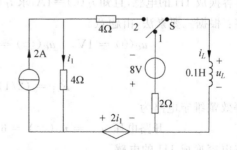

图 9-52　题 56 图

56. 电路如图 9-52 所示,开关合在 1 时已达到稳定状态。$t=0$ 时,开关由 1 合向 2,求 $t \geq 0$ 时的电压 $u_L(t)$。

答：此题为一阶电路全响应,用三要素法求解。

开关在 1 位置达稳态，电感短路
$$i_L(0) = -8/2\text{A} = -4\text{A}$$
开关在 2 位置达稳态，电感短路
$$4 \times i_L = 4 \times i_1 + 2i_1, \quad i_L = 2 - i_1$$
所以
$$i_L(\infty) = 1.2\text{A}$$
从电感两端看的输入电阻，用加压法求解
$$R_{eq} = U/i_1 = 4 + 4 + 2 = 10\Omega$$
$$\tau = L/R_{eq} = 0.1/10 = 0.01\text{s}$$
$$i_L(t) = i_L(\infty) + [i_L(0) - i_L(\infty)]e^{-\frac{t}{\tau}} = 1.2 - 5.2e^{-100t}\text{A}$$
$$u_L(t) = L\frac{di_L}{dt} = 0.1 \times (-5.2) \times (-100)e^{-100t} = 52e^{-100t}\text{A}$$

57. 在图 9-53 中，已知 $u_C(0_-) = 0$，$t = 0$ 时开关 S 闭合，求 $t \geqslant 0$ 时的电容电压 u_C。

答：电容开路电压 $U_{OC} = 2\text{V}$，等效电阻
$$R_{eq} = 7\Omega$$
$$\tau = R_{eq} \times C = 7 \times 3 = 21\mu\text{s}$$
$$u_C(t) = 2(1 - e^{-\frac{10^6}{21}t})\text{V}$$

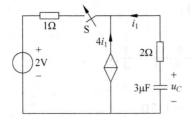

图 9-53　题 57 图

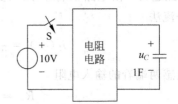

图 9-54　题 58 图

58. 图 9-54 所示电路中，$u_C(0) = 1\text{V}$，开关 S 在 $t = 0$ 时闭合，求得 $u_C(t) = (6 - 5e^{-\frac{1}{2}t})\text{V}$。若将电容换成 1H 的电感，且知 $i_L(0) = 1\text{A}$，求 $i_L(t)$。

答：根据三要素法，由题意
$$u_C(0) = 1\text{V}, \quad u_C(\infty) = 6\text{V}, \quad \tau = R_{eq}C = 2\text{s}$$
求得
$$R_{eq} = (2/1)\Omega = 2\Omega$$
等效戴维宁电路为
　　开路电压 $u_{OC} = u_C(\infty) = 6\text{V}$，　等效电阻 $R_{eq} = 2\Omega$
将电容换成 1H 的电感
$$\tau = L/R_{eq} = (1/2)\text{s} = 0.5\text{s}, \quad i_L(0) = 1\text{A}$$
$$i_L(\infty) = u_{OC}/R_{eq} = (6/2)\text{A} = 3\text{A}$$
$$i_L(t) = i_L(\infty) + [i_L(0) - i_L(\infty)]e^{-\frac{t}{\tau}} = 3 - 2e^{-2t}\text{A}$$

59. 已知图 9-55(a) 所示电路中，N 为线性电阻网络，$u_S(t) = 1\text{V}$，$C = 2\text{F}$，其零状态响应为

$$u_2(t) = \left(\frac{1}{2} + \frac{1}{8}e^{-0.25t}\right)\text{V} \quad (t \geqslant 0)$$

如果用 $L=2\text{H}$ 的电感代替电容 C(见图 9-55(b)),试求 $t \geqslant 0$ 时零状态响应 $u_2(t)$。

答：从零状态响应可知：图(a) $\tau_C = R_{eq}C = 4\text{s}$,所以 $R_{eq} = 4/2 = 2\Omega$；图(b) $\tau_L = L/R_{eq} = 2/2 = 1\text{s}$；

(1) 对图 9-55(b)开关闭合前稳定状态,电感电流为零,而开关闭合后瞬间电感电压相当于图(a)电容在 ∞ 时刻的开路电压 $u_C(\infty)$,故图 9-55(b)的 $u_2(0)$ 等于图(a) $u_2(\infty) = 0.5\text{V}$；

(2) 对图 9-55(b)开关闭合后稳定状态,电感短路,电感电压相当于图(a)电容在 0_+ 时刻的电容电压 $u_C(0)$,故图 9-55(b)的 $u_2(\infty)$ 等于图(a) $u_2(0) = (0.5 + 0.125)\text{V} = 0.625\text{V}$；

故图 9-55(b)的 $u_2(t) = \left(\frac{5}{8} - \frac{1}{8}e^{+t}\right)\text{V}$。

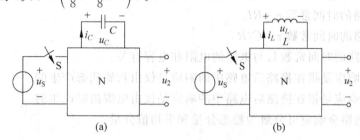

图 9-55 题 59 图

60. 图 9-56 所示电路,P 为一不含独立电源的线性电路。在 $t=0$ 时接通电源(K 闭合),在 ab 接不同电路元件,ab 两端电压有不同的零状态响应。已知：

(1) ab 接电阻 $R=2\Omega$ 时,此响应为 $u_{ab} = 0.25(1-e^{-t})\varepsilon(t)\text{V}$；
(2) ab 接电容 $C=1\text{F}$ 时,此响应为 $u_{ab} = 0.5(1-e^{-0.25t})\varepsilon(t)\text{V}$。

求将此电阻 R,电容 C 并联接至 ab 时 u_{ab} 的表达式。

答：根据题意,在稳态时,可以画出等效电路图,如图 9-57 所示。

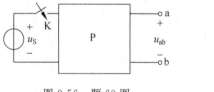
图 9-56 题 60 图

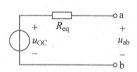
图 9-57 解题 60 图

根据(2),稳态时,电容开路,可知

$$u_{OC} = 0.5\text{V}$$

再根据(1)稳态时,计算出

$$R_{eq} = \frac{0.5 - 0.25}{0.25/2}\Omega = 2\Omega$$

根据(2)可以求出,接电容后得等效电容

$$C_{eq} = \frac{\tau_2}{R_{eq}} = 2\text{F}$$

所以,电阻 R,电容 C 并联接至 ab 时,时间常数

$$\tau = (R_{eq}//R)C_{eq} = 2s$$

故
$$u_{ab} = 0.25(1 - e^{-0.5t})\varepsilon(t)\text{V}$$

9.4 思考改错题

1. 电容电路的过渡期为零,电容两端的电压在换路时立即发生跃变。
2. 电感电路的过渡期为零,流过电感的电流在换路时立即发生跃变。
3. 电容初始条件:换路瞬间,若电容电压保持为有限值,则电容电流换路前后保持不变。
4. 画 0_+ 等效电路图方法:电容(电感)用电流源(电压源)替代。
5. RL 电路的时间常数 $\tau = RL$。
6. RC 电路的时间常数 $\tau = C/R$。
7. 一阶电路的时间常数只与电路的电阻和电容有关。
8. 零状态响应是指在换路后电路中的响应是仅由初始状态产生的。
9. 零输入响应是指在换路后电路中的响应是仅由电源激励产生的。
10. 一阶电路全响应可分解为稳态分量和平均值分量。

第10章 二阶动态电路的时域分析

10.1 知识点概要

1. 过渡过程

当动态电路的结构或元件的参数发生变化时(例如电路中电源或无源元件的断开或接入,信号的突然注入等),可能使电路改变原来的工作状态,转变到另一个工作状态,这种转变往往需要经历一个过程,在工程上称为过渡过程。

2. 经典法

根据KCL、KVL和支路的VCR建立描述电路的方程,建立的方程是以时间为自变量的线性常微分方程,然后求解常微分方程,从而得到电路所求变量(电压或电流)。此方法称为经典法,它是一种在时间域中进行分析的方法。

3. 初始条件

用经典法求解常微分方程时,必须根据电路的初始条件确定解答中的积分常数。设描述电路动态过程的微分方程为 n 阶,所谓初始条件就是指电路中所求变量(电压或电流)及其 $(n-1)$ 阶导数在 $t=0_+$ 时的值,也称初始值。电容电压 $u_C(0_+)$ 和 $i_L(0_+)$ 称为独立的初始条件,其余的称为非独立的初始条件。

4. 特征根

电路特征方程的根,仅取决于电路的结构和元件的参数。

5. 时间常数

一阶动态电路方程的特征根倒数的绝对值称为该电路的时间常数。

6. 零输入响应

动态电路中无外加激励电源,仅由动态元件初始储能所产生的响应,称为动态电路的零输入响应。

7. 零状态响应

电路在零初始状态下(动态元件初始储能为零)由外施激励引起的响应。

8. 阶跃响应

电路对于单位阶跃函数 $\varepsilon(t)$ 输入的零状态响应称为单位阶跃响应。

9. 冲激响应

电路对于单位冲激函数激励 $\delta(t)$ 的零状态响应称为单位冲激响应。

10. 过阻尼振荡

当二阶电路的特征根 p_1 和 p_2 是两个不等的负实数时,其响应为非振荡过程,称为过阻尼振荡。此时有 $R>2\sqrt{\dfrac{L}{C}}$。

11. 欠阻尼振荡

当二阶电路的特征根 p_1 和 p_2 是一对共轭复数时,其响应为振荡过程,称为欠阻尼振荡。此时有 $R < 2\sqrt{\dfrac{L}{C}}$。

12. 临界阻尼振荡

当二阶电路的特征方程具有重根时，其响应为临界非振荡过程，称为临界阻尼振荡。此时 $R = 2\sqrt{\dfrac{L}{C}}$。而 $R = 0$ 表示无阻尼。

10.2 学习指导

对于二阶电路，通常以电容电压 $u_C(t)$ 或电感电流 $i_L(t)$ 为电路变量，应用 KCL、KVL、支路电流法、回路电流法对电路编写二阶微分方程，然后进行求解，先求出电路的通解，再求出电路的特解（全解 = 通解 + 特解），然后根据电路初始值确定全解中的积分常数。

确定初始值也非常重要，可以利用换路定律求解电路的初始值。初始条件由储能元件的初始值来确定，电路变量的初始值是指电路变量在 $t = 0_+$ 时刻的值。要熟练地应用电路基本定律、定理和基本计算方法，根据 0_+ 等效电路图求解电路变量的初始值。

对于二阶或高阶电路需要列写微分方程来求解。

如图 10-1 所示电路为 R、L、C 串联电路：

$$LC\dfrac{\mathrm{d}^2 u_C}{\mathrm{d}t^2} + RC\dfrac{\mathrm{d} u_C}{\mathrm{d}t} + u_C = u_S$$

如图 10-2 所示电路为 G、L、C 并联电路：

$$LC\dfrac{\mathrm{d}^2 i_L}{\mathrm{d}t^2} + GL\dfrac{\mathrm{d} i_L}{\mathrm{d}t} + i_L = i_S$$

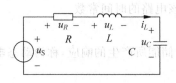
图 10-1 R、L、C 串联电路振荡分析

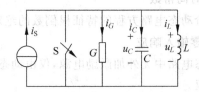
图 10-2 R、L、C 并联电路振荡分析

R、L、C 串联电路的特点如下：

(1) $R > 2\sqrt{\dfrac{L}{C}}$，非振荡放电过程，称为过阻尼；

(2) $R < 2\sqrt{\dfrac{L}{C}}$，振荡放电过程，称为欠阻尼；

(3) $R = 2\sqrt{\dfrac{L}{C}}$，临界情况，称为临界阻尼；

(4) $R = 0$，称为无阻尼。

R、L、C 并联电路的特点如下：

(1) $G > 2\sqrt{\dfrac{C}{L}}$，非振荡放电过程，称为过阻尼；

(2) $G < 2\sqrt{\dfrac{C}{L}}$,振荡放电过程,称为欠阻尼;

(3) $G = 2\sqrt{\dfrac{C}{L}}$,临界情况,称为临界阻尼;

(4) $G = 0$,称为无阻尼。

因为阶跃信号在 $t = 0$ 时刻之前为零,之后为 1,正好相当于在 $t = 0$ 时刻开关闭合。由于在 $t = 0$ 时刻之前为零,即初始状态为零,故相当于零状态响应,因此阶跃响应可通过零状态响应来求解。

冲激信号除了零时刻有信号外,其他时刻都为零,因此在 0_+ 时刻前,产生了初始状态,而 0_+ 时刻后信号变为零,相当于无输入,可以认为是零输入响应。

冲激信号是阶跃信号的一阶导数,因此,冲激响应是阶跃响应的一阶导数。也就是说冲激响应可以通过阶跃响应求导来获得。

10.3 课后习题分析

1. 已知某个二阶电路的响应为振荡放电,则这个二阶电路具有( )的性质。
   A. 特征根为 2 个不相等的负实根,初始值小于稳态值
   B. 特征根为一对共轭复根,初始值小于稳态值
   C. 特征根为 2 个不相等的负实根,初始值大于稳态值
   D. 特征根为一对共轭复根,初始值大于稳态值

答:D。二阶振荡放电电路的特点。

2. 某个二阶电路的特征根为 2 个共轭复根,则这个二阶电路的零状态响应属于( )。
   A. 非振荡放电过程　　　　　　B. 振荡放电过程
   C. 非振荡充电过程　　　　　　D. 振荡充电过程

答:B。二阶振荡放电电路的特点。

3. 如图 10-3 所示电路,原处于稳态,$t = 0$ 时开关 K 闭合,$t > 0$ 时的 $i(t)$ 为( )。

   A. $(e^{-2t} - e^{-t} - 1)\varepsilon(t)$ A
   B. $(e^{-2t} + e^{-t} - 1)\varepsilon(t)$ A
   C. $(e^{-2t} + e^{-t} + 1)\varepsilon(t)$ A
   D. $(-e^{-2t} + e^{-t} - 1)\varepsilon(t)$ A

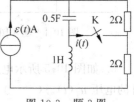

图 10-3 题 3 图

答:B。二阶动态电路阶跃响应,也就是二阶动态电路零状态响应,用经典法求解。

$$\begin{cases} \varepsilon(t) = 0.5 p u_C + \dfrac{u_C}{2} = \dfrac{1}{p}\delta(t) \\ \varepsilon(t) = i_L + \dfrac{1}{2} p i_L = \dfrac{1}{p}\delta(t) \end{cases}$$

整理得

$$\begin{cases} u_C = \dfrac{2\delta(t)}{p(p+1)} \\ i_L = \dfrac{2\delta(t)}{p(p+2)} \end{cases}$$

$$i(t) = 0.5pu_C - i_L = \frac{\delta(t)}{p+1} - \frac{2\delta(t)}{p(p+2)}$$
$$= \left(\frac{1}{p+2} + \frac{1}{p+1} - \frac{1}{p}\right)\delta(t) = (e^{-2t} + e^{-t} - 1)\varepsilon(t)$$

4. 如图 10-4 所示电路原已稳定,$t=0$ 时开关 S 由位置 a 打向位置 b,$t>0$ 时的 $i(t)$ 为( )。

    A. $1.25e^{-12.5t}$A   B. $1.25e^{-7.5t}$A   C. $1.25e^{-5t}$A   D. $1.25e^{-6.25t}$A

答:D。先计算 0_- 时刻的电感电流,在稳定状态,电感短路,所以 $i(0_-)=20A$,$i_1(0_-)=30A$;开关合向 b 瞬间,计算 0_+ 时刻,回路电流为 $i(0_+)$。

根据 KVL 有
$$20i(0_+) + 30i(0_+) + (4+1)\frac{i(0_+) - i(0_-)}{\Delta t} + (2+1)\frac{i(0_+) + i_1(0_-)}{\Delta t} = 0$$

整理得
$$8i(0_+) - 5i(0_-) + 3i_1(0_-) = 50i(0_+)\Delta t$$

代入 0_- 初始值,并令 $\Delta t=0$ 得
$$i(0_+) = 1.25A$$

开关合向后的微分方程,此时电感变成顺接串联,则有
$$(20+30)i + 8\frac{di}{dt} = 0$$

解得结果为选项 D。

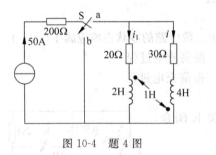

图 10-4 题 4 图   图 10-5 题 5 图

5. 如图 10-5 所示电路,$t<0$ 时处于稳态,且 $u_C(0_-)=0V$,$t=0$ 时开关 S 闭合。求 $t>0$ 时的电压 $u_2(t)$。( )

    A. $4e^{-t}\varepsilon(t)$V   B. $2e^{-0.5t}\varepsilon(t)$V   C. $4e^{-0.5t}\varepsilon(t)$V   D. $8e^{-t}\varepsilon(t)$V

答:C。先计算出电容电压 u_C,然后再计算 u_2。

用三要素法,已知 $u_C(0_-)=0V$,而 $u_C(\infty)=2i_1$,根据 KVL 有
$$8 = 4(i_1 - 0.5i_1) + 2i_1$$

得
$$u_C(\infty) = 4V$$

求电容两端的等效电阻,从图中可以看出受控电流源可以用 -4Ω 的电阻代替,理想变压器可以用变阻抗关系求得:$0.5^2 \times 12 = 3\Omega$ 的电阻代替,所以等效电阻 $R_{eq}=[4//2//(-4)+6//3]\Omega=4\Omega$。

计算时间常数 $\tau=R_{eq}C=2s$,故电容电压 $u_C(t)=4(1-e^{-0.5t})$V,电容电流 $i_C(t)=$

$e^{-0.5t}$ A。

则结果为
$$u_2(t) = 2 \times 6 \times \frac{3}{6+3} i_C(t) = 4e^{-0.5t}\varepsilon(t)$$

6. 如图 10-6 所示电路,原已稳定,$t=0$ 时把 K 闭合,$t>0$ 时 $i(t)$ 的表达式为(　　)。

A. $0.06(e^{-5000t} - e^{-25\,000t})$ A
B. $0.06(e^{-50000t} + e^{-25\,000t})$ A
C. $-0.06(e^{-5000t} + e^{-25\,000t})$ A
D. $0.06(-e^{-5000t} + e^{-25\,000t})$ A

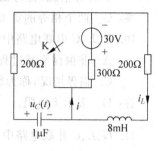

图 10-6　题 6 图

答:A。先求初始值。

电感短路
$$i_L(0_-) = -\frac{30}{300+200}\text{A} = -0.06\text{A}$$

电容开路
$$u_C(0_-) = 200 i_L(0_-) = -12\text{V}$$

开关闭合,根据换路定律
$$i_L(0_+) = -0.06\text{A}, \quad u_C(0_+) = -12\text{V}$$

开关闭合后到稳定状态
$$i_L(\infty) = 0\text{A}, \quad u_C(\infty) = 0\text{V}$$

时间常数
$$\tau_L = \frac{8\text{mH}}{200\Omega} = 40\mu\text{s}, \quad \tau_C = 200\Omega \times 1\mu\text{F} = 200\mu\text{s}$$

所以有
$$i_L(t) = 0.06 e^{-25\,000t}\text{A}, \quad u_C(t) = -12 e^{-5000t}\text{V}$$

即
$$i_C(t) = 0.06 e^{-5000t}\text{A}$$

故
$$i(t) = i_C(t) + i_L(t) = 0.06(e^{-5000t} - e^{-25\,000t})\text{A}$$

7. R、L、C 串联电路中,$R > 2\sqrt{\dfrac{L}{C}}$ 的特点是(　　)。

A. 非振荡衰减过程,称为过阻尼　　B. 振荡衰减过程,称为欠阻尼
C. 临界情况,称为临界阻尼　　　　D. 无振荡衰减过程,称为无阻尼

答:A。两个不等的负实根,表现为非振荡衰减波形。

8. R、L、C 串联电路中,$R < 2\sqrt{\dfrac{L}{C}}$ 的特点是(　　)。

A. 非振荡衰减过程,称为过阻尼　　B. 振荡衰减过程,称为欠阻尼
C. 临界情况,称为临界阻尼　　　　D. 无振荡衰减过程,称为无阻尼

答:B。两个共轭复根,表现为一边振荡,一边衰减的波形。

9. R、L、C 串联电路中，$R=2\sqrt{\dfrac{L}{C}}$ 的特点是（　　）。

　　A. 非振荡衰减过程，称为过阻尼　　　　B. 振荡衰减过程，称为欠阻尼
　　C. 临界情况，称为临界阻尼　　　　　　D. 无振荡衰减过程，称为无阻尼

答：C。两个相等的负实根，处于振荡和衰减的临界点。

10. R、L、C 串联电路中，$R=0$ 的特点是（　　）。

　　A. 非振荡衰减过程，称为过阻尼　　　　B. 振荡衰减过程，称为欠阻尼
　　C. 临界情况，称为临界阻尼　　　　　　D. 无振荡衰减过程，称为无阻尼

答：D。表示无电阻。

11. G、L、C 并联电路中，$G>2\sqrt{\dfrac{C}{L}}$ 的特点是（　　）。

　　A. 非振荡衰减过程，称为过阻尼　　　　B. 振荡衰减过程，称为欠阻尼
　　C. 临界情况，称为临界阻尼　　　　　　D. 无振荡衰减过程，称为无阻尼

答：A。两个不等的负实根，表现为非振荡衰减波形。

12. G、L、C 并联电路中，$G<2\sqrt{\dfrac{C}{L}}$ 的特点是（　　）。

　　A. 非振荡衰减过程，称为过阻尼　　　　B. 振荡衰减过程，称为欠阻尼
　　C. 临界情况，称为临界阻尼　　　　　　D. 无振荡衰减过程，称为无阻尼

答：B。两个共轭复根，表现为一边振荡，一边衰减的波形。

13. G、L、C 并联电路中，$G=2\sqrt{\dfrac{C}{L}}$ 的特点是（　　）。

　　A. 非振荡衰减过程，称为过阻尼　　　　B. 振荡衰减过程，称为欠阻尼
　　C. 临界情况，称为临界阻尼　　　　　　D. 无振荡衰减过程，称为无阻尼

答：C。两个相等的负实根，处于振荡和衰减的临界点。

14. 对于二阶电路，可以用（　　）来求解输出响应。

　　A. 三要素法　　　B. 相量法　　　C. 相量图法　　　D. 微积分法

答：D。三要素法针对一阶电路，相量法和相量图法针对正弦稳态电路。动态电路可以用微积分法，也可以用拉普拉斯法求解。

15. 如图 10-7 所示电路，$i_C(t)$ 为（　　）。

　　A. $10e^{-0.5t}\varepsilon(t)\text{A}$　　　　　　　　B. $-5e^{-0.5t}\varepsilon(t)\text{A}$
　　C. $10\delta(t)-5e^{-0.5t}\varepsilon(t)\text{A}$　　　D. $10-5e^{-0.5t}\text{A}$

答：C。该题是冲激响应，可用经典法求解：

$$30\delta(t)=3\left(\dfrac{1}{p}i_C/6+i_C\right)+\dfrac{1}{p}i_C$$

$$i_C=\dfrac{30p}{3p+1.5}\delta(t)=10\delta(t)-\dfrac{5}{p+0.5}\delta(t)=10\delta(t)-5e^{-0.5t}\varepsilon(t)\text{A}$$

16. 图 10-8 所示电路中，流过 8Ω 电阻的电流 i 为（　　）。

　　A. $[1.5\delta(t)-4.5e^{-6t}\varepsilon(t)]\text{A}$　　　B. $(1.5-4.5e^{-6t})\varepsilon(t)\text{A}$
　　C. $-4.5e^{-6t}\varepsilon(t)\text{A}$　　　　　　　　D. $4.5e^{-6t}\varepsilon(t)\text{A}$

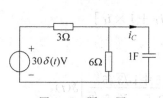
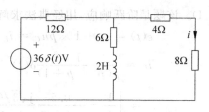

图 10-7　题 15 图　　　　　　图 10-8　题 16 图

答：A。该题是冲激响应，可用经典法求解，假设电感电流为 i_L，从上到下方向，则有

$$36\delta(t) = 12(i_L+i)+(4+8)i, \quad 36\delta(t)=12(i_L+i)+6i_L+2pi_L$$

消去 i_L 得

$$i = \frac{3p+9}{2p+12}\delta(t) = 1.5\delta(t) - \frac{4.5}{p+6}\delta(t) = 1.5\delta(t) - 4.5e^{-6t}\varepsilon(t)\,\text{A}$$

17. 如图 10-9 所示电路，无初始储能，$i_C(t)$ 为（　　）。
　　A. $10e^{-0.5t}\varepsilon(t)\text{A}$　　　　　　　B. $-5e^{-0.5t}\varepsilon(t)\text{A}$
　　C. $10\delta(t)-5e^{-0.5t}\varepsilon(t)\text{A}$　　　D. $10-5e^{-0.5t}\text{A}$

答：A。该题是阶跃响应，相当于零状态响应，也可以用经典法求解

$$3\left(\frac{1}{p}i_C/6+i_C\right)+\frac{1}{p}i_C=30\varepsilon(t)=30\frac{1}{p}\delta(t)$$

$$i_C = \frac{30}{3p+1.5}\delta(t) = \frac{10}{p+0.5}\delta(t) = 10e^{-0.5t}\varepsilon(t)\text{A}$$

18. 图 10-10 所示电路中，无初始储能，流过 8Ω 电阻的电流 i 为（　　）。
　　A. $0.75[\delta(t)+e^{-6t}\varepsilon(t)]\text{A}$　　　B. $0.75(1+e^{-6t})\varepsilon(t)\text{A}$
　　C. $-0.75e^{-6t}\varepsilon(t)\text{A}$　　　　　　D. $0.75e^{-6t}\varepsilon(t)\text{A}$

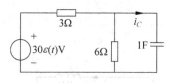
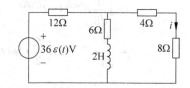

图 10-9　题 17 图　　　　　　图 10-10　题 18 图

答：B。该题是阶跃响应，相当于零状态响应，也可以用经典法求解，假设电感电流为 i_L，从上到下方向，则有：

$$36\varepsilon(t)=12(i_L+i)+(4+8)i, \quad 36\varepsilon(t)=12(i_L+i)+6i_L+2pi_L$$

消去 i_L 得

$$\frac{3p+9}{2p(p+6)}\delta(t)=\frac{3}{4p}\delta(t)+\frac{3}{4}\frac{1}{p+6}\delta(t)=\frac{3}{4}(1+e^{-6t})\varepsilon(t)\text{A}$$

19. 图 10-11 所示电路 i_L 的阶跃响应为（　　）。
　　A. $\left[1-\frac{2}{\sqrt{3}}e^{-0.5t}\cos\left(\frac{\sqrt{3}}{2}t+30°\right)\right]\varepsilon(t)\text{A}$　　B. $\left[1+\frac{2}{\sqrt{3}}e^{-0.5t}\cos\left(\frac{\sqrt{3}}{2}t+30°\right)\right]\varepsilon(t)\text{A}$
　　C. $\left[1+\frac{2}{\sqrt{3}}e^{-0.5t}\cos\left(\frac{\sqrt{3}}{2}t-30°\right)\right]\varepsilon(t)\text{A}$　　D. $\left[1-\frac{2}{\sqrt{3}}e^{-0.5t}\cos\left(\frac{\sqrt{3}}{2}t-30°\right)\right]\varepsilon(t)\text{A}$

答：D。该题是阶跃响应,用经典法求解,则有

$$\varepsilon(t) = i_L + 1 \times pu_C = i_L + p[1 \times pi_L + 1 \times i_L]$$

$$i_L = \frac{1}{p(p^2+p+1)}\delta(t)$$

$$= \left[\frac{1}{p} - \frac{0.5 - j\sqrt{3}/6}{p+0.5-j0.5\sqrt{3}} - \frac{0.5+j\sqrt{3}/6}{p+0.5+j0.5\sqrt{3}}\right]\delta(t)$$

$$= \left[1 - e^{-0.5t}\left(\cos\frac{\sqrt{3}}{2}t + \frac{\sqrt{3}}{3}\sin\frac{\sqrt{3}}{2}t\right)\right]\varepsilon(t)$$

$$= \left[1 - \frac{2}{\sqrt{3}}e^{-0.5t}\cos\left(\frac{\sqrt{3}}{2}T - 30°\right)\right]\varepsilon(t) \text{ A}$$

20. 求图 10-12 所示电路 i_L 的冲激响应(　　)。

A. $\frac{2}{\sqrt{3}}e^{-0.5t}\sin\left(\frac{\sqrt{3}}{2}t\right)\varepsilon(t)$ A 　　　　B. $\frac{2}{\sqrt{3}}e^{-0.5t}\cos\left(\frac{\sqrt{3}}{2}t\right)\varepsilon(t)$ A

C. $\frac{2}{\sqrt{3}}e^{-0.5t}\sin\left(\frac{\sqrt{3}}{2}t\right)\delta(t)$ A 　　　　D. $\frac{2}{\sqrt{3}}e^{-0.5t}\cos\left(\frac{\sqrt{3}}{2}t\right)\delta(t)$ A

答：A。该题是冲激响应,用经典法求解

$$\delta(t) = i_L + 1 \times pu_C = i_L + p[1 \times pi_L + 1 \times i_L]$$

即

$$i_L = \frac{1}{p^2+p+1}\delta(t)$$

$$= j\frac{\sqrt{3}}{3}\left(\frac{1}{p+0.5+j0.5\sqrt{3}} - \frac{1}{P+0.5-j0.5\sqrt{3}}\right)\delta(t)$$

$$= j\frac{1}{\sqrt{3}}e^{-0.5t}(e^{-j0.5\sqrt{3}t} - e^{j0.5\sqrt{3}t})$$

$$= \frac{2}{\sqrt{3}}e^{-0.5t}\sin\left(\frac{\sqrt{3}}{2}t\right)\varepsilon(t) \text{ A}$$

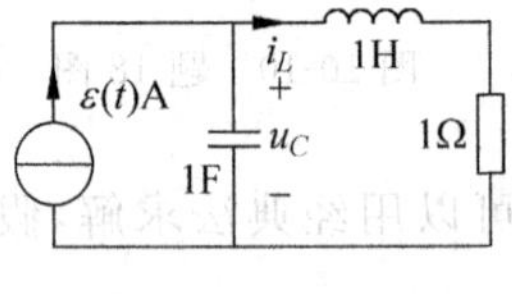

图 10-11 题 19 图 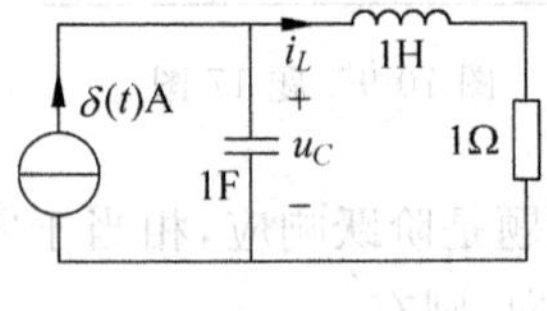　　　　图 10-12 题 20 图

21. 图 10-13 所示电路中,$\varepsilon(t)$V 为单位阶跃电压源。① $i_L(0_-) = 0$A 时,求 $i_L(t)$ 及 $i(t)$;
② $i_L(0_-) = 2$A 时,求 $i_L(t)$ 及 $i(t)$。

答：此题为一阶电路单位阶跃响应,用经典法求解,则有

$$\varepsilon(t) = 2 \times i + u_L(t), \quad i = \frac{u_L}{2} + i_L, \quad u_L = 1 \times \frac{di_L}{dt}$$

整理后得

$$\frac{di_L}{dt} + i_L = 0.5\varepsilon(t)$$

特解
$$i'_L = 0.5\varepsilon(t)\text{A}$$

通解
$$i''_L = K\text{e}^{-t}\text{A}$$

全解
$$i_L(t) = i'_L + i''_L = 0.5\varepsilon(t) + K\text{e}^{-t}\varepsilon(t)\text{A}$$

(1) $i_L(0) = 0$A 时
$$i_L(t) = 0.5\varepsilon(t) - 0.5\text{e}^{-t}\varepsilon(t)\text{A}$$
$$i(t) = 0.25\varepsilon(t) + 0.5i_L = 0.5\varepsilon(t) - 0.25\text{e}^{-t}\varepsilon(t)\text{A}$$

(2) $i_L(0) = 2$A 时
$$i_L(t) = 0.5\varepsilon(t) + 1.5\text{e}^{-t}\varepsilon(t)\text{A}$$
$$i(t) = 0.25\varepsilon(t) + 0.5i_L = 0.5\varepsilon(t) + 0.75\text{e}^{-t}\varepsilon(t)\text{A}$$

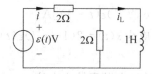
图 10-13 题 21 图

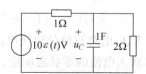
图 10-14 题 22 图

22. 图 10-14 所示电路中，在①$u_C(0_-) = 0$V；②$u_C(0_-) = 5$V 两种情况下，求响应 $u_C(t)$。

答：此题为一阶电路单位阶跃响应，用经典法求解，则有：
$$10\varepsilon(t) = 1 \times \left(i_C + \frac{u_C}{2}\right) + u_C, \quad i_C = 1 \times \frac{\text{d}u_C}{\text{d}t}$$

整理后得
$$\frac{\text{d}u_C}{\text{d}t} + 1.5u_C = 10\varepsilon(t)$$

特解
$$u'_C = \frac{20}{3}\varepsilon(t)\text{V}$$

通解
$$u''_C = K\text{e}^{-1.5t}\varepsilon(t)\text{V}$$

全解
$$u_C(t) = u'_C + u''_C = \frac{20}{3}\varepsilon(t) + K\text{e}^{-1.5t}\varepsilon(t)\text{V}$$

① $u_C(0) = 0$V 时
$$u_C(t) = \frac{20}{3}\varepsilon(t) - \frac{20}{3}\text{e}^{-1.5t}\varepsilon(t)\text{V}$$

② $u_C(0) = 5$V 时
$$u_C(t) = \frac{20}{3}\varepsilon(t) - \frac{5}{3}\text{e}^{-1.5t}\varepsilon(t)\text{V}$$

23. 图 10-15(a)所示电路中，电压源 $u_S(t)$ 的波形如图 10-15(b)所示。试求电流 $i_L(t)$。

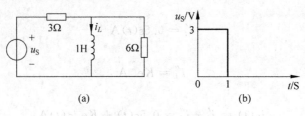

图 10-15 题 23 图

答：此题为一阶电路单位阶跃响应，用经典法求解，则有：

$$u_S(t) = 3 \times \left[i_L(t) + \frac{u_L(t)}{6} \right] + u_L(t) = 3[\varepsilon(t) - \varepsilon(t-1)], \quad u_L = 1 \times \frac{di_L}{dt}$$

整理后得

$$\frac{di_L}{dt} + 2i_L = 2[\varepsilon(t) - \varepsilon(t-1)]$$

$$i_L(t) = [(1 - e^{-2t})\varepsilon(t) - (1 - e^{-2(t-1)})\varepsilon(t-1)]A$$

24. 已知 R、C 电路对单位阶跃电流的零状态响应为 $s(t) = 2(1 - e^{-t})\varepsilon(t)$，求该电路对图 10-16 所示输入电流的零状态响应。

答：此题为一阶电路单位阶跃响应，用经典法求解，由题意输入电流

$$i(t) = -\varepsilon(t) + 3\varepsilon(t-3) - 2\varepsilon(t-4) A$$

零状态响应：

$$s(t) = -2(1 - e^{-t})\varepsilon(t) + 6(1 - e^{-(t-3)})\varepsilon(t-3) - 4(1 - e^{-(t-4)})\varepsilon(t-4)$$

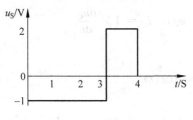

图 10-16 题 24 图

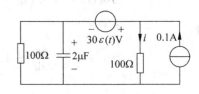

图 10-17 题 25 图

25. 电路如图 10-17 所示，试求 $t \geq 0$ 时的 $i(t)$。

答：此题为一阶电路单位阶跃响应，用经典法求解，在 $t = 0$ 时刻，电压源为零，电流源作用，电路已达稳态，此时

$$u_C(0) = (100 // 100) \times 0.1 = 5V, \quad i(0) = 0.1/2 = 0.05A$$

$t \geq 0$ 时，

$$\begin{cases} 30\varepsilon(t) + u_C(t) = 100i \\ 0.1\varepsilon(t) = \frac{u_C}{100} + 2\mu \frac{du_C}{dt} + i \end{cases}$$

消去 u_C 得

$$\frac{di}{dt} + 10^4 i = 0.1\delta(t) + 2000\varepsilon(t)$$

由于 $i(0) = 0.05A$，所以含待定系数解为

$$i(t) = 0.2\varepsilon(t) + Ke^{-10^4 t}\varepsilon(t) \text{A}$$

代入 $i(0)=0.05$A 后

$$i(t) = 0.2\varepsilon(t) - 0.15e^{-10^4 t}\varepsilon(t) \text{A}$$

26. 求图 10-18 所示电路中电感的电流和电感两端的电压。

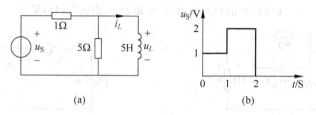

图 10-18 题 26 图

答：此题为一阶电路单位阶跃响应，用经典法求解，则有

$$\frac{u_S(t)-u_L(t)}{1} = \frac{u_L(t)}{5} + i_L(t)$$

$$u_L = 5 \times \frac{di_L}{dt}$$

$$u_S(t) = \varepsilon(t) + \varepsilon(t-1) - 2\varepsilon(t-2)$$

$$6\frac{di_L}{dt} + i_L = \varepsilon(t) + \varepsilon(t-1) - 2\varepsilon(t-2)$$

$$i_L(t) = (1-e^{-\frac{t}{6}})\varepsilon(t) + (1-e^{-\frac{t-1}{6}})\varepsilon(t-1) - 2(1-e^{-\frac{t-2}{6}})\varepsilon(t-2) \text{A}$$

$$u_L(t) = C\frac{di_L}{dt} = \frac{5}{6}e^{-\frac{t}{6}}\varepsilon(t) + \frac{5}{6}e^{-\frac{t-1}{6}}\varepsilon(t-1) - \frac{5}{3}e^{-\frac{t-2}{6}}\varepsilon(t-2) \text{V}$$

27. 电路如图 10-19 所示，求单位冲激响应 $u_C(t)$ 和 $u(t)$。若 $u_C(0_-)=2$V，再求 $u_C(t)$ 和 $u(t)$。

答：此题为一阶电路单位冲激响应，用经典法求解，则有

$$u_C + u = \delta(t), \quad \frac{u}{1} = \frac{u_C}{9} + \frac{1}{9} \times \frac{du_C}{dt}$$

整理后得

$$\frac{du_C}{dt} + 10u_C = 9\delta(t)$$

（1）解得单位冲激响应

$$u_C(t) = 9e^{-10t}\varepsilon(t)\text{V}, \quad u(t) = \delta(t) - u_C(t) = \delta(t) - 9e^{-10t}\varepsilon(t)\text{V}$$

（2）若 $u_C(0_-)=2$V，则

$$\int_{0_-}^{0_+}\frac{du_C}{dt}dt + 10\int_{0_-}^{0_+}u_C dt = \int_{0_-}^{0_+}9\delta(t)dt$$

由于电容电压 $u_C(t)$ 不可能是冲激电压，所以有

$$\int_{0_-}^{0_+}du_C + 10\times 0 = 9$$

即

$$u_C(0_+) = 9 + u_C(0_-) = 9 + 2 = 11\text{V}$$

所以零状态响应
$$u_C(t) = 11\mathrm{e}^{-10t}\mathrm{V}$$

解得全响应
$$u_C(t) = 9\mathrm{e}^{-10t}\varepsilon(t) + 11\mathrm{e}^{-10t}\mathrm{V}$$
$$u(t) = \delta(t) - u_C(t) = \delta(t) - 20\mathrm{e}^{-10t}\varepsilon(t)\mathrm{V}$$

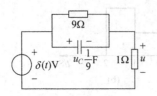
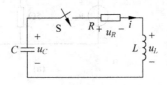

图 10-19　题 27 图　　　　　图 10-20　题 28 图

28. 图 10-20 所示电路中，已知 $C=1\mu\mathrm{F}$，$L=1\mathrm{H}$，$u_C(0_-)=10\mathrm{V}$，$i_L(0_-)=2\mathrm{A}$，开关 S 在 $t=0$ 时闭合。在 ① $R=4000\Omega$；② $R=2000\Omega$；③ $R=1000\Omega$ 三种情况下，求 $t\geqslant 0$ 时的 $u_C(t)$、i 及 $u_L(t)$。

答：此题为 2 阶动态放电电路，零输入响应，用经典法求解，则有
$$u_C = u_R + u_L, \quad i = -C\frac{\mathrm{d}u_C}{\mathrm{d}t}, \quad u_L = L\frac{\mathrm{d}i}{\mathrm{d}t}$$

整理得
$$LC\frac{\mathrm{d}^2 u_C}{\mathrm{d}t^2} + RC\frac{\mathrm{d}u_C}{\mathrm{d}t} + u_C = 0$$
$$u_C(0) = 10\mathrm{V}$$
$$\left.\frac{\mathrm{d}u_C}{\mathrm{d}t}\right|_{t=0} = -\frac{i(0)}{C} = -\frac{2}{1\mu} = -2\times 10^6 \mathrm{V/s}$$

(1) $R=4000\Omega$，则有
$$\frac{\mathrm{d}^2 u_C}{\mathrm{d}t^2} = 4000\frac{\mathrm{d}u_C}{\mathrm{d}t} + 10^6 u_C = 0$$

解得
$$u_C(t) = \mathrm{e}^{-2000t}[A\mathrm{e}^{1000\sqrt{3}t} + B\mathrm{e}^{-1000\sqrt{3}t}]\mathrm{V}$$

代入初始值后得
$$u_C(t) = \mathrm{e}^{-2000t}[(5-330\sqrt{3})\mathrm{e}^{1000\sqrt{3}t} + (5+330\sqrt{3})\mathrm{e}^{-1000\sqrt{3}t}]\mathrm{V}$$
$$i(t) = -C\frac{\mathrm{d}u_C}{\mathrm{d}t}\mathrm{e}^{-2000t}[(1000-665\sqrt{3})\mathrm{e}^{1000\sqrt{3}t} + (1000+665\sqrt{3})\mathrm{e}^{-1000\sqrt{3}t}]\mathrm{mA}$$
$$u_L(t) = L\frac{\mathrm{d}i}{\mathrm{d}t} = \mathrm{e}^{-2000t}[(-3995+2330\sqrt{3})\mathrm{e}^{1000\sqrt{3}t} - (3995+2330\sqrt{3})\mathrm{e}^{-1000\sqrt{3}t}]\mathrm{V}$$

(2) $R=2000\Omega$，则有
$$\frac{\mathrm{d}^2 u_C}{\mathrm{d}t^2} + 2000\frac{\mathrm{d}u_C}{\mathrm{d}t} + 10^6 u_C = 0$$

解得
$$u_C(t) = \mathrm{e}^{-1000t}(At+B)\mathrm{V}$$

代入初始值后得

$$u_C(t) = (10 - 1.99 \times 10^6 t)\mathrm{e}^{-1000t}\,\mathrm{V}$$

$$i(t) = -C\frac{\mathrm{d}u_C}{\mathrm{d}t} = (2 - 1990t)\mathrm{e}^{-1000t}\,\mathrm{A}$$

$$u_L(t) = L\frac{\mathrm{d}i}{\mathrm{d}t} = (-3990 + 1.99 \times 10^6 t)\mathrm{e}^{-1000t}\,\mathrm{V}$$

(3) $R=1000\Omega$，则

$$\frac{\mathrm{d}^2 u_C}{\mathrm{d}t^2} + 1000\frac{\mathrm{d}u_C}{\mathrm{d}t} + 10^6 u_C = 0,$$

解得

$$u_C(t) = \mathrm{e}^{-500t}[A\mathrm{e}^{\mathrm{j}500\sqrt{3}t} + B\mathrm{e}^{-\mathrm{j}500\sqrt{3}t}]\mathrm{V}$$

代入初始值后得

$$\begin{aligned} u_C(t) &= \mathrm{e}^{-500t}[(5+\mathrm{j}665\sqrt{3})\mathrm{e}^{\mathrm{j}500\sqrt{3}t} + (5-\mathrm{j}665\sqrt{3})\mathrm{e}^{-\mathrm{j}500\sqrt{3}t}]\mathrm{V} \\ &= 10\mathrm{e}^{-500t}[\cos(500\sqrt{3}t) - 133\sqrt{3}\sin(500\sqrt{3}t)]\mathrm{V} \\ &\approx 2303.65\mathrm{e}^{-500t}\cos(500\sqrt{3}t + 89.75°)\mathrm{V} \end{aligned}$$

$$\begin{aligned} i(t) &= -C\frac{\mathrm{d}u_C}{\mathrm{d}t} = \mathrm{e}^{-500t}[(1000+\mathrm{j}330\sqrt{3})\mathrm{e}^{\mathrm{j}500\sqrt{3}t} + (1000-\mathrm{j}330\sqrt{3})\mathrm{e}^{-\mathrm{j}500\sqrt{3}t}]\mathrm{mA} \\ &= \mathrm{e}^{-500t}[2000\cos(500\sqrt{3}t) - 660\sqrt{3}\sin(500\sqrt{3}t)]\mathrm{mA} \\ &\approx 2303.65\mathrm{e}^{-500t}\cos(500\sqrt{3}t + 29.75°)\mathrm{mA} \end{aligned}$$

$$\begin{aligned} u_L(t) &= L\frac{\mathrm{d}i}{\mathrm{d}t} = \mathrm{e}^{-500t}[(-995+\mathrm{j}335\sqrt{3})\mathrm{e}^{\mathrm{j}500\sqrt{3}t} - (995+335\sqrt{3})\mathrm{e}^{-\mathrm{j}500\sqrt{3}t}]\mathrm{V} \\ &= \mathrm{e}^{-500t}[-1990\cos(500\sqrt{3}t) - 670\sqrt{3}\sin(500\sqrt{3}t)]\mathrm{V} \\ &\approx 2303.65\mathrm{e}^{-500t}\cos(500\sqrt{3}t - 149.75°)\mathrm{V} \end{aligned}$$

29. 图 10-21 所示电路中，已知 $C=1\mu\mathrm{F}$，$L=1\mathrm{H}$，$i_L(0_-)=2\mathrm{A}$，$u_C(0_-)=10\mathrm{V}$。在①$R=250\Omega$；②$R=500\Omega$；③$R=1000\Omega$三种情况下，求 $t\geqslant 0$ 时的 $u_C(t)$、i_L 及 i_R。

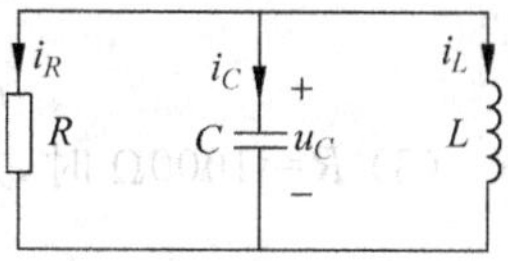

图 10-21 解题 29 图

答：此题为 2 阶动态放电电路，零输入响应，用经典法求解，则有

$$u_C = u_R = u_L,\quad i_C = C\frac{\mathrm{d}u_C}{\mathrm{d}t},\quad u_L = L\frac{\mathrm{d}i_L}{\mathrm{d}t}$$

整理得

$$LC\frac{\mathrm{d}^2 u_C}{\mathrm{d}t^2} + \frac{L}{R}\frac{\mathrm{d}u_C}{\mathrm{d}t} + u_C = 0$$

(1) $R=250\Omega$ 时，方程为

$$\frac{\mathrm{d}^2 u_C}{\mathrm{d}t^2} + 4000\frac{\mathrm{d}u_C}{\mathrm{d}t} + 10^6 u_C = 0$$

解得

$$u_C(t) = \mathrm{e}^{-2000t}[A\mathrm{e}^{1000\sqrt{3}t} + B\mathrm{e}^{-1000\sqrt{3}t}]\mathrm{V}$$

$$\left.\frac{\mathrm{d}u_C}{\mathrm{d}t}\right|_{t=0} = \frac{i_C(0)}{C} = -\frac{i_R(0)+i_L(0)}{C} = -\frac{u_C(0)/R + i_L(0)}{C}$$

$$= -\frac{10/250+2}{1\mu} = -2.04\times 10^6\,\mathrm{V/s}$$

代入初始值后得

$$u_C(t) = e^{-2000t}\left[\left(5 - \frac{1010\sqrt{3}}{3}\right)e^{1000\sqrt{3}t} + \left(5 + \frac{1010\sqrt{3}}{3}\right)e^{-1000\sqrt{3}t}\right]V$$

$$i_C(t) = C\frac{du_C}{dt} = e^{-2000t}\left[\left(-1020 + \frac{2035\sqrt{3}}{3}\right)e^{1000\sqrt{3}t} - \left(1020 + \frac{2035\sqrt{3}}{3}\right)e^{-1000\sqrt{3}t}\right]mA$$

$$i_R(t) = \frac{u_C(t)}{R} = e^{-2000t}\left[\left(20 - \frac{4040\sqrt{3}}{3}\right)e^{1000\sqrt{3}t} + \left(20 + \frac{4040\sqrt{3}}{3}\right)e^{-1000\sqrt{3}t}\right]mA$$

$$i_L(t) = -(i_C + i_R) = e^{-2000t}\left[\left(1000 + \frac{2005\sqrt{3}}{3}\right)e^{1000\sqrt{3}t} + \left(1000 - \frac{2005\sqrt{3}}{3}\right)e^{-1000\sqrt{3}t}\right]mA$$

(2) $R = 500\Omega$ 时，方程为

$$\frac{d^2u_C}{dt^2} + 2000\frac{du_C}{dt} + 10^6 u_C = 0$$

解得：

$$u_C(t) = e^{-1000t}(At + B)V$$

$$\frac{du_C}{dt}\bigg|_{t=0} = \frac{i_C(0)}{C} = -\frac{i_R(0) + i_L(0)}{C} = -\frac{u_C(0)/R + i_L(0)}{C}$$

$$= -\frac{10/500 + 2}{1\mu} = -2.02 \times 10^6 V/s$$

代入初始值后得

$$u_C(t) = (1 - 2.01 \times 10^6 t)e^{-1000t} V$$

$$i_C(t) = C\frac{du_C}{dt} = (-2.01 + 2010t)e^{-1000t} A$$

$$i_R(t) = \frac{u_C(t)}{R} = (0.02 - 4020t)e^{-1000t} A$$

$$i_L(t) = -(i_C + i_R) = (1.99 + 2010t)e^{-1000t} A$$

(3) $R = 1000\Omega$ 时，方程为

$$\frac{d^2u_C}{dt^2} + 1000\frac{du_C}{dt} + 10^6 u_C = 0$$

解得

$$u_C(t) = e^{-500t}[Ae^{j500\sqrt{3}t} + Be^{-j500\sqrt{3}t}]V$$

$$\frac{du_C}{dt}\bigg|_{t=0} = \frac{i_C(0)}{C} = -\frac{i_R(0) + i_L(0)}{C} = -\frac{u_C(0)/R + i_L(0)}{C}$$

$$= -\frac{10/1000 + 2}{1\mu} = -2.01 \times 10^6 V/s$$

代入初始值后得

$$u_C(t) = e^{-500t}\left[\left(5 + j\frac{2005\sqrt{3}}{3}\right)e^{j500\sqrt{3}t} + \left(5 - j\frac{2005\sqrt{3}}{3}\right)e^{-j500\sqrt{3}t}\right]V$$

$$= e^{-500t}\left[10\cos(500\sqrt{3}t) - \frac{4010\sqrt{3}}{3}\sin(500\sqrt{3}t)\right]V$$

$$\approx 2315.2e^{-500t}\cos(500\sqrt{3}t + 89.75°)V$$

$$i_C = C\frac{\mathrm{d}u_C}{\mathrm{d}t} = \mathrm{e}^{-500t}\left[-\left(1005 + \mathrm{j}\frac{995\sqrt{3}}{3}\right)\mathrm{e}^{\mathrm{j}500\sqrt{3}t} + \left(-1005 + \mathrm{j}\frac{955\sqrt{3}}{3}\right)\mathrm{e}^{-\mathrm{j}500\sqrt{3}t}\right]\mathrm{mA}$$

$$= \mathrm{e}^{-500t}\left[-2010\cos(500\sqrt{3}t) + \frac{1990\sqrt{3}}{3}\sin(500\sqrt{3}t)\right]\mathrm{mA}$$

$$\approx 1157.6\mathrm{e}^{-500t}\cos(500\sqrt{3}t - 150.25°)\mathrm{mA}$$

$$i_R(t) = \frac{u_C(t)}{R} = \mathrm{e}^{-500t}\left[\left(5 + \mathrm{j}\frac{2005\sqrt{3}}{3}\right)\mathrm{e}^{\mathrm{j}500\sqrt{3}t} + \left(5 - \mathrm{j}\frac{2005\sqrt{3}}{3}\right)\mathrm{e}^{-\mathrm{j}500\sqrt{3}t}\right]\mathrm{mA}$$

$$= \mathrm{e}^{-500t}\left[10\cos(500\sqrt{3}t) - \frac{4010\sqrt{3}}{3}\sin(500\sqrt{3}t)\right]\mathrm{mA}$$

$$\approx 2315.2\mathrm{e}^{-500t}\cos(500\sqrt{3}t + 89.75°)\mathrm{mA}$$

$$i_L(t) = -(i_C + i_R) = \mathrm{e}^{-500t}\left[\left(-1 + \frac{1\sqrt{3}}{3}\right)\mathrm{e}^{\mathrm{j}500\sqrt{3}t} - \left(1 + \frac{\sqrt{3}}{3}\right)\mathrm{e}^{-\mathrm{j}500\sqrt{3}t}\right]\mathrm{A}$$

$$= \mathrm{e}^{-500t}\left[-2\cos(500\sqrt{3}t) + \frac{2\sqrt{3}}{3}\sin(500\sqrt{3}t)\right]\mathrm{A}$$

$$\approx 2309.4\mathrm{e}^{-500t}\cos(500\sqrt{3}t - 150°)\mathrm{mA}$$

30. 如图 10-22 所示电路中 $C=1\mathrm{F}, L=1\mathrm{H}, R=3\Omega$, $u_C(0_-)=0\mathrm{V}, i_L(0_-)=1\mathrm{A}, t\geqslant 0$ 时,$u_{\mathrm{OC}}(t)=0\mathrm{V}$,试求 $u_C(t)$ 及 $i_L(t), t\geqslant 0$。

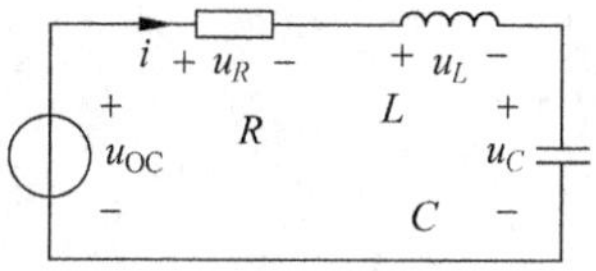

答:此题为 2 阶动态放电电路,零输入响应,用经典法求解,先建立方程

图 10-22 题 30 图

$$LC\frac{\mathrm{d}^2 u_C}{\mathrm{d}t^2} + RC\frac{\mathrm{d}u_C}{\mathrm{d}t} + u_C = u_{\mathrm{OC}}$$

代入已知参数得

$$\frac{\mathrm{d}^2 u_C}{\mathrm{d}t^2} + 3\frac{\mathrm{d}u_C}{\mathrm{d}t} + u_C = 0, \quad \left.\frac{\mathrm{d}u_C}{\mathrm{d}t}\right|_{t=0} = \frac{i_L(0)}{C} = \frac{1}{1} = 1\mathrm{V/s}$$

解微分方程得

$$u_C(t) = \frac{\sqrt{5}}{5}(\mathrm{e}^{-\frac{3-\sqrt{5}}{2}t} - \mathrm{e}^{-\frac{3+\sqrt{5}}{2}t})\mathrm{V}$$

$$i_L(t) = C\frac{\mathrm{d}u_C}{\mathrm{d}t} = \frac{5-3\sqrt{5}}{40}\mathrm{e}^{-\frac{3-\sqrt{5}}{2}t} + \frac{5+3\sqrt{5}}{40}\mathrm{e}^{-\frac{3+\sqrt{5}}{2}t}\mathrm{A}$$

31. 如图 10-23 图,$C=0.25\mathrm{F}, L=0.5\mathrm{H}, R=3\Omega, u_C(0_-)=2\mathrm{V}, i_L(0_-)=1\mathrm{A}, t\geqslant 0$ 时,$u_{\mathrm{OC}}(t)=0\mathrm{V}$,试求 $u_C(t)$ 及 $i_L(t), t\geqslant 0$。

答:此题为 2 阶动态放电电路,零输入响应,用经典法求解
先建立方程

$$LC\frac{\mathrm{d}^2 u_C}{\mathrm{d}t^2} + RC\frac{\mathrm{d}u_C}{\mathrm{d}t} + u_C = u_{\mathrm{OC}}$$

代入已知参数得

$$\frac{\mathrm{d}^2 u_C}{\mathrm{d}t^2} + 6\frac{\mathrm{d}u_C}{\mathrm{d}t} + 8u_C = 0, \quad \left.\frac{\mathrm{d}u_C}{\mathrm{d}t}\right|_{t=0} = \frac{i_L(0)}{C} = \frac{1}{0.25} = 4\mathrm{V/s}$$

解微分方程得

$$u_C(t) = 6e^{-2t} - 4e^{-4t}\,\text{V}, \quad i_L(t) = C\frac{du_C}{dt} = -3e^{-2t} + 4e^{-4t}\,\text{A}$$

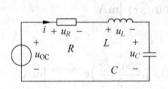

图 10-23　题 31 图

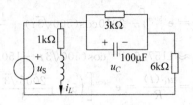

图 10-24　题 32 图

32. 图 10-24 所示电路中储能元件无初始储能，$u_S = 6\delta(t)\text{V}$，求 $i_L(t)$ 和 $u_C(t)$。

答：属于二阶动态电路，并且是冲激响应问题

$$\begin{cases} u_S = 1000 i_L + 0.5\dfrac{di_L}{dt} \\ u_S = u_C + 6000\left(\dfrac{u_C}{3000} + 100\mu\dfrac{du_C}{dt}\right) \end{cases}$$

得

$$\begin{cases} \dfrac{di_L}{dt} + 2000 i_L = 12\delta(t) \\ \dfrac{du_C}{dt} + 5 u_C = 10\delta(t) \end{cases}$$

解得

$$\begin{cases} i_L(t) = 12e^{-2000t}\varepsilon(t)\,\text{A} \\ u_C(t) = 10e^{-5t}\varepsilon(t)\,\text{V} \end{cases}$$

33. 判断图 10-25 所示电路的过渡过程性质，若振荡，则求出衰减系数 δ 及自由振荡角频率 ω。

答：此电路属于二阶动态电路，$\varepsilon(t)$ 表示 $t=0$ 时刻进行换路。

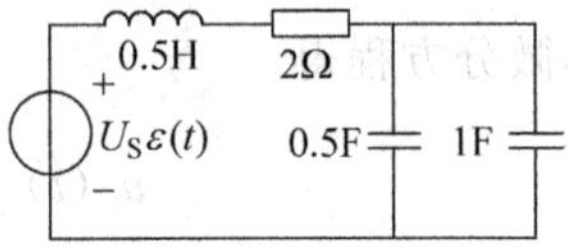

在 $t<0$ 时，电压源为零，电路达稳定状态，电容开路，电感短路。$i_L(0)=0\text{A},\ u_C(0)=0\text{V}$。

图 10-25　题 33 图

在 $t=0$ 时刻

$$\left.\frac{du_C}{dt}\right|_{t=0} = \frac{i_L(0)}{C} = 0\text{V/s}$$

列方程

$$U_S\varepsilon(t) = 0.5\times\frac{di_L}{dt} + 2i_L + u_C,\quad i_L = (1+0.5)\times\frac{du_C}{dt}$$

整理后得

$$3\frac{d^2 u_C}{dt^2} + 12\frac{du_C}{dt} + 4u_C = 4U_S\varepsilon(t)$$

特征方程

$$3p^2 + 12p + 4 = 0$$

特征根为 $p=-6\pm2\sqrt{6}$，所以此电路不是振荡电路。

34. 图 10-26 所示电路中储能元件无初始储能，$t=0$ 时闭合开关 S。求 $L=0.1\text{H}$ 时的 $i_L(t)$。

答：此电路属于二阶动态电路，则有

$$\begin{cases} u_C = L\dfrac{\text{d}i_L}{\text{d}t} = 0.1\dfrac{\text{d}i_L}{\text{d}t} \\ 10 = 50\left(i_L + C\dfrac{\text{d}u_C}{\text{d}t}\right) + u_C = 50i_L + 5\times10^{-3}\dfrac{\text{d}u_C}{\text{d}t} + u_C \end{cases}$$

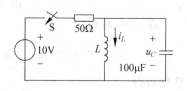

图 10-26　题 34 图

整理得

$$\dfrac{\text{d}^2 i_L}{\text{d}t^2} + 20\dfrac{\text{d}i_L}{\text{d}t} + 10\,000 i_L = 2000$$

特解：令各阶导数为零得，

$$i'_L = \dfrac{2000}{10\,000}\text{A} = 0.2\text{A}$$

通解

$$i''_L = \text{e}^{-10t}(A\text{e}^{\text{j}30\sqrt{11}t} + B\text{e}^{-\text{j}30\sqrt{11}t})\text{A}$$

全解

$$i_L = i'_L + i''_L = 0.2 + \text{e}^{-10t}(A\text{e}^{\text{j}30\sqrt{11}t} + B\text{e}^{-\text{j}30\sqrt{11}t})\text{A}$$

初始

$$i_L(0)=0,\quad \dfrac{\text{d}i_L}{\text{d}t}\bigg|_{t=0}=\dfrac{u_C(0)}{L}=0$$

求得

$$A=-\dfrac{1}{10}+\text{j}\dfrac{\sqrt{11}}{330},\quad B=-\dfrac{1}{10}-\text{j}\dfrac{\sqrt{11}}{330}$$

所以有

$$i_L(t)=0.2-\dfrac{2\sqrt{11}}{33}\text{e}^{-10t}\cos(30\sqrt{11}t-5.74°)\text{A}$$
$$=0.2-0.201\text{e}^{-10t}\cos(99.5t-5.74°)\text{A}$$

35. 图 10-27 所示电路中，已知 $i_{S1}=5\text{A}$，$i_{S2}=4\varepsilon(t)\text{A}$，$R=30\Omega$，$L=3\text{H}$，$C=1/27\text{F}$，求 $u_C(t)$。

答：电路属于二阶动态电路，$\varepsilon(t)$ 表示 $t=0$ 时刻进行换路。

在 $t>0$ 时刻，电流源 i_{S2} 开始作用，在作用前电路达稳定状态，电流源 i_{S2} 为零，电容开路，电感短路。$i_L(0)=i_{S1}=5\text{A}$，$u_C(0)=Ri_{S1}=150\text{V}$，绘出 0_+ 电路图如图 10-28 所示。

从 0_+ 电路图中，可以计算出

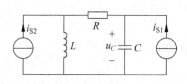

图 10-27　题 35 图

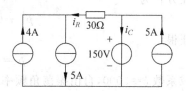

图 10-28　解题 35 图

$$i_R(0) = (5-4)\text{A} = 1\text{A}$$
$$i_C(0) = (5-1)\text{A} = 4\text{A}$$
$$\left.\frac{du_C}{dt}\right|_{t=0} = \frac{i_C(0)}{C} = \frac{4}{1/27} = 108\text{V/s}$$

在 $t>0$ 时刻
$$i_L = i_{S2} + i_R, \quad i_{S1} = i_C + i_R, \quad i_C = C\frac{du_C}{dt}, \quad u_C = Ri_R + L\frac{di_L}{dt}$$

整理后得
$$\frac{d^2 u_C}{dt^2} + 10\frac{du_C}{dt} + 9u_C = 1350$$

特解，令各阶导数为零得
$$u'_C = \frac{1350}{9} = 150\text{V}$$

通解
$$u''_C = Ae^{-t} + Be^{-9t}\text{V}$$

全解
$$u_C = u'_C + u''_C = 150 + Ae^{-t} + Be^{-9t}\text{V}$$

代入 0_+ 时刻值，求得
$$A = 13.5, \quad B = -13.5$$

所以有
$$u_C(t) = 150 + 13.5(e^{-t} - e^{-9t})\text{V}$$

36. 判断图 10-29 所示电路的过渡过程性质，若振荡，则求出衰减系数 δ 及自由振荡角频率 ω。

答：电路属于二阶动态电路，$\varepsilon(t)$ 表示 $t=0$ 时刻进行换路。
在 $t<0$ 时，电流源为零，电路达稳定状态，电容开路，电感短路。$i_L(0)=0\text{A}, u_C(0)=0\text{V}$。
在 $t=0$ 时刻
$$\left.\frac{du_C}{dt}\right|_{t=0} = \frac{i_C(0)}{C} = \frac{5}{10^{-7}} = 5\times10^7\text{V/s}$$

列方程：
$$8000i_C + u_C = 1\times\frac{d(5-i_C)}{dt} + 2000i_C, \quad i_C = 10^{-7}\times\frac{du_C}{dt}$$

整理后得
$$\frac{d^2 u_C}{dt^2} + 6000\frac{du_C}{dt} + 10^7 u_C = 0$$

所以特征方程为
$$p^2 + 6000p + 10^7 = 0$$

求得特征根
$$p = -3000 \pm j1000$$

所以衰减系数 $\delta=3000$，自由振荡角频率 $\omega=1000$。

37. 电路如图 10-30 所示，若 $i_L(t)=5\sin 3t\text{A}, t\geqslant 0$；$i_L(t)=0, t<0$。试确定 $i_L(0)$，$u(0)$ 以及 α 的值。

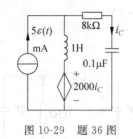
图 10-29 题 36 图

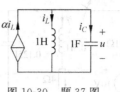
图 10-30 题 37 图

答：电路属于二阶动态电路。

$$u(t) = L\frac{di_L(t)}{dt} = 1 \times 5 \times 3\cos 3t = 15\cos(3t)\text{V}$$

所以 $t=0$ 时：$i_L(0)=0, u(0)=15\text{V}$，则有

$$i_C(t) = C\frac{du(t)}{dt} = 1 \times 15 \times [-3\sin(3t)] = -45\sin(3t)\text{A}$$

而根据 KCL

$$\alpha i_L(t) = i_L(t) + i_C(t), \quad \alpha = 1 + \frac{i_C(t)}{i_L(t)} = 1 + \frac{-45\sin 3t}{5\sin 3t} = -8$$

38. 图 10-31 所示电路已达稳态，$t=0$ 开关打开，求零输入响应 $u_C(t)$。

答：$t=0$ 时，根据分压法得 $u_C(0)=[10\times 4/(1+4)]\text{V}=8\text{V}$, $i_L(0)=[10/(1+4)]\text{A}=2\text{A}$。

开关打开后

$$\frac{du_C(t)}{dt}\bigg|_{t=0} = \frac{i_C(0)}{C} = -\frac{i_L(0)}{C} = -\frac{2}{0.125} = -16\text{V/S}$$

列方程

$$u_C(t) = L\frac{di_L(t)}{dt} + 4i_L(t), \quad \frac{du_C(t)}{dt} = \frac{i_C(t)}{C} = -\frac{i_L(t)}{C}$$

即：

$$LC\frac{d^2 u_C(t)}{dt^2} + 4C\frac{du_C(t)}{dt} + u_C(t) = 0$$

整理得

$$\frac{d^2 u_C(t)}{dt^2} + 8\frac{du_C(t)}{dt} + 16u_C(t) = 0$$

解齐次微分方程

$$u_C(t) = (A + Bt)e^{-4t}\text{V}$$

求待定系数 A 和 B

$$\begin{cases} u_C(0) = A = 8 \\ \frac{du_C(t)}{dt}\bigg|_{t=0} = -4A + B = 16 \end{cases}$$

解得

$$\begin{cases} A = 8 \\ B = 16 \end{cases}$$

则零输入响应

$$u_C(t) = (8+16t)e^{-4t} \text{V}$$

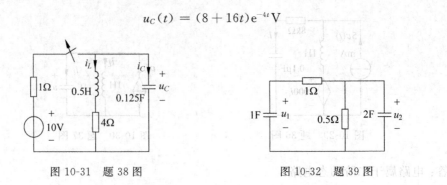

图 10-31　题 38 图　　　　　图 10-32　题 39 图

39. 图 10-32 所示为 $t>0$ 的电路，已知 $u_1(0)=1\text{V}, u_2(0)=-2\text{V}$，求 $u_1(t)$。

答：列 KVL 方程

$$u_1(t) + 1 \times 1 \times \frac{du_1(t)}{dt} = u_2(t)$$

列 KCL 方程

$$\frac{u_2(t)}{0.5} + 1 \times \frac{du_1(t)}{dt} + 2 \times \frac{du_2(t)}{dt} = 0$$

整理后有

$$\frac{d^2 u_1(t)}{dt^2} + \frac{5}{2} \times \frac{du_1(t)}{dt} + u_1(t) = 0$$

则齐次微分方程解

$$u_1(t) = Ae^{-2t} + Be^{-0.5t} \text{V}$$

求待定系数 A 和 B

$$\begin{cases} u_1(0) = A + B = 1 \\ \left.\dfrac{du_1(t)}{dt}\right|_{t=0} = -2A - 0.5B = u_2(0) - u_1(0) = -3 \end{cases}$$

解得

$$\begin{cases} A = \dfrac{5}{3} \\ B = -\dfrac{2}{3} \end{cases}$$

则零输入响应

$$u_1(t) = \frac{5}{3}e^{-2t} - \frac{2}{3}e^{-0.5t} \text{V}$$

40. 含受控源电路处于零初始状态，已知 $u_S = 10\varepsilon(t)\text{V}$，求图 10-33 所示电路的电流 i。

答：根据 KCL、KVL 列方程求解

$$\begin{cases} 10\varepsilon(t) = 20(i+i_1) + 30i + 0.5 \times \dfrac{di}{dt} \\ 30i + 0.5 \times \dfrac{di}{dt} = 10i_1 - 10i + 1 \times \dfrac{di_1}{dt} \end{cases}$$

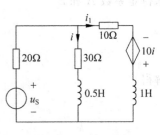

图 10-33　题 40 图

整理

$$\frac{d^2 i}{dt^2} + 130\frac{di}{dt} + 2600i = 200\varepsilon(t) + 20\delta(t)$$

解得

$$i(t) = \left(\frac{1}{13} + 0.148e^{-24.7t} - 0.225e^{-105.3t}\right)\varepsilon(t) \text{A}$$

10.4 思考改错题

1. 可用三要素(初始值、终止值、时间常数)法来求二阶电路全响应的解。
2. 对于冲激响应，由于冲激表示 0 时刻为∞值，所以相当于电路的零状态响应。
3. 对于阶跃响应，由于阶跃表示 $t \leqslant 0$ 时处处为零，所以相当于电路的零输入响应。
4. R、L、C 串联电路的 R 为某个值时，电路固有频率为 $-\delta \pm j\omega$，即衰减系数 δ，振荡频率 ω。若电路中 L、C 保持不变，为获得临界阻尼响应，则电阻需要扩大为原来的 $\sqrt{1+(\delta/\omega)^2}$ 倍。
5. R、L、C 串联且初始状态都为零的电路有 $R=4\Omega$、$L=1\text{H}$、$C=0.5\text{F}$ 时，电路处于非衰减振荡。
6. R、L、C 串联且初始状态都为零的电路有 $R=2\Omega$、$L=1\text{H}$、$C=1\text{F}$ 时，电路处于临界非衰减。
7. R、L、C 串联且初始状态都为零的电路有 $R=1\Omega$、$L=1\text{H}$、$C=1\text{F}$ 时，电路处于非振荡衰减。
8. R、L、C 串联且初始状态都为零的电路有 $R=0\Omega$、$L=1\text{H}$、$C=1\text{F}$ 时，电路处于无振荡衰减。
9. R、L、C 串联电路的特点中，当 $R=0$ 时，称为临界阻尼。
10. 电路的固有频率仅与激励和初始状态有关，而与电路结构和元件参数无关。

第 11 章 非正弦周期电流电路

11.1 知识点概要

一系列振幅不同、频率成整数倍的正弦波,叠加后可构成一个非正弦周期波。我们把这些频率不同的正弦波称为非正弦周期波的谐波,其中 u_1 的频率与方波相同,称为方波的基波,是构成方波的基本成分;其余的叠加波按照频率为基波的 K 次倍而分别称为 K 次谐波,如 u_3 称为方波的 3 次谐波、u_5 称为方波的 5 次谐波等。K 为奇数的谐波又称为奇次谐波,K 为偶数的谐波称为偶次谐波;基波也可称作一次谐波,高于一次谐波的正弦波均可称为高次谐波。

非正弦周期电流(或电压)可以用一个周期函数表示,即 $f(t)=f(t+nT)$,当 $f(t)$ 满足狄里赫利条件,非正弦周期电流(或电压) $f(t)$ 可以展开成一个收敛的傅里叶级数,其中 1 次谐波(或基波分量),其周期或频率与原周期函数 $f(t)$ 相同,其他各项统称为高次谐波,即 2 次、3 次、4 次、$\cdots$、n 次谐波。这种将一个周期函数展开或分解为一系列谐波之和的傅里叶级数称为谐波分析。

傅里叶级数的展开:

$$f(t) = a_0 + \sum_{k=1}^{\infty}[a_k \cos k\omega_1 t + b_k \sin k\omega_1 t]$$

$$A_0 = a_0 = \frac{1}{T}\int_0^T f(t)\mathrm{d}t$$

$$a_k = \frac{1}{\pi}\int_0^{2\pi} f(t)\cos(k\omega_1 t)\mathrm{d}(\omega_1 t)$$

$$b_k = \frac{1}{\pi}\int_0^{2\pi} f(t)\sin(k\omega_1 t)\mathrm{d}(\omega_1 t)$$

1. 非正弦周期量的有效值与平均值

假设一个非正弦周期电流为已知

$$i = I_0 + \sqrt{2}I_1\sin(\omega t + \varphi_1) + \sqrt{2}I_2\sin(2\omega t + \varphi_2) + \cdots$$

其中 I_0 为直流分量,I_1、I_2、$\cdots$ 为各次谐波的有效值。经数学推导,非正弦周期量的有效值等于它的各次谐波有效值的平方和的开方,即

$$I = \sqrt{I_0^2 + I_1^2 + I_2^2 + \cdots I} = \sqrt{I_0^2 + \sum_{k=1}^{\infty} I_k^2}$$

一般规定,正弦量的平均值按半个周期计算,而非正弦周期量的平均值要按一个周期计算。因为正弦量在一个周期内的平均值为零,但半个周期内的平均值则不为零,其值为

$$I_{\mathrm{av}} = \frac{2}{\pi}I_{\mathrm{m}} = 0.637 I_{\mathrm{m}}$$

2. 非正弦周期量的平均功率

$$P = \frac{1}{T}\int_0^T u \cdot i \mathrm{d}t = U_0 I_0 + \sum_{k=1}^{\infty} U_k I_k \cos\varphi_k$$

$$= P_0 + P_1 + P_2 + \cdots$$

3. 非正弦周期电流电路的计算

（1）利用傅里叶级数，将非正弦周期函数展开成若干种频率的谐波信号。

（2）对各次谐波分别应用相量法计算：①当直流分量单独作用时，遇电容元件按开路处理；遇电感元件按短路处理；②当任意一次正弦谐波分量单独作用时，电路的计算方法与单相正弦交流电路的计算方法完全相同。必须注意的是，对不同频率的谐波分量，电容元件和电感元件上所呈现的容抗和感抗各不相同，应分别加以计算。

（3）将以上计算结果转换为瞬时值叠加：用相量分析法计算出来的各次谐波分量的结果一般是用复数表示的，不能直接进行叠加。必须要把它们化为瞬时值表达式后才能进行叠加。

11.2 学习指导

对稳定的线性电路，在周期信号激励下，稳态响应仍为周期信号。利用叠加定理，可对各谐波分别进行计算。对直流分量，电感相当于短路，电容相当于开路。对 k 次谐波分量，角频率为 $k\omega_1$，利用相量法求解，与角频率有关的电感、电容阻抗（或导纳）需要重新计算。待计算出一定次数的谐波后，再在时域对各分量叠加，求出稳态响应。

如图 11-1 所示电路中，已知 $u = (10 + 15\sqrt{2}\sin\omega t + 25\sqrt{2}\sin 3\omega t)$V，$R = 5\Omega$，$\omega L = 5\Omega$，$\dfrac{1}{\omega C} = 45\Omega$，求电压表和电流表的读数。

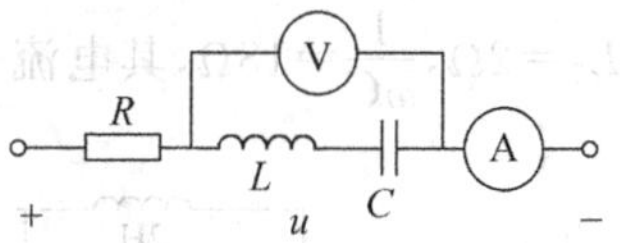

图 11-1 周期电路分析

解答该类问题，采用叠加定理法，从题目可以看出，有三个不同角频率，分别是直流、基波、3 次谐波，所以分成 3 个子相量电路图分别求解，然后进行叠加即可。

直流电单独作用下，即 $u = 10$V 时：电感短路，电容开路，得：电压表电压 $= 10$V，电流表电流 $= 0$A，电阻功率为 0W。

基波单独作用下，即 $u = 15\sqrt{2}\sin\omega t$V 时：电阻阻抗 $= 5\Omega$，电感阻抗 $= j5\Omega$，电容阻抗 $= -j45\Omega$，电压表电压 $= 14.8\sqrt{2}\sin(\omega t - 7.13)$V，电流表电流 $= 0.37\sqrt{2}\sin(\omega t + 87.87)$A，电阻功率 $= 0.37^2 * 5 = 0.68$W。

3 次谐波单独作用下，即 $u = 25\sqrt{2}\sin 3\omega t$V 时：电阻阻抗 $= 5\Omega$，电感阻抗 $= j15\Omega$，电容阻抗 $= -j15\Omega$，电压表电压 $= 0$V，电流表电流 $= 5\sqrt{2}\sin 3\omega t$A，电阻功率 $= 5^2 * 5 = 125$W。

叠加后：电压表电压 $= 10$V $+ 14.8\sqrt{2}\sin(\omega t - 7.13)$V，电流表电流 $= 0.37\sqrt{2}\sin(\omega t + 82.87)$A $+ 5\sqrt{2}\sin 3\omega t$A。

故：电压表读数 $= \sqrt{10^2 + 14.8^2}$ V $= 17.86$V，电流表的读数 $= \sqrt{0.37^2 + 5^2}$ A $= 5.014$A，电阻总消耗功率 $= (0.68 + 125)$W $= 125.68$W。

11.3 课后习题分析

1. 图 11-2 所示电路的电源电压为 $(2+3\sqrt{2}\sin 1000t)$V，电阻 1kΩ 消耗的功率为（　　）。(注：$\tan 26.57°=0.5,\tan 63.43°=2$)

  A. 5.8W   B. 5.8mW   C. 4W   D. 4mW

答：B。用叠加定理分别计算。

直流电单独作用时，电感短路，电容开路，电阻 1kΩ 消耗的功率 $P_1=2^2/1000=4$mW。

正弦交流电单独作用时，感抗为 j2kΩ，容抗为 -j1kΩ。

电阻电压为

$$\dot{U}_S = \frac{1000//(-\text{j}1000)}{\text{j}2000+1000//(-\text{j}1000)}\dot{U}_S = \frac{500-\text{j}500}{500+\text{j}1500}\times 3\angle 0°$$

$$= -\frac{3}{5}(1+\text{j}2)$$

$$= -0.6\sqrt{5}\angle 63.43°\text{V}$$

电阻 1kΩ 消耗的功率 $P_2=(0.6\sqrt{5})^2/1000=1.8$mW。

叠加后，电阻 1kΩ 消耗的功率 $=P_1+P_2=5.8$mW。

2. 图 11-3 所示电路中，已知 $u_S=[100+50\sin(3\omega t+45°)]$V，$R=20\Omega$，$\omega L_1=5\Omega$，$\omega L_2=2\Omega$，$\frac{1}{\omega C}=18\Omega$，其电流 i 和电路消耗的平均功率 P 为（　　）。

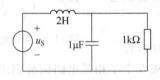
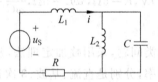

图 11-2 题 1 图   图 11-3 题 2 图

  A. 5A, 500W   B. 1.66A, 55W   C. 6.66A, 555W   D. 5.27A, 555W

答：A。用叠加定理分别计算。

直流电单独作用时，电感短路，电容开路，电流 $i=100/20=5$A，电阻 R 消耗的功率 $P_1=5^2\times 20=500$W。

正弦 3ω 交流电单独作用时，电感 L_2 与电容 C 并联谐振，相当于开路，此时电流 $i=0$A，电阻 R 消耗的功率 $P_2=0$W。

叠加后，电流 $i=5+0=5$A，电阻 R 消耗的功率 $=P_1+P_2=500$W。

3. R、L 串联电路两端的电压 $u=(100\sqrt{2}\sin\omega t+50\sqrt{2}\sin 3\omega t)$V，$R=4\Omega$，$\omega L=3\Omega$，该电压的有效值 U 和电路中电流的有效值 I 为（　　）。

  A. 150V, 25A   B. 100V, 20A   C. 111.8V, 20.6A   D. 50V, 5A

答：C。根据叠加定理，电压有效值

$$U=\sqrt{100^2+50^2}=50\sqrt{5}\text{V}=111.8\text{V}$$

电流有效值

$$I = \sqrt{\left(\frac{100}{\sqrt{4^2+3^2}}\right)^2 + \left(\frac{50}{\sqrt{4^2+(3\times3)^2}}\right)^2}\,\text{A} = 20.63\text{A}$$

4. 图 11-4 所示电路中,已知 $u=(10+5\sqrt{2}\sin3\omega t)\text{V},R=5\Omega,\omega L=5\Omega,\dfrac{1}{\omega C}=45\Omega$,其电压表和电流表的读数为(　　)。

　　A. 0V,0A　　　　　　B. 11V,1A　　　　　　C. 10V,0A　　　　　　D. 10V,1A

答:D。根据叠加定理,且在直流电作用下电感短路,电容开路,开路电压 10V,开路电流 0A;而在 3ω 时,电感电容串联谐振,谐振电压为 0V,谐振电流为 5/5=1A,所以,电压表读数为 10V,电流表的读数为 1A。

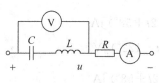

图 11-4　题 4 图

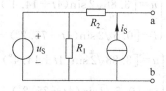

图 11-5　题 5 图

5. 图 11-5 所示电路 a、b 之间的诺顿等效电路为(　　)。已知 $u_\text{S}=(10\sin\omega t+8\sin3\omega t)\text{V},i_\text{S}=2\sin\omega t\text{A},R_1=10\Omega,R_2=4\Omega$。

A. $\begin{cases}u_\text{OC}=(18\sin\omega t+8\sin3\omega t)\text{V}\\Z_\text{eq}=4\Omega\end{cases}$　　　　B. $\begin{cases}u_\text{OC}=(63\sin\omega t+28\sin3\omega t)\text{V}\\Z_\text{eq}=14\Omega\end{cases}$

C. $\begin{cases}i_\text{SC}=(4.5\sin\omega t+2\sin3\omega t)\text{A}\\Z_\text{eq}=4\Omega\end{cases}$　　　　D. $\begin{cases}i_\text{SC}=(4.5\sin\omega t+2\sin3\omega t)\text{A}\\Z_\text{eq}=14\Omega\end{cases}$

答:C。先分析电路图,由于电压源与电阻 R_1 并联,在计算诺顿等效时,电阻 R_1 不起作用,因此丢弃电阻 R_1;所以 ab 两端的等效电阻为 4Ω,这样可以排除 B、D 选项。

又,选项 A 为戴维宁参数,选项 C 为诺顿参数,因此选 C。当然也可以直接求解出 ab 端口短路电流也可以。

6. 图 11-6 所示电路中,已知 $i_\text{S}=[10\sin\omega t+8\sin(3\omega t+30°)]\text{A},R=4\Omega,\dfrac{1}{\omega C}=3\Omega$,该电路消耗的功率 P 为(　　)。

　　A. 72W　　　　　　B. 79.5W　　　　　　C. 46W　　　　　　D. 118W

答:B。用叠加定理求解,先计算电容容抗,在 1ω 下为 $-\text{j}3\Omega$,而在 3ω 下为 $-\text{j}1\Omega$。

$$P=\left|\frac{-\text{j}3}{R-\text{j}3}5\sqrt{2}\angle0°\right|^2 R+\left|\frac{-\text{j}1}{R-\text{j}1}4\sqrt{2}\angle30°\right|^2 R$$

$$=72+7.53=79.53\text{W}$$

7. 图 11-7 所示电路中,已知 $u_\text{S1}=20\sqrt{2}\sin1000t\text{V},u_\text{S2}=5\text{V},R=1000\Omega,L=1\text{H},C=2\mu\text{F}$,功率表的读数为(　　)。

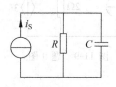

图 11-6　题 6 图

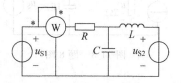

图 11-7　题 7 图

A. 2W B. 1W C. 0.2W D. 0W

答：C。分析电路图看成，直流电源 $u_{S2}=5V$ 对功率表无贡献，所以只需要计算 u_{S2} 对功率表贡献。

电阻电流

$$\dot{I} = \frac{20\angle 0°}{1000+j1000//(-j500)} = 0.01(1+j) = 0.01\sqrt{2}\angle 45°A$$

功率表读数为 $(0.01\sqrt{2})^2 \times 1000 = 0.2W$。

8. 图 11-8 所示电路，已知 $u_S=4\sin 2t V$，$i_S=2\sqrt{2}\sin 4t A$，i 的表达式为（　　）。

A. $\begin{cases} u=[3.88\sqrt{2}\sin(4t+14.4°)-0.6\sin(2t-122°)]V \\ i=[0.5\sqrt{2}\sin(4t-75.2°)-0.3\sqrt{2}\sin(2t+58°)]A \end{cases}$

B. $\begin{cases} u=[3.88\sqrt{2}\sin(4t+14.4°)+0.6\sin(2t-122°)]V \\ i=[0.5\sqrt{2}\sin(4t-75.2°)+0.3\sqrt{2}\sin(2t+58°)]A \end{cases}$

C. $\begin{cases} u=[3.88\sqrt{2}\sin(4t+14.4°)+0.6\sin(2t+122°)]V \\ i=[0.5\sqrt{2}\sin(4t+75.2°)+0.3\sqrt{2}\sin(2t+58°)]A \end{cases}$

D. $\begin{cases} u=[3.88\sqrt{2}\sin(4t+14.4°)-0.6\sin(2t+122°)]V \\ i=[0.5\sqrt{2}\sin(4t+75.2°)-0.3\sqrt{2}\sin(2t+58°)]A \end{cases}$

答：B。用叠加定理求解（注：$\tan 58°=1.6$，$\tan 75.15°=3.77$）。

电压源单独作用，感抗为 $j4\Omega$，容抗为 $-j0.5\Omega$，电流源开路，则有

$$\dot{I}' = -\frac{(-j0.5)//(2+j4)}{1+(-j0.5)//(2+j4)} \times \frac{2\sqrt{2}\angle 0°}{2+j4}A$$

$$= \frac{2\sqrt{2}}{89}(5+j8)A = 0.3\angle 58°A$$

$$\dot{U}' = -2\dot{I}' = 0.6\angle -122°V$$

电流源单独作用，感抗为 $j8\Omega$，容抗为 $-j0.25\Omega$，电压源短路，则有

$$\dot{I}'' = \frac{2}{2+j8+(-j0.25)//1} \times 2\angle 0°$$

$$= \frac{4}{1097} \times (35-j132) = 0.5\angle -75.15°A$$

$$\dot{U}'' = 2(\dot{I}_S - \dot{I}'') = 2(2\angle 0° - 0.5\angle -75.15°)V = 3.87\angle 14.48°V$$

9. 图 11-9 所示电路，已知 $i_S=[3+2\sin t+\sqrt{2}\sin 3t]A$，$i_S$ 和 i 的有效值为（　　）。

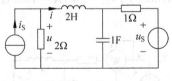

图 11-8 题 8 图

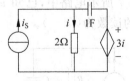

图 11-9 题 9 图

A. 3A,3A   B. 7.07A,4.87A
C. 5.41A,4.32A   D. 3.46A,3.18A

答：D。i_s 的有效值为

$$\sqrt{3^2+(\sqrt{2})^2+1^2}=3.46\text{A}$$

直流电单独作用，电容开路，所以

$$I'=3\text{A}$$

$\sin t$ 电流单独作用，电容容抗为 $-\text{j}1\Omega$，

$$\dot{I}_s=\dot{I}+\frac{2\dot{I}-3\dot{I}}{-\text{j}1}=(1-\text{j})\dot{I}$$

所以

$$I''=1\text{A}$$

$\sin 3t$ 电流单独作用，电容容抗为 $-\text{j}/3\,\Omega$

$$\dot{I}_s=\dot{I}+\frac{2\dot{I}-3\dot{I}}{-\text{j}/3}=(1-\text{j}3)\dot{I}$$

所以

$$I'''=0.32\text{A}$$

i 的有效值为 $\sqrt{3^2+1^2+0.32^2}$，即 3.18A。

10. 一个非正弦周期电流为 $i=I_0+\sqrt{2}I_1\sin(\omega t+\varphi_1)+\sqrt{2}I_2\sin(2\omega t+\varphi_2)+\cdots$，则电流的有效值为(　　)。

A. $I=\sqrt{I_0^2+I_1^2+I_2^2+\cdots}$ B. $I=I_0+\sqrt{I_1^2+I_2^2+\cdots}$
C. $I=\sqrt{0.5I_0^2+I_1^2+I_2^2+\cdots}$ D. $I=I_0+I_1+I_2\cdots$

答：A。直流电与任何频率交流电为正交；角频率为 ω 的整数倍的频率互相正交。

11. 一个非正弦周期电压为 $u=U_0+\sqrt{2}U_1\cos(\omega t+\varphi_1)+\sqrt{2}U_2\cos(2\omega t+\varphi_2)+\cdots$，则电压的有效值为(　　)。

A. $U=U_0+\sqrt{U_1^2+U_2^2+\cdots}$ B. $U=\sqrt{U_0^2+U_1^2+U_2^2+\cdots}$
C. $U=\sqrt{0.5U_0^2+U_1^2+U_2^2+\cdots}$ D. $U=U_0+U_1+U_2\cdots$

答：B。直流电与任何频率交流电为正交；角频率为 ω 的整数倍的频率互相正交。

12. 已知有源二端网络的端口电压和电流分别如下，平均功率为(　　)。

$$\begin{cases}u=[50+60\sqrt{2}\sin(\omega t+40°)+40\sqrt{2}\sin(2\omega t-20°)]\text{V}\\ i=[1+0.5\sqrt{2}\sin(\omega t-20°)+0.3\sqrt{2}\sin(2\omega t+40°)]\text{A}\end{cases}$$

A. 50W   B. 60W   C. 71W   D. 92W

答：C。

$$P=[50\times 1+60\times 0.5\times\cos(40°+20°)+40\times 0.3\times\cos(-20°-40°)]\text{W}$$
$$=71\text{W}$$

13. 电路如图 11-10 所示，已知 $u=[10-10\sin\omega t]\text{V}$，$R=4\Omega$，$\omega L=3\Omega$。电感元件上的电压 u_L 为(　　)。(注：$\cos 36.87°=0.8$，$\sin 36.87°=0.6$)

A. $10+6\sin(\omega t-126.87°)\text{V}$ B. $10-6\sin(\omega t+126.87°)\text{V}$

C. $6\sin(\omega t - 126.87°)$V   D. $6\sin(\omega t + 126.87°)$V

答：C。用叠加定理求解，直流电作用时，电感短路，电感电压为零。

正弦交流电作用时

$$\dot{U}_L = \frac{j\omega L}{R + j\omega L}\dot{U} = \frac{j3}{4+j3} \times 5\sqrt{2}\angle -180° = 3\sqrt{2}\angle -126.87°\text{V}$$

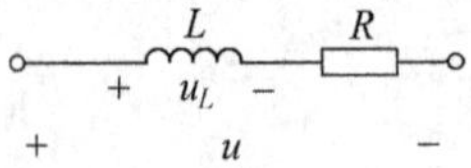

图 11-10 题 13 图 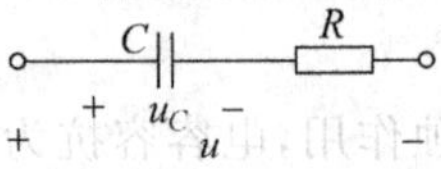   图 11-11 题 14 图

14. 电路如图 11-11 所示，已知 $u = [10 - 10\sin\omega t]$V，$R = 4\Omega$，$\frac{1}{\omega C} = 3\Omega$。电容元件上的电压 u_C 为（   ）。（注：$\cos36.87° = 0.8$，$\sin36.87° = 0.6$）

A. $6\sin(\omega t + 53.13°)$V   B. $6\sin(\omega t - 53.13°)$V

C. $10 + 6\sin(\omega t - 53.13°)$V   D. $10 + 6\sin(\omega t + 53.13°)$V

答：D。用叠加定理求解，直流电作用时，电容开路，电容电压为 10V。

正弦交流电作用

$$\dot{U}_C = \frac{-j3}{4-j3}\dot{U} = \frac{-j3}{4-j3} \times 5\sqrt{2}\angle 180° = 3\sqrt{2}\angle 53.13°\text{V}$$

15. 电路如图 11-12 所示，已知 $i(t) = [10 + 5\sin10t]$A，$R = 1\Omega$ 和 $C = 0.1$F，电压 $u_{ab}(t)$ 为（   ）。

A. $10 + 2.5\sqrt{2}\sin(10t - 45°)$V   B. $10 + 2.5\sqrt{2}\sin(10t + 45°)$V

C. $2.5\sqrt{2}\sin(10t - 45°)$V   D. $2.5\sqrt{2}\sin(10t + 45°)$V

答：A。用叠加定理求解，直流电作用时，电容开路，$u_{ab}(t)$ 电压为 10V。

正弦交流电作用

$$\dot{U}_{ab} = [1//(1-j1)]\dot{I}_S = \frac{-j}{1-j} \times 2.5\sqrt{2}\angle 0° = 2.5\angle -45°\text{V}$$

16. 电路如图 11-13 所示，已知 $i(t) = [10 + 5\sin10t]$A，$R = 1\Omega$ 和 $L = 0.1$H；电压 $u_{ab}(t)$ 为（   ）。

A. $10 + 2.5\sqrt{2}\sin(10t - 45°)$V   B. $10 + 2.5\sqrt{2}\sin(10t + 45°)$V

C. $2.5\sqrt{2}\sin(10t - 45°)$V   D. $2.5\sqrt{2}\sin(10t + 45°)$V

答：D。用叠加定理求解，直流电作用时，电感短路，$u_{ab}(t)$ 电压为零。

正弦交流电作用

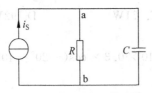

图 11-12 题 15 图

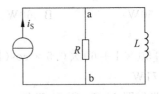

图 11-13 题 16 图

$$\dot{U}_{ab} = (1//\text{j}1)\dot{I}_s = \frac{\text{j}}{1+\text{j}} \times 2.5\sqrt{2}\angle 0° = 2.5\angle 45°\text{V}$$

17. R、L 串联,在角频率为 1ω 时,串联阻抗为 $(4+\text{j}3)\Omega$,角频率为 3ω 时串联阻抗为(   )。
   A. $(4+\text{j}3)\Omega$ B. $(12+\text{j}9)\Omega$ C. $(4+\text{j}9)\Omega$ D. $(12+\text{j}3)\Omega$

答:C。电阻阻抗与角频率无关,电感阻抗与角频率成正比。

18. R、C 串联,在角频率为 1ω 时,串联阻抗为 $(4-\text{j}3)\Omega$,角频率为 3ω 时串联阻抗为(   )。
   A. $(4-\text{j}3)\Omega$ B. $(12-\text{j}9)\Omega$ C. $(4-\text{j}9)\Omega$ D. $(4-\text{j})\Omega$

答:D。电阻阻抗与角频率无关,电容阻抗与角频率成反比。

19. R、L 并联,在角频率为 1ω 时,并联阻抗为 $(1+\text{j})\Omega$,角频率为 3ω 时并联阻抗为(   )。
   A. $(1.8+\text{j}0.6)\Omega$ B. $(2+\text{j}2)\Omega$ C. $(2+\text{j}6)\Omega$ D. $(0.5+\text{j}1.7)\Omega$

答:A。先把并联阻抗求倒数,即导纳为 $\frac{1}{1+\text{j}} = (0.5-\text{j}0.5)\text{S}$,故电阻为 2Ω,电感为 2H;在 3ω 时,则并联导纳为 $\frac{1}{2}-\text{j}\frac{1}{3\times 2} = \frac{1}{6}(3-\text{j})\text{S}$,则并联阻抗为 $\frac{6}{3-\text{j}} = (1.8+\text{j}0.6)\Omega$。

20. R、C 并联,在角频率为 1ω 时,并联阻抗为 $(3-\text{j}3)\Omega$,角频率为 3ω 时并联阻抗为(   )。
   A. $(6-\text{j}2)\Omega$ B. $(0.6-\text{j}1.8)\Omega$ C. $(0.6-\text{j}6)\Omega$ D. $(6-\text{j}6)\Omega$

答:B。先把并联阻抗求倒数,即导纳为 $\frac{1}{3-\text{j}3} = \frac{1}{6}(1+\text{j})\text{S}$,故电阻为 6Ω,电容为 $\frac{1}{6}\text{F}$;在 3ω 时,则并联导纳为 $\frac{1}{6}+\text{j}3\times\frac{1}{6} = \frac{1}{6}(1+\text{j}3)\text{S}$,则并联阻抗为 $\frac{6}{1+\text{j}3} = (0.6-\text{j}1.8)\Omega$。

21. 求图 11-14 所示非正弦周期函数的傅里叶级数系数,并做频谱图。

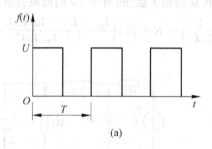

图 11-14 题 21 图

答:图 11-14(a)为傅里叶级数展开,频谱图如图 11-15(a)所示。

$$a_0 = \frac{1}{T}\int_0^T f(t)\text{d}t = \frac{1}{T}\int_0^{T/2} U\text{d}t = \frac{U}{2}$$

$$a_k = \frac{1}{\pi}\int_0^{2\pi} f(t)\cos(k\omega t)\text{d}\omega t = \frac{1}{\pi}\int_0^{\pi} U\cos(k\omega t)\text{d}\omega t = 0$$

$$b_k = \frac{1}{\pi}\int_0^{2\pi} f(t)\sin(k\omega t)\text{d}\omega t = \frac{1}{\pi}\int_0^{\pi} U\sin(k\omega t)\text{d}\omega t = \begin{cases} 0, & k\text{ 为偶数} \\ \dfrac{2U}{k\pi}, & k\text{ 为奇数} \end{cases}$$

$$f(t) = U\left[\frac{1}{2} + \frac{2}{\pi}\left(\sin\omega t + \frac{1}{3}\sin 3\omega t + \frac{1}{5}\sin 5\omega t + \cdots\right)\right]$$

图 11-14(b)为傅里叶级数展开,频谱图如图 11-15(b)所示。

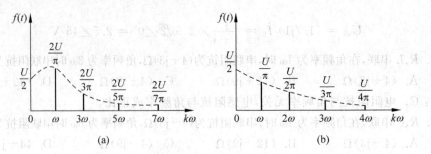

图 11-15 解题 21 图

$$a_0 = \frac{1}{T}\int_0^T f(t)\,dt = \frac{1}{T}\int_0^T \frac{U}{T}t\,dt = \frac{U}{2}$$

$$a_k = \frac{1}{\pi}\int_0^{2\pi} f(t)\cos(k\omega t)\,d\omega t = \frac{1}{\pi}\int_0^{2\pi} \frac{U}{T}t\cos(k\omega t)\,d\omega t = -\frac{U}{k\pi}$$

$$b_k = \frac{1}{\pi}\int_0^{2\pi} f(t)\sin(k\omega t)\,d\omega t = \frac{1}{\pi}\int_0^{2\pi} \frac{U}{T}t\sin(k\omega t)\,d\omega t = 0$$

$$f(t) = U\left[\frac{1}{2} - \frac{1}{\pi}\left(\sin\omega t + \frac{1}{2}\sin 2\omega t + \frac{1}{3}\sin 3\omega t + \cdots\right)\right]$$

22. 图 11-16 图中为滤波电路,要求负载中不含基波分量,但 2ω 的谐波分量能全部传送至负载。如 $\omega = 500\,\text{rad/s}$, $C=1\mu\text{F}$,求 L_1 和 L_2。

答:L_1、C 并联电路发生谐振,则总电流为零,表示阻断此角频率信号,电阻 R 未获得能量,所以 $\omega^2 = 1/(L_1 C)$,即 $L_1 = 1/(500^2 \times 10^{-6}) = 4\text{H}$。

电路串联谐振,表示总电流最大,电阻 R 获得最大能量,对于 2ω 的谐波分量,电路阻抗为

$$Z = R + j2\omega L_2 + j2\omega L_1 // \left(-j\frac{1}{2\omega C}\right) = R + j2\omega\left(\frac{L_1 + L_2 - 4\omega^2 L_1 L_2 C}{1 - 4\omega^2 L_1 C}\right)$$

令虚部为零发生谐振,得 $L_2 = 4/3\text{H}$。

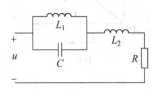

图 11-16 题 22 图

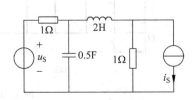

图 11-17 题 23 图

23. 求图 11-17 所示电路电容的电压。已知 $u_S(t) = 5\sin 3t\,\text{V}$, $i_S(t) = 3\cos(4t+30°)\text{A}$。

答:用叠加法求解,步骤如下:

(1) 电压源作用,电流源置零(即电流源开路),然后用分压法

电容阻抗为 $\dfrac{1}{j\omega C} = \dfrac{1}{j3 \times 0.5} = -j\dfrac{2}{3}\Omega$, 电感阻抗为 $j\omega L = j3 \times 2 = j6\Omega$

$$\dot U_C' = \frac{\left(-j\dfrac{2}{3}\right)//(j6+1)}{1+\left(-j\dfrac{2}{3}\right)//(j6+1)}\dot U_S$$

$$= \frac{5\sqrt{2}\,(6-j)}{15+j14} = \frac{5\sqrt{2}\,(76-j99)}{421}$$

$$= 1.5\sqrt{2}\angle -52.5°\text{V}$$
$$u'_C = 3\sin(3t - 52.5°)\text{V}$$

(2) 电流源作用,电压源置零(即电压源短路),然后用两次分流法

电容阻抗为 $\dfrac{1}{j\omega C} = \dfrac{1}{j4\times 0.5} = -j0.5\,\Omega$,   电感阻抗为 $j\omega L = j4\times 2 = j8\,\Omega$

$$\dot{U}''_C = \dfrac{1}{1-j0.5}\cdot\dfrac{1}{1+j8+(-j0.5)//1}\cdot \dot{I}_s\times(-j0.5)$$
$$= \dfrac{3\sqrt{2}(5-j7)}{296}\angle 120° = 0.087\sqrt{2}\angle 65.5°\text{V}$$
$$u''_C = 0.174\cos(4t + 65.5°)\text{V}$$

叠加后
$$u = u'_C + u''_C = 3\sin(3t - 52.5°) + 0.174\cos(4t + 65.5°)\text{V}$$

24. 已知:$u = 30 + 120\cos 1000t + 60\cos(2000t + \pi/4)\text{V}$,求图 11-18 所示电路各表读数(有效值)。

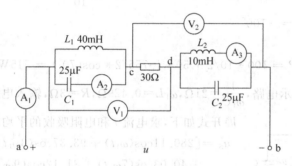

图 11-18 题 24 图

答:用叠加法求解,步骤如下:

(1) $u = 30\text{V}$ 直流单独作用,电感短路,电容开路

$I'_1 = 30/30 = 1\text{A}$, $I'_2 = 0$, $I'_3 = 30/30 = 1\text{A}$, $U'_1 = 30\text{V}$, $U'_2 = 30\text{V}$

(2) $u = 120\times\cos 1000t\text{V}$ 单独作用,L_1、C_1 发生并联谐振,总电流为零,电压最大

$I''_1 = 0$, $I''_2 = 1000\times 25\mu\times 60\sqrt{2} = 2.1\text{A}$, $I''_3 = 0$, $U''_1 = 30\text{V}$, $U''_2 = 0$

(3) $u = 60\times\cos(2000t + \pi/4)\text{V}$ 单独作用,L_2、C_2 发生并联谐振,总电流为零,电压最大:

$I'''_1 = 0$, $I'''_2 = 0$, $I'''_3 = 30\sqrt{2}/(2000\times 10\times 10^{-3}) = 2.1\text{A}$, $U'''_1 = 0$, $U'''_2 = 30\text{V}$

电路各表读数(有效值)分别为

$$I_1 = \sqrt{1^2 + 0^2 + 0^2} = 1\text{A}$$
$$I_2 = \sqrt{0^2 + 2.1^2 + 0^2} = 2.1\text{A}$$
$$I_3 = \sqrt{0^2 + 0^2 + 2.1^2} = 2.1\text{A}$$
$$U_1 = \sqrt{30^2 + 30^2 + 0^2} = 42.4\text{V}$$
$$U_2 = \sqrt{30^2 + 0^2 + 30^2} = 42.4\text{V}$$

25. 已知一R、L、C串联电路的端口电压和电流为

$$u(t)=[100\cos(10^3 t)+50\cos(3\times10^3 t-30°)]\text{V}$$
$$i(t)=[10\cos(10^3 t)+1.755\cos(3\times10^3 t+\theta)]\text{A}$$

试求：①R、L、C的值；②θ的值；③电路消耗的功率。

答：

(1) 当$\omega=10^3$时,同相位,电阻$R=100/10=10\Omega$,并且$LC=1/\omega^2=10^{-3}$

$$R^2+\left(3\times10^3 L-\frac{1}{3\times10^3 C}\right)^2=\left(\frac{50}{1.755}\right)^2=28.5^2,\quad L=9\text{mH},\quad C=0.1\text{F}$$

(2) 在$\omega=3\times10^3$作用下,总阻抗为

$$\begin{aligned}Z&=R+\text{j}\left(\omega L-\frac{1}{\omega C}\right)\\&=\left[10+\text{j}\left(3\times10^3\times9\times10^{-3}-\frac{1}{3\times10^3\times0.1}\right)\right]\Omega\\&=(10+\text{j}27)\Omega-30°-\theta=\arctan\frac{27}{10}=70°\end{aligned}$$

$$\theta=-100°$$

(3)

$$P=100*10/2+50*1.755/2*\cos(70°)=515\text{W}$$

26. 图11-19所示电路,$\frac{1}{\omega_1 C}=21\Omega$,$\omega_1 L=0.429\Omega$,$R=3\Omega$,输入电源为矩形波,其级数展开式如下,求电流$i$和电阻吸收的平均功率$P$。

$$u_\text{S}=[280.11\cos(\omega_1 t)+93.37\cos(3\omega_1 t)+56.02\cos(5\omega_1 t)+40.03\cos(7\omega_1 t)+31.12\cos(9\omega_1 t)+\cdots]\text{V}$$

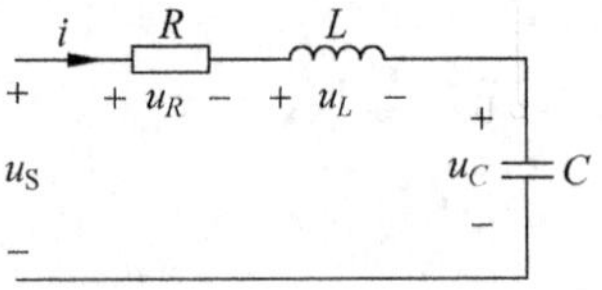

图11-19 题26图

答：根据题意

$$u_\text{S}=\sum\frac{280.11}{k}\cos(k\omega_1 t)\text{V},\quad k=1,3,5,7,9,\cdots$$

令$\dot{U}_\text{S}=\frac{280.11}{k\sqrt{2}}\angle0°\text{V}$,$k$取奇数,则

$$\begin{aligned}\dot{I}&=\frac{\dot{U}_\text{S}}{Z}=\frac{280.11}{k\sqrt{2}}\div[3+\text{j}(0.429k-21/k)]\\&=\frac{280.11}{\sqrt{2}[3k+\text{j}(0.429k^2-21)]}\text{A}\end{aligned}$$

$$\begin{aligned}I&=\frac{280.11}{\sqrt{2}\sqrt{9k^2+(0.429k^2-21)^2}}\\&=\frac{652.94}{\sqrt{2}\sqrt{k^4-49k^2+49^2}}=\frac{461.7}{\sqrt{k^4-49k^2+49^2}}\text{A}\end{aligned}$$

所以

$$i=\sum\frac{652.94}{\sqrt{k^4-49k^2+49^2}}\cos\left(k\omega_1 t-\arctan\frac{0.143k^2-7}{k}\right)\text{A},\quad k\text{取奇数}$$

电阻吸收的平均功率

$$P = \sum I_2 R = \sum \frac{461.7^2 \times 3}{k^4 - 49k^2 + 49^2} = \sum \frac{639\,500}{k^4 - 49k^2 + 49^2} \text{W}, \quad k \text{ 取奇数}$$

27. 电路如图 11-20 所示（实线部分），为了在端口 1-0 获得关于 $u_S(t)$ 的最佳的传输信号，可在端口 1-0 并联 R、C 串联支路（图中虚线部分），使输出电压 $u(t) = ku_S(t)$。其中 $u_S(t)$ 为任意频率的输入信号。求参数 R、C 和 k（实数）。

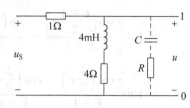

图 11-20 题 27 图

答：根据题意，并联阻抗应呈电阻性，即

$$Z = \frac{(4+j\omega L) \times \left(R - j\frac{1}{\omega C}\right)}{(4+j\omega L) + \left(R - j\frac{1}{\omega C}\right)} = \frac{\left(4R + \frac{L}{C}\right) + j\left(R\omega L - \frac{4}{\omega C}\right)}{(R+4) + j\left(\omega L - \frac{1}{\omega C}\right)}$$

$$= \frac{\left(4 + \frac{L}{RC}\right) + j\left(\omega L - \frac{4}{\omega RC}\right)}{(R+4) + j\left(\omega L - \frac{1}{\omega C}\right)} R$$

使 Z 为电阻性，得

$$R = 4\Omega, \quad L = R^2 C$$

所以

$$C = L/16 = 250\mu\text{F}$$

并联阻抗

$$Z = 4\Omega$$

根据

$$u(t) = u_S(t) * 4/(1+4) = 0.8 u_S(t)$$

所以

$$k = 0.8$$

28. 图 11-21(a) 所示电路中 $L = 5$H，$C = 10\mu$F，负载电阻 $R = 2$kΩ，u_S 为正弦全波整流波形，如图 11-21(b) 所示。设 $\omega = 314$ rad/s，$U_{Sm} = 157$V。求负载两端电压的各谐波分量。

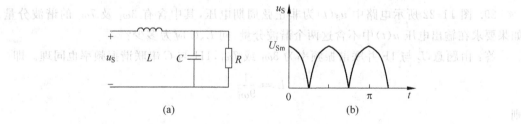

图 11-21 题 28 图

答：根据题意，周期 $T = 2\pi/\omega = 1/50$s，则有

$$a_0 = \frac{1}{T}\int_0^T f(t)\mathrm{d}t = 4 \times \frac{157}{T}\int_0^{T/4} \cos(\omega t)\mathrm{d}t = 200\sin(\omega t)\Big|_0^{T/4} = 200$$

$$a_k = \frac{1}{\pi}\int_0^{2\pi} f(t)\cos(k\omega t)\mathrm{d}\omega t = 4 \times \frac{157}{\pi}\int_0^{\pi/2} \cos(\omega t)\cos(k\omega t)\mathrm{d}\omega t$$

$$= 100\left[\frac{\sin\left(\frac{k+1}{2}\pi\right)}{k+1} + \frac{\sin\left(\frac{k-1}{2}\pi\right)}{k-1}\right]$$

$$= 100\left[\frac{\cos\left(\frac{k}{2}\pi\right)}{k+1} - \frac{\cos\left(\frac{k}{2}\pi\right)}{k-1}\right] = \begin{cases} 0, & k\text{ 为大于1的奇数} \\ -157, & k=1 \\ \frac{200}{1-k^2}\cos\left(k\frac{\pi}{2}\right), & k\text{ 为偶数} \end{cases}$$

$$b_k = \frac{1}{\pi}\int_0^{2\pi} f(t)\sin(k\omega t)\mathrm{d}\omega t$$

$$= \frac{157}{\pi}\left[\int_0^{\pi/2}\cos(\omega t)\sin(k\omega t)\mathrm{d}\omega t - \int_{\pi/2}^{\pi}\cos(\omega t)\sin(k\omega t)\mathrm{d}\omega t\right.$$

$$\left. - \int_{\pi}^{3\pi/2}\cos(\omega t)\sin(k\omega t)\mathrm{d}\omega t + \int_{3\pi/2}^{2\pi}\cos(\omega t)\sin(k\omega t)\mathrm{d}\omega t\right]$$

$$= 0$$

$$u_S(t) = 200\left(1 - \frac{157}{200}\cos\omega t + \frac{1}{3}\cos 2\omega t - \frac{1}{15}\cos 4\omega t + \frac{1}{35}\cos 6\omega t - \frac{1}{63}\cos 8\omega t - \cdots\right)$$

应用分压公式

$$\dot{U}_R = \frac{R//\left(-\mathrm{j}\frac{1}{\omega_k C}\right)}{\mathrm{j}\omega_k L + R//\left(-\mathrm{j}\frac{1}{\omega_k C}\right)}\dot{U}_S = \frac{-\mathrm{j}2000}{628k + \mathrm{j}(9859.6k^2 - 2000)}\dot{U}_S, \quad k\text{ 为偶数}$$

$$u_R(t) = 200\left[1 - \frac{157}{200}A_1\sin(\omega t + \varphi_1) + \frac{1}{3}A_2\sin(2\omega t + \varphi_2) - \frac{1}{15}A_4\sin(4\omega t + \varphi_4)\right.$$

$$\left. + \frac{1}{35}A_6\sin(6\omega t + \varphi_6) - \frac{1}{63}A_8\sin(8\omega t + \varphi_8) - \cdots\right]$$

$$A_k = \left|\frac{-\mathrm{j}2000}{628k + \mathrm{j}(9859.6k^2 - 2000)}\right|$$

$$\varphi_k = -\arctan\left(\frac{9859.6k^2 - 2000}{628k}\right)$$

29. 图 11-22 所示电路中 $u_S(t)$ 为非正弦周期电压,其中含有 $3\omega_1$ 及 $7\omega_1$ 的谐波分量。如果要求在输出电压 $u(t)$ 中不含这两个谐波分量,问 L、C 应为多少?

答:由题意,L 与 1F 并联谐振频率为 $3\omega_1$ 或 $7\omega_1$,1H 与 C 串联谐振频率也同理。即

$$L = \frac{1}{9\omega_1^2}$$

则

$$C = \frac{1}{49\omega_1^2}$$

或者

$$L = \frac{1}{49\omega_1^2}$$

则

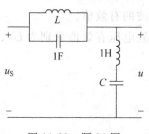

图 11-22 题 29 图

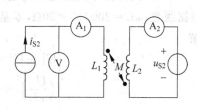

图 11-23 题 30 图

30. 图 11-23 所示电路中，$L_1 = L_2 = 2\text{H}$，$i_{S1}(t) = [5 + 10\cos(10t - 30°) - 5\sin(30t + 60°)]\text{A}$，$M = 0.5\text{H}$，$u_{S2}(t) = [300\sin(10t) + 150\cos(30t - 30°)]\text{V}$。求图中交流电表的读数和电源发出的功率 P。

答：由题意，先列写方程

$$u_1 = L_1 \frac{di_{S1}}{dt} - M \frac{di_2}{dt}$$

$$u_{S2} = L_2 \frac{di_2}{dt} - M \frac{di_{S1}}{dt}$$

解得

$$u_1 = \frac{L_1 L_2 - M^2}{L_2} \cdot \frac{di_{S1}}{dt} - \frac{M}{L_2} u_{S2}$$

$$i_2 = \frac{M}{L_2} i_{S1} + \frac{1}{L_2} \int u_{S2} dt$$

故

$$u_1 = 255.22\cos(10t + 68.45°) + 283.74\cos(30t - 127.6°)\text{V}$$

$$i_2 = 1.25 + 12.9\cos(10t - 174.44°) + 2.8\cos(30t - 146.56°)\text{A}$$

电流表 A_1 的读数为

$$\sqrt{5^2 + 10^2/2 + 5^2/2} = 9.35\text{A}$$

电流表 A_2 的读数为

$$\sqrt{1.25^2 + 12.9^2/2 + 2.8^2/2} = 9.42\text{A}$$

电压表 V 的读数为

$$\sqrt{255.22^2/2 + 283.74^2/2}\text{V} = 269.86\text{V}$$

电流源发出的功率

$$\left[\frac{255.22 \times 10}{2}\cos(68.45° + 30°) + \frac{283.74 \times 5}{2}\cos(-127.6° - (60° + 90°))\right]\text{W}$$

$$= (-187.5 + 93.8)\text{W} = -93.7\text{W} \quad (吸收功率)$$

电压源发出的功率

$$\left[\frac{300 \times 12.9}{2}\cos(-90° + 174.44°) + \frac{150 \times 2.8}{2}\cos(-30° + 146.56°)\right]\text{W}$$

$$= (187.5 - 93.8)\text{W} = 93.7\text{W} \quad (发出功率)$$

31. 有效值为 200V 的正弦电压加在电感 L 两端时，测得电流 $I=10$A。当加上含基波和三次谐波分量（基波频率与上述正弦电压频率相等）、有效值仍为 200V 的非正弦电压时，测得电流 $I'=8$A。试计算非正弦电压的基波和三次谐波的有效值。

答：根据题意，$\omega L=200/10=20\Omega$，零基波、3次谐波电压有效值分别为 U_1、U_3，然后列写方程求解

$$\begin{cases} U_1^2 + U_3^2 = 200^2 \\ \left(\dfrac{U_1}{\omega L}\right)^2 + \left(\dfrac{U_3}{3\omega L}\right)^2 = 8^2 \end{cases}$$

解得

$$\begin{cases} U_1 = 154.27\text{V} \\ U_3 = 127.28\text{V} \end{cases}$$

32. 已知 R、C 串联电路中，外施电源电压 $u=[100\sin\omega t-50\sin(3\omega t-90°)]$V，$R=30\Omega$，$\dfrac{1}{\omega C}=40\Omega$。求：①电源电压的有效值；②电路中电流的有效值；③电路消耗的有功功率。

答：

(1) 电源电压的有效值

$$\sqrt{100^2/2+50^2/2}\,\text{V}=79\text{V}$$

(2) 基波作用时

$$\dot{I}'=\dfrac{50\sqrt{2}\angle 0°}{30-\text{j}40}\text{A}=1.414\angle 53.13°\text{A}$$

3 次谐波作用时

$$\dot{I}''=\dfrac{25\sqrt{2}\angle(-90°+180°)}{30-\text{j}40/3}\text{A}=1.077\angle 113.96°\text{A}$$

电路中电流的有效值

$$\sqrt{1.414^2+1.077^2}\,\text{A}=1.778\text{A}$$

(3) 电路消耗的有功功率

$$\left[\dfrac{100\times 1.414}{\sqrt{2}}\cos(0°-53.13°)+\dfrac{50\times 1.077}{\sqrt{2}}\cos(-90°+180°-113.96°)\right]\text{W}$$

$=(60+34.8)\text{W}=94.8\text{W}$

33. 图 11-24 所示电路中，已知 $u=[50\sin(\omega t-30°)+30\sin(3\omega t+90°)]$V，$i_1=10\sin\omega t$A，$i_2=[10\sin(\omega t+60°)+5\sin(3\omega t-145°)]$A，求：①各次谐波阻抗；②电流 i 的有效值；③电路消耗的有功功率 P。

答：

$$i=i_1-i_2=[10\sin(\omega t-60°)-5\sin(3\omega t-145°)]\text{A}$$

(1) 基波阻抗为 $5\angle 30°\Omega$；3 次谐波阻抗为 $6\angle 55°\Omega$。

(2) 电流 i 的有效值：$\sqrt{10^2/2+5^2/2}=7.9$A。

(3) 电路消耗的有功功率

$$P = \left[\frac{50\times10}{2}\cos(-30°+60°) + \frac{30\times5}{2}\cos(90°-180°+145°)\right]W$$
$$= 259.5W$$

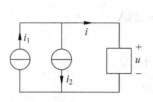

图 11-24 题 33 图

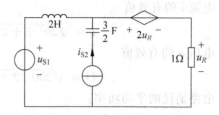

图 11-25 题 34 图

34. 图 11-25 所示电路中 $u_{S1}(t) = [1.5 + 5\sqrt{2}\sin(2t+90°)]V$，电流源电流 $i_{S2}(t) = 2\sin(1.5t)A$。求 u_R 及 u_{S1} 发出的功率。

答：

(1) 当 $\omega=0$ 时，$u_{S1}=1.5V$，$i_{S2}=0A$，此时电感短路，电容开路，则有 $u_R = u_{S1}/3 = 0.5V$，u_{S1} 发出的功率为：$(1.5\times0.5/1)W = 0.75W$。

(2) 当 $\omega=1.5$ 时，$u_{S1}=0V$，$i_{S2}=2\sin(1.5t)A$，用相量法求解。
$$2\dot{U}_R + \dot{U}_R = j\times1.5\times2\times(\dot{I}_{S2} - \dot{U}_R/1)$$

解得
$$\dot{U}_R = (0.5+j0.5)\dot{I}_{S2} = 1\angle 45°A$$

所以
$$u_R = 1.414\sin(1.5t+45°)V$$

而 u_{S1} 发出的功率为 0W。

(3) 当 $\omega=2$ 时，$u_{S1}(t) = 5\sqrt{2}\sin(2t+90°)V$，$i_{S2}=0$，用相量法求解，则有
$$\dot{U}_{S1} = j\times2\times2\times\dot{U}_R/1 + 2\dot{U}_R + \dot{U}_R$$

解得
$$\dot{U}_R = [(3-j4)\dot{U}_{S1}/25]A = 1\angle 36.87°A$$
$$\dot{I}_R = \dot{U}_R/1 = 1\angle 36.87°A$$
$$u_R = 1.414\sin(2t+36.87°)V$$

u_{S1} 发出的功率为
$$5\times1\times\cos(90°-36.87°) = 3W$$

因此
$$u_R = 0.5 + 1.414\sin(1.5t+45°) + 1.414\sin(2t+143.13°)V$$

u_{S1} 发出的功率共为 $0.75+0+3=3.75W$。

35. 图 11-26 所示电路中,已知 $R=\omega L=\dfrac{1}{\omega C}=10\Omega$，端口电压 $u=(200\sin\omega t + 90\sin3\omega t)V$。试求：(1)电流 i 的有效值；(2)电压 u 的有效值；(3)电路消耗的平均功率。

答：采用时域分析法

$$i = \frac{u}{R} + \frac{1}{L}\int u\,dt + C\frac{du}{dt} = [20\sin\omega t + 25.63\sin(3\omega t + 69.44°)]\text{A}$$

(1) 电流 i 的有效值

$$I = \sqrt{20^2/2 + 25.63^2/2} = 23\text{A}$$

(2) 电压 u 的有效值

$$U = \sqrt{200^2/2 + 90^2/2} = 155\text{V}$$

(3) 电路消耗的平均功率：

$$P = \frac{200 \times 20}{2}\cos 0° + \frac{90 \times 25.63}{2}\cos(0° - 69.44°) = 405\text{W}$$

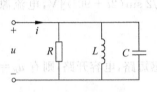

图 11-26 题 35 图

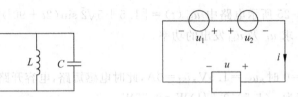

图 11-27 题 36 图

36. 图 11-27 所示电路中，已知 $u_1 = 60\sin\omega t\,\text{V}$，$u_2 = [60\sin(\omega t + 60°) - 20\sin 3\omega t]\text{V}$，$i = [15\sin(\omega t - 30°) + 10\sin(3\omega t - 45°)]\text{A}$，求：(1) 各次谐波阻抗；(2) 电压 u 的有效值；(3) 电路消耗的有功功率 P。

答：

$$u = u_1 - u_2 = [60\sin(\omega t - 60°) + 20\sin 3\omega t]\text{V}$$

则有

(1) 基波阻抗为 $4\angle -30°\Omega$；3 次谐波阻抗为 $2\angle 45°\Omega$。

(2) 电压 u 的有效值：$\sqrt{60^2/2 + 20^2/2}\text{V} = 44.72\text{V}$。

(3) 电路消耗的有功功率

$$P = \left[\frac{60 \times 15}{2}\cos(-60° + 30°) + \frac{20 \times 10}{2}\cos(0° + 45°)\right]\text{W} = 265.57\text{W}$$

37. 有效值为 1V 的正弦电压加在电容两端时，测得电流 $I = 10\text{A}$。若加上有效值仍为 1V 的非正弦电压（含基波和五次谐波分量，且基波频率与上述正弦电压频率相同），测得电流 $I' = 16\text{A}$。试求非正弦电压的基波和五次谐波电压的有效值。

答：根据题意，$\omega C = 10/1 = 10\text{S}$，零基波、5 次谐波电压有效值分别为 U_1、U_5，然后列写方程求解

$$\begin{cases} U_1^2 + U_5^2 = 1^2 \\ (\omega C U_1)^2 + (5\omega C U_5)^2 = 16^2 \end{cases}$$

解得

$$\begin{cases} U_1 = 0.967\text{V} \\ U_5 = 0.255\text{V} \end{cases}$$

38. 如图 11-28 所示电路，已知 $i_S = [3 + 2\sin t + \sqrt{2}\sin(3t)]$A。求 $i(t)$、电阻吸收的有功功率、电容吸收的无功功率、i_S 和 i 的有效值。

答：采用叠加原理求解，由于正交的原因，功率可以直接计算，然后相加即可。

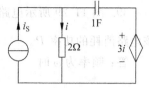

图 11-28 题 38 图

3A 电流源单独作用，电容相当于开路，则 $i^{(0)} = 3$A，电阻吸收的功率 $P^{(0)} = 3^2 \times 2 = 18$W，电容吸收的无功功率 $Q^{(0)} = 0$。

$2\sin t$ 电流源单独作用，电容阻抗为 $X_C = 1/(1 \times 1) = 1\Omega$，则有

$$j\omega^{(1)}C[2\dot{I}^{(1)} - 3\dot{I}^{(1)}] = \dot{I}_S^{(1)} - \dot{I}^{(1)}$$

$$\dot{I}^{(1)} = \frac{\sqrt{2}\angle 0°}{1 - j \times 1 \times 1} = 1\angle 45°\text{A}$$

$$i^{(1)} = \sqrt{2}\sin(t + 45°)\text{A}$$

电阻吸收的功率 $P^{(1)} = 1^2 \times 2 = 2$W，电容电流

$$\dot{I}_C^{(1)} = \dot{I}_S^{(1)} - \dot{I}^{(1)} = 1\angle -45°\text{A}$$

电容吸收的无功功率 $Q^{(1)} = -1$var。

$\sqrt{2}\sin(3t)$ 电流源单独作用，电容阻抗为 $X_C = 1/(3 \times 1) = 1/3\Omega$，则有

$$j\omega^{(2)}C[2\dot{I}^{(2)} - 3\dot{I}^{(2)}] = \dot{I}_S^{(2)} - \dot{I}^{(2)}$$

$$\dot{I}^{(2)} = \frac{1\angle 0°}{1 - j \times 3 \times 1} = (0.1 + j0.3)\text{A}$$

$$i^{(2)} = \sqrt{0.2}\sin(3t + 71.6°)\text{A}$$

电阻吸收的功率

$$P^{(2)} = 0.1 \times 2 = 0.2\text{W}$$

电容电流

$$\dot{I}_C^{(2)} = \dot{I}_S^{(2)} - \dot{I}^{(2)}$$
$$= 1\angle 0° - (0.1 + j0.3)$$
$$= 0.9 - j0.3 = \sqrt{0.9}\angle -18.4°\text{A}$$

电容吸收的无功功率

$$Q^{(2)} = -0.9 \times (1/3) = -0.3\text{var}$$

总求得

$$i(t) = i^{(0)} + i^{(1)} + i^{(2)} = 3 + \sqrt{2}\sin(t + 45°) + \sqrt{0.2}\sin(3t + 71.6°)\text{A}$$

电阻吸收有功功率

$$P = (18 + 2 + 0.2)\text{W} = 20.2\text{W}$$

电容吸收无功功率

$$Q = [0 + (-1) + (-0.3)]\text{var} = -1.3\text{var}$$

i_S 的有效值

$$I_S = \sqrt{3^2 + (\sqrt{2})^2 + 1^2}\text{A} = \sqrt{12}\text{A} = 3.46\text{A}$$

i 的有效值

$$I = \sqrt{3^2 + 1^2 + (\sqrt{0.1})^2}\,\text{A} = \sqrt{10.1}\,\text{A} = 3.18\,\text{A}$$

39. 图 11-29 所示电路中,已知 $i_S = [10\sin\omega t + 8\sin(3\omega t + 30°)]\text{A}$,$R = 4\Omega$,$\dfrac{1}{\omega C} = 3\Omega$,求该电路消耗的功率 P。

答:频率为 ω 时

$$I_R(\omega) = \frac{\dfrac{1}{\omega C}}{\sqrt{R^2 + \left(\dfrac{1}{\omega C}\right)^2}} \times I_S(\omega)$$

$$= \frac{3}{\sqrt{4^2 + 3^2}} \times 5\sqrt{2}\,\text{A} = 3\sqrt{2}\,\text{A}$$

图 11-29 题 39 图

频率为 3ω 时

$$I_R(3\omega) = \frac{\dfrac{1}{3\omega C}}{\sqrt{R^2 + \left(\dfrac{1}{3\omega C}\right)^2}} \times I_S(\omega) = \frac{1}{\sqrt{4^2 + 1^2}} \times 4\sqrt{2}\,\text{A} = \frac{4\sqrt{2}}{\sqrt{17}}\,\text{A}$$

电路消耗的功率

$$P = [I_R^2(\omega) + I_R^2(3\omega)]R = 37.5\,\text{W}$$

40. 求图 11-30 所示电路 a、b 之间的最简等效电路。已知 $u_S = (10\sin\omega t + 8\sin 3\omega t)\text{V}$,$i_S = 2\sin\omega t\,\text{A}$,$R_1 = 10\Omega$,$R_2 = 4\Omega$。

答:逐步等效简化后电路如图 11-31(a)、(b)所示。

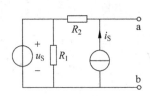

图 11-30 题 40 图

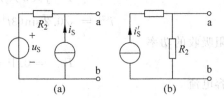

图 11-31 解题 40 图

在图 11-31(a)中,电阻 R_1 多余被删去。

在图 11-31(b)中,电源等效变换

$$i'_S = i_S + \frac{u_S}{R_2} = 2\sin\omega t + \frac{10\sin\omega t + 8\sin 3\omega t}{4}$$

$$= (4.5\sin\omega t + 2\sin 3\omega t)\text{A}$$

41. 求正弦电流 $i = I_m\sin\omega t\,\text{A}$ 的平均值和波形因数。

答:利用公式计算

平均值

$$I_{av} = \frac{1}{T}\int_0^T |I_m\sin\omega t|\,dt$$

$$= \frac{1}{T}\int_0^{T/2} I_m\sin\omega t\,dt - \frac{1}{T}\int_{T/2}^T I_m\sin\omega t\,dt$$

$$= \frac{2}{\pi}I_m = 0.637 I_m$$

有效值
$$I = I_m/\sqrt{2} = 0.707I_m$$
波形因数 = 有效值/平均值 = 1.11

42. 图 11-32 所示电路中，已知 $u_{S1}=20\sqrt{2}\sin1000t\text{V}, u_{S2}=5\text{V}, R=1000\Omega, L=1\text{H}, C=2\mu\text{F}$，求功率表的读数。

答：当 $u_{S2}=5\text{V}$ 单独作用时，$P_{(0)}=0$。

当 u_{S1} 单独作用时
$$Z_{(1)} = R + j\omega L // \frac{1}{j\omega C} = (1000 - j1000)\Omega$$

$$\dot{I}_{(1)} = \frac{\dot{U}_{S1}}{Z_{(1)}} = \frac{20\angle 0°}{1000 - j1000} = \frac{\sqrt{2}}{100}\angle 45°\text{A}$$

$$P_{(1)} = U_{S1}I_{(1)}\cos\varphi = 20 \times 0.01\sqrt{2}\cos(0° - 45°) = 0.2\text{W}$$

故功率表的读数为
$$P = P_{(0)} + P_{(1)} = 0.2\text{W}$$

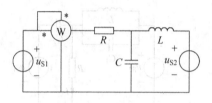
图 11-32 题 42 图

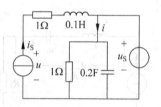
图 11-33 题 43 图

43. 图 11-33 所示电路中，已知 $i_S=5\sin10t\text{A}, u_S=10\sin5t\text{V}$，求①$i$ 的瞬时表达式；②各电源提供的功率。

答：

(1) i_S 单独作用时
$$i' = 0, \quad \dot{U}' = \dot{I}_S(1+j) = 5\angle 45°\text{V}$$

u_S 单独作用时，电流源 i_S 开路
$$\dot{I}'' = \frac{\dot{U}_S}{1//(-j)} = 10\angle 45°\text{A}$$

所以
$$i = i' + i'' = 10\sqrt{2}\sin(5t+45°)\text{A}$$

(2) 电流源 i_S 供出的功率
$$P_1 = I_S U'\cos(45°-0°) = 12.5\text{W}$$

电压源 u_S 供出的功率
$$P_2 = U_S^2/1 = 50\text{W}$$

44. 图 11-34 所示电路中，已知 $i_S=10+8\sin(\omega t+60°)+6\sin(3\omega t+30°)\text{V}, R_1=2\Omega, R_2=8\Omega, \omega L=2\Omega, \frac{1}{\omega C}=18\Omega$。求 u_C 及 u。

答：直流电作用时
$$U^{(0)} = I_S^{(0)} \times R_2 = 80\text{V}, \quad U_C^{(0)} = I_S^{(0)} \times R_1 = 20\text{V}$$

1ω 作用时
$$\dot{U}^{(1)} = \dot{I}_S^{(1)} R_2 = \frac{8}{\sqrt{2}} \angle 60° \times 8\text{V} = \frac{64}{\sqrt{2}} \angle 60°\text{V}$$

$$\dot{U}_C^{(1)} = \dot{I}_S^{(1)} \times \frac{2}{2+j2-j18} \times (-j18)\text{V} = \frac{17.86}{\sqrt{2}} \angle 52.875°\text{V}$$

3ω 作用时
$$\dot{U}^{(3)} = \dot{I}_S^{(3)} \times 8 = \frac{48}{\sqrt{2}} \angle 30°\text{V}$$

$$\dot{U}_C^{(3)} = \dot{I}_S^{(3)} \times \frac{2}{2+j2\times 3-j18/3} \times (-j18/3) = \frac{36}{\sqrt{2}} \angle -60°\text{V}$$

故三项合成后得
$$u_C = 20 + 17.86\sin(\omega t + 52.875°) + 36\sin(3\omega t - 60°)\text{V}$$
$$u = 80 + 64\sin(\omega t + 60°) + 48\sin(3\omega t + 30°)\text{V}$$

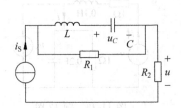

图 11-34 题 44 图

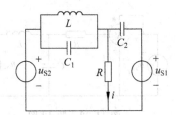

图 11-35 题 45 图

45. 图 11-35 所示电路中，已知 $u_{S1} = [100\sin\omega t + 50\sin(3\omega t + 30°)]\text{V}$，$\omega = 500\text{rad/s}$，$R = 100\Omega$，$L_1 = 1\text{H}$，$C_1 = 4\mu\text{F}$，$C_2 = 20\mu\text{F}$，$U_{S2} = 100\text{V}$，求电流 i。

答：U_{S2} 单独作用时
$$I^{(0)} = \frac{U_{S2}}{R} = \frac{100}{100}\text{A} = 1\text{A}$$

U_{S1} 中基波分量作用时
$$\omega L_1 = 500 \times 1 = 500\Omega$$
$$\frac{1}{\omega C_1} = \frac{1}{500 \times 4 \times 10^{-6}}\Omega = 500\Omega,$$
$$\frac{1}{\omega C_2} = \frac{1}{500 \times 20 \times 10^{-6}}\Omega = 100\Omega$$

$$\dot{I}^{(0)} = \frac{\dot{U}_{S1}^{(1)}}{R - j\dfrac{1}{\omega C_2}} = 0.5\angle 45°\text{A}$$

u_{S1} 中三次谐波分量作用时
$$\dot{U}_R^{(3)} = \frac{\dot{U}_{S1}^{(3)} \times j\omega C_2}{-j\dfrac{1}{3\omega L_1} + j3\omega C_1 + \dfrac{1}{R} + j3\omega C_2}$$

$$= \frac{25\sqrt{2}\angle 30° \times j0.03}{(-j6.67+j60+j300)\times 10^{-4}+0.01}\text{V}$$
$$= 29.1\angle 45.9°\text{V}$$
$$\dot{I}^{(3)} = \frac{\dot{U}_R^{(3)}}{R} = \frac{29.1\angle 45.9°}{100}\text{V} = 0.291\angle 45.9°\text{A}$$

所以
$$i = [1+0.5\sqrt{2}\sin(\omega t+45°)+0.291\sqrt{2}\sin(3\omega t+45.9°)]\text{A}$$

46. 已知 R、C 串联电路中,外施电源电压 $u=[100\sin\omega t-50\sin(3\omega t-90°)]\text{V}$,$R=30\Omega$,$\frac{1}{\omega C}=40\Omega$。求：①电源电压的有效值；②电路中电流的有效值；③电路消耗的有功功率。

答：
(1)
$$U = \sqrt{\left(\frac{100}{\sqrt{2}}\right)^2+\left(\frac{50}{\sqrt{2}}\right)^2}\text{V} = 79.1\text{V}$$

(2)
$$I_{(1)} = \frac{U_{(1)}}{|Z_{(1)}|} = \frac{\frac{100}{\sqrt{2}}}{\sqrt{30^2+40^2}}\text{A} = 1.414\text{A}$$

$$I_{(3)} = \frac{U_{(3)}}{|Z_{(3)}|} = \frac{\frac{50}{\sqrt{2}}}{\sqrt{30^2+\left(\frac{40}{3}\right)^2}}\text{A} = 1.08\text{A}$$

$$I = \sqrt{1.414^2+1.08^2}\text{A} = 1.78\text{A}$$

(3)
$$P = I^2 R = 1.78^2 \times 30\text{W} = 95\text{W}$$

47. 在正弦电压 $u=220\sqrt{2}\sin 314t\text{ V}$ 的作用下,某铁心线圈的电流 $i=[0.85\sin(314t-85°)+0.25\sin(942t-105°)]\text{A}$,求该电流的等效正弦波。

答：
$$I = \sqrt{\left(\frac{0.85}{\sqrt{2}}\right)^2+\left(\frac{0.25}{\sqrt{2}}\right)^2}\text{A} = 0.626\text{A}$$

$$P = U_1 I_1 \cos\varphi_1 = 220 \times \frac{0.85}{\sqrt{2}}\cos 85° = 11.5\text{W}$$

$$|\varphi| = \arccos\frac{P}{UI} = \arccos\frac{11.5}{220\times 0.626} = 85.2°$$

由于非正弦电流 i 的基波滞后于电压 u,故等效正弦电流也应滞后于 u,即 φ 为正值。故 $i_e=0.626\sqrt{2}\sin(314t-85.2°)\text{A}$。

48. 图 11-36 所示电路中,已知 $u_S=[20+20\sqrt{2}\sin\omega t+15\sqrt{2}\sin(3\omega t+90°)]\text{V}$,$R_1=1\Omega$,$R_2=4\Omega$,$\omega L_1=5\Omega$,$\frac{1}{\omega C_1}=45\Omega$,$\omega L_2=40\Omega$,试求电流表及电压表的读数。

答：

$$I_{(0)} = \frac{20}{R_1+R_2} = \frac{20}{1+4}\text{A} = 4\text{A}, \quad U_{(0)} = 4\times 4\text{V} = 16\text{V}$$

基波单独作用时

$$\omega L_1 - \frac{1}{\omega C_1} = (5-45)\Omega = -40\Omega$$

由于与 L_2 支路并联谐振，所以 $\dot{I}_{(1)}=0, \dot{U}_{(1)}=0$。

三次谐波单独作用时

$$3\omega L_1 - \frac{1}{3\omega C_1} = 3\times 5 - \frac{45}{3} = 0$$

此时发生串联谐振，则有

$$\dot{I}_{(3)} = \frac{\text{j}15}{1+4} = \text{j}3\text{A}, \quad \dot{U}_{(3)} = \dot{I}_{(3)}R_2 = \text{j}3\times 4 = \text{j}12\text{V}$$

电流表的读数为

$$I = \sqrt{4^2+3^2}\,\text{A} = 5\text{A}$$

电压表的读数为

$$U = \sqrt{16^2+12^2}\,\text{V} = 20\text{V}$$

49．图 11-37 所示为一滤波器电路。已知输入电压 $u_1 = 80\sin 314t + 40\sin 942t\text{V}$，电路中 $L=0.12\text{H}, R=2\Omega$。要使输出电压 $u_2 = 80\sin 314t\text{V}$（即输出电压中没有三次谐波电压，而使输出的基波电压等于输入中的基波电压），C_1 和 C_2 值须为多少？并求电容电压 u_{C1} 和 u_{C2}。

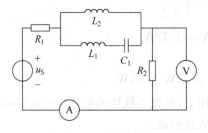

图 11-36　题 48 图

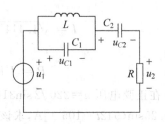

图 11-37　题 49 图

答：输出电压中没有三次谐波电压，所以要求 L、C_1 并联结果为无穷大，故有 $942 = \dfrac{1}{\sqrt{LC_1}}$，所以

$$C_1 = \frac{1}{942^2 \times 0.12} = 9.39\mu\text{F}$$

此时电容电压

$$u'_{C1} = 40\sin 942t\,\text{V}, \quad u'_{C2} = 0$$

输出只有基波电压，所以要求 $L、C_1$ 并联与 C_2 串联结果为零，则有

$$314L \mathbin{/\mkern-6mu/} \left(-\frac{1}{314C_1}\right) - \frac{1}{314C_2} = 0$$

解得

$$C_2 = 75.13\mu F$$

此时电容电压

$$u''_{C2} = \frac{1}{C_2}\int i dt = \frac{1}{C_2}\int \frac{u_2}{R}dt = -1695\cos 314t \text{ V}$$

$$u''_{C1} = -u''_{C2} = 1695\cos 314t \text{ V}$$

总计电容电压

$$u_{C1} = (1695\cos 314t + 40\sin 942t)\text{V}, \quad u_{C2} = -1695\cos 314t \text{ V}$$

50. 图 11-38 所示无源二端网络 N 的端口电压、电流为 $u=[100\sin 314t + 50\sin(942t-30°)]$V,$i=[10\sin 314t + 1.76\sin(942t+\theta_3)]$A。将 N 等效为 R、L、C 串联电路,试求

(1) R、L、C 的值;
(2) θ_3 的值;
(3) 网络消耗的功率。

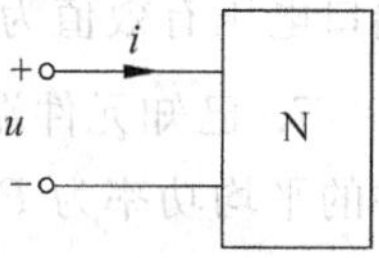

图 11-38 题 50 图

答:
(1) u、i 的基波分量同相位,R、L、C 串联电路对基波发生串联谐振,则有

$$R = \frac{U_{(1)}}{I_{(1)}} = \frac{100}{10}\Omega = 10\Omega, \quad 314L = \frac{1}{314C} \tag{1}$$

三次谐波电压作用时

$$|Z_3| = \frac{U_{(3)m}}{I_{(3)m}} = \frac{50}{1.76}\Omega = 28.4\Omega$$

$$X_{(3)} = \sqrt{28.4^2 - 10^2}\Omega = 26.6\Omega$$

$$942L - \frac{1}{942C} = 26.6 \tag{2}$$

解(1)、(2)两式得

$$C = 319.7\mu F, \quad L = 317\text{mH}$$

(2)

$$\varphi_3 = (-30° - \theta_3) = \arctan\frac{X_3}{R} = \arctan\frac{26.6}{10} = 69.4°, \theta_3 = -99.4°$$

(3)

$$P = I^2 R = \left[\left(\frac{10}{\sqrt{2}}\right)^2 + \left(\frac{1.76}{\sqrt{2}}\right)^2\right] \times 10\text{W} = 515\text{W}$$

11.4 思考改错题

1. R、L 串联,在频率为 1ω 时,串联阻抗为 $(4+j3)\Omega$,则频率为 3ω 时串联阻抗为 $(4+j)\Omega$。

2. R、C 串联,在频率为 1ω 时,串联阻抗为 $(4-j3)\Omega$,则频率为 3ω 时串联阻抗为 $(4-j9)\Omega$。

3. R、C 并联,在频率为 1ω 时,并联导纳为 $(4+j3)$S,则频率为 3ω 时并联导纳为 $(4+j)$S。

4. R、L 并联，在频率为 1ω 时，并联导纳为 $(4-j3)$ S，则频率为 3ω 时并联导纳为 $(4-j9)$ S。

5. 已知有源二端网络的端口电压和电流分别如下，则平均功率为 $P=U_0 I_0+U_1 I_1+U_2 I_2$。

$$\begin{cases} u=[U_0+\sqrt{2}U_1\sin(\omega t+\varphi_{u1})+\sqrt{2}U_2\sin(2\omega t+\varphi_{u2})]\text{V} \\ i=[I_0+\sqrt{2}I_1\sin(\omega t+\varphi_{i1})+\sqrt{2}I_2\sin(2\omega t+\varphi_{i2})]\text{A} \end{cases}$$

6. 已知有源二端网络的端口电压 $u=[U_0+\sqrt{2}U_1\sin(\omega t+\varphi_{u1})+\sqrt{2}U_2\sin(2\omega t+\varphi_{u2})]$V，则端口电压有效值为 $U=U_0+U_1+U_2$。

7. 已知元件端口电压 $u(t)=\sqrt{2}U\sin(3\omega t)$V，流过的电流 $i(t)=\sqrt{2}I\cos(3\omega t)$A，则该元件的平均功率为 $P=3UI$。

8. 已知两电流 $i_1(t)=\sqrt{2}I_1\sin(\omega t+\varphi_1)$A，$i_2(t)=\sqrt{2}I_2\sin(\omega t+\varphi_2)$A，则这两电流之和的有效值为 $\sqrt{I_1^2+I_2^2}$。

9. 一个非正弦周期电流为 $i=I_0+\sqrt{2}I_1\sin(\omega t+\varphi_1)+\sqrt{2}I_2\sin(2\omega t+\varphi_2)+\cdots$，则电流的有效值为 $I=I_0+\sqrt{I_1^2+I_2^2+\cdots}$。

10. 已知元件端口电压 $u(t)=\sqrt{2}U\sin(\omega t)$V，流过的电流 $i(t)=\sqrt{2}I\sin(2\omega t-\varphi)$A，则该元件的平均功率为 $P=UI\cos\varphi$。

第 12 章 线性电路的拉普拉斯分析

12.1 知识点概要

基尔霍夫定律的时域表示式 ←→ 基尔霍夫定律的拉普拉斯变换公式

对任一结点：
$$\sum i(t) = 0, \quad \sum I(s) = 0$$

对任一回路：
$$\sum u(t) = 0, \quad \sum U(s) = 0$$

根据元件、电流的时域关系，可以推导出各元件电压电流的复频域关系式。

对于复频域电阻元件，电阻 R 为复频域阻抗，$G=1/R$ 为复频域导纳。表 12-1 给出的是电阻元件的复频域电压电流的拉氏变换关系。

表 12-1　电阻元件的时域与复频域关系

元件	时域	复频域
电阻	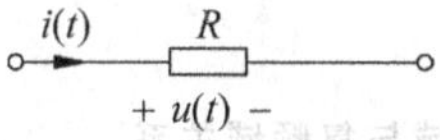 $u(t)=Ri(t), i(t)=Gu(t)$	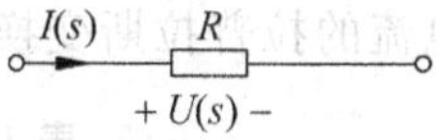 $U(s)=RI(s), I(s)=GU(s)$

对于复频域电感元件，sL 为复频域电感阻抗，$\dfrac{1}{sL}$ 为复频域电感导纳。$i(0_-)$ 表示电感初始电流，$i(0_-)/s$ 表示附加电流源的电流，表 12-2 为电感元件的复频域电压电流的拉普拉斯变换关系。请特别留意 $U(s)$ 的正负极范围，以及 $I(s)$ 的包含范围。

表 12-2　电感元件的时域与复频域关系

元件	时域	复频域
电感	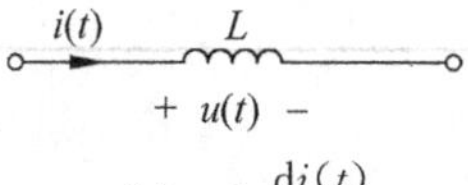 $u(t)=L\dfrac{di(t)}{dt}$ $i(t)=\dfrac{1}{L}\displaystyle\int_{-\infty}^{t}u(\tau)d\tau$	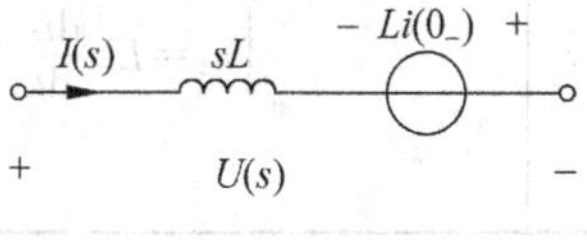 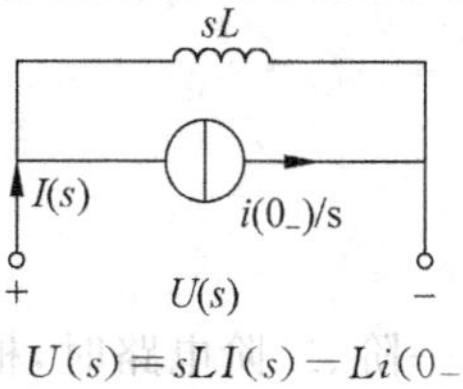 $U(s)=sLI(s)-Li(0_-)$ $I(s)=\dfrac{1}{sL}U(s)+\dfrac{1}{s}i(0_-)$

对于复频域电容元件,$\frac{1}{sC}$ 为复频域电容阻抗,sC 为复频域电容导纳。$u(0_-)/s$ 表示电容初始电压的附加电压源,$Cu(0_-)$ 表示附加电流源的电流,表 12-3 为电容元件的复频域电压电流的拉普拉斯变换关系。请特别留意 $U(s)$ 的正负极范围,$I(s)$ 的包含范围。

表 12-3 电容元件的时域与复频域关系

元件	时域	复频域
电容	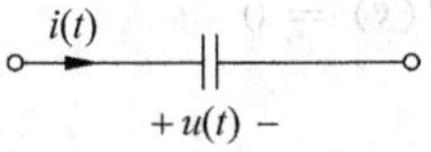 $u(t) = \frac{1}{C}\int_{-\infty}^{t} i(\tau)d\tau$ $i(t) = C\frac{du(t)}{dt}$	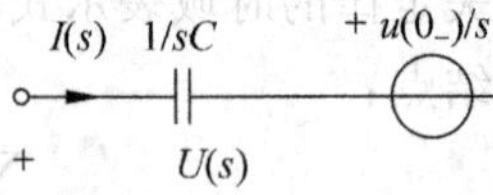 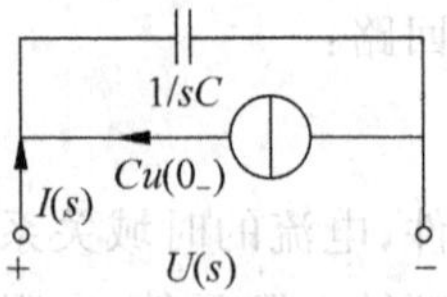 $U(s) = \frac{1}{sC}I(s) + \frac{1}{s}u(0_-)$ $I(s) = sCU(s) - Cu(0_-)$

对于复频域耦合电感元件,既要考虑自感,还要考虑互感,表 12-4 为耦合电感元件的复频域电压电流的拉普拉斯变换关系。

表 12-4 耦合电感元件的时域与复频域关系

元件	时域	复频域
耦合电感	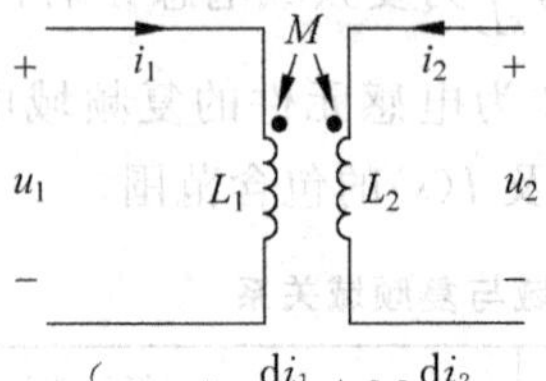 $\begin{cases} u_1 = L_1\frac{di_1}{dt} + M\frac{di_2}{dt} \\ u_2 = L_2\frac{di_2}{dt} + M\frac{di_1}{dt} \end{cases}$	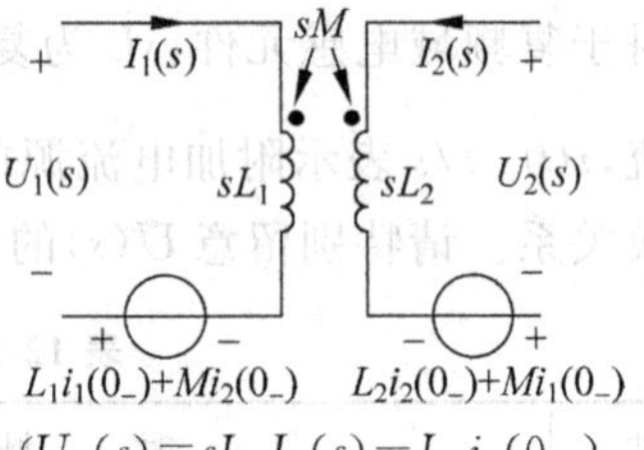 $\begin{cases} U_1(s) = sL_1I_1(s) - L_1i_1(0_-) \\ \qquad\quad + sMI_2(s) - Mi_2(0_-) \\ U_2(s) = sL_2I_2(s) - L_2i_2(0_-) \\ \qquad\quad + sMI_1(s) - Mi_1(0_-) \end{cases}$

12.2 学习指导

在研究一阶、二阶电路时,根据电路的基尔霍夫定律和元件的电压、电流关系建立方程,该方程是以时间为自变量的线性常微分方程,求解常微分方程即可得到电路变量在时域的解答,这种方法称为经典法。对于多个动态元件的电路,建立的方程是高阶常微分方程,求解非常复杂,并且比较困难。为了解决该问题,通常采用积分变换的方法,能够采用的分析方法有傅里叶变换法、拉普拉斯变换法。

对于具有多个动态元件的复杂电路,用直接求解微分方程的方法比较困难,特别是求解时需要的初始值,对于 n 阶方程,需要知道变量及其各阶导数(直到 $n-1$ 阶导数)在 $t=0_+$ 时刻的值,工作量非常大。为了减轻工作量,采用积分变换法,该方法是通过积分变换,把已知的时域函数变换为频域函数,从而把时域的微分方程化为频域的代数方程。求出频域函数后,再作反变换,最后求出时域的解。在频域求解时无须确定积分常数,并且代数方程比微分方程容易求解。拉普拉斯变换是一种重要的积分变换,是求解高阶复杂动态电路的有效而重要的方法之一。

应用拉普拉斯变换法分析线性电路直接求得全响应,直接利用 0_- 初始条件参加运算,跃变情况自动包含在响应中,运算法分析动态电路的步骤如下:

(1) 由换路前电路,计算动态元件的 $u_C(0_-)$,$i_L(0_-)$;

(2) 参照各元件对应的模型图,画运算电路模型图,注意运算阻抗的表示和附加电源的作用。请特别留意 $U(s)$ 的正负极范围,$I(s)$ 的包含范围;

(3) 应用电路分析方法,列写方程,求解拉普拉斯变换得代数方程;

(4) 通过反变换表法和部分分式展开法,求出时域的解。

12.3 课后习题分析

1. 电感元件的拉氏运算变换图是( )。

答:A。因为
$$U(s) = \int_{0_-}^{\infty} L \frac{\mathrm{d}i(t)}{\mathrm{d}t} \mathrm{e}^{-st} \mathrm{d}t = Li(t)\mathrm{e}^{-st} \Big|_{0_-}^{\infty} + sL \int_{0_-}^{\infty} i(t)\mathrm{e}^{-st} \mathrm{d}t = sLI(s) - Li(0_-)$$

2. 电容元件的拉氏运算变换图是( )。

答:C。因为
$$U(s) = \int_{0_-}^{\infty} \left[\frac{1}{C} \int_{-\infty}^{t} i(\tau) \mathrm{d}\tau \right] \mathrm{e}^{-st} \mathrm{d}t$$
$$= \frac{1}{C} \int_{0_-}^{\infty} \left[\int_{-\infty}^{0_-} i(\tau) \mathrm{d}\tau + \int_{0_-}^{t} i(\tau) \mathrm{d}\tau \right] \mathrm{e}^{-st} \mathrm{d}t$$

$$= \int_{0_-}^{\infty} u(0_-) e^{-st} dt + \frac{1}{C} \int_{0_-}^{\infty} \left[\int_{0_-}^{t} i(\tau) d\tau \right] e^{-st} dt$$

$$= \frac{u(0_-)}{s} + \frac{1}{C} \left[-\frac{e^{-st}}{s} \int_{0_-}^{t} i(\tau) d\tau \right]_{0_-}^{\infty} + \frac{1}{sC} \int_{0_-}^{\infty} i(t) e^{-st} dt$$

$$= \frac{u(0_-)}{s} + 0 + \frac{I(s)}{sC} = \frac{I(s)}{sC} + \frac{u(0_-)}{s}$$

3. 电感元件的拉氏运算变换图是( )。

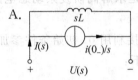
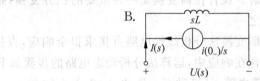

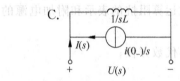
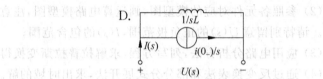

答：A。因为

$$I(s) = \int_{0_-}^{\infty} \left[\frac{1}{L} \int_{-\infty}^{t} u(\tau) d\tau \right] e^{-st} dt$$

$$= \frac{1}{L} \int_{0_-}^{\infty} \left[\int_{-\infty}^{0_-} u(\tau) d\tau + \int_{0_-}^{t} u(\tau) d\tau \right] e^{-st} dt$$

$$= \int_{0_-}^{\infty} i(0_-) e^{-st} dt + \frac{1}{L} \int_{0_-}^{\infty} \left[\int_{0_-}^{t} u(\tau) d\tau \right] e^{-st} dt$$

$$= \frac{i(0_-)}{s} + \frac{1}{L} \left[-\frac{e^{-st}}{s} \int_{0_-}^{t} u(\tau) d\tau \right]_{0_-}^{\infty} + \frac{1}{sL} \int_{0_-}^{\infty} u(t) e^{-st} dt$$

$$= \frac{i(0_-)}{s} + 0 + \frac{U(s)}{sL} = \frac{U(s)}{sL} + \frac{i(0_-)}{s}$$

4. 电容元件的拉氏运算变换图是( )。

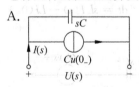
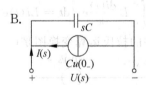

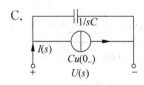
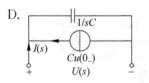

答：D。因为

$$I(s) = \int_{0_-}^{\infty} C \frac{du(t)}{dt} e^{-st} dt = Cu(t) e^{-st} \Big|_{0_-}^{\infty} + sC \int_{0_-}^{\infty} u(t) e^{-st} dt$$

$$= sCU(s) - Cu(0_-)$$

5. 耦合电感元件的拉普拉斯运算变换图是（　　）。

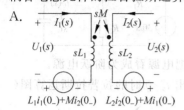 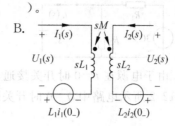

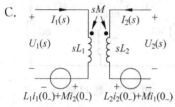 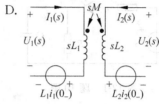

答：A。考虑自感和互感，再根据电感的拉普拉斯变换可得。

6. 阶跃电压源 $U\varepsilon(t)$ 的拉普拉斯运算变换图是（　　）。

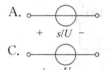

答：D。因为 $\varepsilon(t)$ 的拉普拉斯变换为 $1/s$，而 U 为常量。

7. 冲激电压源 $U\delta(t)$ 的拉普拉斯运算变换图是（　　）。

答：B。因为 $\delta(t)$ 的拉普拉斯变换为 1，而 U 为常量。

8. 阶跃电流源 $I\varepsilon(t)$ 的拉普拉斯运算变换图是（　　）。

答：A。因为 $\varepsilon(t)$ 的拉普拉斯变换为 $1/s$，而 I 为常量。

9. 冲激电流源 $I\delta(t)$ 的拉普拉斯运算变换图是（　　）。

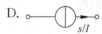

答：C。因为 $\delta(t)$ 的拉普拉斯变换为 1，而 I 为常量。

10. 如图 12-1 所示电路，已知电源电压 $u_S=30\text{V}$，$R_1=10\Omega$，$R_2=20\Omega$，$C=1\text{F}$。开关 S 闭合之前电路稳定，$t=0$ 时开关接通，请画出 $t \geqslant 0$ 时的拉普拉斯运算图（　　）。

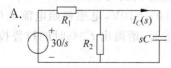 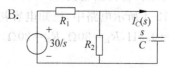

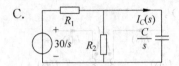
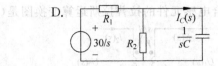

答:D。由于电源在 $t=0$ 时开关接通,所以可以把电源看成为阶跃电源。

11. 图 12-2 所示电路中,$t=0$ 时开关断开,请画出 $t \geqslant 0$ 时的拉普拉斯运算图( )。

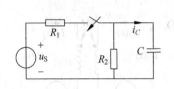
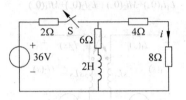

图 12-1 题 10 图　　　　图 12-2 题 11 图

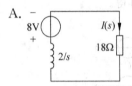
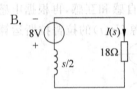

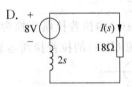

答:C。在开关断开前计算电感短路电流,$i(0_-) = \dfrac{(4+8)}{6+(4+8)} \times \dfrac{36}{2+6//(4+8)} A = 4A$,方向为从上到下;再根据等效拉普拉斯变换 $-Li(0_-)=-8V$,即画电压方向为从下到上。

12. 如图 12-3 所示电路,已知电源电压 $u_S=20V$,$C=100mF$,$R_1=R_2=10\Omega$。开关 S 打开之前电路稳定,$t=0$ 时打开,请画出 $t \geqslant 0$ 时的拉普拉斯运算图( )。

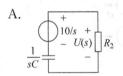
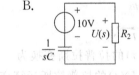

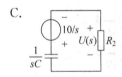

答:A。在开关断开前计算电容开路电压,$u(0_-)=\dfrac{R_2}{R_1+R_2}\times u_S=10V$,方向为从上到下;再根据等效拉普拉斯变换 $u(0_-)/s=10/s$,即画电压方向仍为从上到下。

13. 图 12-4 所示电路中,已知电容初始电压为 $u_C(0)=10V$,电感初始电流 $i_L(0)=0$,$C=0.2F$,$L=0.5H$,$R_1=30\Omega$,$R_2=20\Omega$,$t=0$ 时开关接通,请画出 $t \geqslant 0$ 时的拉普拉斯运算图( )。

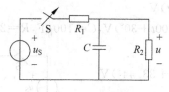
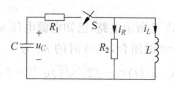

图 12-3　题 12 图　　　　　　图 12-4　题 13 图

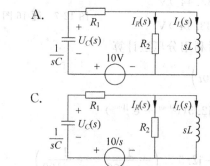
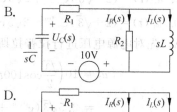
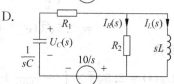

答：C。根据等效拉氏变换 $u(0_-)/s=10/s$，即画电压方向仍为从上到下。电感初始电流为零，无须画电感初始电源。

14. 如图 12-5 所示电路中，$u_S=40\delta(t)$V，$L=1$H，$R_1=R_2=20\Omega$。用拉普拉斯变换求得电感电流的冲激响应 $i_L(t)$ 为（　　）。

A. 20A　　　　　　　　　　　B. $-20e^{-10t}$A

C. $20(1-e^{-10t})$A　　　　　　D. $20e^{-10t}$A

答：D。利用分压分流法计算

$$I_L(s)=\frac{R_2}{sL+R_2}\times\frac{U_S(s)}{R_1+R_2//sL}=\frac{20}{s+20}\times\frac{40}{20+20//s}=\frac{20}{s+10}$$

则反变换为

$$i_L=20e^{-10t}\varepsilon(t)\text{A}$$

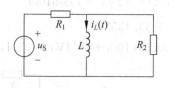
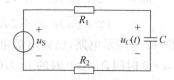

图 12-5　题 14 图　　　　　　图 12-6　题 15 图

15. 如图 12-6 所示电路中，$u_S=4\delta(t)$V，$C=1/3$F，$R_1=2\Omega$，$R_2=4\Omega$。用拉普拉斯变换求得电容电压的冲激响应 $u_C(t)$ 为（　　）。

A. $2(1-e^{-2t})$V　　B. $2e^{-0.5t}$V　　C. $2(1-e^{-0.5t})$V　　D. $2e^{-2t}$V

答：B。利用分压法计算

$$U_C(s)=\frac{\frac{1}{sC}}{R_1+R_2+\frac{1}{sC}}\times U_S(s)=\frac{3/s}{2+4+3/s}\times 4=\frac{2}{s+0.5}$$

则反变换为

$$u_C = 2e^{-0.5t}\varepsilon(t) \text{V}$$

16. 如图 12-7 所示电路,已知电源电压 $u_S=10\cos(100t+30°)\text{V}$,$C=100\mu\text{F}$,$R=200\Omega$。无初始储能,$t=0$ 时闭合,$t\geqslant 0$ 时的 u_C 为(   )。

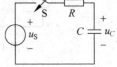

图 12-7 题 16 图

A. $u_C(t)=-(2+\sqrt{3})e^{-50t}+2\sqrt{5}\cos(100t+33.44°)\text{V}$

B. $u_C(t)=-(2+\sqrt{3})e^{-50t}-2\sqrt{5}\cos(100t+33.44°)\text{V}$

C. $u_C(t)=(2+\sqrt{3})e^{-50t}+2\sqrt{5}\cos(100t+33.44°)\text{V}$

D. $u_C(t)=(2+\sqrt{3})e^{-50t}-2\sqrt{5}\cos(100t+33.44°)\text{V}$

答:A。先对电源电压进行拉普拉斯变换,然后利用分压法计算

$$u_S = 10\left(\frac{\sqrt{3}}{2}\cos 100t - \frac{1}{2}\sin 100t\right)$$

$$= 2.5\sqrt{3}(e^{j100t}+e^{-j100t})+j2.5(e^{j100t}-e^{-j100t})$$

拉氏变换

$$U_S(s)=2.5\sqrt{3}\times\left(\frac{1}{s-j100}+\frac{1}{s+j100}\right)+j2.5\times\left(\frac{1}{s-j100}-\frac{1}{s+j100}\right)$$

$$=\frac{5\sqrt{3}s}{s^2+100^2}-\frac{500}{s^2+100^2}=\frac{5\sqrt{3}s-500}{s^2+100^2}$$

$$U_C(s)=\frac{\frac{1}{sC}}{R+\frac{1}{sC}}\times U_S(s)=\frac{50}{s+50}\times\frac{5\sqrt{3}s-500}{s^2+100^2}$$

$$=-\frac{2+\sqrt{3}}{s+50}+\left(1+\frac{\sqrt{3}}{2}\right)\left(\frac{1}{s-j100}+\frac{1}{s+j100}\right)$$

$$+j\left(\sqrt{3}-\frac{1}{2}\right)\left(\frac{1}{s-j100}-\frac{1}{s+j100}\right)$$

反变换

$$u_C=-(2+\sqrt{3})e^{-50t}+(2+\sqrt{3})\cos 100t-(2\sqrt{3}-1)\sin 100t$$

$$=-(2+\sqrt{3})e^{-50t}+2\sqrt{5}\cos(100t+33.435°)\text{V}$$

17. 如图 12-8 所示电路,已知电源电压 $u_S=100\cos(100t+30°)\text{V}$,$L=1\text{H}$,$R=200\Omega$。无初始储能,$t=0$ 时闭合,$t\geqslant 0$ 时的 i_L 为(   )。

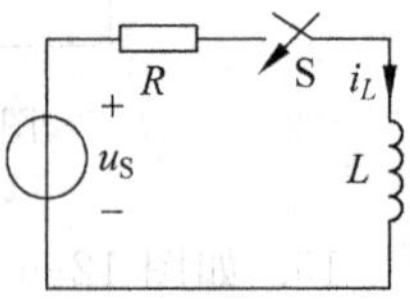

A. $i_L(t)=(10+20\sqrt{3})e^{-200t}+100\sqrt{5}\cos(100t+3.44°)\text{mA}$

B. $i_L(t)=(10+20\sqrt{3})e^{-200t}-100\sqrt{5}\cos(100t+3.44°)\text{mA}$

C. $i_L(t)=-(10+20\sqrt{3})e^{-200t}+100\sqrt{5}\cos(100t+3.44°)\text{mA}$

D. $i_L(t)=-(10+20\sqrt{3})e^{-200t}-100\sqrt{5}\cos(100t+3.44°)\text{mA}$

图 12-8 题 17 图

答:C。先对电源电压进行拉普拉斯变换,然后利用分压法计算

$$u_S = 10\left(\frac{\sqrt{3}}{2}\cos 100t - \frac{1}{2}\sin 100t\right)$$

$$= 2.5\sqrt{3}(e^{j100t}+e^{-j100t})+j2.5(e^{j100t}-e^{-j100t})$$

拉氏变换

$$U_S(s) = 2.5\sqrt{3} \times \left(\frac{1}{s-j100} + \frac{1}{s+j100}\right) + j2.5 \times \left(\frac{1}{s-j100} - \frac{1}{s+j100}\right)$$

$$= \frac{5\sqrt{3}\,s}{s^2+100^2} - \frac{500}{s^2+100^2} = \frac{5\sqrt{3}\,s-500}{s^2+100^2}$$

$$I_L(s) = \frac{U_S(s)}{R+sL} = \frac{1}{s+200} \times \frac{5\sqrt{3}\,s-500}{s^2+100^2} = -\frac{0.01+0.02\sqrt{3}}{s+200}$$

$$+ \left(\frac{0.05}{2} + 0.05\sqrt{3}\right)\left(\frac{1}{s-j100} + \frac{1}{s+j100}\right)$$

$$+ j\left(0.05 - \frac{0.05\sqrt{3}}{2}\right)\left(\frac{1}{s-j100} - \frac{1}{s+j100}\right)$$

反变换

$$i_L = [-(10+20\sqrt{3})e^{-200t} + (50+100\sqrt{3})\cos 100t - (100-50\sqrt{3})\sin 100t]\text{mA}$$

$$= [-(10+20\sqrt{3})e^{-200t} + 100\sqrt{5}\cos(100t+3.435°)]\text{mA}$$

18. 如图 12-9 所示 R、L、C 串联电路中，$R=1\Omega$，$L=1\text{H}$，$C=1\text{F}$，$u_C(0)=1\text{V}$，$i_L(0)=1\text{A}$，零输入响应 $u_C(t)$ 为（　　）。

A. $u_C(t) = 2e^{-0.5t}\cos\left(\frac{\sqrt{3}}{2}t + \frac{\pi}{3}\right)\text{V}$　　B. $u_C(t) = 2e^{-0.5t}\cos\left(\frac{\sqrt{3}}{2}t - \frac{\pi}{3}\right)\text{V}$

C. $u_C(t) = -2e^{-0.5t}\cos\left(\frac{\sqrt{3}}{2}t + \frac{\pi}{3}\right)\text{V}$　　D. $u_C(t) = -2e^{-0.5t}\cos\left(\frac{\sqrt{3}}{2}t - \frac{\pi}{3}\right)\text{V}$

答：B。拉普拉斯运算如图 12-10 所示，则

$$U_C(s) = \frac{u_C(0)}{s} - \frac{u_C(0)/s - Li(0)}{R+sL+1/sC} \times \frac{1}{sC}$$

$$= \frac{1}{s} - \frac{1/s-1}{1+s+1/s} \times \frac{1}{s} = \frac{s+2}{s^2+s+1}$$

$$= \frac{0.5+j0.5\sqrt{3}}{s+0.5+j0.5\sqrt{3}} + \frac{0.5-j0.5\sqrt{3}}{s+0.5-j0.5\sqrt{3}}$$

反变换

$$u_C(t) = 0.5e^{-0.5t}[(1+j\sqrt{3})e^{-j0.5\sqrt{3}\,t} + (1-j\sqrt{3})e^{j0.5\sqrt{3}\,t}]$$

$$= 2e^{-0.5t}\left(\frac{1}{2}\cos\frac{\sqrt{3}}{2}t + \frac{\sqrt{3}}{2}\sin\frac{\sqrt{3}}{2}t\right) = 2e^{-0.5t}\cos\left(\frac{\sqrt{3}}{2}t - \frac{\pi}{3}\right)\text{V}$$

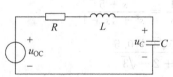

图 12-9　题 18 图

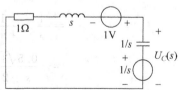

图 12-10　解题 18 图

19. 如图 12-11 图 R、L、C 串联电路中，$R=2\Omega$，$L=1\text{H}$，$C=1\text{F}$，$u_C(0)=-1\text{V}$，$i_L(0)=0\text{A}$，零输入响应 $u_C(t)$ 和 $i_L(t)$ 分别为（　　）。

A. $u_C(t) = (1+t)e^{-t}\text{V}$，$i_L(t) = te^{-t}\text{A}$

B. $u_C(t)=-1+te^{-t}$ V, $i_L(t)=-te^{-t}$ A

C. $u_C(t)=(-1+t)e^{-t}$ V, $i_L(t)=-te^{-t}$ A

D. $u_C(t)=-(1+t)e^{-t}$ V, $i_L(t)=te^{-t}$ A

答：D。拉普拉斯运算如图 12-12 所示，则

$$U_C(s)=\frac{u_C(0)}{s}-\frac{u_C(0)/s}{R+sL+1/sC}\times\frac{1}{sC}=\frac{-1}{s}-\frac{-1/s}{2+s+1/s}\times\frac{1}{s}$$

$$=-\frac{s+2}{(s+1)^2}=\frac{-1}{(s+1)^2}+\frac{-1}{s+1}$$

$$I_L(s)=sCU_C(s)=-\frac{s(s+2)}{(s+1)^2}=-1+\frac{1}{(s+1)^2}$$

反变换

$$u_C(t)=-(1+t)e^{-t}\text{ V},\quad i_L(t)=-\delta(t)+te^{-t}\varepsilon(t)\text{ A}$$

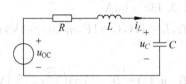
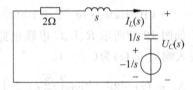

图 12-11　题 19 图　　　　　　　图 12-12　解题 19 图

20. 如图 12-13 所示 R、L、C 串联电路中，$R=4\Omega$, $L=1$H, $C=1$F, $u_C(0)=1$V, $i_L(0)=1$A，零输入响应 $u_C(t)$ 为（　　）。

A. $u_C(t)=\left[\dfrac{\sqrt{3}+1}{2}e^{-(2-\sqrt{3})t}+\dfrac{\sqrt{3}-1}{2}e^{-(2+\sqrt{3})t}\right]$V

B. $u_C(t)=-\left[\dfrac{\sqrt{3}+1}{2}e^{-(2-\sqrt{3})t}+\dfrac{\sqrt{3}-1}{2}e^{-(2+\sqrt{3})t}\right]$V

C. $u_C(t)=\left[\dfrac{\sqrt{3}+1}{2}e^{-(2-\sqrt{3})t}-\dfrac{\sqrt{3}-1}{2}e^{-(2+\sqrt{3})t}\right]$V

D. $u_C(t)=-\left[\dfrac{\sqrt{3}+1}{2}e^{-(2-\sqrt{3})t}-\dfrac{\sqrt{3}-1}{2}e^{-(2+\sqrt{3})t}\right]$V

答：C。拉普拉斯运算如图 12-14 所示，则

$$U_C(s)=\frac{u_C(0)}{s}-\frac{u_C(0)/s-Li(0)}{R+sL+1/sC}\times\frac{1}{sC}$$

$$=\frac{1}{s}-\frac{1/s-1}{4+s+1/s}\times\frac{1}{s}=\frac{s+5}{s^2+4s+1}$$

$$=-\frac{0.5\sqrt{3}-0.5}{s+2+\sqrt{3}}+\frac{0.5\sqrt{3}+0.5}{s+2-\sqrt{3}}$$

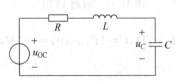

图 12-13　题 20 图　　　　　　　图 12-14　解题 20 图

反变换

$$u_C(t) = \left[\frac{\sqrt{3}+1}{2}e^{-(2-\sqrt{3})t} - \frac{\sqrt{3}-1}{2}e^{-(2+\sqrt{3})t}\right]V$$

21. 图 12-15 所示电路原已达稳态，$t=0$ 时把开关 S 合上，请画出运算电路。

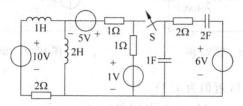

图 15-15　题 21 图

答：在 $t=0_-$ 时，电路达稳态，故电感短路，电容开路，又两个电容在同一支路中，因此可采用分压法来计算。图 12-16 所示为运算电路图。

1H 电感电流：$\quad i_1(0_-)=\dfrac{10}{2}=5\mathrm{A}$

2H 电感电流：$\quad i_2(0_-)=\dfrac{10}{2}-\dfrac{5-1}{1+1}=3\mathrm{A}$

1F 电容电压：$\quad u_1(0_-)=\dfrac{2}{1+2}\times 6=4\mathrm{A}$

2F 电容电压：$\quad u_2(0_-)=\dfrac{1}{1+2}\times 6=2\mathrm{V}$

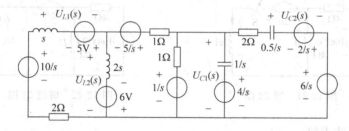

图 12-16　解题 21 图

22. 图 12-17 所示电路原已达稳态，$t=0$ 时把开关 S 合上，请画出运算电路。
答：在 $t=0_-$ 时，电路达稳态，故电感短路，电容开路，如图 12-18 所示为运算电路图。通过两个 1H 电感的电流都是：$i_1(0_-)=2\mathrm{A}$，1F 电容电压：$u_1(0_-)=0\mathrm{V}$。

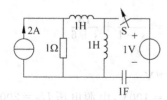

图 12-17　题 22 图

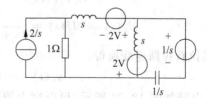

图 12-18　解题 22 图

23. 图 12-19 所示电路原处于零状态，$t=0$ 时把开关 S 合上，试求电流 i_L。
答：根据题意可知，电感电流和电容电压在 0_- 时刻都为零，所以运算电路如图 12-20

所示。

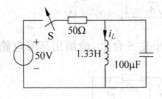

图 12-19 题 23 图

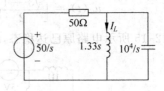

图 12-20 解题 23 图

利用分压法计算(1.33 近似为 4/3)

$$I_L(s) = \frac{(1.33s)//(10\,000/s)}{50+(1.33s)//(10\,000/s)} \times \frac{50}{s}/(1.33s)$$

$$= \frac{40\,000s}{50(4s^2+30\,000)+40\,000s} \times \frac{150}{4s^2}$$

$$= \frac{7500}{s^3+200s^2+7500s} = \frac{1}{s} - \frac{1.5}{s+50} + \frac{0.5}{s+150}$$

求拉普拉斯逆变换得

$$i_L(t) = (1-1.5e^{-50t}+0.5e^{-150t})\text{A}$$

24. 电路如图 12-21 所示,已知 $i_L(0_-)=0\text{A}$,$t=0$ 时将开关 S 合上,求 $t \geqslant 0$ 时的 $u_L(t)$。

答：根据题意,运算电路如图 12-22 所示。

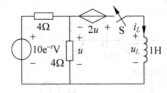

图 12-21 题 24 图

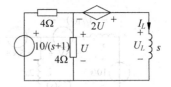

图 12-22 解题 24 图

用结点电压法求解

$$\left(\frac{1}{4}+\frac{1}{4}+\frac{1}{s}\right)U(s) = \frac{10/(s+1)}{4} - \frac{2U(s)}{s}$$

解得

$$U(s) = \frac{5s}{(s+1)(s+6)}$$

$$U_L(s) = 3U(s) = \frac{15s}{(s+1)(s+6)} = \frac{-3}{s+1} + \frac{18}{s+6}$$

求其拉普拉斯逆变换得

$$u_L(t) = -3e^{-t}+18e^{-6t}\text{V}$$

25. 电路如图 12-23 所示,设电容上原有电压 $U_0=100\text{V}$,电源电压 $U_S=200\text{V}$,$R_1=30\Omega$,$R_2=10\Omega$,$L=0.1\text{H}$,$C=1000\mu\text{F}$。求开关 S 合上后电感中的电流 i_L。

答：根据题意,运算电路如图 12-24 所示,其中 $i(0_-)=200/(30+10)\text{A}=5\text{A}$。

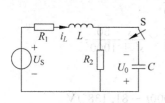 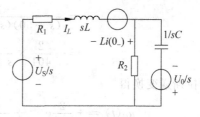

图 12-23　题 25 图　　　　图 12-24　解题 25 图

用结点电压法求解

$$\left(\frac{1}{R_1+sL}+\frac{1}{R_2}+sC\right)U_1(s)=\frac{U_S/s+Li(0_-)}{R_1+sL}-sC\times U_0/s$$

解得

$$U_1(s)=\frac{2\times 10^6-25\,000s-100s^2}{s(s+200)^2}$$

$$I_L(s)=\frac{200/s+0.5-U_1(s)}{30+0.1s}=\frac{5(s^2+700s+40\,000)}{s(s+200)^2}=\frac{5}{s}+\frac{1500}{(s+200)^2}$$

拉普拉斯逆变换得

$$i_L(t)=5+1500te^{-200t}\text{A}$$

26. 电路如图 12-25 所示,已知 $i_S=2\sin(1000t)\text{A}$, $R_1=R_2=20\Omega$, $C=1000\mu\text{F}$, $t=0$ 时将开关 S 合上,求 $t\geqslant 0$ 时的 $u_C(t)$。

答:开关闭合前电路已处于正弦稳态,所以用相量法求 $u_C(0_-)$ 的值,也就是并联电压。

$$\dot{U}_C=\frac{(R_1+R_2)\dfrac{1}{j\omega C}}{(R_1+R_2)+\dfrac{1}{j\omega C}}\dot{I}_S$$

$$=\frac{(R_1+R_2)\dot{I}_S}{j\omega C(R_1+R_2)+1}$$

$$=\frac{(20+20)\sqrt{2}\angle 0°}{j\times 1000\times 1000\times 10^{-6}(20+20)+1}$$

$$=\sqrt{2}\angle-88.568°\text{V}$$

$$u_C(t)=2\sin(1000t-88.568°)\text{V}$$

$$u_C(0_-)=2\sin(-88.568°)=-2\text{V}$$

运算电路如图 12-26 所示,用结点电压法进行计算

$$\left(\frac{1}{R_1}+sC\right)U_C(s)=\frac{-2}{s}sC+I_S(s)$$

$$U_C(s)=\frac{R_1I_S(s)-2R_1C}{R_1Cs+1}$$

$$=\frac{20\times\dfrac{2\omega}{s^2+\omega^2}-2\times 20\times 10^{-3}}{20\times 10^{-3}s+1}$$

$$=\frac{2\times 10^6-2(s^2+1000^2)}{(s+50)(s^2+1000^2)}$$

$$= \frac{-2s^2}{(s+50)(s^2+1000^2)}$$

$$= -\frac{2}{401} \times \frac{1}{s+50} - \frac{800}{401} \times \frac{s-50}{s^2+1000^2}$$

求其拉普拉斯逆变换得

$$u_C(t) = -\frac{2}{401}e^{-50t} + \frac{40}{\sqrt{401}}\sin(1000t - 81.138°)\text{V}$$

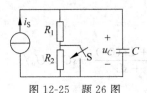
图 12-25 题 26 图

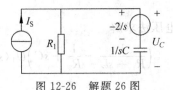
图 12-26 解题 26 图

27. 图 12-27 所示电路中，$L_1=1\text{H}, L_2=4\text{H}, M=2\text{H}, R_1=R_2=1\Omega, U_S=1\text{V}$，电感中原无磁场能量。求开关 S 合上后，用运算法求 i_1, i_2。

答：根据题意，运算电路如图 12-28 所示

$$\begin{cases} U_S/s = R_1 I_1(s) + sL_1 I_1(s) - sMI_2(s) \\ R_2 I_2(s) = -[sL_2 I_2(s) - sMI_1(s)] \end{cases}$$

代入

$$\begin{cases} 1/s = I_1(s) + sI_1(s) - 2sI_2(s) \\ I_2(s) = -[4sI_2(s) - 2sI_1(s)] \end{cases}$$

解得

$$I_1(s) = \frac{1}{s} - \frac{0.2}{s+0.2}, \quad I_2(s) = \frac{0.4}{s+0.2}$$

求其拉普拉斯逆变换得

$$i_1(t) = 1 - 0.2e^{-0.2t}\text{A}, \quad i_2(t) = 0.4e^{-2t}\text{A}$$

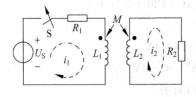
图 12-27 题 27 图

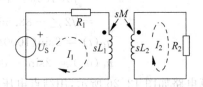
图 12-28 解题 27 图

28. 图 12-29 所示电路，$t=0$ 时将开关 S 合上，求 $t \geq 0$ 时的电流 $i_2(t)$。

答：因为 $t<0$ 时，电路已稳定，所以

$$i_1(0_-) = 10/(2.5+2.5)\text{A} = 2\text{A}, \quad i_2(0_-) = 0$$

运算电路图如图 12-30 所示

$$L_1 i_1(0_-) = 6$$

$$M i_1(0_-) = 4$$

$$\begin{cases} 10/s = 2.5I_1(s) + 3sI_1(s) - 2sI_2(s) - 6 \\ 2.5I_2(s) = -[3sI_2(s) - 2sI_1(s)] - 4 \end{cases}$$

解得

$$I_1(s) = \frac{10}{s} + \frac{0.5}{s+2.5} - \frac{8.5}{s+0.5}$$

$$I_2(s) = \frac{-1}{s+2.5} + \frac{1}{s+0.5}$$

求其拉普拉斯逆变换得

$$i_2(t) = e^{-0.5t} - e^{-2.5t} \text{ A}$$

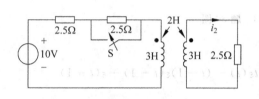

图 12-29 题 28 图

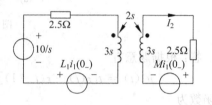

图 12-30 解题 28 图

29. 图 12-31 所示电路,开关动作前已达稳态,$t=0$ 时开关打开,求 $t \geq 0$ 时的电容电压 u_C。

答：运算电路图如图 12-32 所示,电容初始电压

$$u_C(0_-) = \left(\frac{3}{3+6//6} \times 12\right)\text{V} = 6\text{V}$$

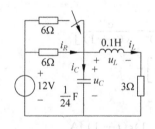

图 12-31 题 29 图

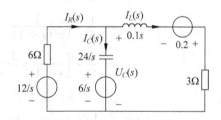

图 12-32 解题 29 图

电感初始电流

$$i_L(0_-) = \frac{12}{6//6+3}\text{A} = 2\text{A}$$

用结点电压法

$$\left(\frac{1}{6} + \frac{s}{24} + \frac{1}{3+0.1s}\right)U_C(s) = \frac{12/s}{6} + \frac{6/s}{24/s} - \frac{0.2}{3+0.1s}$$

解得

$$U_C(s) = \frac{6(s^2+30s+240)}{s(s^2+34s+360)} = \frac{4}{s} + \frac{2s+44}{(s+17)^2+71}$$

所以

$$u_C(t) = 4 + 1.2e^{-17t}\sin(\sqrt{71}t) + 2e^{-17t}\cos(\sqrt{71}t)\text{V}$$
$$= 4 + 1.85e^{-17t}\cos(\sqrt{71}t - 30°)\text{V}$$

30. 图 12-33(6)所示电路激励 $u_S(t)$ 的波形如图 12-33(b)所示,已知 $R_1 = 6\Omega$, $R_2 = 3\Omega$, $L = 1\text{H}$, $\mu = 1$,试求电路的零状态响应 $i_L(t)$。

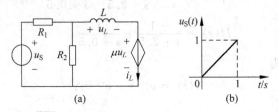

图 12-33 题 30 图

答：根据题意有
$$u_S(t) = t[\varepsilon(t) - \varepsilon(t-1)] = t\varepsilon(t) - (t-1)\varepsilon(t-1) - \varepsilon(t-1)$$

象函数为
$$U_S(s) = \frac{1}{s^2} - \frac{e^{-s}}{s^2} - \frac{e^{-s}}{s}$$

$$\begin{cases} U_L(s) = sLI_L(s) \\ \dfrac{U_S(s) - (1+\mu)U_L(s)}{R_1} = \dfrac{(1+\mu)U_L(s)}{R_2} + I_L(s) \end{cases}$$

解得
$$I_L(s) = \frac{1}{6} \cdot \frac{U_S(s)}{s+1}$$
$$= \frac{1}{6} \cdot \left[\frac{1}{s^2(s+1)} - \frac{e^{-s}}{s^2(s+1)} - \frac{e^{-s}}{s(s+1)}\right]$$
$$= \frac{1}{6} \cdot \left[\frac{1}{s+1} + \frac{1-e^{-s}}{s^2} - \frac{1}{s}\right]$$

所以
$$i_L(t) = \frac{1}{6}[e^{-t} + (t-1)\varepsilon(t) - (t-1)\varepsilon(t-1)]\text{A}$$

31. 图 12-34 所示电路含理想变压器,已知 $R = 1\Omega$, $C_1 = 1\text{F}$, $C_2 = 2\text{F}$, $i_S = e^{-t}\text{V}$,试求电路的零状态响应 $u(t)$。

答：运算电路如图 12-35 所示,则有
$$I_S(s) = \frac{1}{s+1}$$
$$U_1(s) : U_2(s) = -2 : 1$$
$$I_1(s) : I_2(s) = 1 : 2$$
$$I_1(s) = I_S(s) - U_1(s)/R$$
$$I_2(s) = I_S(s) - sC_2U_2(s)$$
$$U(s) = U_1(s) + \frac{I_S(s)}{sC_1} + U_2(s)$$

解得
$$U(s) = \left(\frac{1}{sC_1} + \frac{R}{4+sRC_2}\right)I_s(s) = \frac{1.5s+2}{s(s+1)(s+2)} = \frac{1}{s} - \frac{0.5}{s+1} - \frac{0.5}{s+2}$$

所以
$$u(t) = 1 - 0.5e^{-t} - 0.5e^{-2t} \text{ V}$$

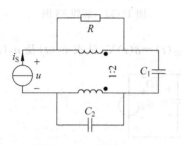

图 12-34 题 31 图

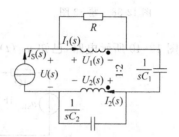

图 12-35 解题 31 图

32. 图 12-36 所示电路，$t=0$ 时将开关 S 合上，用运算法求 $i(t)$ 及 $u_C(t)$。

答：运算电路图如图 12-37 所示，则有

$$I(s) = \frac{100}{s} \Big/ \left(\frac{10^6}{3s} + \frac{10^6}{3s}\right) = 0.15 \times 10^{-3}$$

$$U_C(s) = \frac{10^6}{3s} \times 0.15 \times 10^{-3} = \frac{50}{s}$$

所以
$$i(t) = 0.15\delta(t) \text{ mA}, \quad u_C(t) = 50\varepsilon(t) \text{ V}$$

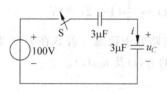

图 12-36 题 32 图

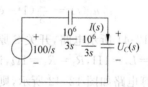

图 12-37 解题 32 图

33. 图 12-38 所示电路，$t=0$ 时将开关 S 合上，用运算法求 $i(t)$ 及 $u_C(t)$。

答：运算电路图如图 12-39 所示，则有

$$I(s) = sU_C(s)$$

$$\frac{4}{s} = \left(2 + \frac{2}{s}\right)\left\{I(s) + s\left[U_C(s) - \frac{4}{3s}\right]\right\} + \frac{8}{3s} + U_C(s)$$

$$U_C(s) = \frac{8s+12}{3s(4s+5)} = \frac{4}{5s} - \frac{2}{15(s+5/4)}$$

$$I(s) = \frac{8s+12}{3(4s+5)} = \frac{2}{3} + \frac{1}{6(s+5/4)}$$

所以
$$i(t) = \frac{2}{3}\delta(t) + \frac{1}{6}e^{-\frac{5}{4}t} \text{ A}, \quad u_C(t) = \frac{4}{5}\varepsilon(t) - \frac{2}{15}e^{-\frac{5}{4}t} \text{ V}$$

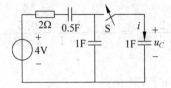
图 12-38　题 33 图

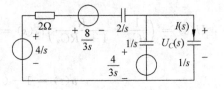
图 12-39　解题 33 图

34. 图 12-40 所示电路，已知 $u_{S1}(t)=\varepsilon(t)\text{V}$，$u_{S2}(t)=\delta(t)\text{V}$，试求 $u_1(t)$ 及 $u_2(t)$。

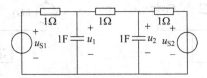
图 12-40　题 34 图

答：用结点电压法进行求解，列方程如下

$$\begin{cases}(1+s+1)U_1(s)-U_2(s)=U_{S1}(s)=1/s \\ (1+1+s)U_2(s)-U_1(s)=U_{S2}(s)=1\end{cases}$$

解得

$$U_1(s)=\frac{2}{s(s+3)}=\frac{2}{3s}-\frac{2}{3(s+3)},\quad U_2(s)=\frac{s+1}{s(s+3)}=\frac{1}{3s}+\frac{2}{3(s+3)}$$

所以

$$u_1(t)=\frac{2}{3}(1-e^{-3t})\text{V},\quad u_2(t)=\frac{1}{3}(1+2e^{-3t})\text{V}$$

35. 图 12-41 所示电路，开关 S 原是闭合的，电路处于稳态。若 S 在 $t=0$ 时打开，已知 $U_S=2\text{V}$，$L_1=L_2=1\text{H}$，$R_1=R_2=1\Omega$，试求 $t\geqslant 0$ 时的 $i_1(t)$ 及 $u_{L2}(t)$。

答：运算电路如图 12-42 所示，则有

$$i_1(0_-)=\frac{u_S}{R_2}=\frac{2}{1}=2\text{A}$$

$$U_S(s)=s(L_1+L_2)I_1(s)+(R_1+R_2)I_1(s)-L_2i_1(0_-)I_1(s)$$

$$=\frac{2/s+1\times 2}{(1+1)+s(1+1)}=\frac{1}{s}$$

$$U_{L2}(s)=sL_2I_1(s)-L_2i_1(0_-)=1-2=-1$$

所以

$$i_1(t)=\varepsilon(t)\text{A},\quad u_{L2}(t)=-\delta(t)\text{V}$$

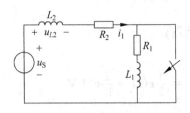
图 12-41　题 35 图

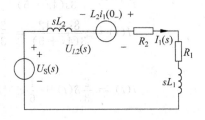
图 12-42　解题 35 图

36. 图 12-43 所示电路,开关 S 原是闭合的,电路处于稳态。若 S 在 $t=0$ 时打开,已知 $U_S=42\text{V}, L=1/12\text{H}, C=1\text{F}, R_1=1\Omega, R_2=0.75\Omega, R_3=2\Omega$,求 $t\geqslant 0$ 时的电感电流 $i_L(t)$。

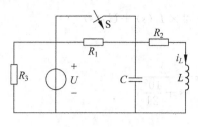

图 12-43 题 36 图

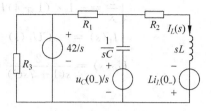

图 12-44 解题 36 图

答:运算电路图如图 12-44 所示,则有

$$i_L(0_-) = \frac{u_S}{R_2} = \frac{42}{0.75} = 68\text{A}$$

利用结点电压法,列写方程

$$\left(\frac{1}{R_1}+\frac{1}{R_2+sL}+sC\right)U(s)-\frac{1}{R_1}\times\frac{42}{s}=\frac{u_C(0_-)}{s}\cdot sC-\frac{Li_L(0_-)}{R_2+sL}$$

解得

$$U(s) = \frac{18}{s} - \frac{2}{s+3} - \frac{8}{s+7}$$

$$I_L(s) = \frac{U(s)+Li_L(0_-)}{R_2+sL} = \frac{24}{s}+\frac{20}{s+3}-\frac{344}{s+7}+\frac{368}{s+9}$$

所以

$$i_L(t) = 24 + 20\text{e}^{-3t} - 344\text{e}^{-7t} + 368\text{e}^{-9t}\text{A}$$

37. 图 12-45 所示电路,已知 $L=1\text{H}, C=0.5\text{F}, R_1=2\Omega, R_2=3\Omega$,电源为冲激电流源,且已知 $u_C(0_-)=0$,求 $t\geqslant 0$ 时的 $u_C(t)$。

答:列方程求解

$$3 = sCU_C(s) + \frac{U_C(s)}{R_2+sL}$$

$$U_C(s) = \frac{12}{s+1} - \frac{6}{s+2}$$

所以

$$u_C(t) = 12\text{e}^{-t} - 6\text{e}^{-2t}\text{V}$$

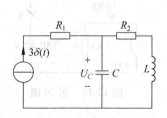

图 12-45 题 37 图

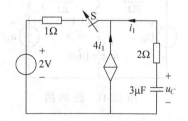

图 12-46 题 38 图

38. 图 12-46 所示电路,已知 $u_C(0_-)=0, t=0$ 时开关 S 闭合,求 $t\geqslant 0$ 时的电容电

压 u_C。

答：列方程

$$\begin{cases} \dfrac{2}{s} = -1 \times (1+4)I_1(s) - 2 \times I_1(s) + U_C(s) \\ I_1(s) = -sCU_C(s) \end{cases}$$

$$U_C(s) = \dfrac{2}{s(1+7sC)} = \dfrac{2}{s} - \dfrac{2}{s + \dfrac{10^6}{21}}$$

所以

$$u_C(t) = 2 - 2\mathrm{e}^{-\frac{10^6}{21}t}\,\mathrm{V}$$

39. 图 12-47 所示电路，已知直流电压源 $U_{S1}=10\mathrm{V}$，正弦电压源 $u_{S2}=5\cos 10^3 t\,\mathrm{V}$，求电容电压 $u_C(t)$。

答：利用结点电压法，列写方程

$$\left(\dfrac{1}{5} + \dfrac{1}{5} + \dfrac{1}{0.1s + \dfrac{1}{10^{-5}s}}\right)U_1(s) = \dfrac{U_{S1}(s)}{5} + \dfrac{U_{S2}(s)}{5}$$

$$\dfrac{U_1(s) - U_C(s)}{0.1s} = 10^{-5}sU_C(s)$$

$$U_{S1}(s) = \dfrac{10}{s}$$

$$U_{S2}(s) = \dfrac{5s}{s^2 + 10^6}$$

解得

$$U_C(s) = 25 \times 10^5 \times \dfrac{3s^2 + 2 \times 10^6}{s(s^2 + 10^6)(s^2 + 25s + 10^6)}$$

$$= \dfrac{5}{s} + \dfrac{10^5}{s^2 + 10^6} - \dfrac{5s + 125 + 10^5}{s^2 + 25s + 10^6}$$

所以

$$u_C(t) = 5 + 100(1 - \mathrm{e}^{-12.5t})\sin(10^3 t) - 5\mathrm{e}^{-12.5t}\cos(10^3 t)\,\mathrm{V}$$

40. 图 12-48 所示电路中的开关 S 闭合前电容电压 $u_C(0_-)=10\mathrm{V}$，在 $t=0$ 时 S 闭合，求 $t \geqslant 0$ 时电流 $i(t)$。

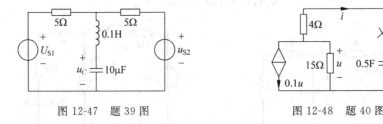

图 12-47 题 39 图　　　　图 12-48 题 40 图

答：根据题意，受控源可等效为 10Ω 电阻，可列 KVL 方程

$$(4 + 10//15)I(s) + \dfrac{1}{0.5s}I(s) + \dfrac{10}{s} = 0$$

$$I(s) = -\frac{1}{s+0.2}$$

所以

$$i(t) = -e^{-0.2t} A$$

12.4 思考改错题

1. 对于电感元件，进行拉普拉斯变换时，使用的公式为 $U(s) = sLI(s) - Li(0_-)$，其中 $sLI(s)$ 表示电感拉普拉斯变换电压。

2. 对于电容元件，进行拉普拉斯变换时，使用的公式为 $U(s) = \frac{1}{sC}I(s) + \frac{1}{s}u(0_-)$，其中 $\frac{1}{sC}I(s)$ 表示电容拉普拉斯变换电压。

3. 拉普拉斯变换法仅能求解一阶或二阶动态电路的各种响应。

4. 若用拉普拉斯变换法求解二阶动态电路时，必须要提供 0_- 时刻电感电流或电容电压的一阶导数的值。

5. 用拉氏法求冲激响应时，由于冲激在 0 时刻为 ∞ 值，所以要把电容 0_- 时刻的电压看成为 ∞。

6. 用拉氏法求冲激响应时，由于冲激在 0 时刻为 ∞ 值，所以要把电感 0_- 时刻的电流看成为 ∞。

7. 用拉普拉斯变换法求单位阶跃响应时，由于单位阶跃在 0_+ 时刻值为 1，根据换路定义 0_- 时刻值也为 1，所以要把电容 0_- 时刻的电压看成为 1V。

8. 用拉普拉斯变换法求单位阶跃响应时，由于单位阶跃在 0_+ 时刻值为 1，根据换路定义 0_- 时刻值也为 1，所以要把电感 0_- 时刻的电流看成为 1A。

9. 用拉普拉斯变换法求解动态电路时，多个动态元件的初始值要么都为零，要么都不为零。

10. 用拉普拉斯变换法表示电阻的电压电流关系为 $U(s) = RI(s)$，其中 s 表示时间参数。

第13章 二端口网络

13.1 知识点概要

一个电路有四个外引线端子,其中左、右两对端子都满足:从一个引线端流入电路的电流与另一个引线端流出电路的电流相等的条件,这样组成的电路可称为二端口网络(或称为双口网络)。变压器、滤波器、运算放大器等均属于双口网络。图13-1所示为不同的端口网络。

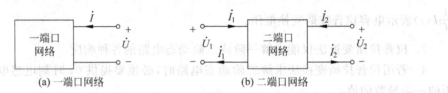

图13-1 不同的端口网络

无源二端口网络是线性网络,由线性电阻、线性电容、线性电感(包括耦合电感)及线性受控源组成,不含有独立电源和初始值构成的附加电源。当二端口内部含独立电源时,称为有源二端口网络。

1. 阻抗参数方程

$$\begin{cases} \dot{U}_1 = Z_{11}\dot{I}_1 + Z_{12}\dot{I}_2 + \dot{U}_{OC1} \\ \dot{U}_2 = Z_{21}\dot{I}_1 + Z_{22}\dot{I}_2 + \dot{U}_{OC2} \end{cases} \quad \mathbf{Z} \stackrel{\text{def}}{=} \begin{bmatrix} Z_{11} & Z_{12} \\ Z_{21} & Z_{22} \end{bmatrix}$$

$\mathbf{Z}$参数矩阵称为开路阻抗矩阵。$\dot{U}_{OC1}$和$\dot{U}_{OC2}$是两端口都开路时,端口1和端口2的开路电压。

互易二端口:$Z_{12}=Z_{21}$;对称二端口:$Z_{11}=Z_{22}$,$Z_{12}=Z_{21}$。

2. 导纳参数方程

$$\begin{cases} \dot{I}_1 = Y_{11}\dot{U}_1 + Y_{12}\dot{U}_2 + \dot{I}_{SC1} \\ \dot{I}_2 = Y_{21}\dot{U}_1 + Y_{22}\dot{U}_2 + \dot{I}_{SC2} \end{cases} \quad \mathbf{Y} \stackrel{\text{def}}{=} \begin{bmatrix} Y_{11} & Y_{12} \\ Y_{21} & Y_{22} \end{bmatrix}$$

$\mathbf{Y}$参数矩阵称为短路导纳矩阵。$\dot{I}_{SC1}$和$\dot{I}_{SC2}$是两端口都短路时,端口1和端口2的短路电流。

互易二端口:$Y_{12}=Y_{21}$;对称二端口:$Y_{11}=Y_{22}$,$Y_{12}=Y_{21}$。

3. 混合参数方程

$$\begin{cases} \dot{U}_1 = H_{11}\dot{I}_1 + H_{12}\dot{U}_2 + \dot{U}_{OC1} \\ \dot{I}_2 = H_{21}\dot{I}_1 + H_{22}\dot{U}_2 + \dot{I}_{SC2} \end{cases} \quad \mathbf{H} \stackrel{\text{def}}{=} \begin{bmatrix} H_{11} & H_{12} \\ H_{21} & H_{22} \end{bmatrix}$$

H 参数矩阵称为混合参数矩阵。$\dot{U}_{OC1}$ 和 $\dot{I}_{SC2}$ 是端口 1 开路和端口 2 短路时,端口 1 的开路电压和端口 2 的短路电流。

互易二端口:$H_{12}=-H_{21}$;对称二端口:$H_{12}=-H_{21}$,$H_{11}H_{22}-H_{12}H_{21}=1$。

4. 传输参数方程

$$\begin{cases} \dot{U}_1 = A\dot{U}_2 - B\dot{I}_2 + B\dot{I}_{SC2} + \dot{U}_{OC1} \\ \dot{I}_1 = C\dot{U}_2 - D\dot{I}_2 + D\dot{I}_{SC2} \end{cases} \quad T \stackrel{\text{def}}{=} \begin{bmatrix} A & B \\ C & D \end{bmatrix}$$

T 参数矩阵称为传输参数矩阵。$\dot{U}_{OC1}$ 和 $\dot{I}_{SC2}$ 是端口 1 开路和端口 2 短路时,端口 1 的开路电压和端口 2 的短路电流。

互易二端口:$AD-BC=1$;对称二端口:$AD-BC=1$,$A=D$。

5. 二端口的级联

无源二端口 P_1 和 P_2 按级联方式连接构成复合二端口,$T=T'T''$。

6. 二端口的并联

当两个端口 P_1 和 P_2 按并联方式连接时,两个二端口的输入电压和输出电压被分别强制为相同,$Y=Y'+Y''$。

7. 二端口的串联

当两个端口 P_1 和 P_2 按串联方式连接时,P_1 的负极与 P_2 的正极连接,$Z=Z'+Z''$。

13.2 学习指导

1. 阻抗参数求解思路

$$\begin{cases} \dot{U}_1 = Z_{11}\dot{I}_1 + Z_{12}\dot{I}_2 + \dot{U}_{OC1} \\ \dot{U}_2 = Z_{21}\dot{I}_1 + Z_{22}\dot{I}_2 + \dot{U}_{OC2} \end{cases} \quad Z \stackrel{\text{def}}{=} \begin{bmatrix} Z_{11} & Z_{12} \\ Z_{21} & Z_{22} \end{bmatrix}$$

Z 参数矩阵,称为开路阻抗矩阵。$\dot{U}_{OC1}$ 和 $\dot{U}_{OC2}$ 是两端口都开路时,端口 1 和端口 2 的开路电压。若是无源二端口网络,则 $\dot{U}_{OC1}=0$、$\dot{U}_{OC2}=0$。

各参数求解如下:

$Z_{11} = \dfrac{\dot{U}_1 - \dot{U}_{OC1}}{\dot{I}_1}\bigg|_{\dot{I}_2=0}$,端口 1 加电流源,端口 2 开路,称为输入阻抗。

$Z_{12} = \dfrac{\dot{U}_1 - \dot{U}_{OC1}}{\dot{I}_2}\bigg|_{\dot{I}_1=0}$,端口 1 开路,端口 2 加电流源,称为转移阻抗。

$Z_{21} = \dfrac{\dot{U}_2 - \dot{U}_{OC2}}{\dot{I}_1}\bigg|_{\dot{I}_2=0}$,端口 1 加电流源,端口 2 开路,称为转移阻抗。

$Z_{22} = \dfrac{\dot{U}_2 - \dot{U}_{OC2}}{\dot{I}_2}\bigg|_{\dot{I}_1=0}$,端口 1 开路,端口 2 加电流源,称为输入阻抗。

如图 13-2 所示,图 13-2(a)为有源二端口 Z 参数的 T 等效电路图,图(b)为无源二端

口 Z 参数的 T 等效电路图。从图 13-2(b)中可以看出当受控源为零,即 $Z_{12}=Z_{21}$ 时,表示互易二端口网络,当左边和右边两阻抗相等,即 $Z_{11}=Z_{22}$,$Z_{12}=Z_{21}$ 时,表示对称二端口网络。

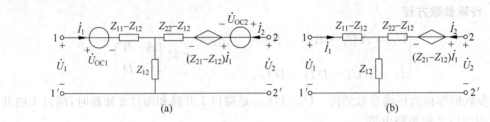

图 13-2 二端口 Z 参数 T 等效电路

2. 导纳参数求解思路

$$\begin{cases} \dot{I}_1 = Y_{11}\dot{U}_1 + Y_{12}\dot{U}_2 + \dot{I}_{SC1} \\ \dot{I}_2 = Y_{21}\dot{U}_1 + Y_{22}\dot{U}_2 + \dot{I}_{SC2} \end{cases} \quad Y \stackrel{def}{=} \begin{bmatrix} Y_{11} & Y_{12} \\ Y_{21} & Y_{22} \end{bmatrix}$$

Y 参数矩阵称为短路导纳矩阵。$\dot{I}_{SC1}$ 和 $\dot{I}_{SC2}$ 是两端口都短路时,端口 1 和端口 2 的短路电流。若是无源二端口网络,则 $\dot{I}_{SC1}=0$、$\dot{I}_{SC2}=0$。

各参数求解如下:

$Y_{11} = \dfrac{\dot{I}_1 - \dot{I}_{SC1}}{\dot{U}_1}\bigg|_{\dot{U}_2=0}$,端口 1 加电压源,端口 2 短路,称为输入导纳。

$Y_{12} = \dfrac{\dot{I}_1 - \dot{I}_{SC1}}{\dot{U}_2}\bigg|_{\dot{U}_1=0}$,端口 1 短路,端口 2 加电压源,称为转移导纳。

$Y_{21} = \dfrac{\dot{I}_2 - \dot{I}_{SC2}}{\dot{U}_1}\bigg|_{\dot{U}_2=0}$,端口 1 加电压源,端口 2 短路,称为转移导纳。

$Y_{22} = \dfrac{\dot{I}_2 - \dot{I}_{SC2}}{\dot{U}_2}\bigg|_{\dot{U}_1=0}$,端口 1 短路,端口 2 加电压源,称为输入导纳。

如图 13-3 所示,图 13-3(a)为有源二端口 Y 参数 π 等效电路图,图(b)为无源二端口 Y 参数 π 等效电路图。从图 13-3(b)中可以看出当受控源为零,即 $Y_{12}=Y_{21}$ 时,表示互易二端口网络,当左边和右边两阻抗相等,即 $Y_{11}=Y_{22}$,$Y_{12}=Y_{21}$ 时,表示对称二端口网络。

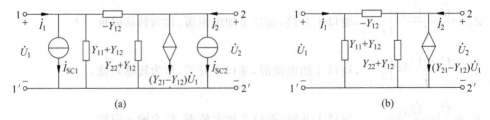

图 13-3 二端口 Y 参数 π 等效电路

3. 混合参数求解思路

$$\begin{cases} \dot{U}_1 = H_{11}\dot{I}_1 + H_{12}\dot{U}_2 + \dot{U}_{OC1} \\ \dot{I}_2 = H_{21}\dot{I}_1 + H_{22}\dot{U}_2 + \dot{I}_{SC2} \end{cases} \quad \boldsymbol{H} \stackrel{\text{def}}{=} \begin{bmatrix} H_{11} & H_{12} \\ H_{21} & H_{22} \end{bmatrix}$$

$\boldsymbol{H}$ 参数矩阵称为混合参数矩阵。$\dot{U}_{OC1}$ 和 $\dot{I}_{SC2}$ 是端口 1 开路和端口 2 短路时，端口 1 的开路电压和端口 2 的短路电流。若是无源二端口网络，则 $\dot{U}_{OC1}=0$，$\dot{I}_{SC2}=0$。

各参数求解如下：

$H_{11} = \dfrac{\dot{U}_1 - \dot{U}_{OC1}}{\dot{I}_1}\bigg|_{\dot{U}_2=0}$，端口 1 加电流源，端口 2 短路，称为输入阻抗。

$H_{12} = \dfrac{\dot{U}_1 - \dot{U}_{OC1}}{\dot{U}_2}\bigg|_{\dot{I}_1=0}$，端口 1 开路，端口 2 加电压源，称为电压比值。

$H_{21} = \dfrac{\dot{I}_2 - \dot{I}_{SC2}}{\dot{I}_1}\bigg|_{\dot{U}_2=0}$，端口 1 加电流源，端口 2 开路，称为电流比值。

$H_{22} = \dfrac{\dot{I}_2 - \dot{I}_{SC2}}{\dot{U}_2}\bigg|_{\dot{I}_1=0}$，端口 1 开路，端口 2 加电压源，称为输入导纳。

如图 13-4 所示，图 13-4(a)为有源二端口 $\boldsymbol{H}$ 参数混合等效电路图，图 13-4(b)为无源二端口 $\boldsymbol{H}$ 参数混合等效电路图。根据 $\boldsymbol{Z}$ 参数或 $\boldsymbol{Y}$ 参数换算后，得到 $H_{12}=-H_{21}$ 时，表示互易二端口网络，而当 $H_{12}=-H_{21}$，$H_{11}H_{22}-H_{12}H_{21}=1$ 时，表示对称二端口网络。

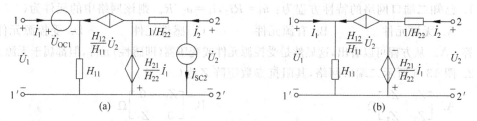

图 13-4 二端口 $\boldsymbol{H}$ 参数混合等效电路

4. 传输参数求解思路

$$\begin{cases} \dot{U}_1 = A\dot{U}_2 - B\dot{I}_2 + B\dot{I}_{SC2} + \dot{U}_{OC1} \\ \dot{I}_1 = C\dot{U}_2 - D\dot{I}_2 + D\dot{I}_{SC2} \end{cases} \quad \boldsymbol{T} \stackrel{\text{def}}{=} \begin{bmatrix} A & B \\ C & D \end{bmatrix}$$

$\boldsymbol{T}$ 参数矩阵称为传输参数矩阵。$\dot{U}_{OC1}$ 和 $\dot{I}_{SC2}$ 是端口 1 开路和端口 2 短路时，端口 1 的开路电压和端口 2 的短路电流。若是无源二端口网络，则 $\dot{U}_{OC1}=0$、$\dot{I}_{SC2}=0$。

各参数求解如下：

$A = \dfrac{\dot{U}_1 - \dot{U}_{OC1}}{\dot{U}_2}\bigg|_{\dot{I}_2=\dot{I}_{SC2}}$，端口 1 加电源，端口 2 加电流源 $\dot{I}_{SC2}$，称为电压比值。

$$B = \frac{\dot{U}_1 - \dot{U}_{OC1}}{\dot{I}_{SC2} - \dot{I}_2}\bigg|_{\dot{U}_2=0}, 端口1加电源，端口2短路，称为转移阻抗。$$

$$C = \frac{\dot{I}_1}{\dot{U}_2}\bigg|_{\dot{I}_2=\dot{I}_{SC2}}, 端口1加电源，端口2加电流源\dot{I}_{SC2}，称为转移导纳。$$

$$D = \frac{\dot{I}_1}{\dot{I}_{SC2} - \dot{I}_2}\bigg|_{\dot{U}_2=0}, 端口1加电源，端口2短路，称为电流比值。$$

如图13-5所示，图13-5(a)为有源二端口 **T** 参数传输等效电路图，图13-5(b)为无源二端口 **T** 参数传输等效电路图。

互易二端口：$AD-BC=1$；对称二端口：$AD-BC=1, A=D$。

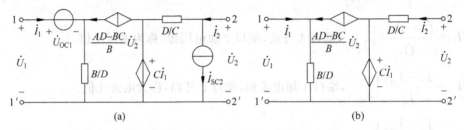

图13-5 二端口 **T** 参数传输等效电路

13.3 课后习题分析

1. 已知二端口网络的特性方程为：$u_1 = Ri_2, i_1 = u_2/R$。则该网络中的元件为（　　）。

　　A. 无源元件　　　B. 有源元件　　　C. 感性元件　　　D. 受控源元件

答：A。从方程可以看出，这显然是受控源元件或变压器（即感性）元件，但都属于无源元件。

2. 图13-6所示二端口网络，其阻抗参数矩阵 **Z** 为（　　）。

　　A. $\begin{bmatrix} Z_1 & Z_3 \\ Z_3 & Z_2 \end{bmatrix} \Omega$　　　　　　B. $\begin{bmatrix} Z_1 & 0 \\ 0 & Z_2 \end{bmatrix} \Omega$

　　C. $\begin{bmatrix} Z_1+Z_3 & Z_3 \\ Z_3 & Z_2+Z_3 \end{bmatrix} \Omega$　　D. $\begin{bmatrix} Z_1+Z_3 & Z_3 \\ Z_2+Z_3 & Z_2 \end{bmatrix} \Omega$

答：C。写出阻抗参数矩阵为 $\mathbf{Z} = \begin{bmatrix} Z_1+Z_3 & Z_3 \\ Z_3 & Z_2+Z_3 \end{bmatrix}$。

3. 图13-7所示二端口网络其阻抗参数中的 Z_{12} 和 Z_{34} 分别为（　　）。

　　A. $j2\Omega、j2\Omega$　　B. $(3+j2)\Omega、j2\Omega$　　C. $j3\Omega、j3\Omega$　　D. $(3+j3)\Omega、j3\Omega$

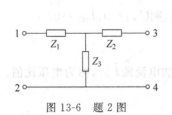

图13-6 题2图

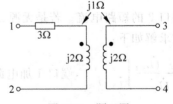

图13-7 题3图

答：B。写出阻抗参数矩阵为 $\mathbf{Z}=\begin{bmatrix} 3+\mathrm{j}2 & \mathrm{j}1 \\ \mathrm{j}-1 & \mathrm{j}2 \end{bmatrix}\Omega$，用排除法可得。

4. 图 13-8 所示二端口网络的导纳参数矩阵为（　　）。

A. $\begin{bmatrix} -\dfrac{3}{R} & \dfrac{1}{R} \\ \dfrac{3}{R} & -\dfrac{3}{R} \end{bmatrix}$ S

B. $\begin{bmatrix} \dfrac{1}{R} & -\dfrac{3}{R} \\ -\dfrac{1}{R} & \dfrac{3}{R} \end{bmatrix}$ S

C. $\begin{bmatrix} R & -3R \\ -R & 3R \end{bmatrix}$ S

D. $\begin{bmatrix} -3R & R \\ 3R & -R \end{bmatrix}$ S

答：B。用列写方程的办法求解

$$\begin{cases} U_1 = RI_1 + 2U_2 + U_2 \\ I_2 = -I_1 \end{cases}，\text{整理得：} \begin{cases} I_1 = \dfrac{1}{R}U_1 - \dfrac{3}{R}U_2 \\ I_2 = -\dfrac{1}{R}U_1 + \dfrac{3}{R}U_2 \end{cases}$$

5. 图 13-9 所示二端口的 **Y** 参数矩阵为（　　）。

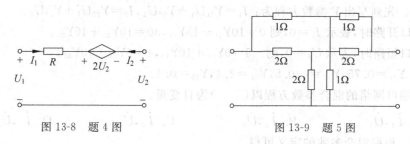

图 13-8　题 4 图　　　　图 13-9　题 5 图

A. $\begin{bmatrix} 1 & -0.5 \\ -0.5 & 1 \end{bmatrix}$ S

B. $\begin{bmatrix} \dfrac{4}{3} & \dfrac{2}{3} \\ \dfrac{2}{3} & \dfrac{4}{3} \end{bmatrix}$ Ω

C. $\begin{bmatrix} 1 & -2 \\ -2 & 1 \end{bmatrix}$ S

D. $\begin{bmatrix} -\dfrac{1}{3} & \dfrac{2}{3} \\ -\dfrac{2}{3} & -\dfrac{1}{3} \end{bmatrix}$ Ω

答：A。采用二端口的并联来计算，三个 1Ω 组成的 T 形等效变换成三个 3Ω 组成的 △形网络；同样三个 2Ω 组成的 T 形等效变换成三个 6Ω 组成的△形网络；然后分别求出 **Y** 参数矩阵，最后直接相加即可。

$$\mathbf{Y} = \begin{bmatrix} 2/3 & -1/3 \\ -1/3 & 2/3 \end{bmatrix} + \begin{bmatrix} 2/6 & -1/6 \\ -1/6 & 2/6 \end{bmatrix} = \begin{bmatrix} 1 & -1/2 \\ -1/2 & 1 \end{bmatrix} \text{S}$$

6. 二端口网络的传输参数方程以（　　）为自变量。

A. $\dot{U}_1, -\dot{I}_1$　　B. $\dot{U}_1, -\dot{I}_2$　　C. $\dot{U}_2, -\dot{I}_1$　　D. $\dot{U}_2, -\dot{I}_2$

答：D。根据传输参数的定义。

7. 二端口网络的传输参数方程组的一般形式为（　　）。

A. $\dot{U}_2 = A\dot{U}_1 + B(-\dot{I}_1), \dot{I}_2 = C\dot{U}_1 + D(-\dot{I}_1)$

B. $\dot{U}_2 = A\dot{U}_1 + B(-\dot{I}_2), \dot{I}_1 = C\dot{U}_1 + D(-\dot{I}_2)$

C. $\dot{U}_1 = A\dot{U}_2 + B(-\dot{I}_1), \dot{I}_2 = C\dot{U}_2 + D(-\dot{I}_1)$

D. $\dot{U}_1 = A\dot{U}_2 + B(-\dot{I}_2), \dot{I}_1 = C\dot{U}_2 + D(-\dot{I}_2)$

答：D。根据传输参数的定义可得。

8. 对某电阻双口网络测试如下：①端口开路时，$U_2=15\text{V}, U_1=10\text{V}, I_2=30\text{A}$；②端口短路时，$U_2=10\text{V}, I_1=-5\text{A}, I_2=4\text{A}$。该双口网络的 **Y** 参数为（　　）。

A. $\mathbf{Y} = \begin{vmatrix} \dfrac{3}{4} & \dfrac{1}{2} \\ \dfrac{12}{5} & \dfrac{2}{5} \end{vmatrix}$ S

B. $\mathbf{Y} = \begin{vmatrix} \dfrac{3}{4} & -\dfrac{1}{2} \\ \dfrac{12}{5} & -\dfrac{2}{5} \end{vmatrix}$ S

C. $\mathbf{Y} = \begin{vmatrix} \dfrac{3}{4} & \dfrac{1}{2} \\ \dfrac{12}{5} & -\dfrac{2}{5} \end{vmatrix}$ S

D. $\mathbf{Y} = \begin{vmatrix} \dfrac{3}{4} & -\dfrac{1}{2} \\ \dfrac{12}{5} & \dfrac{2}{5} \end{vmatrix}$ S

答：D。先列写出 **Y** 参数方程为：$I_1 = Y_{11}U_1 + Y_{12}U_2, I_2 = Y_{21}U_1 + Y_{22}U_2$。

① 端口开路时，表示 $I_1=0$，则 $0 = 10Y_{11} + 15Y_{12}, 30 = 10Y_{21} + 15Y_{22}$。

② 端口短路时，表示 $U_1=0$，则 $-5 = 0Y_{11} + 10Y_{12}, 4 = 0Y_{21} + 10Y_{22}$。

解得：$Y_{11}=0.75, Y_{12}=-0.5, Y_{21}=2.4, Y_{22}=0.4$。

9. 二端口网络的混合参数方程以（　　）为自变量。

A. $\dot{I}_1, \dot{U}_1$　　　B. $\dot{I}_1, \dot{U}_2$　　　C. $\dot{I}_2, \dot{U}_1$　　　D. $\dot{I}_2, \dot{U}_2$

答：B。根据混合参数的定义可得。

10. 二端口网络的混合参数方程组的一般形式为（　　）。

A. $\dot{U}_2 = H_{11}\dot{I}_1 + H_{12}\dot{U}_1, \dot{I}_2 = H_{21}\dot{I}_1 + H_{22}\dot{U}_1$

B. $\dot{U}_1 = H_{11}\dot{I}_1 + H_{12}\dot{U}_2, \dot{I}_2 = H_{21}\dot{I}_1 + H_{22}\dot{U}_2$

C. $\dot{U}_2 = H_{11}\dot{I}_2 + H_{12}\dot{U}_1, \dot{I}_1 = H_{21}\dot{I}_2 + H_{22}\dot{U}_1$

D. $\dot{U}_1 = H_{11}\dot{I}_2 + H_{12}\dot{U}_1, \dot{I}_1 = H_{21}\dot{I}_2 + H_{22}\dot{U}_2$

答：B。根据混合参数的定义可得。

11. 二端口网络的导纳参数方程以（　　）为自变量。

A. $\dot{U}_1, \dot{U}_2$　　　B. $\dot{U}_1, \dot{I}_1$　　　C. $\dot{I}_1, \dot{I}_2$　　　D. $\dot{U}_1, \dot{I}_2$

答：A。根据导纳参数的定义可得。

12. 二端口网络的导纳参数方程组的一般形式为（　　）。

A. $\dot{I}_1 = Y_{11}\dot{U}_1 + Y_{12}\dot{U}_2, \dot{I}_2 = Y_{21}\dot{U}_1 + Y_{22}\dot{U}_2$

B. $\dot{U}_2 = Y_{11}\dot{U}_1 + Y_{12}\dot{I}_1, \dot{I}_2 = Y_{21}\dot{U}_1 + Y_{22}\dot{I}_2$

C. $\dot{U}_1 = Y_{11}\dot{I}_1 + Y_{12}\dot{I}_2, \dot{U}_2 = Y_{21}\dot{I}_1 + Y_{22}\dot{I}_2$

D. $\dot{U}_2 = Y_{11}\dot{U}_1 + Y_{12}\dot{I}_2, \dot{I}_1 = Y_{21}\dot{U}_1 + Y_{22}\dot{I}_2$

答：A。根据导纳参数的定义可得。

13. 二端口网络的阻抗参数方程以( )为自变量。

　　A. $\dot{U}_1,\dot{U}_2$　　　B. $\dot{U}_1,\dot{I}_1$　　　C. $\dot{I}_1,\dot{I}_2$　　　D. $\dot{U}_1,\dot{I}_2$

答：C。根据阻抗参数的定义可得。

14. 二端口网络的阻抗参数方程组的一般形式为( )。

　　A. $\dot{I}_1=Z_{11}\dot{U}_1+Z_{12}\dot{U}_2,\dot{I}_2=Z_{21}\dot{U}_1+Z_{22}\dot{U}_2$

　　B. $\dot{U}_2=Z_{11}\dot{U}_1+Z_{12}\dot{I}_1,\dot{I}_2=Z_{21}\dot{U}_1+Z_{22}\dot{I}_2$

　　C. $\dot{U}_1=Z_{11}\dot{I}_1+Z_{12}\dot{I}_2,\dot{U}_2=Z_{21}\dot{I}_1+Z_{22}\dot{I}_2$

　　D. $\dot{U}_2=Z_{11}\dot{U}_1+Z_{12}\dot{I}_2,\dot{I}_1=Z_{21}\dot{U}_1+Z_{22}\dot{I}_2$

答：C。根据阻抗参数的定义可得。

15. 若二端口网络的阻抗参数矩阵为 $Z=\begin{bmatrix}1 & 1.5\\0 & 0.5\end{bmatrix}\Omega$，则该网络的导纳参数矩阵为( )。

A. $Y=\begin{bmatrix}1 & -3\\0 & 1\end{bmatrix}S$　B. $Y=\begin{bmatrix}1 & 3\\0 & 2\end{bmatrix}S$　C. $Y=\begin{bmatrix}1 & 1.5\\0 & 2\end{bmatrix}S$　D. $Y=\begin{bmatrix}1 & -3\\0 & 2\end{bmatrix}S$

答：D。根据 Z 阻抗参数方程推导出 Y 参数方程，然后写出 Y 参数矩阵：

$$\begin{cases}U_1=1I_1+1.5I_2\\U_2=0I_1+0.5I_2\end{cases}$$

整理得

$$\begin{cases}I_1=1U_1-3U_2\\I_2=0U_1+2U_2\end{cases}$$

16. 如图 13-10 所示，N 为多端元件，其 Y_n 参数矩阵如下，则整个电路的 Y 参数矩阵为( )。

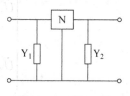

图 13-10　题 16 图

$$[Y_n]=\begin{bmatrix}y_{11} & y_{12}\\y_{21} & y_{22}\end{bmatrix}$$

A. $Y=\begin{bmatrix}Y_1+y_{11} & y_{12}\\y_{21} & Y_2+y_{22}\end{bmatrix}$　　　B. $Y=\begin{bmatrix}Y_1+y_{11} & Y_2+y_{12}\\y_{21} & y_{22}\end{bmatrix}$

C. $Y=\begin{bmatrix}Y_1+y_{11} & Y_1+y_{12}\\Y_2+y_{21} & Y_2+y_{22}\end{bmatrix}$　　　D. $Y=\begin{bmatrix}Y_1+y_{11} & Y_2+y_{12}\\Y_1+y_{21} & Y_2+y_{22}\end{bmatrix}$

答：A。这是二端口并联，应用二端口并联，Y 参数矩阵相加来求得。

17. 图 13-11 所示有四个端钮的网络，当满足( )的条件时，该网络称为二端口网络。

　　A. $i_1=i'_1,i_2=i'_2$　　　　　B. $i_1=i'_1,i_2\neq i'_2$

　　C. $i_1\neq i'_1,i_2=i'_2$　　　　　D. $i_1\neq i'_1,i_2\neq i'_2$

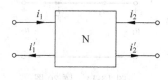

图 13-11　题 17 图

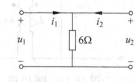

图 13-12　题 18 图

答：A。根据二端口网络的定义可得。

18. 求如图 13-12 所示二端口网络的 Z 参数矩阵为（ ）。

　　A. 无 Z 参数

　　B. $Z = \begin{vmatrix} 6 & 6 \\ 6 & 6 \end{vmatrix} \Omega$

　　C. $Z = \begin{vmatrix} 1 & 1 \\ 1 & 1 \end{vmatrix} \Omega$

　　D. $Z = \begin{vmatrix} 6 & 6 \\ 0 & 0 \end{vmatrix} \Omega$

答：B。根据阻抗参数方程来分析。

19. 如图 13-13 所示电路中 $\omega L = 15\Omega, \dfrac{1}{\omega C} = 25\Omega, \omega L_1 = \omega L_2 = 10\Omega, \omega M = 5\Omega$，二端口网络的 T 参数矩阵为（ ）。

　　A. $T = \begin{vmatrix} \dfrac{19}{5} & j36 \\ j\dfrac{3}{25} & \dfrac{7}{5} \end{vmatrix}$

　　B. $T = \begin{vmatrix} \dfrac{19}{5} & j36 \\ -j\dfrac{3}{25} & -\dfrac{7}{2} \end{vmatrix}$

　　C. $T = \begin{vmatrix} \dfrac{19}{5} & j36 \\ -j\dfrac{3}{25} & \dfrac{7}{5} \end{vmatrix}$

　　D. $T = \begin{bmatrix} \dfrac{19}{5} & -j36 \\ -j\dfrac{3}{25} & -\dfrac{7}{5} \end{bmatrix}$

答：C。设端口电压电流分别为 $\dot{U}_1, \dot{U}_2, \dot{I}_1, \dot{I}_2$，参考方向符合二端口的定义。

$$\begin{cases} \dot{U}_1 - j\omega L\,\dot{I}_1 = j\omega L_1\left(\dot{I}_1 - \dfrac{\dot{U}_1 - j\omega L\,\dot{I}_1}{-j\dfrac{1}{\omega C}}\right) + j\omega M\,\dot{I}_2 \\ \dot{U}_2 = j\omega L_2\,\dot{I}_2 + j\omega M\left(\dot{I}_1 - \dfrac{\dot{U}_1 - j\omega L\,\dot{I}_1}{-j\dfrac{1}{\omega C}}\right) \end{cases}$$

代入得

$$\begin{cases} \dot{U}_1 - j15\,\dot{I}_1 = j10\left(\dot{I}_1 - \dfrac{\dot{U}_1 - j15\,\dot{I}_1}{-j25}\right) + j5\,\dot{I}_2 \\ \dot{U}_2 = j10\,\dot{I}_2 + j5\left(\dot{I}_1 - \dfrac{\dot{U}_1 - j15\,\dot{I}_1}{-j25}\right) \end{cases}$$

整理得

$$\begin{cases} \dot{U}_1 = 3.8\,\dot{U}_2 - j36\,\dot{I}_2 \\ \dot{I}_1 = -j0.12\,\dot{U}_2 - 1.4\,\dot{I}_2 \end{cases}$$

20. 如图 13-14 所示二端口网络的阻抗、导纳、混合、传输参数矩阵分别为（ ）。

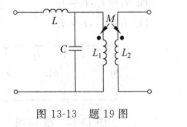

图 13-13　题 19 图

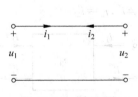

图 13-14　题 20 图

A. Z 参数矩阵不存在,$Y=\begin{bmatrix} 0 & 1 \\ -1 & 0 \end{bmatrix}$,$H=\begin{bmatrix} 1 & 0 \\ 0 & -1 \end{bmatrix}$,$T$ 参数矩阵不存在

B. $Z=\begin{bmatrix} 0 & 1 \\ -1 & 0 \end{bmatrix}$,$Y=\begin{bmatrix} 1 & 0 \\ 0 & 1 \end{bmatrix}$,$H$ 参数矩阵不存在,T 参数矩阵不存在

C. Z 参数矩阵不存在,Y 参数矩阵不存在,$H=\begin{vmatrix} 0 & 1 \\ -1 & 0 \end{vmatrix}$,$T=\begin{vmatrix} 1 & 0 \\ 0 & 1 \end{vmatrix}$

D. Z 参数矩阵不存在,Y 参数矩阵不存在,$H=\begin{vmatrix} 0 & 1 \\ -1 & 0 \end{vmatrix}$,$T=\begin{vmatrix} 1 & 0 \\ 0 & -1 \end{vmatrix}$

答：C。根据题意有 $u_1=u_2$,$i_1=-i_2$。

21. 求图 13-15 所示二端口的 Y、Z 和 T 参数矩阵。

答：先列方程,然后整理出该参数矩阵需要的形式即可。

$$\begin{cases} \dot{U}_1 = j\omega L \dot{I}_1 + \dot{U}_2 \\ \dot{U}_2 = -j\dfrac{\dot{I}_1+\dot{I}_2}{\omega C} \end{cases}$$

整理后得

(1) $\begin{cases} \dot{I}_1=\dfrac{1}{j\omega L}\dot{U}_1-\dfrac{1}{j\omega L}\dot{U}_2 \\ \dot{I}_2=-\dfrac{1}{j\omega L}\dot{U}_1+j\left(\omega C-\dfrac{1}{\omega L}\right)\dot{U}_2 \end{cases}$ $\Rightarrow$ $Y=\begin{vmatrix} \dfrac{1}{j\omega L} & -\dfrac{1}{j\omega L} \\ -\dfrac{1}{j\omega L} & j\left(\omega C-\dfrac{1}{\omega L}\right) \end{vmatrix}$

(2) $\begin{cases} \dot{U}_1=j\left(\omega L-\dfrac{1}{\omega C}\right)\dot{I}_1+\dfrac{\dot{I}_2}{j\omega C} \\ \dot{U}_2=\dfrac{\dot{I}_1}{j\omega C}+\dfrac{\dot{I}_2}{j\omega C} \end{cases}$ $\Rightarrow$ $Z=\begin{vmatrix} j\left(\omega L-\dfrac{1}{\omega C}\right) & \dfrac{1}{j\omega C} \\ \dfrac{1}{j\omega C} & \dfrac{1}{j\omega C} \end{vmatrix}$

(3) $\begin{cases} \dot{U}_1=(1-\omega^2 LC)\dot{U}_2-j\omega L\dot{I}_2 \\ \dot{I}_1=j\omega C\dot{U}_2-\dot{I}_2 \end{cases}$ $\Rightarrow$ $T=\begin{vmatrix} 1-\omega^2 LC & j\omega L \\ j\omega L & 1 \end{vmatrix}$

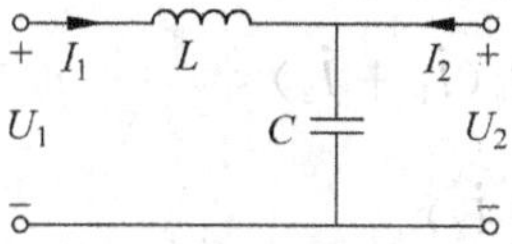

图 13-15 题 21 图

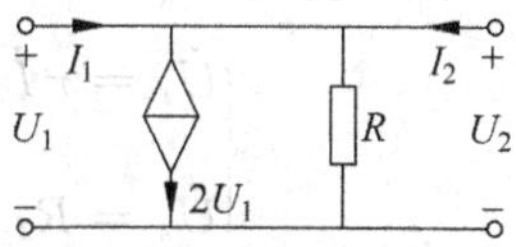

图 13-16 题 22 图

22. 求图 13-16 所示电路的 Z 参数矩阵。

答：先列方程,然后整理出该参数矩阵需要的形式即可。

$$\begin{cases} U_1=U_2 \\ U_2=(I_1+I_2-2U_1)R \end{cases}$$

整理后得

$\begin{cases} U_1=\dfrac{R}{2R+1}I_1+\dfrac{R}{2R+1}I_2 \\ U_2=\dfrac{R}{2R+1}I_1+\dfrac{R}{2R+1}I_2 \end{cases}$ $\Rightarrow$ $Z=\begin{vmatrix} \dfrac{R}{2R+1} & \dfrac{R}{2R+1} \\ \dfrac{R}{2R+1} & \dfrac{R}{2R+1} \end{vmatrix}$

23. 求图 13-17 所示二端口 Y 参数矩阵。

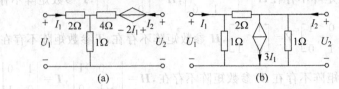

图 13-17 题 23 图

答：先列方程，然后整理出该参数矩阵需要的形式即可。

(a) $\begin{cases} \dot{U}_1 = 2\dot{I}_1 + 1(\dot{I}_1 + \dot{I}_2) \\ \dot{U}_2 = 2\dot{I}_1 + 4\dot{I}_2 + 1(\dot{I}_1 + \dot{I}_2) \end{cases}$

整理后得

$\begin{cases} \dot{I}_1 = \dfrac{5}{12}\dot{U}_1 - \dfrac{1}{12}\dot{U}_2 \\ \dot{I}_2 = -\dfrac{1}{4}\dot{U}_1 + \dfrac{1}{4}\dot{U}_2 \end{cases} \Rightarrow Y = \begin{vmatrix} \dfrac{5}{12} & -\dfrac{1}{12} \\ -\dfrac{1}{4} & \dfrac{1}{4} \end{vmatrix}$

(b) $\begin{cases} \dot{I}_1 = \dfrac{\dot{U}_1}{1} + \dfrac{\dot{U}_1 - \dot{U}_2}{2} \\ \dot{I}_2 = \dfrac{\dot{U}_2}{1} + \dfrac{\dot{U}_2 - \dot{U}_1}{2} + 3\dot{I}_1 \end{cases}$

整理后得

$\begin{cases} \dot{I}_1 = 1.5\dot{U}_1 - 0.5\dot{U}_2 \\ \dot{I}_2 = 4\dot{U}_1 \end{cases} \Rightarrow Y = \begin{vmatrix} 1.5 & 0.5 \\ 4 & 0 \end{vmatrix}$

24. 已知图 13-18 所示二端口的 Z 参数矩阵为 $Z = \begin{vmatrix} 10 & 8 \\ 5 & 10 \end{vmatrix} \Omega$，求 R_1, R_2, R_3 和 r 值。

答：先列方程，然后整理出该参数矩阵需要的形式即可。

$\begin{cases} \dot{U}_1 = r\dot{I}_2 + R_1\dot{I}_1 + R_3(\dot{I}_1 + \dot{I}_2) \\ \dot{U}_2 = R_2\dot{I}_2 + R_3(\dot{I}_1 + \dot{I}_2) \end{cases}$

整理后得

$\begin{cases} \dot{U}_1 = (R_1 + R_3)\dot{I}_1 + (r + R_3)\dot{I}_2 \\ \dot{U}_2 = R_3\dot{I}_1 + (R_2 + R_3)\dot{I}_2 \end{cases}$

根据题意有

$R_1 = R_2 = R_3 = 5\Omega, \quad r = 3\Omega$

25. 求图 13-19 所示二端口的 Y 参数矩阵。

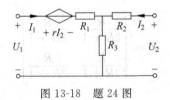

图 13-18 题 24 图

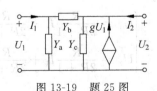

图 13-19 题 25 图

答：先列方程，然后整理出该参数矩阵需要的形式即可。

$$\begin{cases} \dot{I}_1 = Y_a \dot{U}_1 + Y_b(\dot{U}_1 - \dot{U}_2) \\ \dot{I}_2 + g\dot{U}_1 = Y_c \dot{U}_2 + Y_b(\dot{U}_2 - \dot{U}_1) \end{cases}$$

整理后得

$$\begin{cases} \dot{I}_1 = (Y_a + Y_b)\dot{U}_1 - Y_b \dot{U}_2 \\ \dot{I}_2 = -(g + Y_b)\dot{U}_1 + (Y_b + Y_c)\dot{U}_2 \end{cases}$$

所以

$$\boldsymbol{Y} = \begin{vmatrix} Y_a + Y_b & -Y_b \\ -g - Y_b & Y_a + Y_b \end{vmatrix}$$

26. 若已知二端口的 **T** 参数矩阵，求其等效 T 形电路和等效 π 形电路。

答：先列出 **T** 参数方程，然后整理出 **Z** 参数矩阵和 **Y** 参数矩阵。

T 参数方程

$$\begin{cases} \dot{U}_1 = A\dot{U}_2 - B\dot{I}_2 \\ \dot{I}_1 = C\dot{U}_2 - D\dot{I}_2 \end{cases}$$

等效 T 形电路如图 13-20(a) 所示，需转换成 **Z** 参数方程

$$\begin{cases} \dot{U}_1 = \dfrac{A}{C}\dot{I}_1 + \dfrac{AD - BC}{C}\dot{I}_2 \\ \dot{U}_2 = \dfrac{1}{C}\dot{I}_1 + \dfrac{D}{C}\dot{I}_2 \end{cases}$$

即

$$Z_1 = Z_{11} - Z_{12} = \frac{A}{C} - \frac{AD - BC}{C} = \frac{A - AD + BC}{C}$$

$$Z_2 = Z_{12} = \frac{AD - BC}{C}$$

$$Z_3 = Z_{22} - Z_{12} = \frac{D}{C} - \frac{AD - BC}{C} = \frac{D - AD + BC}{C}$$

$$\alpha = Z_{21} - Z_{12} = \frac{1}{C} - \frac{AD - BC}{C} = \frac{1 - AD + BC}{C}$$

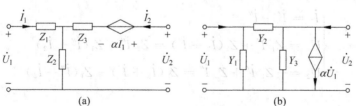

图 13-20 解题 26 图

等效 π 形电路如图 13-20(b) 所示，需转换成 **Y** 参数方程

$$\begin{cases} \dot{I}_1 = \dfrac{D}{B}\dot{U}_1 - \dfrac{AD - BC}{B}\dot{U}_2 \\ \dot{I}_2 = -\dfrac{1}{B}\dot{U}_1 + \dfrac{A}{B}\dot{U}_2 \end{cases}$$

即

$$Y_1 = Y_{11} + Y_{12} = \frac{D}{B} - \frac{AD-BC}{B} = \frac{D-AD+BC}{B}$$

$$Y_2 = -Y_{12} = \frac{AD-BC}{B}$$

$$Y_3 = Y_{22} + Y_{12} = \frac{A}{B} - \frac{1}{B} = \frac{A-1}{B}$$

$$\alpha = Y_{21} - Y_{12} = -\frac{1}{B} + \frac{AD-BC}{B} = \frac{AD-BC-1}{B}$$

27. 求图 13-21 所示电路的等效 T 形电路。

答：设参考电流如图 13-22 所示

$$\begin{cases} \dot{I}_1 = \dot{I}' + \dot{I}'' \\ \dot{U}_1 = 2\dot{I}' + 4(\dot{I}_2 - \dot{I}') = 2\dot{I}'' + 4(\dot{I}'' - \dot{I}_2) \\ \dot{U}_2 = -2\dot{I}' + 2\dot{I}'' = 4(\dot{I}_2 + \dot{I}') - 4(\dot{I}'' - \dot{I}_2) \end{cases}$$

整理后得

$$\begin{cases} \dot{U}_1 = 3\dot{I}_1 \\ \dot{U}_2 = \frac{8}{3}\dot{I}_2 \end{cases}$$

等效 T 形电路如图 13-23 所示。

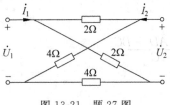
图 13-21 题 27 图

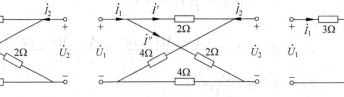
图 13-22 解题 27 图

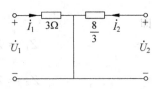
图 13-23 等效 T 形电路

28. 二端口网络如图 13-24 所示，求其 **Y** 参数和 π 型等效电路。

答：先列方程，然后整理出该参数矩阵需要的形式即可。

$$\begin{cases} \dot{I}_1 = \dot{I}' + \dot{I}'' \\ \dot{U}_1 = Z_1\dot{I}' + Z_2(\dot{I}_2 + \dot{I}') = Z_2\dot{I}'' + Z_1(\dot{I}'' - \dot{I}_2) \\ \dot{U}_2 = -Z_1\dot{I}' + Z_2\dot{I}'' = Z_2(\dot{I}_2 + \dot{I}') - Z_1(\dot{I}'' - \dot{I}_2) \end{cases}$$

解得

$$\mathbf{Y} = \begin{vmatrix} \frac{Z_1+Z_2}{2Z_1Z_2} & \frac{Z_1-Z_2}{2Z_1Z_2} \\ \frac{Z_1-Z_2}{2Z_1Z_2} & \frac{Z_1+Z_2}{2Z_1Z_2} \end{vmatrix}$$

即

$$Y_1 = Y_{11} + Y_{12} = \frac{Z_1+Z_2}{2Z_1Z_2} + \frac{Z_1-Z_2}{2Z_1Z_2} = \frac{1}{Z_2}$$

$$Y_2 = -Y_{12} = -\frac{Z_1 - Z_2}{2Z_1 Z_2}$$

$$Y_3 = Y_{22} + Y_{12} = \frac{Z_1 + Z_2}{2Z_1 Z_2} + \frac{Z_1 - Z_2}{2Z_1 Z_2} = \frac{1}{Z_2}$$

$$\alpha = Y_{21} - Y_{12} = 0 \quad (\alpha = 0 \text{ 表示无须受控源})$$

等效 π 形电路如图 13-25 所示，这里 Y_1、Y_2、Y_3 分别表示导纳。

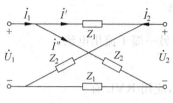

图 13-24　题 28 图

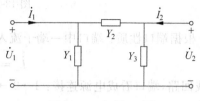

图 13-25　解题 28 图

29. 已知导纳方程为 $\dot{I}_1 = 0.2\dot{U}_1 - 0.2\dot{U}_2$，$\dot{I}_2 = -0.2\dot{U}_1 + 0.4\dot{U}_2$，求该方程所表示的最简 T 形电路。

答：把导纳方程变换成阻抗方程得

$$\dot{U}_1 = 10\dot{I}_1 + 5\dot{I}_2, \quad \dot{U}_2 = 5\dot{I}_1 + 5\dot{I}_2$$

即

$$Z_1 = Z_{11} - Z_{12} = 10 - 5 = 5\Omega$$
$$Z_2 = Z_{12} = 5\Omega$$
$$Z_3 = Z_{22} - Z_{12} = 5 - 5 = 0\Omega$$
$$\alpha = Z_{21} - Z_{12} = 5 - 5 = 0 \quad (\alpha = 0 \text{ 表示无须受控源})$$

等效 T 形电路如图 13-26 所示，这里 Z_1、Z_2、Z_3 分别表示阻抗。

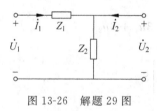

图 13-26　解题 29 图

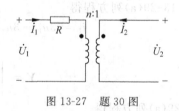

图 13-27　题 30 图

30. 图 13-27 所示二端口网络，由电阻 R 与变压器组成，求导纳参数矩阵和阻抗参数矩阵。

答：根据理想变压器的变压、变流关系列写方程

$$\begin{cases} \dfrac{\dot{U}_1 - R\dot{I}_1}{\dot{U}_2} = n \\ \dfrac{\dot{I}_1}{\dot{I}_2} = -\dfrac{1}{n} \end{cases} \Rightarrow \begin{cases} \dot{I}_1 = \dfrac{1}{R}\dot{U}_1 - \dfrac{n}{R}\dot{U}_2 \\ \dot{I}_2 = -\dfrac{n}{R}\dot{U}_1 + \dfrac{n^2}{R}\dot{U}_2 \end{cases} \Rightarrow \mathbf{Y} = \begin{bmatrix} \dfrac{1}{R} & -\dfrac{n}{R} \\ -\dfrac{n}{R} & \dfrac{n^2}{R} \end{bmatrix}$$

所以导纳参数矩阵存在。而由于 $\dot{U}_1$、$\dot{U}_2$ 不能用 $\dot{I}_1$、$\dot{I}_2$ 来列写方程，所以 $\mathbf{Z}$ 阻抗参数矩阵不存在。

31. 图 13-28 所示二端口网络,求混合参数矩阵 H。

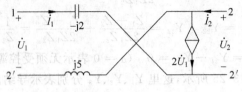

图 13-28 题 31 图

答:根据端口性质:端口中一端子流入电流等于另一端子流出电流

$$\dot{I}_2 = \dot{I}_1 + 2\dot{U}_1$$

寻找回路,端口看成电源连接:$1\to 2'\to 2\to 1'\to 1$,应用 KVL 有

$$-\dot{U}_1 + (-j2)\dot{I}_1 - \dot{U}_2 + j5\dot{I}_1 = 0$$

整理后

$$\begin{cases}\dot{I}_2 = \dot{I}_1 + 2\dot{U}_1 \\ \dot{U}_1 + \dot{U}_2 = j3\dot{I}_1\end{cases} \Rightarrow \begin{cases}\dot{U}_1 = j3\dot{I}_1 - \dot{U}_2 \\ \dot{I}_2 = (1+j6)\dot{I}_1 - 2\dot{U}_2\end{cases} \Rightarrow H = \begin{bmatrix} j3 & -1 \\ 1+j6 & -2 \end{bmatrix}$$

32. 分别求图 13-29 所示二端口网络的 Y 参数。

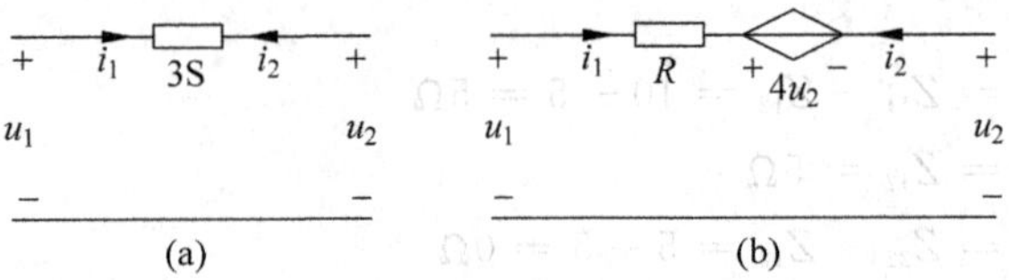

图 13-29 题 32 图

答:图 13-29(a)列方程得

$$i_1 = 3u_1 - 3u_2, \quad i_2 = -3u_1 + 3u_2,$$

所以

$$Y = \begin{vmatrix} 3 & -3 \\ -3 & 3 \end{vmatrix} S$$

图 13-29(a)列方程得

$$u_1 = Ri_1 + 4u_2 + u_2, \quad u_2 = -4u_2 + Ri_2 + u_1$$

即

$$i_1 = (u_1 - 5u_2)/R, \quad i_2 = (-u_1 + 5u_2)/R$$

所以

$$Y = \begin{vmatrix} 1/R & -5/R \\ -1/R & 5/R \end{vmatrix} S$$

33. 求图 13-30 所示二端口网络传输 T 参数矩阵。

答:先列方程,然后整理出 T 参数矩阵需要的形式即可

$$\begin{cases} \dot{U}_1 = j\omega L_1 \dot{I}_1 + j\omega M \dot{I}_2 \\ \dot{U}_2 = j\omega L_2 \dot{I}_2 + j\omega M \dot{I}_1 \end{cases}$$

整理后得

$$\begin{cases} \dot{U}_1 = \dfrac{L_1}{M}\dot{U}_2 - j\omega\dfrac{L_1 L_2 - M^2}{M}\dot{I}_2 \\ \dot{I}_1 = \dfrac{1}{j\omega M}\dot{U}_2 - \dfrac{L_2}{M}\dot{I}_2 \end{cases}$$

所以

$$T = \begin{vmatrix} \dfrac{L_1}{M} & j\omega\dfrac{L_1 L_2 - M^2}{M} \\ \dfrac{1}{j\omega M} & \dfrac{L_2}{M} \end{vmatrix}$$

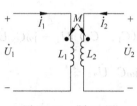

图 13-30 题 33 图

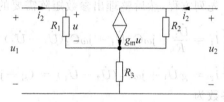

图 13-31 题 34 图

34. 图 13-31 所示二端口网络,求阻抗参数矩阵 Z。

答:寻找回路,应用 KCL、KVL,列写方程

$$\begin{cases} u_1 = u + R_3(i_1 + i_2) \\ u_2 = R_2(i_2 - g_m u) + R_3(i_1 + i_2) \\ u = R_1 i_1 \end{cases} \Rightarrow \begin{cases} u_1 = (R_1 + R_3)i_1 + R_3 i_2 \\ u_2 = (R_3 - R_1 R_2 g_m)i_1 + (R_2 + R_3)i_2 \end{cases}$$

$$\Rightarrow Z = \begin{bmatrix} R_1 + R_3 & R_3 \\ R_3 - R_1 R_2 g_m & R_2 + R_3 \end{bmatrix}$$

35. 求图 13-32 所示二端口网络的 T 参数矩阵,并判断其互易性。

答:令电感 L_1 电流为 $\dot{I}$,都从同名端流入,列方程得

$$\begin{cases} \dot{U}_1 = 2\dot{I}_1 + \dot{U}_2/3 \\ \dot{I} = -3\dot{I}_2 \\ 1(\dot{I}_1 - \dot{I}) = \dot{U}_2/3 \end{cases}$$

整理得

$$\begin{cases} \dot{U}_1 = \dot{U}_2 - 6\dot{I}_2 \\ \dot{I}_1 = \dfrac{1}{3}\dot{U}_2 - 3\dot{I}_2 \end{cases}$$

所以

$$T = \begin{vmatrix} 1 & 6 \\ \dfrac{1}{3} & 3 \end{vmatrix}$$

因为

$$AD - BC = 1 \times 3 - (1/3) \times 6 = 1$$

所以二端口电路互易。

36. 如图13-33所示共发射极三极管的小信号等效模型，求其 **Y** 参数、**H** 参数和 **T** 参数。

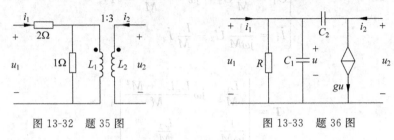

图 13-32　题 35 图　　　　　　图 13-33　题 36 图

答：先列方程，然后整理出参数矩阵需要的形式即可。

$$\begin{cases} \dot{I}_1 = \dfrac{\dot{U}_1}{R} + j\omega C_1 \dot{U}_1 + j\omega C_2(\dot{U}_1 - \dot{U}_2) = \left[\dfrac{1}{R} + j\omega(C_1+C_2)\right]\dot{U}_1 - j\omega C_2 \dot{U}_2 \\ \dot{I}_2 = g\dot{U}_1 + j\omega C_2(\dot{U}_2 - \dot{U}_1) = (g - j\omega C_2)\dot{U}_1 + j\omega C_2 \dot{U}_2 \end{cases}$$

Y 参数为

$$\mathbf{Y} = \begin{vmatrix} \dfrac{1}{R}+j\omega(C_1+C_2) & -j\omega C_2 \\ g - j\omega C_2 & j\omega C_2 \end{vmatrix}$$

H 参数为

$$\mathbf{H} = \begin{vmatrix} \dfrac{1}{1/R+j\omega(C_1+C_2)} & \dfrac{j\omega C_2}{1/R+j\omega(C_1+C_2)} \\ \dfrac{g-j\omega C_2}{1/R+j\omega(C_1+C_2)} & \dfrac{j\omega C_2(1/R+g+j\omega C_1)}{1/R+j\omega(C_1+C_2)} \end{vmatrix}$$

T 参数为

$$\mathbf{T} = \begin{vmatrix} \dfrac{j\omega C_2}{j\omega C_2 - g} & \dfrac{1}{j\omega C_2 - g} \\ \dfrac{j\omega C_2(1/R+g+j\omega C_1)}{j\omega C_2 - g} & \dfrac{1/R+j\omega(C_1+C_2)}{j\omega C_2 - g} \end{vmatrix}$$

37. 求图13-34所示二端口网络混合 **H** 参数。

答：先列方程，然后整理出 **H** 参数矩阵需要的形式即可

$$\begin{cases} i_1 = \dfrac{u_1}{1} + \dfrac{u_1 - 4u_2}{2} \\ i_2 = \dfrac{u_2 - 4u_2}{3} \end{cases}$$

整理后得

$$\begin{cases} u_1 = \dfrac{2}{3}i_1 + \dfrac{4}{3}u_2 \\ i_2 = -u_2 \end{cases}$$

所以

$$\mathbf{H} = \begin{vmatrix} \dfrac{2}{3} & \dfrac{4}{3} \\ 0 & -1 \end{vmatrix}$$

38. 求图 13-35 所示二端口网络混合 H 参数。

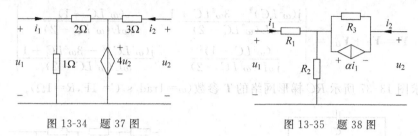

图 13-34 题 37 图   图 13-35 题 38 图

答：先列方程，然后整理出 H 参数矩阵需要的形式即可，注意受控源等效变换

$$\begin{cases} u_1 = R_1 i_1 + R_2(i_1 + i_2) \\ u_2 = R_3 \alpha i_1 + R_3 i_2 + R_2(i_1 + i_2) \end{cases}$$

整理后得

$$\begin{cases} u_1 = \dfrac{R_1 R_2 + R_2 R_3(1-\alpha) + R_3 R_1}{R_2 + R_3} i_1 + \dfrac{R_2}{R_2 + R_3} u_2 \\ i_2 = -\dfrac{R_2 + \alpha R_3}{R_2 + R_3} i_1 + \dfrac{1}{R_2 + R_3} u_2 \end{cases}$$

所以

$$\boldsymbol{H} = \begin{vmatrix} \dfrac{R_1 R_2 + R_2 R_3(1-\alpha) + R_3 R_1}{R_2 + R_3} & \dfrac{R_2}{R_2 + R_3} \\ -\dfrac{R_2 + \alpha R_3}{R_2 + R_3} & \dfrac{1}{R_2 + R_3} \end{vmatrix}$$

39. 求图 13-36 所示二端口网络 Y 参数。

答：此题为 C 二端口与 LC 二端口并联，分别求出 Y 参数，然后参数矩阵相加
对于 C 二端口

$$\begin{cases} \dot{I}_1 = \mathrm{j}\omega C(\dot{U}_1 - \dot{U}_2) \\ \dot{I}_2 = \mathrm{j}\omega C(\dot{U}_2 - \dot{U}_1) \end{cases}$$

解得

$$\boldsymbol{Y}_C = \begin{vmatrix} \mathrm{j}\omega C & -\mathrm{j}\omega C \\ -\mathrm{j}\omega C & \mathrm{j}\omega C \end{vmatrix}$$

对于 LC 二端口

$$\begin{cases} \dot{U}_1 = \mathrm{j}\omega L\, \dot{I}_1 + \dfrac{\dot{I}_1 + \dot{I}_2}{\mathrm{j}\omega C} \\ \dot{U}_2 = \mathrm{j}\omega L\, \dot{I}_2 + \dfrac{\dot{I}_1 + \dot{I}_2}{\mathrm{j}\omega C} \end{cases}$$

解得

$$\boldsymbol{Y}_{LC} = \begin{vmatrix} \dfrac{\mathrm{j}(1-\omega^2 LC)}{\omega L(\omega^2 LC - 2)} & \dfrac{1}{\mathrm{j}\omega L(\omega^2 LC - 2)} \\ \dfrac{1}{\mathrm{j}\omega L(\omega^2 LC - 2)} & \dfrac{\mathrm{j}(1-\omega^2 LC)}{\omega L(\omega^2 LC - 2)} \end{vmatrix}$$

整个二端口网络 Y 参数为

$$Y = Y_C + Y_{LC} = \begin{vmatrix} \dfrac{j(\omega^2 LC)^2 - 3\omega^2 LC + 1}{\omega L(\omega^2 LC - 2)} & \dfrac{(\omega^2 LC - 1)^2}{j\omega L(\omega^2 LC - 2)} \\ \dfrac{(\omega^2 LC - 1)^2}{j\omega L(\omega^2 LC - 2)} & \dfrac{j(\omega^2 LC)^2 - 3\omega^2 LC + 1}{\omega L(\omega^2 LC - 2)} \end{vmatrix}$$

40. 求图 13-37 所示 RC 梯形网络的 T 参数($\omega=1\text{rad/s}, C=1\text{F}, R=1\Omega$)。

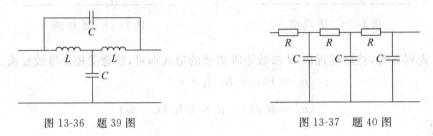

图 13-36 题 39 图　　　　图 13-37 题 40 图

答：此题为三个 RC 二端口级联，先求出一个 RC 二端口 T_1 参数，然后求三次参数矩阵乘积。

$$\begin{cases} \dot{U}_1 = R\dot{I}_1 + \dot{U}_2 \\ \dot{I}_1 + \dot{I}_2 = j\omega C \dot{U}_2 \end{cases}$$

整理得

$$\begin{cases} \dot{U}_1 = (j\omega RC + 1)\dot{U}_2 - R\dot{I}_2 \\ \dot{I}_1 = j\omega C \dot{U}_2 - \dot{I}_2 \end{cases}$$

代入得

$$\begin{cases} \dot{U}_1 = (1+j)\dot{U}_2 - \dot{I}_2 \\ \dot{I}_1 = j\dot{U}_2 - \dot{I}_2 \end{cases}$$

一个 RC 二端口 T_1 参数为

$$T_1 = \begin{vmatrix} 1+j & 1 \\ j & 1 \end{vmatrix}$$

所以 RC 梯形网络的 T 参数为

$$T = \begin{vmatrix} 1+j & 1 \\ j & 1 \end{vmatrix} \cdot \begin{vmatrix} 1+j & 1 \\ j & 1 \end{vmatrix} \cdot \begin{vmatrix} 1+j & 1 \\ j & 1 \end{vmatrix} = \begin{vmatrix} -4+j5 & 2+j4 \\ -3+j & j3 \end{vmatrix}$$

13.4　思考改错题

1. 不论二端口网络内部是否有电源，它都可以用导纳参数或阻抗参数来表示。
2. 对称线性二端口网络不一定是互易的。
3. 互易二端口网络只需两个网络参数就可以完全表征这个网络的特性。
4. 利用导纳或阻抗参数矩阵，判别二端口网络互易的条件是主对角线上的两个值相等。

5. 二端口网络的左、右两对端子满足：左端口电压等于右端口电压。

6. 设无源二端口 P_1 和 P_2 网络的阻抗参数矩阵分别为 Z_1 和 Z_2，并把 P_1 和 P_2 按串联方式连接构成复合二端口网络，则串联后的传输参数矩阵为 $Z_1 \times Z_2$。

7. 理想变压器的二端口网络，既有阻抗参数，也有导纳参数。

8. 设无源二端口 P_1 和 P_2 网络的传输参数矩阵分别为 T_1 和 T_2，并把 P_1 和 P_2 按级联方式连接构成复合二端口网络，则级联后的传输参数矩阵为 $T_1 + T_2$。

9. 利用传输参数矩阵，判别二端口网络对称的条件是仅主对角线上的两个值相等。

10. 利用混合参数矩阵，判别二端口网络互易的条件是次对角线上的两个值相等。

第 14 章 含运算放大器电路的分析

14.1 知识点概要

理想运算放大器有如下十分重要的两个特性：

(1) 根据理想运放的特性 $A=\infty$，可知对于公共端，反相端与同相端电位相等，即 $u^+ = u^-$，称为"虚短"；

(2) 根据 $R_i=\infty$，两输入端输入电流 $i^+ = i^- =0$，称为"虚断"。

含有理想运算放电器的电路，应合理运用理想运放"虚短"和"虚断"两条规则，并结合结点电压法进行求解。需要注意，在对理想运放输入端列写 KCL 方程时，由于理想运放输入电流为零，故可将其视为"开路"；由于运放输出端的电流事先无法确定，故不宜对该结点列写 KCL 方程。

合理运用这两个特性，结合电路其他分析定理，可以进行含理想运算放大器的电阻电路的分析。

含有理想运算放电器的交流电路，常采用相量法的结点电压法、戴维宁定理、叠加定理等进行分析计算。

含有理想运算放电器的动态电路，也常采用拉普拉斯法的结点电压法、戴维宁定理、叠加定理等进行分析计算。

14.2 学习指导

含有理想运算放电器的电路，一般采用如下步骤：
(1) 倒向端、非倒向端激励和输出端响应都用电压源替代；
(2) 断开运放的连接线，并拿走运放，表示 $i^+ = i^- =0$，即虚断路；
(3) 用虚线连接倒向端、非倒向端，表示虚短路 $u^+ = u^-$；
(4) 用结点电压法求解响应与激励的关系。

如图 14-1 所示电路，图 14-1(a) 为理想运放电路，图 14-1(b) 为等效变换后电路图。

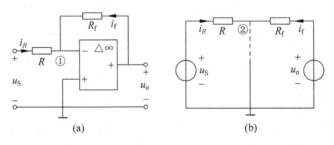

图 14-1 运算放大器等效变换

可以采用结点电压法来求解

$$\left(\frac{1}{R}+\frac{1}{R_f}\right)u_1 = \frac{u_S}{R}+\frac{u_o}{R_f}$$

且

$$u_1 = 0$$

得解

$$u_o = -\frac{R_f}{R}u_S$$

如图 14-2 所示电路，图(a)为 R、C 二阶运放电路，图(b)为等效变换后电路图。

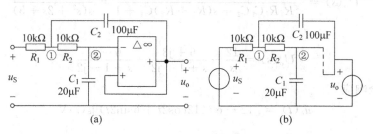

图 14-2 R、C 二阶运放电器等效变换

方法一：利用微分方程求解。

结点①KCL 有

$$\frac{u_S - u_1}{R_1} = C_2\frac{d(u_1 - u_o)}{dt} + \frac{u_1 - u_o}{R_2}$$

结点②KCL 有

$$\frac{u_1 - u_o}{R_2} = C_1\frac{du_o}{dt}$$

整理得

$$\frac{d^2 u_o}{dt^2} + \left(\frac{1}{R_1 C_2} + \frac{1}{R_2 C_2}\right)\frac{du_o}{dt} + \frac{u_o}{R_1 R_2 C_1 C_2} = \frac{u_S}{R_1 R_2 C_1 C_2}$$

代入得

$$\frac{d^2 u_o}{dt^2} + 2\frac{du_o}{dt} + 5u_o = 5u_S$$

齐次方程解

$$u_o(t) = e^{-t}(A\cos 2t + B\sin 2t)\varepsilon(t)$$

根据题意初始条件

$$u_o(0_+) = 0, u_1(0_+) = 0, \quad \left.\frac{du_o(t)}{dt}\right|_{t=0} = \frac{u_1(0_+) - u_o(0_+)}{R_2 C_1} = 0$$

当 $t \to \infty$，电路趋于稳态，电容可以用开路替代，特解为

$$u_o(\infty) = 12V$$

完全解

$$u_o(t) = e^{-t}(A\cos 2t + B\sin 2t) + 12$$

所以待定系数为

$$A = -12, \quad B = -6$$

故电路的完全响应

$$u_o(t) = [12 - e^{-t}(12\cos 2t + 6\sin 2t)]\varepsilon(t)\,\text{V}$$

方法二：利用拉普拉斯变换和结点电压法求解。

$$\begin{cases} \left(\dfrac{1}{R_1} + \dfrac{1}{R_2} + sC_2\right)U_1(s) - \left(\dfrac{1}{R_2} + sC_2\right)U_o(s) = \dfrac{U_S(s)}{R_1} \\ \dfrac{U_1(s) - U_o(s)}{R_2} = sC_1 U_o(s) \end{cases}$$

整理得

$$U_o(s) = \dfrac{U_S(s)}{s^2 R_1 R_2 C_1 C_2 + s(R_1 + R_2)C_1 + 1} = \dfrac{60}{s(s^2 + 2s + 5)}$$

因式分解

$$U_o(s) = \dfrac{12}{s} - \dfrac{6+j3}{s+1+j2} - \dfrac{6-j3}{s+1-j2}$$

故电路的完全响应

$$u_o(t) = [12 - e^{-t}(12\cos 2t + 6\sin 2t)]\varepsilon(t)\,\text{V}$$

14.3 课后习题分析

1. 理想运算放大器中的"虚断"，指的是（　　）。

   A. $u^+ = u^- = 0$　　B. $u^+ = u^-$　　C. $i^+ = i^- = 0$　　D. $i^+ = i^-$

   答：C。虚断相当于断开，即相当于开路，所以流入理想运算放大器的电流为零。

2. 理想运算放大器中的"虚短"，指的是（　　）。

   A. $u^+ = u^- = 0$　　B. $u^+ = u^-$　　C. $i^+ = i^- = 0$　　D. $i^+ = i^-$

   答：B。虚短相当于短路，所以两个电位相等，即电压为零，但电位不一定为零。

3. 理想运算放大器可以实现（　　）运算。

   A. 傅里叶变换　　　　　　　　　　B. 拉普拉斯变换
   C. 相量变换　　　　　　　　　　　D. 微积分

   答：D。理想运算放大器可以实现比例、加减、乘除、微积分、指数等运算。

4. 理想运算放大器的倒向端，指的是（　　）。

   A. 输出端与倒向端方向相反　　　　B. 输出端与倒向端方向相同
   C. 倒向端作为输出端　　　　　　　D. 倒向端只能用负值

   答：A。倒向指输出与输入方向相反。

5. 理想运算放大器的非倒向端，指的是（　　）。

   A. 输出端与非倒向端方向相反　　　B. 输出端与非倒向端方向相同
   C. 非倒向端作为输出端　　　　　　D. 非倒向端只能用正值

   答：B。非倒向指输出与输入方向相同。

6. 理想运算放大器的缩放比例由（　　）决定。

   A. 倒向端　　　　B. 非倒向端　　　　C. 外接元件　　　　D. 本身

   答：C。这是理想运算放大器决定的。

7. 图 14-3 所示电路是典型的（　　）。
   A. 比例器　　　B. 积分器　　　C. 微分器　　　D. 跟随器

答：B。因为 $u_o(t)=-\dfrac{1}{RC}\displaystyle\int_{-\infty}^{t}u_S(\tau)\mathrm{d}\tau$，即输出电压是输入电压求积分。

8. 图 14-4 所示电路是典型的（　　）。
   A. 比例器　　　B. 积分器　　　C. 微分器　　　D. 跟随器

答：C。因为 $u_o(t)=-RC\dfrac{\mathrm{d}u_S(t)}{\mathrm{d}t}$，即输出电压是输入电压求微分。

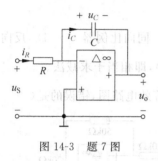
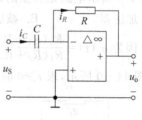

图 14-3　题 7 图　　　　图 14-4　题 8 图

9. 图 14-5 所示电路是典型的（　　）。
   A. 比例器　　　B. 积分器　　　C. 微分器　　　D. 跟随器

答：D。因为 $u_o=u_S$，起隔离电压的作用。

10. 如图 14-6 所示电路是典型的（　　）。
    A. 反向比例器　　B. 积分器　　　C. 微分器　　　D. 跟随器

答：A。因为 $u_o(t)=-\dfrac{R_f}{R}u_S(t)$，即输出电压是负输入电压的倍数。

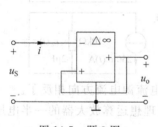
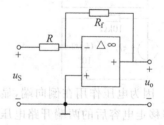

图 14-5　题 9 图　　　　图 14-6　题 10 图

11. 图 14-7 所示电路是典型的（　　）。
    A. 加法器　　　B. 减法器　　　C. 同向比例器　　D. 反向比例器

答：C。因为 $u_o(t)=\left(1+\dfrac{R_f}{R}\right)u_S(t)$，即输出电压是输入电压的倍数。

12. 图 14-8 所示电路是典型的（　　）。
    A. 加法器　　　B. 减法器　　　C. 同向比例器　　D. 反向比例器

答：A。因为 $u_o(t)=-\left[\dfrac{R_f}{R_1}u_1(t)+\dfrac{R_f}{R_2}u_2(t)\right]$，即相当于求加法。

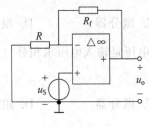
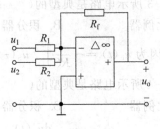

图 14-7　题 11 图　　　　　　　图 14-8　题 12 图

13. 图 14-9 所示电路是典型的(　　)。

　　A. 加法器　　　　B. 减法器　　　　C. 同向比例器　　　　D. 反向比例器

答：B。因为 $u_o(t) = \dfrac{R_3(R_1+R_f)}{R_1(R_2+R_3)}u_2(t) - \dfrac{R_f}{R_1}u_1(t)$，即相当于求减法。

14. 如图 14-10 所示，求 $t \geqslant 0$ 时输出响应 u_C 的等效电路图，错误的是(　　)。

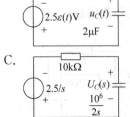
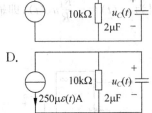

图 14-9　题 13 图　　　　　　　图 14-10　题 14 图

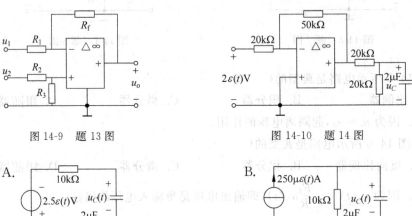

答：B。因为电压作用在倒向端，显然选项 B 的电流源电流方向相反了。

先求解移走电容后的两端开路电压，此时显然是理想运算放大器的一半电压。

因为 $\dfrac{u_o}{50\,000} = -\dfrac{2\varepsilon(t)}{20\,000}$，即 $u_o = -5\varepsilon(t)$V，所以开路电压 $u_{OC} = \dfrac{1}{2}u_o = -2.5\varepsilon(t)$V。

再求解移走电容后的两端短路电流 $i_{SC} = \dfrac{u_o}{20\,000} = -0.25\varepsilon(t)$mA，等效电阻 $R_{eq} = u_{OC}/i_{SC} = 10\text{k}\Omega$。

选项 A 为时域戴维宁变换图；选项 C 为拉普拉斯戴维宁变换运算图；选项 D 为时域诺顿变换图。

15. 电路如图 14-11(a)所示，已知 $u_1(t)$ 的波形如图 14-11(b)所示。$u_2(t)$ 的波形为(　　)。

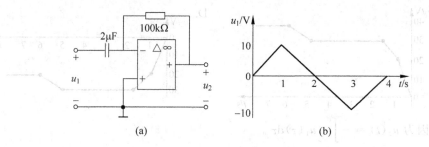

图 14-11 题 15 图

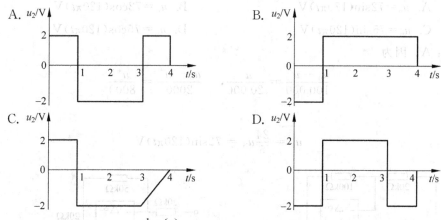

答：D。因为 $u_2(t) = -0.2 \dfrac{\mathrm{d}u_1(t)}{\mathrm{d}t}$。

16. 电路如图 14-12(a)所示，已知 $u_1(t)$ 的波形如图 14-12(b)所示。$u_2(t)$ 的波形为（　　）。

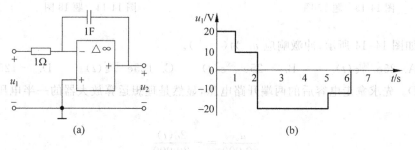

图 14-12 题 16 图

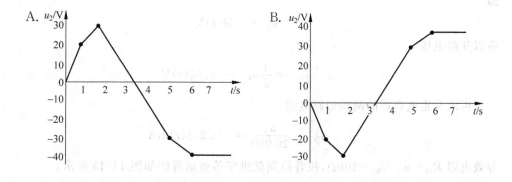

C. 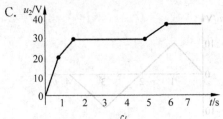   D.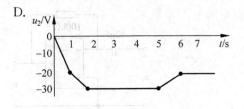

答：B。因为 $u_2(t) = -\int_{-\infty}^{t} u_1(\tau)\,\mathrm{d}\tau$。

17. 电路如图 14-13 所示，已知 $u_S = 150\sin(120\pi t)\mathrm{V}$，$u_o(t)$ 为（　　）。

    A. $u_o = 72\sin(120\pi t)\mathrm{V}$ B. $u_o = 72\cos(120\pi t)\mathrm{V}$

    C. $u_o = 75\sin(120\pi t)\mathrm{V}$ D. $u_o = 75\cos(120\pi t)\mathrm{V}$

答：A。因为

$$\frac{u_o - u^-}{100\,000} = \frac{u^-}{20\,000},\quad \frac{u_S - u^+}{2000} = \frac{u^+}{8000}$$

所以

$$u_o = \frac{24}{5}u_S = 72\sin(120\pi t)\mathrm{V}$$

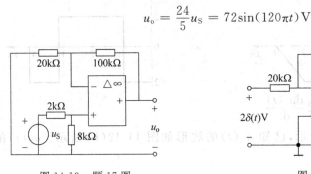

图 14-13　题 17 图　　　　　　　　图 14-14　题 18 图

18. 如图 14-14 所示，冲激响应 u_C 为（　　）。

    A. $25\mathrm{e}^{-50t}\varepsilon(t)$ B. $-25\mathrm{e}^{-50t}\varepsilon(t)$ C. $125\mathrm{e}^{-50t}\varepsilon(t)$ D. $-125\mathrm{e}^{-50t}\varepsilon(t)$

答：D。先求拿走电容后的两端开路电压，显然是理想运算放大器的一半电压。

因为

$$\frac{u_o}{50\,000} = -\frac{2\delta(t)}{20\,000}$$

即

$$u_o = -5\delta(t)\mathrm{V}$$

所以开路电压

$$u_{OC} = \frac{1}{2}u_o = -2.5\delta(t)\mathrm{V}$$

再求拿走电容后的两端短路电流

$$i_{SC} = \frac{u_o}{20\,000} = -0.25\delta(t)\mathrm{mA}$$

等效电阻 $R_{eq} = u_{OC}/i_{SC} = 10\mathrm{k}\Omega$，拉普拉斯戴维宁等效运算图如图 14-15 所示。

$$U_C(s) = -2.5 \times \frac{10^6/2s}{10\,000 + 10^6/2s} = -\frac{125}{s+50}$$

求拉普拉斯反变换得 $u_C(t) = -125\mathrm{e}^{-50t}\varepsilon(t)\mathrm{V}$。

19. 电路如图 14-16 所示，电压增益 u_o/u_S 为（ ）。

　　A. 1　　　　B. 2　　　　C. 3　　　　D. 4

答：C。由于运放器的输入电流为零，所以 5kΩ 可以忽略，则有

$$\frac{u_o}{20\,000 + 10\,000} = \frac{u_S}{10\,000}$$

即 $u_o = 3u_S$。

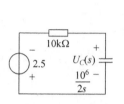

图 14-15　解题 18 图

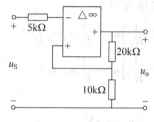

图 14-16　题 19 图

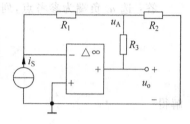

图 14-17　题 20 图

20. 电路如图 14-17 所示，电流/电压变换器 u_o/i_S 为（ ）。

　　A. $\dfrac{u_o}{i_S} = -\dfrac{R_1R_2 + R_2R_3 + R_3R_1}{R_2}$　　　　B. $\dfrac{u_o}{i_S} = \dfrac{R_1R_2 + R_2R_3 + R_3R_1}{R_2}$

　　C. $\dfrac{u_o}{i_S} = -\dfrac{R_2}{R_1R_2 + R_2R_3 + R_3R_1}$　　　　D. $\dfrac{u_o}{i_S} = \dfrac{R_2}{R_1R_2 + R_2R_3 + R_3R_1}$

答：A。因为 $u^+ = u^- = 0$，表示电流源电压为零，这样

$$u_A = -R_1 i_S, \quad i_S = \frac{u_A - u_o}{R_3} + \frac{u_A}{R_2}$$

消去 u_A 得

$$\frac{u_o}{i_S} = -\frac{R_1R_2 + R_2R_3 + R_3R_1}{R_2}$$

21. 图 14-18 所示电路，若理想运放的输出电压 $u_o = 9\mathrm{V}$，试确定电阻 R 的值。

答：先等效电源并联支路：电压源 6V 串联电阻 2/3kΩ。

由于 $i^- = 0$，所以

$$u^- = 6\mathrm{V}$$

即

又由于 $i^+ = 0$，所以

$$u^+ = u^- = 6\mathrm{V}$$

$$\frac{9}{R + 10\,000} = \frac{6}{10\,000}$$

解得

$$R = 5\mathrm{k\Omega}$$

22. 图 14-19 所示电路，求电阻 R_5 中的电流 i_5。已知 $R_1 = R_3 = R_4 = 1\mathrm{k\Omega}$，$R_2 = R_5 = 2\mathrm{k\Omega}$，$u_i = 1\mathrm{V}$。

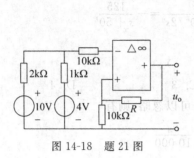
图 14-18 题 21 图

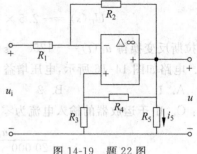
图 14-19 题 22 图

答：选 u_i 负端为参考点，列结点电压方程

$$\begin{cases} \left(\dfrac{1}{R_1}+\dfrac{1}{R_2}\right)u^- - \dfrac{1}{R_2}u_o = \dfrac{u_i}{R_1} \\ \left(\dfrac{1}{R_3}+\dfrac{1}{R_4}\right)u^+ - \dfrac{1}{R_4}u_o = 0 \end{cases}$$

解得
$$u_o = 4\text{V}$$

故
$$i_5 = \dfrac{u_o}{R_5} = 2\text{mA}$$

23. 根据所学知识，设计一个 4 输入单输出的数模转换器（DAC），即输出电压与输入电压的关系为 $u_o = 2^0 u_1 + 2^1 u_2 + 2^2 u_3 + 2^3 u_4$。

答：利用加法器模型进行设计，如图 14-20 所示，由于加法器输出是反向的，所以需要两个运算放大器。

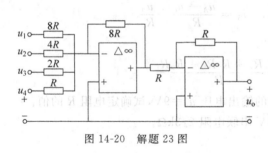
图 14-20 解题 23 图

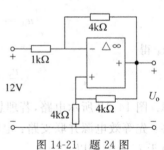
图 14-21 题 24 图

24. 求图 14-21 所示电路的输出电压 U_o。

答：根据运算放大器的性质可知，注意 $u^+ = u^-$，$i^+ = i^- = 0$

$$\dfrac{U_o}{2000+4000} = \dfrac{u^+}{4000}, \quad \dfrac{U_o - u^-}{4000} = \dfrac{u^- - 1.2}{1000}$$

解得 $U_o = \dfrac{72}{35}\text{V}$。

25. 求图 14-22 所示电路运算放大器的输出电流 I_o。

答：设输出电压为 U_o，注意 $u^+ = u^- = 0$，$i^+ = i^- = 0$。

$$\dfrac{U_o}{10\,000} = -\dfrac{1}{2} \times \dfrac{1}{2000 + 4000//4000}$$

解得
$$U_o = -\frac{5}{4}V, \quad I_o = \frac{U_o}{5000} + \frac{U_o}{10\,000} = -\frac{3}{8}mA$$

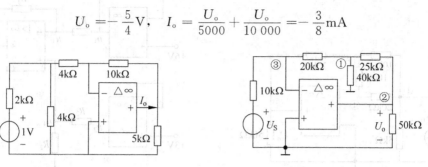

图 14-22 题 25 图　　　　图 14-23 题 26 图

26. 用结点分析法求图 14-23 所示电路的电压增益 U_o/U_S。

答：采用结点电压法，注意输出结点②当做电压源处理，结点③电压为零：

$$\begin{cases} \left(\dfrac{1}{20\,000} + \dfrac{1}{25\,000} + \dfrac{1}{40\,000}\right)U_1 - \dfrac{1}{20\,000} \times 0 = \dfrac{U_o}{25\,000} \\ \left(\dfrac{1}{20\,000} + \dfrac{1}{10\,000}\right) \times 0 - \dfrac{1}{20\,000}U_1 = \dfrac{U_i}{10\,000} \end{cases}$$

解得

$$\frac{U_o}{U_i} = \frac{23}{4}$$

27. 求图 14-24 所示电路的输出电压 U_o。

答：采用结点电压法，注意输出结点③当做电压源处理，结点④电压为零：

$$\begin{cases} \left(\dfrac{1}{20\,000} + \dfrac{1}{5000} + \dfrac{1}{10\,000}\right)U_1 - \dfrac{1}{10\,000}U_2 - \dfrac{1}{20\,000} \times 0 = 2mA \\ \left(\dfrac{1}{25\,000} + \dfrac{1}{10\,000} + \dfrac{1}{10\,000}\right)U_2 - \dfrac{1}{10\,000}U_1 - \dfrac{1}{10\,000} \times = \dfrac{U_o}{25\,000} \\ \left(\dfrac{1}{20\,000} + \dfrac{1}{10\,000}\right) \times 0 - \dfrac{1}{20\,000}U_1 - \dfrac{1}{10\,000}U_2 = 0 \end{cases}$$

解得

$$\begin{cases} U_1 = 5V \\ U_2 = -\dfrac{5}{2}V \\ U_o = -\dfrac{55}{2}V \end{cases}$$

28. 求图 14-25 图中含理想运算放大器电路的输出电压 u_o。

答：根据运算放大器的性质可知，注意

$u^+ = u^-, \quad i^+ = i^- = 0$

$u_1 = 6V, \quad u_2 = 3V, \quad \dfrac{u_1 - u_3}{R_1} = \dfrac{u_3 - u_o}{R_1}, \quad \dfrac{u_2 - u_4}{R_2} = \dfrac{u_4 - 0}{R_2}, \quad u_3 = u_4$

解得

$$u_3 = u_4 = 1.5V, \quad u_o = -3V$$

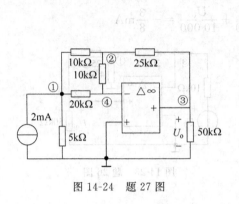

图 14-24 题 27 图

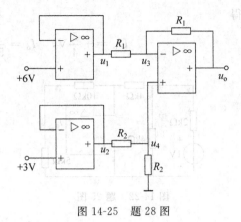

图 14-25 题 28 图

29. 图 14-26 所示电路含理想运算放大器,已知 $R_1=1\mathrm{k}\Omega$,$R_2=2\mathrm{k}\Omega$,$C_1=1\mu\mathrm{F}$,$C_2=2\mu\mathrm{F}$,$u_\mathrm{S}=2\mathrm{V}$,试求电压 $u_\mathrm{o}(t)$。

答:应用理想运放电路规则有

$$\frac{U_\mathrm{S}(s)}{R_1+\dfrac{1}{sC_1}}=-\frac{U_\mathrm{o}(s)}{R_2//\dfrac{1}{sC_2}}$$

解得

$$\begin{aligned}U_\mathrm{o}(s)&=-\frac{sR_2C_1U_\mathrm{S}(s)}{(sR_1C_1+1)(sR_2C_2+1)}\\&=-\frac{s\times 2\times 10^3\times 10^{-6}\times 2/s}{(s\times 10^{-3}+1)(s\times 4\times 10^{-3}+1)}\\&=-\frac{1000}{(s+1000)(s+250)}=\frac{4}{3}\left(\frac{1}{s+1000}-\frac{1}{s+250}\right)\end{aligned}$$

求其拉氏逆变换得

$$u_\mathrm{o}(t)=\frac{4}{3}(\mathrm{e}^{-1000t}-\mathrm{e}^{-250t})\mathrm{V}$$

30. 电路如图 14-27(a)所示,已知 $u_1(t)$ 的波形如图 14-27(b)所示。画出 $u_2(t)$ 的波形。

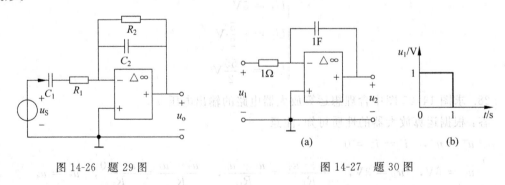

图 14-26 题 29 图   图 14-27 题 30 图

答:设 i_R、i_C 参考方向如图 14-28(a)所示。由于理想运放的输入电流为零

$$u^-=u^+=0$$

所以
$$i_C = i_R = \frac{u_1}{R} = u_1$$

而
$$u_2 = -u_C = -\frac{1}{C}\int i_C \, dt = -\int u_1 \, dt$$

因为
$$u_1 = \begin{cases} 0 & t < 0 \\ 1 & 0 \leqslant t \leqslant 1 \\ 0 & t > 1 \end{cases}$$

所以
$$u_2 = \begin{cases} 0 & t < 0 \\ -t\,\text{V} & 0 \leqslant t \leqslant 1 \\ -1\,\text{V} & t > 1 \end{cases}$$

波形如图 14-28(b)所示。

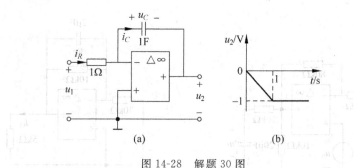

图 14-28　解题 30 图

31. 求图 14-29 所示运算放大电路的输出电压 u_o。

答：根据理想运算放大器性质得：$u_o = 4\text{k}\Omega \times (-20\text{mA}) = -80\text{V}$

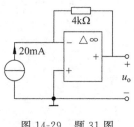
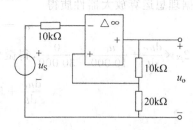

图 14-29　题 31 图　　　　图 14-30　题 32 图

32. 求图 14-30 所示运算放大电路的电压增益 u_o/u_S。

答：根据理想运算放大器性质得
$$u^- = u^+ = u_S$$
$$\frac{u_S}{20\,000} = \frac{u_o}{10\,000 + 20\,000}, \quad \text{所以} \quad \frac{u_o}{u_S} = \frac{3}{2}$$

33. 由图 14-31 所示,已知 $u_s(t)=2\mathrm{V}(t>0)$,求 $t>0$ 时零状态响应 $u_C(t)$。

答:根据理想运算放大器性质得

$$u^- = u^+ = u_s$$

$$\frac{u_o - u_s}{80\,000} = \frac{u_s}{40\,000}$$

得:

$$u_o = 3u_s$$

$$u_o = 10\,000 \times 20\mu \frac{\mathrm{d}u_C}{\mathrm{d}t} + u_C$$

得微分方程

$$\frac{\mathrm{d}u_C}{\mathrm{d}t} + 5u_C = 15u_s$$

解得

$$u_C(t) = 6(1-\mathrm{e}^{-5t})\mathrm{V}$$

34. 由图 14-32 所示,已知 $u_C(0) = -4\mathrm{V}$,求 $t>0$ 时输出电流 $i_o(t)$。

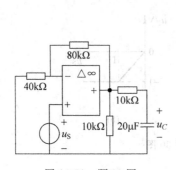
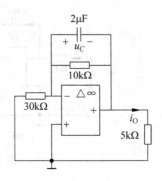

图 14-31 题 33 图   图 14-32 题 34 图

答:根据理想运算放大器性质得

$$u^- = u^+ = 0$$

根据 KCL:$2\mu \times \frac{\mathrm{d}u_C}{\mathrm{d}t} + \frac{u_C}{10\,000} = \frac{0}{30\,000}$,得微分方程

$$\frac{\mathrm{d}u_C}{\mathrm{d}t} + 50u_C = 0$$

解得

$$u_C(t) = -4\mathrm{e}^{-50t}\mathrm{V}$$

所以

$$i_o(t) = \frac{-u_C(t)}{5000} = 0.8\mathrm{e}^{-50t}\mathrm{mA}$$

35. 在图 14-33 中,已知 $u_C(0) = -1\mathrm{V}$,求 $t=0$ 时开关闭合,求 $u_o(t)$。

答:开关闭合后

$$u_C + u_o = 3, \quad u_o = 10\,000 \times 20\mu \times \frac{\mathrm{d}u_C}{\mathrm{d}t} = 0.2\frac{\mathrm{d}u_C}{\mathrm{d}t}$$

得微分方程

$$\frac{du_C}{dt} + 5u_C = 15$$

解得

$$u_C(t) = (3 - 4e^{-5t})\text{V}$$

故

$$u_o(t) = 0.2\frac{du_C}{dt} = 4e^{-4t}\text{V}$$

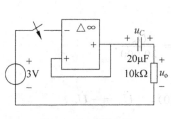

图 14-33 题 35 图

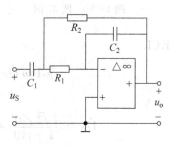

图 14-34 题 36 图

36. 对图 14-34 所示运放电路,推导 $u_o(t)$ 和 $u_s(t)$ 之间的微分方程。

答:设流过电阻、电容的电流分别为 i_{C1}、i_{C2}、i_{R1}、i_{R2},参考方向都是从左到右,则有

$$\begin{cases} i_{R1} = i_{C2} = -C_2\dfrac{du_o}{dt} \\ i_{R2} = -\dfrac{u_o - R_1 i_{R1}}{R_2} \\ i_{C1} = C_1\dfrac{d[u_S + R_1 i_{R1}]}{dt} = i_{R1} + i_{R2} \end{cases}$$

推导得

$$\frac{d^2 u_o}{dt^2} + \frac{R_1 + R_2}{R_1 R_2 C_1}\frac{du_o}{dt} + \frac{u_o}{R_1 R_2 C_1 C_2} = -\frac{1}{R_1 C_2}\frac{du_S}{dt}$$

37. 图 14-35 所示理想运算放大器,求电压增益 $\dfrac{u_o}{u_s}$,并求当 $\omega = \dfrac{1}{R_1 C_1}$ 时增益。

答:应用理想运放电路规则有

$$\frac{\dot{U}_S}{R_1 + \dfrac{1}{j\omega C_1}} = -\frac{\dot{U}_o}{R_2 + \dfrac{1}{j\omega C_2}}$$

即

$$\frac{\dot{U}_o}{\dot{U}_S} = -\frac{1}{2R_1 C_2}[(R_2 + C_1) + j(R_2 C_1 - R_1 C_2)]$$

38. 图 14-36 所示是带有负反馈电阻的积分器,若 $u_S(t) = 2\cos(40kt)\text{V}$,求 $u_o(t)$。

答:根据理想运算放大器性质得

$$u^- = u^+ = 0$$

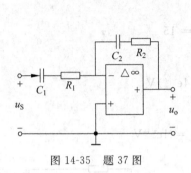
图 14-35 题 37 图

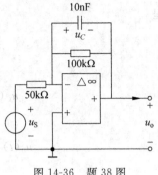
图 14-36 题 38 图

根据 KCL

$$j\omega 10n \dot{U}_C + \frac{\dot{U}_C}{100\,000} = \frac{\dot{U}_S}{50\,000},$$

解得

$$\dot{U}_C = \frac{2\sqrt{2}\angle 0°}{1+j40} = \frac{\sqrt{2}}{20}(1-j40), \quad \dot{U}_o = -\dot{U}_C$$

所以

$$u_o(t) = 0.1\cos(20\,000t + 91.43°)\,\text{V}$$

39. 图 14-37 所示是运算放大器电路，若 $u_S(t) = 10\cos(4000t)\,\text{V}$，求 $u_o(t)$。

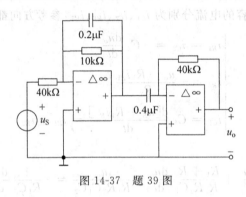
图 14-37 题 39 图

答：根据理想运算放大器性质得
$$u^- = u^+ = 0$$
设左侧运放输出为 u_p，采用相量法分析电路

$$\begin{cases} \dfrac{\dot{U}_S}{40\,000} = -\left(\dfrac{\dot{U}_p}{10\,000} + j\times 4000\times 0.2\dot{U}_p\right) \\ j4000\times 0.4\mu\, \dot{U}_p = -\dfrac{\dot{U}_o}{40\,000} \end{cases}$$

其中：
$$\dot{U}_S = 5\sqrt{2}\angle 0°\,\text{V}$$

消去 $\dot{U}_p$ 得
$$\dot{U}_o = \frac{j16}{1+j8}\dot{U}_S = \frac{j80\sqrt{2}}{1+j8}\angle 0° = 9.92\sqrt{2}\angle 7.125°\,\text{V}$$

故

$$u_o(t) = 19.84\cos(4000t + 7.125°)\text{V}$$

40. 电路如图 14-38(a)所示,已知 $u_1(t)$ 的波形如图 14-38(b)所示。求 $u_2(t)$ 的表达式。

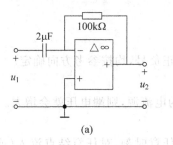
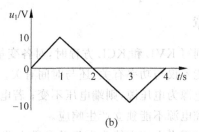

图 14-38　题 40 图

答：由于理想运放的输入电流为零

$$u^- = u^+ = 0, \quad 2\mu \frac{du_1}{dt} = -\frac{u_2}{100\,000}$$

因为

$$u_1 = \begin{cases} 0 & t<0 \text{ 或 } t>4 \\ 10t & 0 \leqslant t \leqslant 1 \\ 20-10t & 1 \leqslant t \leqslant 3 \\ -40+10t & 3 \leqslant t \leqslant 4 \end{cases}$$

所以

$$u_2 = -0.2\frac{du_1}{dt} = \begin{cases} 0 & t<0 \text{ 或 } t>4 \\ -2 & 0 \leqslant t \leqslant 1 \\ 2 & 1 \leqslant t \leqslant 3 \\ -2 & 3 \leqslant t \leqslant 4 \end{cases}$$

14.4　思考改错题

1. 理想运放中的"虚断",指的是非倒向端电压等于倒向端电压。
2. 理想运放中的"虚短",指的是流入非倒向端和倒向端的电流都为零。
3. 理想运放可以实现拉普拉斯变换运算。
4. 理想运放的倒向端,指的是倒向端只能用负电压。
5. 理想运放的非倒向端,指的是非倒向端只能用正电压。
6. 理想运放的缩放比例由理想运算放大器本身决定的。
7. 理想运放的两个输入端输入电流都为零,根据 KCL 可知,输出端电流一定为零。
8. 理想运放的两个输入端只允许输入直流电或正弦交流电,不允许输入其他交流电。
9. 理想运放典型减法器中的两个输入电压,必须是一个正电压,另一个为负电压。
10. 理想运放加 RC 外围电路可以构建典型的积分器,但不能构建典型的微分器。

附录 A 思考改错题答案

第 1 章

1. 在列写 KVL 和 KCL 方程时,对各变量取正负号,均按参考方向确定。
2. 电能不仅与功率有关,还与时间有关。
3. 若电源为电压源,则端电压不变;若电源为电流源,则端电压就会增大。
4. 受控电源不能独立产生响应。
5. 基尔霍夫电流定律为在集总参数电路下,任意时刻,对任意结点流入(或流出)电流代数和等于 0。而电流定义为单位时间内流过导体横截面的电荷量。
6. 基尔霍夫电压定律为在集总参数电路下,任意时刻,对任一回路所有支路电压代数和等于 0。而电压定义为单位正电荷从一点移至另一点电场力所做的功。
7. 短路支路电压为零,电流不一定为零,并称为短路电流。
8. 开路支路电流为零,电压不一定为零,并称为开路电压。
9. 流过该支路的电流为零,则可以把该支路看成开路。
10. 支路两端电压为零,则可以把该支路看成短路,且可以进行短路线缩短。

第 2 章

1. 电压源与电阻的串联组合等效变换为相应的电流源和电阻的并联组合。而电压源与电阻的并联组合等效变换为电压源;电流源和电阻的串联组合等效变换为电流源。
2. 对外电路来说,与理想电流源串联的任何二端元件都可以代之以短路;而与理想电压源并联的任何二端元件都可以代之以开路。
3. 当星形联结的三个电阻等效变换为△形联结时,其三个引出端的电流和两两引出端的电压都是对应相等的。
4. 对二端有源网络,计算输入电阻时,独立电源要置零,即独立电压源短路。
5. 对二端有源网络,计算输入电阻时,独立电源要置零,即独立电流源开路。
6. 与电压源并联的各网络,对电压源的电压无影响。
7. 与电流源串联的各网络,对电流源的电流无影响。
8. 用加源法计算等效电阻时,所加电源可以是电压源,也可以是电流源。
9. 受控源可以等效为电阻,但不能等效为独立电源。
10. 受控源的控制量除了用电压、电流外,不可以用电阻值控制。

第 3 章

1. 网孔电流法是回路电流法的一个特例,方程数回路电流法不多于网孔电流法。
2. 无电阻与之并联的电流源称为无伴电流源。
3. 无电阻与之串联的电压源称为无伴电压源。
4. 结点电压法公式右侧表示流入结点的电源电流,而流出电流看成为负流入。
5. 用结点电压法列方程时,与电流源(或受控电流源)串联的电阻不参与列方程。

6. 每个结点电压法方程左侧代数和指的是电阻电流代数和。

7. 每个回路电流法方程左侧代数和指的是电阻电压代数和。

8. 当电路有开路(或短路)时,也可以采用结点电压法求解。

9. 对于 b 个支路 n 个结点的电路,根据 KVL 可以列写的独立方程数为 $b-(n-1)$ 个。

10. 对于 b 个支路 n 个结点的电路,支路电流法实质是 $n-1$ 个 KCL 方程和 $b-(n-1)$ 个 KVL 方程的组合。

第 4 章

1. 应用叠加定理时,需要把不作用的电源置零,不作用的电流源用开路代替,而不作用的电压源用短路线代替。

2. 对于多个激励的线性电路中,所有激励(独立电源)增大(或减小),则电路中响应(电压或电流)也增大(或减小)同样的倍数,称为齐性定理。

3. 任何一个含源线性一端口电路,对外电路来说,可以用一个电流源和电阻的并联组合来等效置换;电流源的电流等于该一端口的短路电流,电阻等于该一端口的输入电阻。称为诺顿定理。而戴维宁定理指的是电压源(即开路电压)与电阻的串联组合。

4. 若一端口网络的等效电阻 $R_{eq}=\infty$,则该一端口网络等效为一个电流源。

5. 若一端口网络的等效电阻 $R_{eq}=0$,则该一端口网络等效为一个电压源。

6. 最大功率传输定理,能通过戴维宁等效来求解,也能通过诺顿等效来求解。

7. 根据最大功率传输定理,当负载获取最大功率时,电路的传输效率不一定是 50%。

8. 戴维宁和诺顿定理,既适合于线性电路,也适合于非线性电路。

9. 叠加定理,只适合于线性电路,不适合于非线性电路。

10. 替代定理中,被替代的支路或二端网络可以是无源的,也可以是有源的。

第 5 章

1. R、L、C 串联电路与正弦电压源 $u_S(t)$ 相连,若 L 的感抗与 C 的容抗相等,电路两端的电压 $u_S(t)$ 与 $i(t)$ 取关联参考方向,则 u_S 与 Ri 值相等。

2. 电感元件因其不消耗平均功率,所以在直流稳态时它的瞬时功率为零,而在正弦稳态下瞬时功率不一定为零。

3. 正弦量表示实数,而相量为复数,两者概念不同。

4. 正弦电流电路中,电感元件的电流有效值不变时,其电压的有效值与频率成正比。

5. 如 $u=\sqrt{2}U\sin\omega t\,\text{V}, i=\sqrt{2}I\cos(\omega t+\varphi)\,\text{A}$,则电压电流的相位差为 $-\varphi-90°$。

6. 若电压超前电流 α,而电流相位为 $-\beta$ 时,则电压相位为 $\alpha-\beta$。

7. $U\angle\alpha+U\angle-\beta=U\angle(\alpha-\beta)$ 不成立。

8. 电感的电压 U 与电流 I 的关系式为 $U=\omega LI$,而电容 UI 的关系式为 $I=\omega CU$。

9. 容抗随频率变化:频率越高,容抗就越小;直流时,电容相当于开路。

10. 感抗随频率变化:频率越低,感抗就越小;直流时,电感相当于短路。

第 6 章

1. 与感性负载并联一个适当的电容,不能提高负载自身的功率因数,而能提高整个系统的功率因数。

2. 若某网络的阻抗 $Z=(R+\mathrm{j}X)\Omega$，则其阻抗角为 $\arctan(X/R)$。

3. 两阻抗 Z_1 与 Z_2 串联后接至正弦电压源 $\dot{U}_\mathrm{s}$，若 $\dot{U}_1$ 与 $\dot{U}_2$ 分别为 Z_1 与 Z_2 的电压，则分压公式为 $\dot{U}_1=\dfrac{Z_1}{Z_1+Z_2}\dot{U}_\mathrm{s}$，$\dot{U}_2=\dfrac{Z_2}{Z_1+Z_2}\dot{U}_\mathrm{s}$。

4. 两阻抗 Z_1 与 Z_2 并联后接至正弦电流源，电流源的有效值为 I_s，若 I_1 与 I_2 分别为 Z_1 与 Z_2 的电流有效值，则分流公式为 $I_1=\dfrac{|Z_2|}{|Z_1+Z_2|}I_\mathrm{s}$，$I_2=\dfrac{|Z_1|}{|Z_1+Z_2|}I_\mathrm{s}$。

5. 已知二端网络的复功率 $\tilde{S}=S\angle\varphi\mathrm{VA}$，则其无功功率 $Q=S\sin\varphi\,\mathrm{var}$。

6. 在正弦电流电路中，两个串联元件的总电压不一定大于每个元件的电压。

7. 在正弦电流电路中，两个并联元件的总电流不一定大于每个元件的电流。

8. 若负载阻抗 $Z=(R-\mathrm{j}X)\Omega$，其中 R、X 都是大于零的实数，则该负载是容性负载。

9. 设系统的功率因数为 0 到 1 的一个值，则对于感性电路其功率因数角一定大于 0°且小于 90°；而对于容性电路其功率因数角一定大于 −90°且小于 0°。

10. 若负载导纳 $Y=(G-\mathrm{j}B)\mathrm{S}$，其中 G、B 都是大于零的实数，则该负载是感性负载。

第 7 章

1. 理想变压器变压是同名端电压相同极性，则电压比等于变压器匝数比。

2. 理想变压器变流是同名端电流相同极性，则电流比等于变压器匝数比的负倒数。

3. R、L、C 电路串联谐振时，阻抗最小，流过电阻 R 的电流最大。

4. 互感电压的正负不但与线圈的同名端有关，还与电流的参考方向有关。

5. 耦合电感初、次级的电压、电流分别为 u_1、u_2 和 i_1、i_2。若次级电流 i_2 为零，则次级电压 u_2 为互感电压。

6. 设电压、电流为正弦量，在变比为 $n:1$ 的理想变压器输出端口接有阻抗 Z，则输入端口的输入阻抗为 n^2Z。

7. R、L、C 串联电路的谐振频率为 $1/\sqrt{LC}$。

8. 含 R、L、C 的一端口电路，在特定条件下出现端口电压、电流相位相等的现象时，则称电路发生了谐振。

9. 耦合电感线圈的初级和次级自感量分别为 L_1 和 L_2，互感量为 M，初级电流以 I_1(A/s) 速率增加，次级电流以 I_2(A/s) 速率增加，若这两个电流在每个线圈中产生的磁链方向相同，则初级线圈电压为 $(L_1I_1+MI_2)$V，次级线圈电压为 $(L_2I_2+MI_1)$V。

10. 互感为 M 的异名端共端耦合电感进行 T 型去耦等效变换，则结果有一端电感为 $-M$。

第 8 章

1. 三相不对称负载作星形联接，接至对称三相电压源，若有中线，负载相电压对称。

2. 三相不对称负载作星形联接，接至对称三相电压源，若有中线，负载相电流不对称。

3. 对称三相电路三相瞬时功率之和 $p=\sqrt{3}U_lI_l\cos\varphi$ 或 $3U_pI_p\cos\varphi$。

4. 不对称三相电路是指三相电源对称,而三相负载不对称。

5. 一台三相电动机作△形联结,每相阻抗 $Z=(R+\mathrm{j}X)\Omega$,接到线电压为 U_l 的三相电源,电动机线电流有效值为 $\sqrt{3}U_l/\sqrt{R^2+X^2}$,三相功率为 $RU_l^2/(R^2+X^2)$。

6. Y形联结的负载每相阻抗 $Z=(R+\mathrm{j}X)\Omega$,接至线电压为 U_l 的对称三相电压源。则线电流有效值为 $U_l/\sqrt{3(R^2+X^2)}$,有功功率为 $RU_l^2/(3R^2+3X^2)$。

7. Y形联结的对称三相电压源中,$\dot{U}_{AC}$(线电压)$=\sqrt{3}\angle 90°\dot{U}_B$(相电压)。

8. 对称三相电路中,Y形接法:线电流等于相电流,线电压是相电压的 $\sqrt{3}$ 倍。

9. 对称三相电路中,△形接法:线电压等于相电压,线电流是相电流的 $\sqrt{3}$ 倍。

10. 对称三相电路中,当负载由星形接法改成△形接法时,若线电压保持不变,则功率增大3倍。

第9章

1. 电容电路的过渡期不为零,电容两端的电压在换路时不发生跃变。

2. 电感电路的过渡期不为零,流过电感的电流在换路时不发生跃变。

3. 电容初始条件:换路瞬间,若电容电流保持为有限值,则电容电压换路前后保持不变。
电感初始条件:换路瞬间,若电感电压保持为有限值,则电感电流换路前后保持不变。

4. 画 0^+ 等效电路图方法:电容(电感)用电压源(电流源)替代。

5. R、L 电路的时间常数 $\tau=L/R$,单位为秒。

6. R、C 电路的时间常数 $\tau=RC$,单位为秒。

7. 一阶电路的时间常数只与电路的电阻和动态元件(如电容、电感)有关。

8. 零状态响应是指在换路后电路中的响应是由初始状态为零,仅由电源激励产生的响应。

9. 零输入响应是指在换路后电路中的响应是仅由初始状态不为零产生的响应。

10. 一阶电路全响应可分解为稳态分量和暂态分量。

第10章

1. 不可用三要素(初始值、终止值、时间常数)法来求二阶电路全响应的解。

2. 对于冲激响应,由于冲激表示0时刻为∞值,所以有冲激来产生初始状态值,然后姐姐电路的零输入响应。

3. 对于阶跃响应,由于阶跃表示 $t\leqslant 0$ 时处处为零,所以相当于电路的零状态响应。

4. R、L、C 串联电路的 R 为某个值时,电路固有频率为 $-\delta\pm\mathrm{j}\omega$,即衰减系数 δ,振荡频率 ω。若电路中 L、C 保持不变,为获得临界阻尼响应,则电阻需要扩大为原来的 $\sqrt{1+(\omega/\delta)^2}$ 倍。

5. R、L、C 串联且初始状态都为零的电路有 $R=4\Omega$、$L=1\mathrm{H}$、$C=0.5\mathrm{F}$ 时,电路处于非振荡衰减。

6. R、L、C 串联且初始状态都为零的电路有 $R=2\Omega$、$L=1\mathrm{H}$、$C=1\mathrm{F}$ 时,电路处于临界非振荡。

7. R、L、C 串联且初始状态都为零的电路有 $R=1\Omega$、$L=1H$、$C=1F$ 时,电路处于振荡衰减。

8. R、L、C 串联且初始状态都为零的电路有 $R=0\Omega$、$L=1H$、$C=1F$ 时,电路处于无衰减振荡。

9. R、L、C 串联电路的特点中,当 $R=0$ 时,称为无阻尼。

10. 电路的固有频率与激励和初始状态无关,而与电路结构和元件参数有关。

第 11 章

1. R、L 串联,在频率为 1ω 时,串联阻抗为 $(4+j3)\Omega$,则频率为 3ω 时串联阻抗为 $(4+j9)\Omega$。

2. R、C 串联,在频率为 1ω 时,串联阻抗为 $(4-j3)\Omega$,则频率为 3ω 时串联阻抗为 $(4-j)\Omega$。

3. R、C 并联,在频率为 1ω 时,并联导纳为 $(4+j3)S$,则频率为 3ω 时并联导纳为 $(4+j9)S$。

4. R、L 并联,在频率为 1ω 时,并联导纳为 $(4-j3)S$,则频率为 3ω 时并联导纳为 $(4-j)S$。

5. 平均功率为 $P = U_0 I_0 + U_1 I_1 \cos(\varphi_{u1} - \varphi_{i1}) + U_2 I_2 \cos(\varphi_{u2} - \varphi_{i2})$。

6. 端口电压有效值为 $U = \sqrt{U_0^2 + U_1^2 + U_2^2}$。

7. 平均功率为 $P=0$。

8. 有效值为 $\sqrt{(I_1\cos\varphi_1 + I_2\cos\varphi_2)^2 + (I_1\sin\varphi_1 + I_2\sin\varphi_2)^2}$。

9. 一个非正弦周期电流为 $i = I_0 + \sqrt{2}I_1\sin(\omega t + \varphi_1) + \sqrt{2}I_2\sin(2\omega t + \varphi_2) + \cdots$,则电流的有效值为 $I = \sqrt{I_0^2 + I_1^2 + I_2^2 + \cdots}$。

10. 已知元件端口电压 $u(t) = \sqrt{2}U\sin(\omega t)$ V,流过的电流 $i(t) = \sqrt{2}I\sin(2\omega t - \varphi)$ A,则该元件的平均功率为 $P=0$。

第 12 章

1. 对于电感元件,进行拉普拉斯变换时,使用的公式为 $U(s) = sLI(s) - Li(0_-)$,其中 $U(s)$ 表示电感拉普拉斯变换电压。

2. 对于电容元件,进行拉普拉斯变换时,使用的公式为 $U(s) = \dfrac{1}{sC}I(s) + \dfrac{1}{s}u(0_-)$,其中 $U(s)$ 表示电容拉普拉斯变换电压。

3. 拉普拉斯变换法不能求解一阶或二阶动态电路的各种响应,也能求解高阶动态电路。

4. 若用拉普拉斯变换法求解一阶至高阶动态电路时,必须要提供 0_- 时刻电感电流或电容电压的初始值。

5. 用拉普拉斯变换法求冲激响应时,只要把电容 0_- 时刻的电压看成为 0。

6. 用拉普拉斯变换法求冲激响应时,只要把电感 0_- 时刻的电流看成为 0。

7. 用拉普拉斯变换法求单位阶跃响应时,由于单位阶跃在 0_- 时刻值为 0,所以要把电容 0_- 时刻的电压看成为 0。

8. 用拉普拉斯变换法求单位阶跃响应时,由于单位阶跃在 0_- 时刻值为 0,所以要把电感 0_- 时刻的电流看成为 0。

9. 用拉普拉斯变换法求解动态电路时,多个动态元件的初始值就是 0_- 时刻值。

10. 用拉普拉斯变换法表示电阻的电压电流关系为 $U(s)=RI(s)$，其中 s 表示复频参数。

第 13 章

1. 二端口网络内部必须无电源，有的可以用导纳参数或阻抗参数来表示。
2. 对称线性二端口网络一定是互易的，而互易线性二端口网络不一定是对称的。
3. 对称二端口网络只需二个网络参数就可以完全表征这个网络的特性，而互易二端口网络需三个网络参数就可以完全表征这个网络的特性。
4. 利用导纳或阻抗参数矩阵，判别二端口网络互易的条件是次对角线上的两个值相等。
5. 二端口网络的左、右两对端子都满足：一端子流入电流等于另一端子流出电流。
6. 设无源二端口 P_1 和 P_2 网络的阻抗参数矩阵分别为 Z_1 和 Z_2，并把 P_1 和 P_2 按串联方式连接构成复合二端口网络，则串联后的传输参数矩阵为 Z_1+Z_2。
7. 理想变压器的二端口网络，既没有阻抗参数，也没有导纳参数。
8. 设无源二端口 P_1 和 P_2 网络的传输参数矩阵分别为 T_1 和 T_2，并把 P_1 和 P_2 按级联方式连接构成复合二端口网络，则级联后的传输参数矩阵为 $T_1 \times T_2$。
9. 利用传输参数矩阵，判别二端口网络对称的条件是主对角线上的两个值相等，并且主对角线上的两个值相乘减去次对角线上的两个值相乘对于 1。
10. 利用混合参数矩阵，判别二端口网络互易的条件是次对角线上的两个值负相等。

第 14 章

1. 理想运放中的"虚断"，指的是非倒向端电流等于零，并且倒向端电流也为零。
2. 理想运放中的"虚短"，指的是非倒向端电压和倒向端的电压。
3. 理想运放可以实现各种数学运算，但不能实现拉普拉斯变换运算。
4. 理想运放的倒向端，指的是输出端与倒向端方向相反。
5. 理想运放的非倒向端，指的是输出端与非倒向端方向相同。
6. 理想运放的缩放比例不由理想运算放大器本身决定的，而由外围电路决定。
7. 理想运放的两个输入端输入电流都为零，但输出端电流不一定为零，因为运放器内部还有外接电源。
8. 理想运放的两个输入端可以输入直流电或正弦交流电，也可以输入其他交流电。
9. 理想运放典型减法器中的两个输入电压，可以是任何电压。
10. 理想运放加 RC 外围电路可以构建典型的积分器，也能构建典型的微分器。

参考文献

[1] 邱关源. 电路. 5版. 北京：高等教育出版社, 2006.
[2] 李瀚荪. 简明电路分析基础. 北京：高等教育出版社, 2002.
[3] 胡建萍. 电路分析. 北京：科学出版社, 2006.
[4] 李春彪. 电路电工基础与实训. 2版. 北京：北京大学出版社, 2008.
[5] William H H, 等. 工程电路分析. 6版. 王大鹏, 等译. 北京：电子工业出版社, 2002.
[6] 陈晓平, 李长杰. 电路实验与仿真设计. 南京：东南大学出版社, 2008.
[7] 蒋卓勤, 邓玉元. Multisim 2001及其在电子设计中的应用. 西安：西安电子科技大学出版社, 2003.
[8] 郭小军. 电子电路仿真：Multisim 2001电子电路设计与应用. 北京：北京理工大学出版社, 2009.
[9] 李良荣. 现代电子设计技术：基于Multisim 7 & Ultiboard 2001. 北京：机械工业出版社, 2004.
[10] 刘建清. 从零开始学：电路仿真Multisim与电路设计Protel技术. 北京：国防工业出版社, 2006.
[11] 刘广伟, 葛付伟, 丛红侠. 简明电路分析基础实验教程. 天津：南开大学出版社, 2010.
[12] 电工与电子技术指导(厂家资料), 杭州：浙江天煌科技实业有限公司.
[13] 杨德俊. 电路分析基础实验. 成都：电子科技大学出版社, 2000.
[14] 山东大学电路分析精品课程. http://2002.194.26.102/circuit_bak/index.asp.
[15] 中国石油大学电路分析精品课程. http://jpkc.upc.edu.cn/jpkc/C148/Course/index.htm.
[16] 西安工业大学电路分析精品课程. http://202.25.1.107/ec/C27/Course/index.htm.
[17] 刘崇新. 电路学习指导与习题分析. 北京：高等教育出版社, 2006.
[18] 孙桂瑛, 齐风艳. 电路实验. 哈尔滨：哈尔滨工业大学出版社, 2002.
[19] 王勤, 余定鑫, 等. 电路实验与实践. 北京：高等教育出版社, 2011.
[20] 黄大刚, 等. 电路基础实验. 北京：清华大学出版社, 2008.